AEROELASTICITÀ APPLICATA

AEROELASTICITÀ APPLICATA
Note introduttive di aeroelasticità applicata e controllo della dinamica di strutture aerospaziali.

Giulio Malinverno
Advanced Technology Valve S.p.A.

Library of Congress Cataloging-in-Publication Data:

Aeroelasticità Applicata / Giulio Malinverno
    Includes bibliographical references and index.
    ISBN 978-1-4092-3267-4 (pbk.)
    ISBN 978-1-326-43286-7 (hbk.)
    1. Engineering.
    2. Aerospace sciences—Research—Mathematical methods. I. Malinverno, Giulio II. Series.

Printed in the United States of America.

10 9 8 7 6 5 4 3 2 1

Necesse est quod sub certo numero omnia creata comprehendatur

S. TOMMASO D'AQUINO

Summa theologica,Pars Prima, Quaestio VII, Art. IV.

Scientists study the world as it is, engineers create the world that never has been.

THEODORE VON KÁRMÁN

Ai miei genitori.

CONTENUTI IN BREVE

PARTE VI   L'APPROCCIO MODERNO ALL'AEROELASTICITÀ

PARTE VII   APPENDICI

Indice

PARTE I   NOTE INTRODUTTIVE

PARTE II   ANALISI E CONTROLLO DI SISTEMI DINAMICI
AERONAUTICI

PARTE III   ANALISI DEI FENOMENI AEROELASTICI

ELENCO DELLE FIGURE

ELENCO DELLE TABELLE

INTRODUZIONE

Queste note si sono sviluppate a partire dagli appunti presi durante le lezioni del corso di *Aeroelasticità Applicata*, tenute nell'anno accademico 2002/2003 presso il Politecnico di Milano, dal prof. PAOLO MANTEGAZZA , docente ordinario di tale corso. Col tempo questi appunti hanno preso una vita propria e sono stati più volte rimaneggiati, sia per apportare le doverose correzioni sia per aggiungere o togliere materiale, non necessariamente connesso alle lezioni cui ho assistito.

La motivazione che sta alla base di tali modifiche è quella di fornire al lettore qualcosa di più di un mero rendiconto delle lezioni ovvero uno strumento utile per la propria carriera scolastica *e* la propria carriera professionale.
Ovviamente, data la natura originaria di tali note, non posso permettermi di considerare il presente lavoro come un *non plus ultra*. Più realisticamente, queste note dovrebbero intendersi come un'introduzione alle problematiche della dina-

mica delle strutture flessibili (in particolari aeronautiche) e un piccolo manuale di riferimento.

In particolar modo sono da intendersi in quest'ultima accezione soprattutto le appendici: per non appesantire il testo ho raccolto in queste i teoremi e i richiami alle teorie / modelli computazionali che stanno alla base dell'aeroelasticità senza però esserne propriamente parte.
Un esempio viene dato dai metodi energetici: in buona parte dei problemi e delle dimostrazioni all'interno del testo, le analisi e le risoluzioni sono basate fondamentalmente sull'applicazione delle equazioni di LAGRANGE e del PRINCIPIO DEI LAVORI VIRTUALI. Come il lettore può intuire, questi strumenti non sono propri dell'aeroelasticità ma vengono forniti in un qualsiasi corso di meccanica teorica o di meccanica strutturale.

Rispetto alle prima edizione inoltre, sono stati eliminati gli esercizi svolti durante le lezioni. Questo discende come già detto dall'impostazione che ho voluto dare a questa versione degli appunti, in quanto ho preferito presentare (e risolvere) problemi *nuovi*, più vicini al contesto del capitolo e completi, in modo da dare una visione più chiara delle problematiche in gioco.

Spero quindi che questa nuova versione degli appunti di aeroelasticità venga accolta con favore dal pubblico e che aiuti non solo il superamento dell'esame ma anche la vita professionale dei lettori. In bocca al lupo e buona lettura.

Vorrei, cosa che non ho fatto nelle edizioni precedenti, ringraziare gli amici / colleghi che mi sono stati vicino in questi anni, spronandomi a realizzare in maniera sempre più completa il *mio* libro. *Ma soprattutto, i miei più sentiti ringraziamenti vanno ai miei genitori, senza i quali non sarei qui.*

Giulio Malinverno
Como, Agosto 2008

PREFAZIONE

Rispetto alle precedenti versioni, questa versione di *Aeroelasticità Applicata* ha subito una rivisitazione maggiore. Accanto ai consueti aggiustamenti, ortografici e non, porta con sì la reintroduzione degli esercizi svolti che erano stati eliminati nelle versioni successive alla prima di questo libro.

Rispetto alla primissima versione, però, gli esercizi non sono più relegati alla stregua di appendici a sé stanti alla fine del libro, come qualcosa di "estraneo": gli esercizi, o meglio degli esempi applicativi, sono stati ora spalmati all'interno del libro alla fine dei rispettivi capitoli, come fossero le naturali continuazioni dei capitoli. Ma a ben vedere, questi esempi applicativi **sono** la naturale continuazione dei loro capitoli.

Non voglio dilungarmi però in questa prefazione.

Una buona lettura.

GIULIO MALINVERNO

Como, Italia
7 Febbraio, 2013

ACRONIMI

AEC	Atomic Energy Commission
AISI	American Iron and Steel Institute
API	American Petroleum Institute
ASM	American Society of Materials
ASME	American Society of Mechanical Engineers
ASTM	American Society for Testing and Materials
BS	British Standards
CE	Communauté Européenne conformity mark
DIN	Deutsches Institut für Normung
EU	Europen Union

GOST	Gosudarstvennyy Standart
IEEE	Institute of Electrical and Electronics Engineers
ISO	International Organization for Standardization
PED	Pressure Equipment Directive
SAE	Society of Automative Engineers
SPE	Society of Petroleum Engineers
UNI	Ente Nazionale di Unificazione

GLOSSARIO

Def. 1 *Si definisce **fluido** ogni continuo materiale che non sia in grado di soppor-tare sforzi tangenziali in condizioni di quiete, statica o dinamica.*

Def. 2 *Si definisce **fluido newtoniano** ogni fluido per il quale esiste un legame lineare tra il tensore della velocità di deformazione e il tensore degli sforzi.*

Def. 3 *Si definisce **campo vettoriale** una regione di spazio in ciascun punto della quale sia definito, in modulo, direzione e verso, un vettore caratteristico. Per estensione il vettore stesso.*

Def. 4 *Si definisce **corrente di fluido** ogni massa di fluido in movimento che occupi una porzione di spazio non infinitesima.*

Def. 5 *Si definisce **elemento superficiale orientato** o **diaframma** ogni elemento di superficie $d\Sigma$ sul quale si distinguono con opportuna convenzione, una faccia positiva e una faccia negativa. Se la superficie Σ cui appartiene l'elemento $d\Sigma$ è chiusa, generalmente si considera positivo il verso della normale uscente.*

Def. 6 *Si definisce **traiettoria** di una particella di fluido all'istante $\bar{t}$ il luogo delle posizioni occupate dal suo baricentro, nell'intervallo di tempo finito tra un istante iniziale t_0 a $\bar{t}$.*

Def. 7 *Per un generico campo vettoriale, si definisce **linea di campo** all'istante $\bar{t}$ ogni linea tale per cui la tangente di ciascuno dei suoi punto sia parallela al vettore istantaneo caratteristico del campo considerato in quel punto. Nel caso particolare delle correnti fluide, il vettore caratteristico del campo di moto è il vettore velocità istantanea e le linee di campo prendono il nome di **linee di corrente** o **linee di flusso istantanee**.*

Def. 8 *Si definisce **traccia istantanea** all'istante bart il luogo di posizioni occu-pate dai baricentri delle particelle di fluido che sono transitate per un medesimo punto fisso P_0 del campo di moto, nell'intervallo di tempo finito compreso fra un istante iniziale t_0 e $\bar{t}$.*

Def. 9 *Si definisce **tubo di flusso** all'istante bart ogni regione dello spazio deli-mitata dalle linee di flusso istantanee passanti per un medesimo contorno chiuso. Data la definizione di tubo di flusso, ne consegue che la massa entrata nel tubo di flusso non può uscirne attraversandone le pareti (portata costante).*

Def. 10 *Si definisce **linea vorticosa istantanea** all'istante $\bar{t}$ ogni linea che abbia in ciascuno dei suoi punti tangente parallela al vettore vorticità $\omega = \nabla \times \vec{V}$.*

Def. 11 *Si definisce* **tubo vorticoso** *nell'istante* t *ogni regione dello spazio delimitata da linee vorticose istantanee passanti per un medesimo contorno chiuso. Per la definizione di linee vorticose, l'integrale delle vorticità, la* **circolazione** Γ *rimane inalterato nel tubo vorticoso.*

SIMBOLI

A Amplitude

$\&$ Propositional logic symbol

a Filter Coefficient

$\mathcal{B}$ Number of Beats

σ Sforzo

ε Deformazione

$\mathcal{E}$ Energia

$\rceil$ numero di NAPIER

$\mathcal{G}$ costante gravitazionale di NEWTON

$\}$ accelerazione di gravità

$\mathcal{L}_{\rangle|}$ Lavoro

Aeroelasticità Applicata.
By Giulio Malinverno.
Copyright © 2016 .

$\updownarrow$ massa

$\mathcal{U}$ Energia interna

INTRODUZIONE

Per SISTEMA AEROELASTICO s'intende un sistema RETROAZIONATO in cui cia-scun sottosistema macroscopico che lo costituisce interagisce dinamicamente con gli altri. In una formulazione generale, non è possibile dire se il sistema raggiun-ga o meno l'equilibrio dinamico, ed anzi nel campo delle analisi aeroelastiche è necessario in primo luogo verificare se il sistema raggiunga l'equilibrio e deter-minarne la stabilità.

Possiamo riassumere i micro-sottosistemi costituenti a seconda della natura delle forze e delle quantità peculiari che li caratterizzano:

- sistema INERZIALE, caratterizzato da *massa, momenti d'inerzia*;

- sistema STRUTTURALE, caratterizzato da *rigidezza, resistenza*;

- sistema AERODINAMICO, caratterizzato da *coefficienti di portanza, momento aerodinamico*;

- sistema TERMICO, caratterizzato da *coeff. di dilatazione termica*;

- sistema DI COMANDO O SERVOSISTEMA, caratterizzato da *frequenze di funzionamento, comandi*;

Consideriamo, a titolo esplicativo il sistema strutturale e quello aerodinamico: la struttura sottoposta ai carichi generati dal fluido si deforma, modificando tuttavia così le condizioni al contorno aerodinamiche. Di conseguenza cambieranno quindi le sollecitazioni cui la struttura sarà sottoposta, e via di seguito. Un errore diffuso è quello di considerare l'aeroelasticità come la sola valutazione delle deformazioni strutturali a seguito dei carichi aerodinamici. Ciò è sbagliato in quanto qualsiasi struttura, sottoposta a dei carichi (indipendentemente dalla natura di tali sollecitazioni), si deforma: la peculiarità dell'analisi aeroelastica è il fatto che sollecitazioni e deformazioni si alterano A VICENDA, ovvero che c'è RETROAZIONE.

Un modo per vedere come i vari sottosistemi interagiscano è costituito dai *diagrammi* introdotti da COLLAR . Tracciamo infatti un triangolo sui cui vertici poniamo le lettere *A,E* e *I* (come si può ben capire queste lettere rappresentano rispettivamente le forze aerodinamiche, le forze elastiche e le forze inerziali). I lati del triangolo identificano allora un ambito particolare:

- A-E: aeroelasticità classica (interazione struttura - aerodinamica);

- A-I: meccanica del volo (interazione aerodinamica - inerzia);

- E-I: meccanica classica (interazione strutture - inerzia);

L'area del triangolo rappresenta allora il campo di fenomeni che interessano tutte e tre le forze, ovvero l'aeroelasticità in senso più generale.
Introducendo poi gli effetti termici otterremo l'*aero - termo - elasticità* e il nostro triangolo graficamente si trasforma in un tetraedro, i cui vertici rappresentano ovviamente i quattro fenomeni in gioco. Le superfici triangolari laterale sono allora le *regioni* in cui interagiscono tre fenomeni, mentre il volume è il campo dove agiscono tutte le problematiche.
Considerando altresì anche i servocomandi, otterremo quella che possiamo definire *aero-servo-termo-elasticità*. Graficamente, non possiamo rappresentare la figura a cinque poli in quanto essa appartiene a uno spazio quadridimensionale. Possiamo darne tuttavia una raffigurazione bidimensionale che però riesce a comunicare efficacemente il messaggio (figura I.2), perdendo tuttavia la capacità di rappresentare l'interazione fra i sottosistemi come aree o volumi.

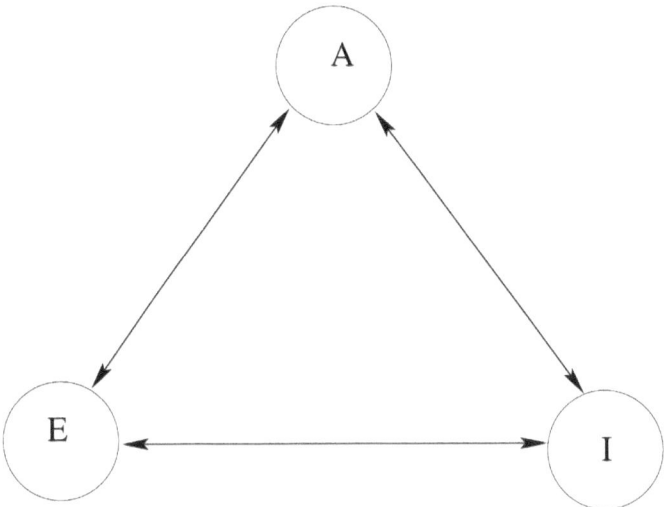

Figura I.1: Diagramma di COLLAR EAI

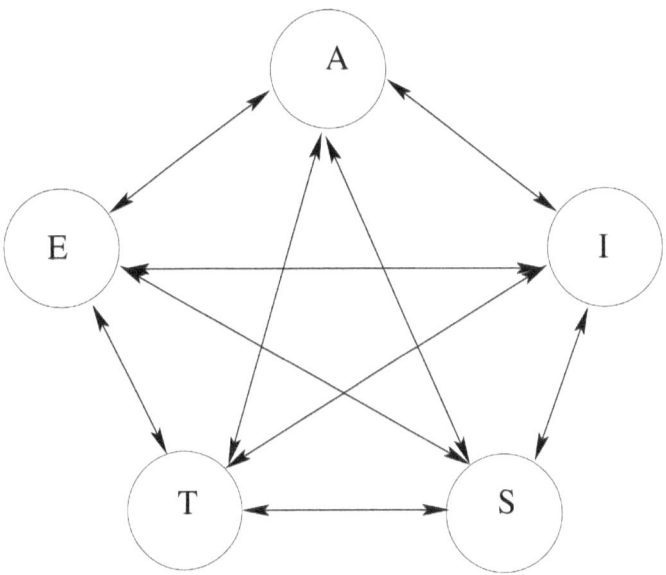

Figura I.2: Diagramma di COLLAR ASTEI

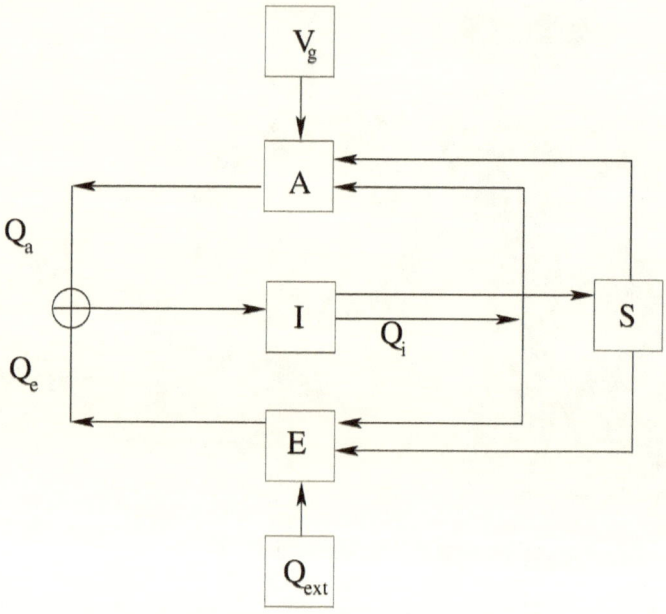

Figura I.3: Diagramma a blocchi di FUNG

Accanto ai diagrammi di COLLAR , possiamo rappresentare un sistema aeroelastico attraverso i *diagrammi a blocchi* di FUNG (figura I.3, dove per semplicità
abbiamo omesso gli effetti termici) che pone l'accento sul carattere retroazionato
del sistema aeroelastico. In generale utilizzeremo questa rappresentazione privile-
giando appunto una descrizione della materia analoga a quella che viene utilizzata
per i sistemi automatici.

Proprio in quanto adotteremo un approccio da *automatica*, conviene scrivere un'altra importante osservazione. Le analisi verranno condotte basandoci sull'assunto,
comunemente verificato, secondo cui la *dinamica fondamentale* del sistema analizzato è quella della forzante aerodinamica (di frequenza ω_0) ovvero l'assunto
secondo cui

> *il flusso aerodinamico si adegua più velocemente alle condizioni al contorno di*
> *quanto non faccia il sottosistema strutturale*

La variazione temporale assume allora una notevole rilevanza, in quanto possiamo
individuare tre tipi di carichi:

- Stazionari (polo di frequenza nulla);

- Quasi-stazionari (si considera il polo dominante, a frequenza più bassa);

- Instazionari (vengono considerate più frequenze);

I.1 Formalizzazione del problema aeroelastico

Formalmente, il problema aeroelastico consiste nello studiare il comportamento dinamico di un sistema strutturale deformabile sotto l'azione di forzanti esterne che possono eccitare il sistema, con tali carichi esterni dipendenti anche ndalla deformazione della struttura stessa. In generale,

$$[M]\{\ddot{x}\} + [C]\{\dot{x}\} + [K]\{x\} = \{Q_a\} + \{Q_e\} \tag{I.1}$$

dove abbiamo distinti i carichi aerodinamici da generici carichi esterni.
Normalmente, la risoluzione del problema consiste nello sviluppare i gradi di liber'a strutturale tramite apposite funzioni di forma, ad esempio con delle funzioni modali:

$$\{x\} = [N(x,y,z)]\{q(t)\} \tag{I.2}$$

In forma generale, i carichi aerodinamici possono anch'essi essere espressi in forma matriciale con uno sviluppo del tipo:

$$\{Q_a\} = q[H_a]\{a\} \tag{I.3}$$

dove le coordinate a non coincidono con le coordinate strutturali. Si pone così il problema dell'*interfaccia*, ovvero il problema di esprimere i gradi di libertà aerodinamici tramite quelli strutturali. In forma simbolica potremo scrivere:

$$\{a\} = [\mathbb{I}]\{q\} \tag{I.4}$$

Inoltre, bisogna studiare il comportamento temporale dell'aerodinamica. In particolare, possiamo sviluppare la matrice aerodinamica tramite uno sviluppo in serie di TAYLOR attorno alla frequenza di riferimento (caso stazionario):

$$[H(p)] \simeq [H(0)] + [H(0)]^i p + \frac{1}{2}[H(0)]^{ii} p^2 + \dots \tag{I.5}$$

Inserendo nello sviluppo del carico aerodinamico:

$$\begin{aligned}
\{Q_{a,m}\} &= q[H_{a,m}(p)]\{q\} = \\
&= q[H(0)]\{q\} + q[H(0)]' \left\{\tfrac{l_a}{V}\right\}\{\dot{q}\} \\
&\quad + \tfrac{1}{2}q[H(0)]'' \left\{\tfrac{l_a}{V}\right\}^2 \{\ddot{q}\} + \dots
\end{aligned} \tag{I.6}$$

ovvero, tenendo conto della matrice di trasformazione (interfaccia):

$$\{Q_a\} \simeq q\,[K_a]\,\{q\} + q\,[C_a]\,\{\dot{q}\} + q\,[M_a]\,\{\ddot{q}\} \tag{I.7}$$

La nostra equazione aeroelastica sarà quindi un sistema dinamico del tipo:

$$\boxed{([M] - q\,[M_a])\,\{\ddot{q}\} + ([C] - q\,[C_a])\,\{\dot{x}\} + ([K] - q\,[K_a])\,\{x\} = \{Q_e\}}$$
$$\tag{I.8}$$

Parte I

NOTE INTRODUTTIVE

CHAPTER 1

LA SEZIONE TIPICA E TEORIA DELLE STRISCE

Per il momento consideriamo un problema aeroelastico in ambito statico riguardante solo tre ambiti, aerodinamica, strutture e inerzia. Inoltre, possiamo assegnare a priori le forze inerziali supponendo che queste non retroagiscano. Ovviamente, non possiamo ritenere che le forze aerodinamiche siano indipendenti dalle deformazioni strutturali, altrimenti non potremmo parlare di aeroelasticità.

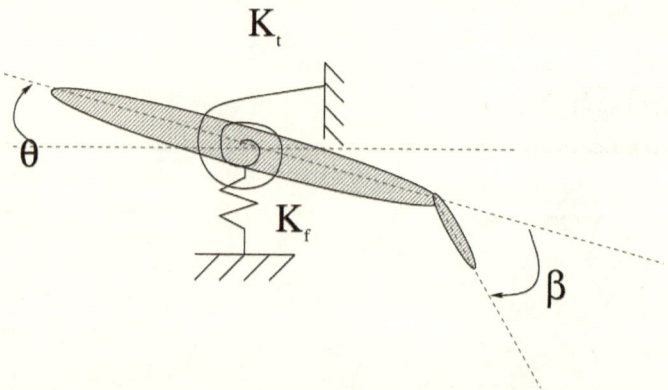

Figura 1.1: Schematizzazione a SEZIONE TIPICA

1.1 La sezione tipica

La SEZIONE TIPICA consiste nel modellare l'ala attraverso un unico profilo equivalente (vedi figura 1.1) adottando la TEORIA DELLE STRISCE: possiamo ritenere la rigidezza concentrata in un punto nella radice (questo punto è in realtà la proiezione dell'asse elastico sulla sezione) così come la parte aerodinamica sarà descritta dai coefficienti adimensionali di portanza e di momento aerodinamico[1]. Possiamo rappresentare la rigidezza tramite una molla torsionale connessa a questo punto che funge quindi da cerniera per la sezione mentre il carico aerodinamico sulla sezione tipica sarà, supponendo l'ala perfettamente rigida:

$$P = qSC_p(\alpha_0); \tag{1.1}$$
$$M = qScC_{m,c.a.}; \tag{1.2}$$

Siccome l'ala è in realtà un continuo deformabile, di cui conosciamo la rigidezza torsionale K_ϑ, l'incidenza reale sarà data dalla somma del contributo di calettamento α_0 e della deformazione ϑ.

$$\alpha = \alpha_0 + \vartheta; \tag{1.3}$$

---

[1]Non abbiamo considerato l'effetto della resistenza aerodinamica per due motivi: in primo luogo, trattandosi di un profilo aerodinamico, il modulo di tale forza è decisamente inferiore a quello della portanza. Inoltre, il braccio rispetto al centro elastico è minore rispetto a quello della portanza.

Sia e la distanza dal centro aerodinamico dalla proiezione dell'asse elastico. Sia d la distanza del baricentro dalla proiezione dell'asse elastico. Si noti bene che e dipende non solamente dalle caratteristiche aerodinamiche, ma anche da quelle strutturali, in quanto modificando l'una o l'altra caratteristica, la loro distanza relativa, cioè e viene ovviamente modificata.

Scriviamo la condizione d'equilibrio attorno all'asse elastico:

$$W \cdot d + M_{c.a.} + P \cdot e - K_\vartheta \cdot \vartheta = 0; \qquad (1.4)$$

dove W è il peso, P la portanza ed $M_{c.a.}$ è il momento riferito al centro aerodinamico. Linearizzando attorno all'incidenza di calettamento (ricordandoci che il momento aerodinamico riferito al c.a. non dipende dall'incidenza):

$$W d + M_{c.a.} + q S C_{p,\alpha} \alpha_0 e + q S C_{p,\alpha} \vartheta e - K_\vartheta \vartheta = 0; \qquad (1.5)$$

Raggruppando i termini che non dipendono dalla deformazione ($M_0 \triangleq W d + M_{c.a.} + q S C_{p,\alpha} \alpha_0 e$) otteniamo la soluzione:

$$(K_\vartheta - q S C_{p,\alpha} e) \vartheta = M_0; \qquad (1.6)$$

da cui

$$\vartheta = \frac{M_0}{(K_\vartheta - q S C_{p,\alpha} e)} = \frac{M_0}{K_{ae}} \qquad (1.7)$$

avendo indicato con K_{ae} la RIGIDEZZA TORSIONALE AEROELASTICA O RIGIDEZZA TORSIONALE GENERALIZZATA: questa è pari alla rigidezza torsionale puramente strutturale dell'ala corretta del comportamento aerodinamico (e si noti come questa correzione non sia una quantità *fissa* ma dipenda dalle condizioni di volo). Possiamo riscrivere la precedente relazione come:

$$\vartheta = \frac{M_0}{K_\vartheta \left(1 - \frac{q S C_{p,\alpha} e}{K_\vartheta}\right)} \qquad (1.8)$$

Notiamo che una funzione del tipo $\frac{a}{1-b}$ può essere letta come la funzione di trasferimento di un sistema retroazionato positivamente.

Per studiare il comportamento aeroelastico dell'ala modellata a strisce, bisogna concentrarsi sul rapporto $\frac{q S C_{p,\alpha} e}{K_\vartheta}$ che può essere interpretato come il rapporto fra il contributo alla rigidezza torsionale dovuto all'aerodinamica e la nota rigidezza strutturale K_ϑ. Definiamo allora il termine di rigidezza aerodinamica

$$K_a \triangleq q S C_{p,\alpha} e \qquad (1.9)$$

che rappresenta il precedente contributo a meno della pressione dinamica. Possiamo riscrivere allora il rapporto tra i contributi alla rigidezza generalizzata come $q\frac{K_a}{K_\vartheta}$. In condizioni normali questo rapporto è inferiore all'unità.
Otteniamo quindi:

$$\vartheta = \frac{M_0}{K_\vartheta \left(1 - q\frac{K_a}{K_\vartheta}\right)} \tag{1.10}$$

A parità di pressione dinamica, un parametro importante nella valutazione della condizione d'equilibrio è la distanza dall'asse elastico del centro aerodinamico, e. Facendo variare la pressione dinamica, con la distanza e fissata, si potrebbe arrivare ad avere il rapporto $q\frac{K_a}{K_\vartheta}$ maggiore dell'unità e dunque il termine $1 - q\frac{K_a}{K_\vartheta}$ negativo. Esisterà allora un valore particolare della pressione dinamica tale da annullare il denominatore della precedente equazione. Tale valore prende il nome di PRESSIONE DINAMICA DI DIVERGENZA AEROELASTICA:

$$q_d = \frac{K_\vartheta}{SC_{p,\alpha}e} = \frac{K_\vartheta}{K_a} \tag{1.11}$$

A questa pressione dinamica corrisponde la *velocità di divergenza aeroelastica*, che è proporzionale alla q_d

$$V_d \div \sqrt{q_d} = \sqrt{\frac{K_\vartheta}{SC_{p,\alpha}e}} = \sqrt{\frac{K_\vartheta}{K_a}} \tag{1.12}$$

Si noti bene che se la distanza e fosse negativa, il valore della velocità di divergenza perderebbe significato fisico: con e negativi non esiste velocità di divergenza aeroelastica e il sistema sarebbe sempre stabile.
Possiamo riscrivere la condizione di equilibrio come:

$$\vartheta = \frac{M_0}{K_\vartheta \left(1 - \frac{q}{q_d}\right)} \tag{1.13}$$

La q_d definisce una condizione di stabilità statica e il rapporto tra la pressione dinamica di volo q e quella di divergenza q_d è fondamentale per vedere se gli effetti aeroelastici hanno conseguenze e di che tipo.

Quando si verificarono i primi problemi aeroelastici, vi si rimedia irrigidendo la struttura, aumentando cioè la K_ϑ. Tuttavia ciò non è una soluzione concettualmente corretta e sicura, in quanto, sebbene si aumenti direttamente il numeratore, si corre il rischio di aumentare anche il denominatore, perché tale irrigidimento può far crescere la distanza e, aumentando cioè il denominatore della q_d. In questo caso, il problema aeroelastico sarà risolto solamente se l'incremento di K_ϑ è superiore all'incremento di distanza e. Una soluzione concettualmente più corretta consiste invece nell'avvicinare asse elastico e asse aerodinamico a parità di rigidezza, ovvero aumentare la rigidezza strutturale mantenendo fissa la distanza relativa fra l'asse elastico e l'asse aerodinamico.

Possiamo affrontare il problema anche analizzando la stabilità del sistema descritto dall'equazione 1.6 e seguenti perturbandole. Si perverrà a una forma del tipo:

$$(K_\vartheta - qSC_{p,\alpha}e)\,d\vartheta \begin{cases} > 0 \\ = 0 \\ < 0 \end{cases} \tag{1.14}$$

che è un'equazione di stabilità omogenea. Siamo dunque di fronte a un problema agli autovettori in cui la pressione dinamica di divergenza rappresenta allora l'autovalore del sistema.

Oltre che alla stabilità del sistema, un ulteriore problema cui siamo interessati è ora quello di calcolare i carichi realmente applicati alla struttura (ovvero esplicitare la loro dipendenza dalla deformabilità) nel campo di stabilità della soluzione (ovvero nell'inviluppo di volo, in cui $\frac{q}{q_d} < 1$). Possiamo utilizzare a questo scopo un metodo iterativo basato sull'equazione alle differenze. Questo tipo di metodo, che fornisce una soluzione approssimata, viene spesso preferito a metodi che forniscono la soluzione esatta in quanto permette l'utilizzo di codici di fluidodinamica computazionale, cosa che i metodi esatti non permettono. Avremo allora

$$K_\vartheta \vartheta_{i+1} = M_0 + qSC_{p,\alpha}e\vartheta_i \tag{1.15}$$

o, più in generale

$$\vartheta_{i+1} = f(\vartheta_i) \tag{1.16}$$

Dobbiamo verificare la convergenza di questo metodo. La soluzione a regime di un'equazione alle differenze è:

$$\vartheta = C\rho^i \tag{1.17}$$

L'integrale particolare invece è dato nel nostro caso da:

$$\vartheta_{particolare} = \frac{M_0}{K_\vartheta - qK_a} \tag{1.18}$$

Sostituendo nell'equazione alle differenze otteniamo:

$$K_\vartheta \left(C\rho^{i+1} + \frac{M_0}{K_\vartheta - qK_a} \right) = M_0 + qSC_{p,\alpha}e \left(C\rho^i + \frac{M_0}{K_\vartheta - qK_a} \right)$$
$$\downarrow$$
$$K_\vartheta C\rho\rho^i = qK_a C\rho^i \qquad (1.19)$$
$$\downarrow$$
$$\rho = q\frac{K_a}{K_\vartheta}$$

Affinché allora la convergenza sia garantita, è necessario che ρ sia inferiore all'unità, ovvero che $K_\vartheta > qK_a$ ovvero $q < q_d$: tanto più la pressione dinamica è minore di quella di divergenza, tanto migliore sarà la convergenza del metodo.

Si noti che la deformabilità dell'ala non influisce solamente sul risultante delle forze aerodinamiche ma varia anche la distribuzione locale e il valore delle derivate di stabilità. Formalmente possiamo tuttavia utilizzare le stesse notazioni utilizzate in meccanica del volo tenendo però conto del fatto che le derivate di stabilità non sono più termini costanti ma variabili dipendenti dalla struttura e quindi dalle forze aerodinamiche. Consideriamo ad esempio la deflessione delle superfici di coda: $\delta = \tau\alpha$ dove τ è il rapporto di trasmissione aerodinamica ($\tau \triangleq \frac{\partial \delta}{\partial \alpha}$). Dal punto di vista aeroelastico, dobbiamo aggiungere l'incidenza dovuta alla deformabilità: $P_c = qS_cC_{p,c}(i_c + i_{c,e})$. D'altra parte il contributo di deformazione, $i_{c,e}$, dipende retroattivamente proprio da P_c. Supponiamo che esiste un rapporto lineare fra queste due quantità, $i_{c,e} = f_{ip}P_c$

$$P_c(1 - qS_cC_{p,\frac{c}{\alpha}}f_{ip}) = qS_cC_{p,c}i_c \qquad (1.20)$$

Possiamo dunque introdurre una derivata di stabilità equivalente:

$$P_c = qS_c\bar{C}_{p,\frac{c}{\alpha}}i_c \qquad (1.21)$$

dove:

$$\bar{C}_{p,\frac{c}{\alpha}} = \frac{C_{p,\frac{c}{\alpha}}}{1 - qS_cC_{p,\frac{c}{\alpha}}f_{ip}} \qquad (1.22)$$

1.2 Efficienza ed inversione degli alettoni

Approfondiamo la nostra analisi della sezione tipica con l'introduzione di un ulteriore grado di libertà costituito dalla deflessione degli alettoni che indichiamo

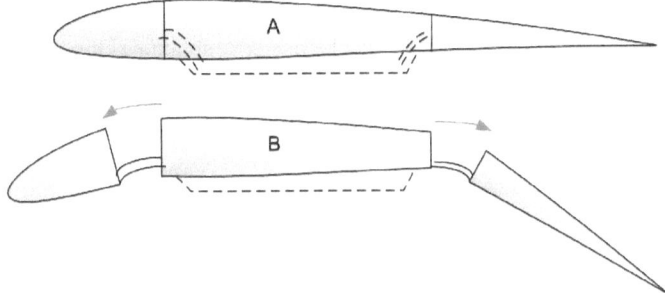

Figura 1.2: Modello di una sezione con alettone (o flap) e slat sul bordo d'attacco. Per il momento trascuriamo gli slat - anche se la procedura è analoga.

con β. Per semplicità, supponiamo che gli alettoni siano distribuiti per tutta la superficie alare.
L'equazione d'equilibrio sulla rotazione ϑ è esprimibile come:

$$e\Delta P + \Delta M_{c.a} = K_\vartheta \Delta\vartheta \qquad (1.23)$$

in cui i carichi aerodinamici sono:

$$\Delta P = qSC_{p,\beta}\beta + qSC_{p,\vartheta}\vartheta \qquad (1.24)$$
$$\Delta M_{c.a} = qScC_{m,c.a.,\beta}\beta \qquad (1.25)$$

dunque

$$qeSC_{p,\beta}\beta + qeSC_{p,\vartheta}\vartheta + qScC_{m,c.a.,\beta}\beta = K_\vartheta\Delta\vartheta \qquad (1.26)$$

da cui ricaviamo la condizione d'equilibrio:

$$\vartheta = qS\frac{eC_{p,\beta}\beta + cC_{m,c.a.,\beta}\beta}{K_\vartheta - qeSC_{p,\alpha}} = \frac{eC_{p,\beta}\beta + cC_{m,c.a.,\beta}\beta}{\frac{K_\vartheta}{qS} - eC_{p,\alpha}} \qquad (1.27)$$

La variazione di carico aerodinamico sarà allora:

$$\begin{aligned} \Delta P &= & \Delta P_\beta + \delta P_e & = \\ &= & qSC_{p,\beta}\beta + qSC_{p,\alpha}\frac{eC_{p,\beta}\beta + cC_{m,c.a.,\beta}\beta}{\frac{K_\vartheta}{qS} - eC_{p,\alpha}} & = \\ &= & qS\beta\left(C_{p,\beta} + C_{p,alpha}\frac{eC_{p,\beta} + cC_{m,c.a.,\beta}}{\frac{K_\vartheta}{qS} - eC_{p,\alpha}}\right) & = \\ &= & qS\bar{C}_{p,\beta}\beta \end{aligned} \qquad (1.28)$$

Possiamo ora confrontare la variazione di carico ΔP che si avrebbe nel caso di velivolo perfettamente rigido e quella che invece realmente si ha:

$$\frac{\Delta P_{reale}}{\Delta P_{rigido}} = \frac{qS\bar{C}_{p,\beta}\beta}{qSC_{p,\beta}\beta} = \frac{\bar{C}_{p,\beta}\beta}{C_{p,\beta}\beta} \tag{1.29}$$

Poiché il termine moltiplicativo dovuto alla deformabilità elastica è negativo e cresce all'aumentare di q, abbiamo che il rapporto tra la due variazioni di carico è minore dell'unità.

Possiamo altresì calcolare la pressione dinamica alla quale la variazione di carico reale s'annulla. Definiamo questa pressione:

$$q_i = \qquad \text{PRESSIONE DINAMICA} \qquad \doteq \{q | \Delta P_{reale} = 0 \; \forall \beta\} \tag{1.30}$$
$$\text{D'INVERSIONE DEI COMANDI}$$

Imponendo la condizione contenuta nella definizione otteniamo:

- La soluzione banale q=0 (ovviamente, in quanto se il velivolo non si muove non si sarà un flusso da cui ricevere sostentamento);

-

$$q_i = -\frac{K_\vartheta}{cSC_{m,c.a.,\beta}\frac{C_{p,\alpha}}{C_{p,\beta}}} \tag{1.31}$$

Dal punto di vista matematico, questa pressione può essere letta come l'autovalore del problema omogeneo associato $A(q) \cdot q$.

Possiamo allora riscrivere il rapporto tra le variazioni di carico come:

$$\frac{\Delta P_{reale}}{\Delta P_{rigido}} = \ldots = \frac{1 - \frac{q}{q_i}}{1 - \frac{q}{q_d}} \tag{1.32}$$

dopo aver messo in luce anche la pressione dinamica di divergenza.

Possiamo adesso considerare le variazioni al campo di moto del fluido cui dà luogo la manovra di rollio: la variazione d'incidenza è ora data non solo dal contributo torsionale ϑ ma anche dal contributo causato dalla velocità angolare di rollio p. Tale contributo varia linearmente lungo l'apertura dell'ala:

$$\alpha_c(y) = -y\frac{p}{V} \tag{1.33}$$

La variazione di carico sarà allora data da:

$$\Delta P = qSC_{p,\beta}\beta + qSC_{p,\alpha}\left(\vartheta - y\frac{p}{V}\right) \tag{1.34}$$

$$\Delta M_{c.a.} = qcSC_{m.c.a.,\beta}\beta \tag{1.35}$$

Si tenga conto che il contributo di β compare solamente alle quote y in cui sono posizionati gli alettoni.

Un'ulteriore conseguenza data dalla manovra di rollio è la presenza di forze inerziali $f_i = -myp$ che danno luogo a un momento.

Data la presenza di due incognite, dovremo scrivere un sistema di due equazioni per poter risolvere il problema:

- equilibrio alle rotazioni attorno all'asse di rollio;

- equilibrio alle rotazioni attorno all'asse elastico.

Integrando lungo l'apertura otteniamo allora le seguenti equazioni:

$$\begin{cases} J\dot{p} &= qK_{p\vartheta}\vartheta - qK_{pp}\frac{p}{V} + qK_{p\beta}\beta \\ K_\vartheta\vartheta &= qK_{\vartheta\vartheta}\vartheta - qK_{\vartheta p}\frac{p}{V} + qK_{\vartheta\beta}\beta + K_{\vartheta p}\dot{p} \end{cases} \tag{1.36}$$

dove il termine generico K_{ij} indica la *rigidezza aerodinamica* agente sul l'i-esimo grado di libertà la variazione del j-esimo grado di libertà. Ovvero, ad esempio, $K_{p\vartheta}$ rappresenta la variazione di carico agente nella direzione di p a causa della variazione di ϑ.

Otteniamo allora la condizione d'equilibrio

$$\vartheta = -q\frac{K_{\vartheta p}}{K_\vartheta - qK_{\vartheta\vartheta}}\frac{p}{V} + q\frac{K_{\vartheta\beta}}{K_\vartheta - qK_{\vartheta\vartheta}}\beta \tag{1.37}$$

Affinché tale soluzione esista è che il denominatore non sia nullo

$$K_\vartheta - qK_{\vartheta\vartheta} \neq 0 \tag{1.38}$$

ovvero

$$q \neq q_d \doteq \frac{K_\vartheta}{K_{\vartheta\vartheta}} \tag{1.39}$$

Riprendendo le equazioni di moto rigido:

$$\begin{cases} J\dot{p} + qSbC_{p,p}\frac{p}{V} &= qSbC_{p,\beta}\beta + qSbC_{p,\vartheta}\vartheta \\ (K_\vartheta - qK_a)\vartheta &= q\left(eSC_{p,\beta} + cSC_{m.c.a.,\beta}\right)\beta + qeSC_{p,p}\frac{p}{V} \end{cases} \tag{1.40}$$

Ricaviamo ϑ dalla seconda equazione:

$$\vartheta = q \frac{(eSC_{p,\beta} + cSC_{m.c.a.,\beta})}{(K_\vartheta - qK_a)} \beta + \frac{qeSC_{p,p}}{(K_\vartheta - qK_a)} \frac{p}{V} \qquad (1.41)$$

e sostituendola nella prima equazione otteniamo:

$$
\begin{aligned}
J\dot{p} + qSb\left(C_{p,p} - C_{p,\vartheta}\frac{qeSC_{p,p}}{(K_\vartheta - qK_a)}\right)\frac{p}{V} &= \\
qSb\left(C_{p,\beta} + C_{p,\vartheta}\frac{(eSC_{p,\beta} + cSC_{m.c.a.,\beta})}{(K_\vartheta - qK_a)}\right)\beta
\end{aligned}
\qquad (1.42)
$$

Formalmente possiamo riscrivere quest'equazione nella stessa formulazione di meccanica del volo,

$$J\dot{p} + qSb\bar{C}_{p,p}\frac{p}{V} = qSb\bar{C}_{p,\beta}\beta$$

dove però i coefficienti aerodinamici vengono a dipendere anche dalla pressione dinamica q e non sono più quindi termini costanti.

Calcoliamo anche il rapporto delle derivate di stabilità. Queste si ottengono dividendo la parte moltiplicativa del parametro considerato per J_p. Ad esempio, considerando $\frac{\partial \dot{p}}{\partial \beta} = \frac{qSb\bar{C}_{p,\beta}}{J_p}$, il rapporto tra caso reale e caso ideale sarà $\frac{\bar{C}_{p,\beta}}{C_{p,\beta}}$. Possiamo inoltre calcolare la pressione dinamica d'inversione, ovvero quella pressione per cui s'annulla il numeratore delle derivate di stabilità $(\bar{C}_{p,i} = 0)$.

Possiamo affrontare il problema consistente introducendo nuove relazioni in modo da avere n incognite in n equazioni: tale problema sarà risolvibile solo se la matrice del problema algebrico non è singolare. Questa diviene singolare quando s'annulla il suo determinante. La pressione dinamica per cui ciò accade prende il nome di *pressione dinamica di divergenza di manovra* o *di divergenza dinamica*. Si noti che questa pressione differisce da quella consueta di divergenza $(q_{div.} \neq q_{div.manovra})$ in quanto:

- la pressione dinamica di divergenza q_d si riferisce all'equazione sull'equilibrio alla torsione ed è quindi un indice di come gli effetti aeroelastici influiscano sulla struttura;

- la pressione dinamica di divergenza di manovra $q_{d,m}$ si riferisce al sistema di equazioni sulla manovra ed è quindi un indice di come gli effetti aeroelastici influiscano sul comportamento (*manovrabilità*) del velivolo.

La *pressione dinamica d'inversione dei comandi* invece viene ottenuta imponendo che per qualsiasi deflessione β degli alettoni, non si abbia variazione nel velivolo:

$$q_i \triangleq \{q| \quad p = 0 \quad \& \quad \dot{p} = 0 \quad \forall \beta\} \tag{1.43}$$

Avremo allora il sistema di equazioni:

$$0 = qSbC_{p,\beta}\beta + qSbC_{p,\vartheta}\vartheta \tag{1.44}$$

$$(K_\vartheta - qK_a)\,\vartheta = q\,(eSC_{p,\beta} + cSC_{m.c.a.,\beta})\,\beta \tag{1.45}$$

ovvero

$$[K_{ae}]\,\{x\} = qS\,[C_p]\,\{x\} \tag{1.46}$$

avendo posto

- $[K_{ae}] = \begin{bmatrix} 0 & 0 \\ 0 & (K_\vartheta - qK_a) \end{bmatrix}$;

- $\{x\} = \begin{Bmatrix} \beta \\ \vartheta \end{Bmatrix}$;

- $[C_p] = \begin{bmatrix} bC_{p,\beta} & bC_{p,\vartheta} \\ (eC_{p,\beta} + cC_{m.c.a.,\beta}) & 0 \end{bmatrix}$

Abbiamo a che fare con un sistema omogeneo, la cui soluzione più ovvia è quella banale, $q = 0$, per gli stessi motivi ricordati sopra per la semplice deflessione degli alettoni. La pressione dinamica di inversione dei comandi si avrà allora quando $q > 0$ e al contempo $\{p = 0 \quad \& \quad \dot{p} = 0\}$. Essendo quindi un problema agli autovalori, la pressione dinamica di divergenza sarà data dal primo autovalore positivo in senso stretto. Se qualora tutti gli autovalori del sistema fossero minori o uguali a zero, non si avrebbe mai pressione dinamica di divergenza e anzi i comandi risulterebbero più efficaci grazie alla deformabilità di quanto non risultino col corpo rigido.

CHAPTER 2

ALA A PARAMETRI DISTRIBUITI

2.1 Ala dritta

Consideriamo ora un'ala reale di dimensioni finite, con calettamento α_0. In generale avremo che le caratteristiche geometriche dell'ala saranno funzione della loro posizione n apertura (che indichiamo con la coordinata y): sezione

- $c = c(y)$;

- $\alpha(y) = \alpha_0(y) + \vartheta(y)$;

Per l'analisi e la caratterizzazione delle quantità aerodinamiche utilizzeremo come già fatto per la sezione tipica l'approccio della teoria delle strisce, in cui le

Aeroelasticità Applicata.
By Giulio Malinverno.
Copyright © 2016 .

caratteristiche aerodinamiche di una sezione non risentono delle caratteristiche aerodinamiche delle sezioni adiacenti. Il carico sarà ora distribuito e può essere scritto come:

$$p = qcC_p(\alpha) - mg; \tag{2.1}$$

$$m_t = qecC_p(\alpha) + qc^2C_{M,c.a.} + mgd \tag{2.2}$$

L'equazione differenziale indefinita d'equilibrio sulla struttura per la torsione afferma che:

$$(GJ\vartheta')' + m_t = 0; \tag{2.3}$$

Tuttavia, dato che tutti i termini dipendono dalla coordinata in apertura y, la risoluzione in forma chiusa è pressoché impossibile. Utilizziamo quindi un approccio numerico alla RITZ basato sul principio dei lavori virtuali (vedi appendice A.3):

$$\int_0^b \left(\delta\vartheta' \cdot GJ\vartheta' + \delta z'' \cdot EJz''\right) dy = \int_0^b \left(\delta\vartheta \cdot m_t + \delta z \cdot p\right) dy \tag{2.4}$$

Il metodo di RITZ consiste nell'approssimare le incognite ϑ e z (rotazione e traslazione verso l'alto) tramite *opportuni* sviluppi, nel senso che tali sviluppi devono soddisfare le condizioni al contorno:

$$\vartheta = \left[N^\vartheta(y)\right]\{q_\vartheta\}$$

$$z = \left[N^z(y)\right]\{q_z\}$$

Supponiamo di avere per semplicità un'ala dritta. Studiando le equazioni notiamo che il problema torsionale dipende solo dall'incognita ϑ mentre quello flessionale dipende da entrambe le incognite. Possiamo quindi risolvere in primo luogo il problema torsionale: una volta nota l'incognita ϑ, potremo passare a calcolare α e p. Una volta noto il carico p, la flessione sarà facilmente calcolabile col metodo classico.

Consideriamo allora solo la torsione e scriviamone il lavoro virtuale. In linea di principio ciò è sbagliato, perché nel lavoro compare anche la flessione, ma poiché la torsione è disaccoppiata dalla flessione, possiamo considerare i lavori *parziali*:

$$\int_0^b \left(\delta\vartheta^{t'} \cdot GJ\vartheta'\right) dy = \int_0^b \left(\delta\vartheta^t \cdot m_t\right) dy \tag{2.5}$$

(abbiamo indicato l'apice della trasposizione in quanto così si avrà una notazione valida anche quando si considereranno quantità non scalari).

Sostituendo gli sviluppi, tenendo conto che la derivazione e l'integrazione operano solamente sulla funzioni di forma $[N]$ e non sui parametri q:

$$\{\delta q\}^t \int_0^b \left([N_\vartheta{}']^t \cdot GJ \, [N_\vartheta{}'] \right) dy \, \{q\} = \{\delta q\}^t \int_0^b \left([N_\vartheta]^t \cdot m_t \right) dy \qquad (2.6)$$

che per l'arbitrarietà degli spostamenti virtuali δq, la nostra equazione diviene un sistema di n incognite, q:

$$\int_0^b \left([N_\vartheta{}']^t \cdot GJ \, [N_\vartheta{}'] \right) dy \, \{q\} =$$
$$\int_0^b \left([N_\vartheta]^t \cdot \left(q \left(ecC_p(\alpha_0) + c^2 C_{M,c.a.} \right) + mgd \right) \right) dy + \qquad (2.7)$$
$$q \int_0^b \left([N_\vartheta]^t \cdot ecC_{p,\alpha} \, [N_\vartheta] \right) dy \, \{q\}$$

Definiamo allora le seguenti quantità:

- $[K] \triangleq \int_0^b \left([N_\vartheta{}']^t \cdot GJ \, [N_\vartheta{}'] \right) dy$

- $[K_a] \triangleq \int_0^b \left([N_\vartheta]^t \cdot ecC_{p,\alpha} \, [N_\vartheta] \right) dy$

- $\{M_0\} \triangleq \int_0^b \left([N_\vartheta]^t \cdot \left(q \left(ecC_p(\alpha_0) + c^2 C_{M,c.a.} \right) + mgd \right) \right) dy$

Possiamo riscrivere allora l'equazione d'equilibrio come:

$$\left([K] - q \, [K_a] \right) \{q\} = \{M_0\} \qquad (2.8)$$

Il formalismo delle equazioni è ancora quello che abbiamo visto per la sezione tipica, sebbene ora siamo in presenza di matrici e non più di quantità scalari. Possiamo anche qui calcolare la pressione dinamica di divergenza in modo molto rapido utilizzando come interpolante la deformata statica. Si osservi che, poiché $[K]$ e $[Ka]$ sono simmetriche e definite positive, e in un'ala dritta e è sempre positivo, la pressione dinamica di divergenza esiste sempre.
Si tenga poi conto che l'autovettore del problema matematico, $\{q\}$, non è l'autovettore del problema fisico, che è invece $[N]\{q\}$.
Passiamo all'approccio in flessibilità. In questo caso, si prende come incognita il carico dovuto alla deformabilità elastica P_e (il momento elastico sarà calcolabile come eP_e). In generale possiamo esprimere il carico come $P = P_c + P_e$, dove P_c

è il carico dovuto alle condizioni al contorno (che consideriamo per unità di pressione dinamica, il carico reale sarà quindi qP). Analogamente $m = (m_c + m_e)$, sempre a pressione dinamica unitaria.

Grazie alla linearità infatti ci basta considerare la variazione di carico rispetto a una condizione d'equilibrio, considerando così ΔP_e. Definiamo α_e la variazione di incidenza elastica.

La *condizione di congruenza aeroelastica* impone $\alpha_e = \vartheta$.

Utilizzando appunto l'approccio in flessibilità possiamo scrivere:

$$\vartheta(y) = \int_l C_{\vartheta\vartheta}(y, \eta) m_t(\eta) d\eta \tag{2.9}$$

dove $C_{\vartheta\vartheta}(y, \eta)$ viene definito *coefficiente d'influenza* e rappresenta la rotazione che si misura alla quota y dovuto a un carico (momento) unitario posizionato alla quota η.

Nel nostro caso, sostituendo l'espressione del momento:

$$\vartheta(y) = \int_l C_{\vartheta\vartheta}(y, \eta) q \left(e P_e + M_0\right) d\eta \tag{2.10}$$

avendo indicato con M_0 i termini che non dipendono dall'elasticità.

D'altra parte, possiamo scrivere $P_e = c C_{p,\alpha} \alpha$, donde $\alpha = \frac{P_e}{c C_{p,\alpha}}$.

L'equazione diviene allora:

$$\frac{P_e(y)}{c C_{p,\alpha}} = \int_l C_{\vartheta\vartheta}(y, \eta) q \left(e(\eta) P_e(\eta) + M_0(\eta)\right) d\eta \tag{2.11}$$

Notazione: si considererà, salvo rare eccezioni, $c C_p$ come u unico parametro e non come prodotto di due quantità distinte. Analogamente, questo discorso vale per $c C_{p,\alpha}$ e per le rigidezze strutturali EI, GJ, ecc..[1]

---

[1]Nota sul concetto di linearità: l'espressione $y = ax + b$ non è *lineare* in quanto

$$y(x_1 + x_2) \neq y(x_1) + y(x_2)$$
$$\downarrow$$
$$a(x_1 + x_2) + b \neq ax_1 + ax_2 + 2b$$

Si tratta infatti di un'equazione detta *affine* che può essere ricondotta a un'equazione lineare tramite uno shift che trasporti l'origine in b. Una volta calcolati i risultati, li si ritrasporta nel sistema originario.

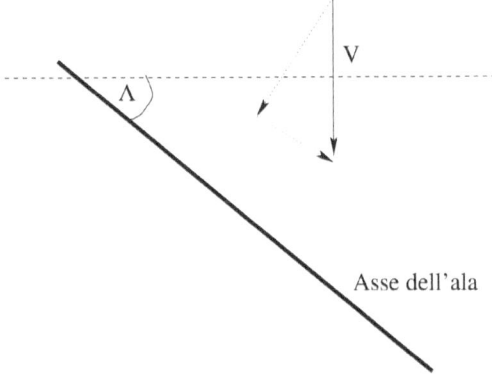

Figura 2.1: Ala a freccia

2.2 Ala a freccia

Possiamo tentare di generalizzare il problema visto trattando ali a freccia. Dal punto di vista strutturale, considerando solamente la soluzione centrale, non c'è differenza fra un'ala a freccia a un'ala dritta e perciò non c'è accoppiamento tra torsione e flessione. Dal punto di vista aerodinamico l'angolo di freccia serve principalmente a diminuire il numero di Mach critico in quanto è solo la componente normale all'asse della velocità a provocare effetti.

Come si può vedere in figura 2.1, la velocità realmente avvertita è $V\cos(\Lambda)$ Per l'ala a freccia, tuttavia la condizione di congruenza aeroelastica non è semplicemente $\alpha_e = \vartheta$. Infatti compare un accoppiamento tra torsione e flessione dal punto di vista aerodinamico (dell'incidenza) e non dal punto di vista strutturale: quando l'ala s'inflette, alla consueta torsione s'aggiunge un contributo causato dalla flessione stessa. La flessione infatti provoca un angolo di diedro alla semiala: la componente tangenziale all'asse dell'ala, $V\sin(\Lambda)$, viene allora ad avere una componente normale all'asse in quanto agisce come una raffica laterale.

La velocità tangenziale $V\sin(\Lambda)$ ha ora una componente normale a causa del diedro Ψ. Questa componente verticale sarà allora $V\sin(\Lambda)\sin(\Psi)$. Avremo quindi la variazione di incidenza:

$$\Delta\alpha = \frac{V_{verticale}}{V_{orizzontale}} = \frac{V\sin(\Lambda)\sin(\Psi)}{V\cos(\Lambda)} = \tan(\Lambda)\sin(\Psi) \qquad (2.12)$$

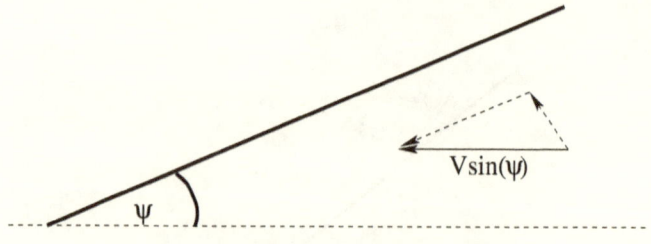

Figura 2.2: Ala a freccia (2)

Poiché possiamo supporre che l'angolo di diedro sia piccolo, $\sin(\Psi) \simeq \Psi$. Tuttavia, poiché il diedro è provocato dalla flessione, avremo anche $\Psi = z'$. L'incidenza reale elastica sarà allora data da:

$$\alpha_e = \vartheta - z' \cdot \tan(\Lambda) \tag{2.13}$$

Torsione e flessione risultano allora accoppiata a causa delle condizioni al contorno aerodinamiche. Se dunque le matrici strutturali risultano diagonali perché strutturalmente torsione e flessione sono disaccoppiate, le matrici aerodinamiche saranno piene. Nell'equazione integrale comparirà allora il termine:

$$- \tan \Lambda \cdot \int_l C_{z'z}(y, \eta) \Delta p(\eta) d\eta \tag{2.14}$$

Possiamo interpretare questo fatto anche figurativamente considerando un profilo AB allineato al vento asintotico. Supponiamo che A sia posto alla quota x_1, sul bordo d'attacco, mentre B sia alla quota x_2 dell'asse dell'ala, sul bordo d'uscita. Durante la flessione, siccome $x_1 \neq x_2$ (in particolare $x_1 < x_2$), la traslazione verso l'alto di questi due punti sarà anch'essa differente, $w(x_1) \neq w(x_2)$. Il profilo AB viene allora picchiato dalla flessione in quanto i punti verso l'estremità alare subiscono una traslazione maggiore, ma per come è costituita l'ala a freccia, tali punti costituiscono anche i bordi d'uscita dei profili allineati al vento. Questo giustifica il segno meno che compare a moltiplicare il termine flessionale dell'incidenza. Possiamo ottenere la stessa cosa ragionando con assi paralleli all'asse dell'ala. In tal caso otterremmo:

$$\alpha_e = \vartheta \cdot \cos(\Lambda) - z' \cdot \sin(\Lambda) \tag{2.15}$$

Si noti che l'angolo di freccia oltre a ridurre il Mach critico ha un effetto positivo in senso aeroelastico, in quanto all'aumentare di Λ asse elastico e asse aerodinamico

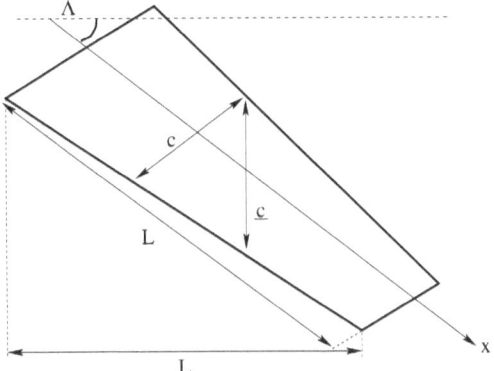

Figura 2.3: Ala a freccia (3)

si avvicinano. Tuttavia, per angoli di freccia positivi, si ha un peggioramento nel comportamento degli alettoni, in quanto:

- l'incidenza diminuisce a causa della torsione;

- l'incidenza diminuisce a causa della flessione

Discorso duale per gli angoli a freccia negativa:

- la flessione va a sommarsi e non a sottrarsi all'incidenza aeroelastica;

- gli alettoni non hanno perdite consistenti ma anzi potrebbero rivelarsi più efficienti.

Osservazione sulla convenzioni: quando si studiano ali a freccia possiamo utilizzare sistemi di riferimento allineati al vento asintotico oppure sistemi allineati con l'asse della trave. Le stesse quantità possono essere allora espresse in modo differente, per quanto si possa passare da un sistema all'altro.

Utilizzando lo schema riportato in figura 2.3, nel sistema locale avremo $p = q\cos^2(\Lambda)clC_{p,\alpha}\alpha$, mentre nel sistema allineato al vento, $p = qc\bar{l}C_{p,\alpha}\bar{\alpha}$ Poiché sappiamo già che

$$\bar{c} = c \cdot \cos(\Lambda);$$
$$\bar{l} = l \cdot \cos(\Lambda);$$
$$\bar{\alpha} = \frac{\alpha}{\cos(\Lambda)};$$

avremo

$$\bar{C}_{p,\alpha} = C_{p,\alpha} \cdot cos(\Lambda)$$

2.2.1   Esempio d'applicazione: ala a freccia con approccio in rigidezza

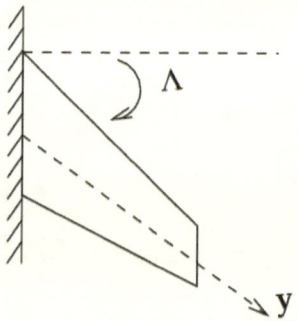

Figura 2.4: Modello di ala a freccia per l'analisi in rigidezza.

Consideriamo un'ala a freccia (o meglio la semiala destra per ragioni di simmetria, vedi figura 2.4) e studiamola con un approccio in rigidezza. sia Λ l'angolo di pfreccia e la coordinata y sia allineata all'asse elastico. L'espressione sui carichi risulta essere:

$$p = \bar{q}\left(cC_{pe} + cC_p(\alpha_0) + cC_{p,\beta}\beta\right) - mng; \quad (2.16)$$
$$m_t = \bar{q}\left(ecC_{pe} + ecC_p(\alpha_0) + ecC_{p,\beta}\beta\right) + \bar{q}c^2 C_{M.c.a.,\beta}\beta - mngd; \quad (2.17)$$
$$(2.18)$$

avendo espresso la presione dinamica $\bar{q} \doteq q\cos^2(\Lambda)$ in quanto stiamo applicando la teoria delle strisce su un riferimento parallelo all'asse elastico. Applichiamo il principio dei lavori virtuali:

$$
\begin{aligned}
\delta L_d &= \int_0^b \left(\delta z" \, EJz" + \vartheta' GJ\vartheta' \right) dy \\
&= \int_0^b \delta \left\{ \begin{matrix} z" \\ \vartheta' \end{matrix} \right\}^t \left[\begin{matrix} EJ & \\ & GJ \end{matrix} \right] \left\{ \begin{matrix} z" \\ \vartheta' \end{matrix} \right\} dy
\end{aligned}
\tag{2.19}
$$

e

$$
\begin{aligned}
\delta L_e &= \int_0^b \delta z p \, dy + \int_0^b \delta \vartheta m_t \, dy \\
&= \int_0^b \delta \left\{ \begin{matrix} z \\ \vartheta \end{matrix} \right\}^t \left\{ \begin{matrix} p \\ m_t \end{matrix} \right\} dy
\end{aligned}
\tag{2.20}
$$

Uguagliamo i due lavori ed applichiamo una risoluzione numerica alla RITZ . Poniamo

$$
\{s\} \doteq \left\{ \begin{matrix} z \\ \vartheta \end{matrix} \right\} = \left[\begin{matrix} N_z & \\ & N_\vartheta \end{matrix} \right] \left\{ \begin{matrix} q_z \\ q_\vartheta \end{matrix} \right\} = [N] \{q\}
\tag{2.21}
$$

In tal modo:

$$
\begin{aligned}
\{s'\} \doteq \left\{ \begin{matrix} z" \\ \vartheta' \end{matrix} \right\} &= \left[\begin{matrix} \frac{\partial^2}{\partial y^2} & \\ & \frac{\partial}{\partial y} \end{matrix} \right] \left[\begin{matrix} N_z & \\ & N_\vartheta \end{matrix} \right] \left\{ \begin{matrix} q_z \\ q_\vartheta \end{matrix} \right\} = \\
&= [\mathbb{D}] [N] \{q\} = [B] \{q\}
\end{aligned}
\tag{2.22}
$$

Possiamo riscrivere il lavoro di deformazione come

$$
\delta L_d = \delta \{q\}^t [K] \{q\}
\tag{2.23}
$$

avendo posto

$$
[K] \doteq \int_0^b [B]^t \left[\begin{matrix} EJ & \\ & GJ \end{matrix} \right] [B] \, dy
\tag{2.24}
$$

dove si trova che la matrice di rigidezza è diagonale:

$$
K_{zz} = \int [N_z"]^t \, EJ \, [N_z"] \, dy
\tag{2.25}
$$

$$
K_{z\vartheta} = K_{\vartheta z} = 0
\tag{2.26}
$$

$$
K_{\vartheta\vartheta} = \int [N'_\vartheta]^t \, GJ \, [N'_\vartheta] \, dy
\tag{2.27}
$$

si riscopre quanto già affermanto, ovvero che torsione e flessione sono strutturalmente disaccoppiate, così come lo sono per la trave retta.
Il carico esterno può anch'esso essere valutato:

$$
\begin{aligned}
\{Q\} \;=\;& \bar{q} \begin{bmatrix} c \\ ec \end{bmatrix} C_{pe} \\
&+\bar{q} \begin{bmatrix} cC_{p,\beta} \\ ecC_{p,\beta} + c^2 C_{M.c.a.,\beta} \end{bmatrix} \beta \\
&+\bar{q} \begin{bmatrix} C_{p,\alpha} \\ ecC_{p,\alpha} \end{bmatrix} \alpha_0 \\
&+n \begin{bmatrix} -m \\ mg \end{bmatrix} g = \\
\;=\;& \bar{q} \begin{bmatrix} c \\ ec \end{bmatrix} C_{pe} + \bar{q}\,[P_\beta]\,\beta + \bar{q}\,[P_0]\,\alpha_0 + n\,[P_i]\,g
\end{aligned}
\tag{2.28}
$$

La condizione di congruenza aeroelastica impone che

$$
\begin{aligned}
\alpha_e \;=\;& \vartheta - \tan(\Lambda)z' = \begin{bmatrix} -\tan(\Lambda) & 1 \end{bmatrix} \begin{Bmatrix} z' \\ \vartheta \end{Bmatrix} = \\
\;=\;& \begin{bmatrix} -\tan(\Lambda) & 1 \end{bmatrix} \begin{bmatrix} N'_z & \\ & N_\vartheta \end{bmatrix} \{q\} = \\
\;=\;& \begin{bmatrix} -\tan(\Lambda)N'_z & N_\vartheta \end{bmatrix} \{q\}
\end{aligned}
\tag{2.29}
$$

In tal modo, siccome $C_{pe} = C_{p,\alpha}\alpha_e$, avremo l'espressione del carico:

$$
\begin{aligned}
\{Q\} \;=\;& \bar{q} \begin{bmatrix} c \\ ec \end{bmatrix} \begin{bmatrix} -cC_{p,\alpha} \tan \Lambda N_z^t N'_z & cC_{p,\alpha} N_z^t N_\vartheta \\ -ecC_{p,\alpha} \tan \Lambda N_\vartheta^t N'_z & cC_{p,\alpha} N_\vartheta^t N_\vartheta \end{bmatrix} \{q\} \\
&+\; \bar{q}\,[P_\beta]\,\beta \\
&+\; \bar{q}\,[P_0]\,\alpha_0 \\
&+\; n\,[P_i]\,g
\end{aligned}
\tag{2.30}
$$

Inserendo questo sviluppo nell'espressione del lavoro, otteniamo l'equazione:

$$
\begin{bmatrix} K_{zz} & \\ & K_{\vartheta\vartheta} \end{bmatrix} \{q\} = \bar{q} \int [\mathbb{K}]\,dy\,\{q\} + \bar{q}\,\{Q_\beta\}\,\beta + \bar{q}\,\{Q_0\}\,\alpha_0 + n\,\{Q_i\}\,g
\tag{2.31}
$$

Ora, analizzando quest'espressione possiamo fare le seguenti osservazioni:

- se $\Lambda = 0$ il termine extradiagonale triangolare inferiore della matrice di rigidezza aerodinamica $[K_a]$ s'annullano, in tal modo torsione e flessione risultano disaccoppiate anche dal punto di vista aerodinamico e non solo strutturale;

- se $\Lambda \neq 0$ le coordinate z e ϑ risultano accoppiate a causa della congruenza aerodinamica, ovvero a causa delle condizioni al contorno del campo aerodinamico.

2.2.2 Esempio d'applicazione: ala a freccia con approccio in flessibilità

Vediamo ora lo stesso problema tramite un approccio in flessibilità. Prendiamo come incognita la variazione di carico elastico, cC_{pe}. Il miglior sistema di riferimento col quale lavorare è quello con l'asse y allineato all'asse elastico. Avremo quindi:

$$cC_{pe} = cC_{p,\alpha}\alpha_e = cC_{p\,alpha}(\vartheta - z'\tan\Lambda) \tag{2.32}$$

Calcoliamo allora in funzione del cartico i termini di spsotamento che vi compaiono:

$$\vartheta(y) = \int C_{\vartheta z}p + C_{\vartheta\vartheta}m_t)d\eta = \int C_{\vartheta\vartheta}(y,\eta)m_t(\eta)d\eta \tag{2.33}$$

$$z(y) = \int C_{zz}p + C_{z\vartheta}m_t)d\eta = \int C_{zz}(y,\eta)p(\eta)d\eta \tag{2.34}$$

da cui

$$z'(y) = \frac{\partial z}{\partial y} = \int \frac{\partial C_{zz}z}{\partial y}d\eta \tag{2.35}$$

$$\alpha_e(y) = \int C_{\vartheta\vartheta}m_t d\eta - \tan\Lambda \int C'_{zz}p d\eta \tag{2.36}$$

Ora,

$$p(\eta) = \bar{q}\left(cC_{pe} + cC_p(\alpha_0) + cC_{p,\beta}\beta\right) - mng; \tag{2.37}$$

$$m_t(\eta) = \bar{q}\left(ecC_{pe} + ecC_p(\alpha_0) + ecC_{p,\beta}\beta\right) + \bar{q}c^2C_{M.c.a.,\beta}\beta - mngd; \tag{2.38}$$

$$\tag{2.39}$$

che devono essere inseriti nell'equazione:

$$\frac{cC_{pe}}{cC_{p,\alpha}} = \int C_{\vartheta\vartheta} m_t(\eta) d\eta - \tan\Lambda \int C'zzp(\eta)d\eta \qquad (2.40)$$

Quest'eqauzione può essere riscritta mettendo in luce le incidenze provocate dai vari componenti, utilizzando la notazione α_k per indicare l'incidenza dovuta al parametro unitario:

$$\alpha_\beta \doteq \bar{q} \int \left[C_{\vartheta\vartheta} \left(ecC_{p,\beta} + c^2 C_{M.c.a.,\beta} \right) - \tan\Lambda C'_{zz}(cC_{p,\beta}) \right] d\eta \qquad (2.41)$$

$$\alpha_{\alpha_0} \doteq \bar{q} \int \left[C_{\vartheta\vartheta} \left(ecC_{p,\alpha} \right) - \tan\Lambda C'_{zz}(cC_{p,\alpha}) \right] d\eta \qquad (2.42)$$

$$\alpha_g \doteq \bar{q} \int \left[C_{\vartheta\vartheta} d - \tan\Lambda C'_{zz} \right] d\eta \qquad (2.43)$$

$$\left[\frac{1}{cC_{p,\alpha}} + \bar{q} \left(\tan\Lambda \int C'_{zz} d\eta - \int C_{\vartheta\vartheta} d\eta \right) \right] cC_{pe} = \alpha_\beta\beta + \alpha_{\alpha_0}\alpha_0 + \alpha_g mng$$

$$(2.44)$$

che può essere ricondotto alla formulazione canonica:

$$([\mathbb{A}] - \bar{q}[\mathbb{F}]) \{cC_{pe}\} = \sum \{a_i\} \qquad (2.45)$$

2.3 Ala a delta

Consideriamo una semiala a delta (2.5). I suoi modi di vibrare sono simili a quelli di una piastra (vedi anche appendice D). La sua deformata w del paino medio sarà quindi una funzione di due coordinate x, y:

$$w(x,y) = \int_s C_{ww}(x,y,\xi,\eta) p(\xi,\eta) dS \qquad (2.46)$$

Per ottenere le vibrazioni, sostituiamo al generico carico quello inerziale:

$$p(x,y) = -m(x,y)\ddot{w}(x,y,t) \qquad (2.47)$$

Ora, il termine d'influenza $C_{ww}(x,y,\xi,\eta)$ non è facilmente calcolabile in forma analitica ma è misurabile sperimentalmente piuttosto che numericamente discretizzando la superficie, ponendo su di essa tanti punti di controllo. In tal modo si

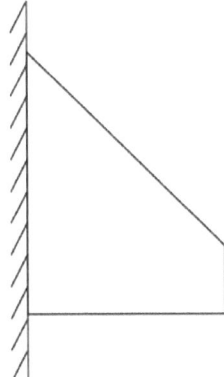

Figura 2.5: Modello di ala a delta.

otterrà una matrice $[C_{ww}]$ nota per punti.
Otteniamo allora, in campo delle frequenze

$$w(x, y) = -\omega^2 \int_S C_{ww}(x, y, \xi, \eta) m(\xi, \eta) w(\xi, \eta) dS \qquad (2.48)$$

Utilizzando la matrice d'influenza nota per punti ed integrando numericamente suddividendo la superficie in tante aree ΔS_i, si giungerà alla formulazione:

$$[A]\{w\} + \omega^2 [B]\{w\} = 0 \qquad (2.49)$$

dove

$$[A] = [I] \qquad (2.50)$$
$$[B] = [C_{ww}][m\Delta S] \qquad (2.51)$$

In questa rappresentazione, $[C_{ww}]$ è la deformazione nel punto di coordinate (x, y) causata da un carico unitario posto nel punto (ξ, η). Tuttavia, se usassimo il metodo di GALERKIN , l'integrale $\int_S C_{ww}(x, y, \xi, \eta) m(\xi, \eta) N_k(\xi, \eta) dS$ è il calcolo della deformazione w nel punto (x, y) causato da un carico prodotto dallo sviluppo k-esimo valutato nel punto di coordinate (ξ, η).
Si noti che, poiché abbiamo la matrice d'influenza $[C_{ww}]$ nota per punti, dovremo ridurre il carico nei punti ove è stata misurata sperimentalmente la matrice stessa.

2.4   Spiedo in rollio

Consideriamo un velivolo modellato a *spiedo* in manovra di rololio. Il modello a spiedo è un modello in cui le superfici aerodinamiche (ali e superfici di coda) sono modellate tramite superfici bidimensionali deformabili, mentre il resto del velivolo è modellato da travi snelle perfettamente rigide.

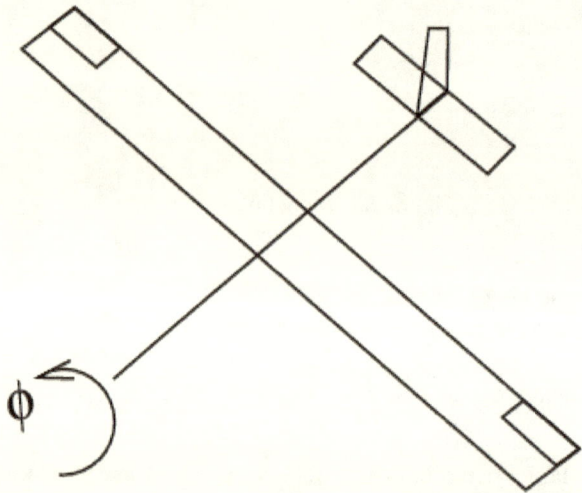

Figura 2.6: Modello a spiedo: le superfici aerodinamiche sono modellate da superfici deformabili, mentre il resto del velivolo è modellato da travi snelle e rigide.

La variazione del carico a causa della manovra di rollio, tenendo conto dei contributi aerodinamici e di quelli inerziali è esprimibile come:

$$\Delta P = q(cC_{pe} + cC_{L,\beta}\beta - cC_{L,\alpha}\frac{py}{V_\infty}) - m\dot{p}y = q\Delta P_a + \Delta P_i \qquad (2.52)$$

dove abbiamo utilizziamo per il coefficiente di portanza non il consueto C_p ma la notazione C_L in quanto utilizzeremo il pedice p per indicare la velocità angolare in rollio, tranne per la variazione di carico di natura elastica.
L'espressione del momento torcente si scrive come:

$$\Delta m_t = eq\Delta P_a - qc^2 C_{M.c.a.,\beta}\beta - m\dot{p}yd \qquad (2.53)$$

Queste formule sono riferite all'ala principale e in linea di principio si deve tener conto anche degli impennaggi verticali e della fusoliera. Per semplicità espositiva non consideriamo gli impennaggi di coda.

2.4.1   Approccio in rigidezza

Scriviamo allora l'espressione del lavoro virtuale interno ed esterno, indicando con b la semiapertura alare:

$$\delta L_e = 2 \int_0^b (q\delta z' \Delta P_a + \delta z' \Delta P_i + \delta\vartheta' \Delta m_t - \delta\phi' J_r \dot{p})dy \tag{2.54}$$

$$\delta L_i = 2 \int_0^b (q\delta z" EJz" + \delta\vartheta' GJ\vartheta')dy \tag{2.55}$$

$$\tag{2.56}$$

Ora, lo spostamento sarà dato da un contributo rigido e da uno di deformazione:

$$\delta z = \delta z_{rigido} + \delta z_{defor.} = \delta y\phi + \delta z_d \tag{2.57}$$

Applicando il principio dei lavori virtuali, sulla variazione virtuale dell'angolo di rollio ϕ, si troverà l'equazione:

$$\delta phi \rightarrow J_r\vartheta' + 2 \int_0^b y\Delta P dy \tag{2.58}$$

Da questa si può ricavare l'equazione del moto del velivolo *rigido* in rollio, sostituendo nella precedente espressione quanto abbiamo scritto sulla variazione di carico:

$$J_r\dot{p} + qlC_{L,p}\frac{p}{v_\infty} + qlC_{L,\beta}\beta + q[M_d]\{q\} = 0 \tag{2.59}$$

Siccome i gradi di libertà ϑ e z sono disaccoppiati, possiamo considerare singolarmente l'integrale dovuto a $\delta\vartheta$: w

$$2 \int_0^b \delta\vartheta \Delta m_t dy = 2 \int_0^b \delta\vartheta' GJ\vartheta' dy \tag{2.60}$$

Applichiamo ora l'approssimazione degli spostamenti tramite lo sviluppo con le funzioni di forma: w

$$\{\delta q\}^t \int_0^b [N]^t \Delta m_t dy = \{\delta q\}^t \int_0^b [N']^t GJ[N']\, dy\, \{q\} \tag{2.61}$$

essendo i parametri $\{q\}$ indipendenti dalle coordinate spaziali. Otteniamo allora, utilizzando le consuete definizioni:

$$[K]\{q\} = \int_0^b [N]^t \, \Delta m_t dy \tag{2.62}$$

Sapendo ora che $cC_{pe} = cC_{L,\alpha}\alpha_e = cC_{L,\alpha}\vartheta$, avremo

$$
\begin{aligned}
[K]\{q\} =\ & \left(\int_0^b [N]^t \, (qecC_{L,\alpha})\, [N]\, dy \right) \{q\} \\
+\ & \left(\int_0^b [N]^t \, (qecC_{L,\beta} + qc^2 C_{M.c.a.,\beta})dy \right) \beta \\
+\ & \left(\int_0^b [N]^t \, (-qecC_{L,\alpha})y dy \right) \frac{p}{V_\infty} \\
+\ & \left(\int_0^b [N]^t \, (-myd)dy \right) \dot{p}
\end{aligned}
\tag{2.63}
$$

ovvero

$$([K] - q\,[K_a])\,\{q\} = q\,\{Q_\beta\}\,\beta - \{Q_I\}\,\dot{p} - q\,\{Q_p\}\,\frac{p}{V_\infty} \tag{2.64}$$

I vettori $\{Q_k\} \doteq \int_0^b [N^t]\, f_k dy$ assumono il significato di vettori di forze generalizzate dovute a un certo k-esimo parametro, ovvero il lavoro a parametro unitario. La componente j-esima del vettore k-esimo sarà allora il lavoro dovuto al parametro k-esimo unitario per la j-esima componente dello sviluppo $[N]$:

$$Q_{k,j} = int_0^b N_j fk dy \tag{2.65}$$

Si tenga conto che si potrà giungere a un'espressione formalmente identica a quella che si trova con un approccio stazionario, con la differenza che i termini che vi compaiono hanno formulazioni differenti, dipendendo dalla velocità di volo (o meglio dalla pressione dinamica) e dalla deformabilità della struttura. Si noti che anche il momento d'inerzia dell'ala torta non è lo stesso dell'ala indeformata.

2.4.2 Approccio in flessibilità

Possiamo ora vedere lo stesso esercizio nell'approccio in flessibilità. La condizione di congruenza aeroelastico impone che

$$\alpha_e \equiv \vartheta \tag{2.66}$$

Sappiamo d'altra parte che

$$\vartheta(y) = \int_0^b C_{\vartheta\vartheta}(y,\eta)\Delta M_t(\eta)d\eta = \frac{cC_{pe}}{cC_{L,\alpha}} \qquad (2.67)$$

Avremo allora per l'equazione di congruenza:

$$\int_0^b C_{\vartheta\vartheta}(y,\eta)(eq\Delta P_a - qc^2 C_{M.c.a.,\beta}\beta - m\dot{p}yd)d\eta = \frac{cC_{pe}}{cC_{L,\alpha}} \qquad (2.68)$$

da cui

$$
\begin{aligned}
\frac{cC_{pe}}{cC_{L,\alpha}} = {} & \int_0^b C_{\vartheta\vartheta}(y,\eta)\,(eqC_{pe})\,d\eta \\
& + \int_0^b C_{\vartheta\vartheta}(y,\eta)\,\left(q(ecC_{L,\beta} - c^2 C_{M.c.a.,\beta})\beta\right)d\eta \\
& + \int_0^b C_{\vartheta\vartheta}(y,\eta)\,\left(-qecC_{L,\alpha}\frac{py}{V_\infty}\right)d\eta \\
& + \int_0^b C_{\vartheta\vartheta}(y,\eta)\,(-m\dot{p}yd)\,d\eta
\end{aligned}
\qquad (2.69)
$$

mentre l'equazione sul rollio vero e proprio diviene:

$$J_r\dot{p} + qlC_{L,p}\frac{p}{V_\infty}0qlC_{L,\beta}\beta + 2\int cC_{pe}ydy \qquad (2.70)$$

Risolviamo gli integrali tramite collocazione semplice. Iniziando con l'equazione sul rollio, avremo:

$$2q\int_0^b cC_{pe}ydy = 2q\sum\int_{b_{i-1}}^{b_i} cC_{pe}ydy_i = 2q\sum c\bar{C}_{pe,i}y_I\Delta y_i \qquad (2.71)$$

riscrivibile come

$$2q\int_0^b cC_{pe}ydy = \ldots = q\,[2\Delta y]\,\{y\}^t\,\{cC_{pe}\} \doteq q\,[M_{ae}]\,\{cC_{pe}\} \qquad (2.72)$$

dove $[\Delta y]$ è una matrice diagonale mentre $\{y\}^t$ è un vettore riga. L'equazione diviene allora:

$$J_r\dot{p} + qlC_{L,p}\frac{p}{V_\infty} = qlC_{L,\beta}\beta + q\,[M_{ae}]\,\{cC_{pe}\} \qquad (2.73)$$

Per la congruenza aeroelastico si otterrà un'equazione esprimibile come:

$$[F]\,[M] = \left\{\frac{cC_{pe}}{cC_{L,\alpha}}\right\} \equiv \left[\frac{1}{cC_{L,\alpha}}\right]\{cC_{pe}\} \qquad (2.74)$$

Dove

$$\{M\} \doteq q\,[e\Delta y]\,\{cC_{pe}\} - q\,\{M_p\}\,\frac{p}{V_\infty} + q\,\{M_\beta\}\,\beta - \{M_I\}\,\dot{p} \qquad (2.75)$$

dunque

$$\left(q\,[F]\,[e\Delta y] - \left[\frac{1}{cC_{L,\alpha}}\right]\right)\{cC_{pe}\} = q\,[F]\,\{M_p\}\,\frac{p}{V_\infty}$$
$$+ \quad q\,[F]\,\{M_\beta\}\,\beta \qquad (2.76)$$
$$+ \quad [F]\,\{M_I\}\,\dot{p}$$

Possiamo allora definire le matrici di incidenza e i termini che rappresentano delle rotazioni a carico unitario:

- $[\mathbb{F}] \doteq [F]\,[e\Delta y]$ Matrice d'incidenza strutturale;

- $[\mathbb{A}] \doteq \left[\frac{1}{cC_{L,\alpha}}\right]$ Matrice d'incidenza aerodinamica;

- $\{\vartheta_p\} \doteq [F]\,\{M_p\}$ Rotazione provocata dalla velocità di rollio unitaria;

- $\{\vartheta_\beta\} \doteq [F]\,\{M_\beta\}$ Rotazione provocata da una deflessione delle superfici di comando β unitaria;

- $\{\vartheta_I\} \doteq [F]\,\{M_I\}$ Rotazione provocata da carichi inerziali dovuti a un'accelerazione unitaria;

L'equazione finale sulla congruenza sarà:

$$(q\,[\mathbb{F}] - [\mathbb{A}])\,\{cC_{pe}\} = \{\vartheta_p\}\,\frac{p}{v_\infty} + \{\vartheta_\beta\}\,\beta + \{\vartheta_I\}\,\dot{p} \qquad (2.77)$$

Quello rappresentato è un sistema di equazioni integro-differenziali che posseggono lo stesso formalismo delle equazioni stazionarie ma in nel quale i coefficienti non sono costanti e dipendono dalle incognite.

Parte II

ANALISI E CONTROLLO DI SISTEMI DINAMICI AERONAUTICI

CHAPTER 3

FONDAMENTI DI AUTOMATICO E SISTEMI DINAMICI

SISTEMA DINAMICO è definito come l'oggetto che si interfaccia con il mondo esterno tramite m d'ingresso,o variabili *di controllo* $u_1 \ldots u_m$, e p variabili d'uscita, o variabili *controllate*, $y_1 \ldots y_p$. *Dinamica del sistema* è il rapporto di causa effetto che sussiste tra le variabili di controllo e quelle controllate.

Di norma, non possiamo rappresentare il sistema S tramite un semplice sistema di equazioni algebriche, e non è neppure sufficiente conoscere l'andamento di tutti gli ingressi, ma serve conoscere anche i valori iniziali delle variabili d'uscita.

Il numero minimo di condizioni iniziali che occorre conoscere per determinare lo stato d'uscita ad un generico tempo t prende il nome di *ordine del sistema*, indicato con n.

Definiamo *variabili di stato* $x_1 \ldots x_n$ le n variabili la cui conoscenza ad un dato

Aeroelasticità Applicata.
By Giulio Malinverno.
Copyright © 2016 .

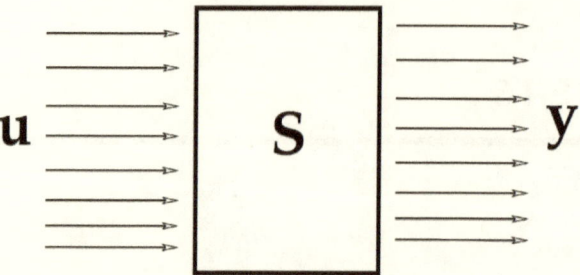

Figura 3.1: SISTEMA DINAMICO è definito come l'oggetto che si interfaccia con il mondo esterno tramite m d'ingresso,o variabili *di controllo* $u_1 \ldots u_m$, e p variabili d'uscita, o variabili *controllate*, $y_1 \ldots y_p$.

istante, unita alla conoscenza degli ingressi da quell'istante ai successivi, ci permette di calcolare tutte le variabili d'uscita.

Lo stato rappresenta la memoria storica del sistema dinamico e bisogna perciò capire come si evolvano nel tempo le variabili di stato. In generale si potrà scrivere, per una generica variabile x_i:

$$x_i(t) = k_i(x_1(t_0), \ldots, x_n(t_0), u_1(t_0), \ldots, u_m(t_0), t) \tag{3.1}$$

Queste relazioni possono essere riscritte in una più comoda relazione differenziale:

$$\dot{x}_i(t) = f_i(x_1(t_0), \ldots, x_n(t_0), u_1(t_0), \ldots, u_m(t_0), t) \tag{3.2}$$

L'insieme di queste equazioni prende il nome di *equazioni di stato*, a cui aggiungere le *trasformazioni d'uscita*:

$$y_i(t) = g_i(x_j(t), u_k(t), t) \tag{3.3}$$

In forma matriciale:

$$\{\dot{x}\} = f(\{x\}, \{u\}, t) \tag{3.4}$$

$$\{y\} = g(\{x\}, \{u\}, t) \tag{3.5}$$

Consideriamo un sistema dinamico del primo ordine, in cui le equazioni di stato e le trasformazioni siano lineari. In tal modo possiamo passare ad una più comoda rappresentazione:

$$\begin{aligned} \{\dot{x}\} &= [A]\{x\} + [B]\{u\} \\ \{y\} &= [C]\{x\} + [D]\{u\} \end{aligned} \tag{3.6}$$

passando nel campo delle frequenze otterremo:

$$s\{x\} = [A]\{x\} + [B]\{u\}$$
$$\{y\} = [C]\{x\} + [D]\{u\}$$

(3.7)

dai cui possiamo calcolare l'equazione risolutiva:

$$s\{x\} = [A]\{x\} + [B]\{u\}$$
$$\downarrow$$
$$(s[I] - [A])\{x\} = [B]\{u\}$$
$$\downarrow$$
$$\{x\} = (s[I] - [A])^{-1}[B]\{u\}$$
$$\downarrow$$
$$\{y\} = \left([C](s[I] - [A])^{-1}[B] + [D]\right)\{u\} = [H(s)]\{u\}$$

(3.8)

dove la matrice $[H(s)]$ prende il nome di MATRICE DI TRASFERIMENTO DEL SISTEMA.

L'equazione risolutiva è un'equazione razionale con ordine del numeratore minore o uguale a quello del denominatore. In particolare l'ordine del numeratore sarà uguale a quello del denominatore quando il sistema è SEMPLICEMENTE PROPRIO e compare nell'uscita la matrice $[D]$, che stabilisce un legame diretto tra ingresso e uscita. Il sistema è invece STRETTAMENTE PROPRIO quando l'uscita dipende dall'ingresso solo attraverso gli stati $\{x\}$ del sistema, ovvero non compare la matrice $[D]$. Infatti siccome $(s[I] - [A])$ è una matrice di funzioni di s, con determinante di ordine n mentre $(s[I] - [A])^{-1}$ sarà un'espressione razionale fratta con denominatore di ordine n e numeratore di ordine n-1: poiché, dal punto di vista matematico la presenza di $[D]$ è quella di aumentare l'ordine del numeratore fine ad n, la mancanza di tale matrice farà si che il denominatore abbia grado maggiore di quello del numeratore.

Nel dominio del tempo, l'equazione risolutiva equivale a utilizzare un INTEGRALE DI CONVOLUZIONE:

$$y(t) = \int_0^t [h(t - \tau)]\{u(\tau)\}d\tau$$

(3.9)

dove $h(t)$ prende il nome di RISPOSTA IMPULSIVA.

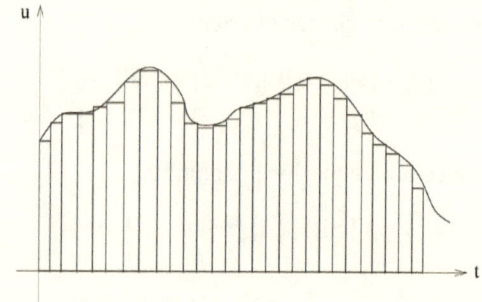

Figura 3.2: Schematizzazione di un ingresso $u(t)$ generico di un sistema dinamico

Si noti che questi discorsi valgono se il sistema è stabile: essendo lineare, possiamo parlare di stabilità del sistema e non solo di stabilità dello stato del sistema. Bisogna perciò stare attenti alle dinamiche nascoste. Nel campo delle frequenze queste sono rappresentate ad esempio dalla cancellazione di zeri e di poli, mentre nel tempo sono rappresentate dalle parti non osservabili e non raggiungibili.

Supponiamo dunque di poter calcolare la risposta relativa a forzanti canoniche. La risposta a una forzante generica sarà allora data dalla sovrapposizione delle risposte alle forzanti canoniche (principio di sovrapposizione, grazie alla linearità). Quest'assunto ci permette di dimostrare l'integrale di convoluzione. Sia $h(t)$ la risposta impulsiva mentre $u(t)$ sia un generico ingresso. Questo può essere visto come una successione di rettangoli di ampiezza Δt (vedi figura 3.2).
Facciamo un passaggio al limite gli spessori Δt e notiamo che $u(t)$ è dato da una successione infinita di impulsi.

Per il principio di sovrapposizione, la risposta a un ingresso dato dalla somma di tanti contributi sarà uguale alla somma delle risposte ai singoli contributi. Siccome $u(t)$ è dato dalla somma integrale dei suoi impulsi, la risposta a $u(t)$ sarà data allora dalla somma integrale delle risposte agli impulsi, come mostrato in 3.9.

La necessità di utilizzare $h(t - \tau)$ è data dal fatto che gli impulsi non sono posizionati nell'origine ma nell'istante τ.
Possiamo adottare un procedimento analogo se u(t) fosse stato espresso tramite gli scalini. Altre forzanti canoniche sono quelle armoniche. Grazie a FOURIER , una forzante qualsiasi può essere sempre vista come sovrapposizione di ∞ forzanti

armoniche, purché la forzante stessa sia armonica:

$$f(t) = \sum \left(a_i \cos(\omega_i t) + b_i \sin(\omega_i t) \right)$$
$$\text{serie di FOURIER}$$
(3.10)

Se la forzante non fosse armonica, si passa all'*integrale di* FOURIER , supponendo un periodo T infinito per la funzione in esame. Condizione sufficiente affinché quest'operazione possa essere compiuta è che:

$$\int \mid f(t) \mid dt \text{ esista e sia limitato}$$
(3.11)

ovvero

- $f(t)$ sia limitata o decrescente

- $f(t)$ abbia durata limitata

Fortunatamente le nostre forzanti soddisfano le richieste. Possiamo quindi esplicitare la trasformata di FOURIER :

$$F(j\omega) = \int_{-\infty}^{+\infty} f(t)e^{-j\omega t}dt$$
$$\text{trasformata di FOURIER}$$
(3.12)

Qualora $f(t)$ non fosse limitata, basta applicare il seguente accorgimento: moltiplichiamo l'integranda per l'identità $e^{\sigma t}e^{-\sigma t}$:

$$
\begin{aligned}
F(j\omega) &= \int_{-\infty}^{+\infty} f(t)e^{\sigma t}e^{-\sigma t}e^{-j\omega t}dt \\[2mm]
&= \int_{-\infty}^{+\infty} e^{\sigma t}f(t)e^{-\sigma t}e^{-j\omega t}dt \\[2mm]
&= \int_{-\infty}^{+\infty} f^*(t)e^{-st}dt
\end{aligned}
$$
(3.13)

Si sceglie quindi un valore di $\sigma > \sigma_0$ tale per cui $e^{\sigma t}f(t) = f^*(t)$ sia limitata. In questo modo otterremo la trasformata della funzione $f^*(t)$ nel dominio della variabile $s \triangleq \sigma + j\omega t$, da cui

$$F(s) = \int_0^{+\infty} f^*(t)e^{-st}dt$$
$$\text{trasformata di LAPLACE}$$
(3.14)

Osservazione: parleremo indistintamente di $F(s)$, $F(j\omega)$, $F(\omega)$ in quanto cono-
sceremo sempre le nostre funzioni solo sull'asse immaginario.

Nota: il gradino è la massima funzione temporale trasformabile benché necessiti
di un passaggio al limite.

Nota: gli estremi d'integrazione della trasformata di LAPLACE sono 0 e $+\infty$,
mentre gli estremi di FOURIER sono $-\infty$ e $+\infty$. Ciò non ci crea problemi in
quanto ci si riferisce a forzanti causali, tali cioè da essere nulle per tempi inferiori
a 0. Ciò significa anche che la trasformata di FOURIER esiste se la trasformata
di LAPLACE comprende l'asse immaginario.

Allora i seguenti integrali sono fra loro identici:

$$\int_0^{+\infty} f(\tau)e^{-st}d\tau = \int_{-\infty}^{+\infty} f(\tau)e^{-st}d\tau \tag{3.15}$$

Si tenga però in conto che integrare da 0^- piuttosto che da 0^+ è indifferente a
meno che non si abbia a che fare con l'impulso. Per tener automaticamente conto
di ciò, usiamo la notazione:

$$\int_0^{+\infty} f(\tau)e^{-st}d\tau \equiv \int_{0^-}^{+\infty} f(\tau)e^{-st}d\tau \tag{3.16}$$

L'integrale di convoluzione prende tale nome perché in esso si possono ribaltare i
termini, ovvero

$$y(t) = \int_0^t h(t-\tau)u(\tau)d\tau = \int_0^t h(\tau)u(t-\tau)d\tau \tag{3.17}$$

Dimostriamo quest'affermazione:

$$
\begin{aligned}
y(t) &= \int_0^t h(t-\tau)u(\tau)d\tau \\
&\quad \text{facciamo un cambiamento di varibviali } v = (t-\tau) \\
&= -\int_t^0 h(v)u(t-v)dv \\
&= \int_0^t h(v)u(t-v)dv \\
&\quad \text{facciamo un altro cambiamento } v = \tau \\
&= \int_0^t h(\tau)u(t-\tau)d\tau
\end{aligned}
\tag{3.18}
$$

Valutiamo allora $Y(s)$ in base alla definizione di trasformata di Fourier/ LAPLACE :

$$
\begin{aligned}
Y(s) &= \int_0^{+\infty} y(t)e^{-st}dt = \int_0^{+\infty}\left(\int_0^{+\infty} h(\tau)u(t-\tau)d\tau\right)e^{-st}dt \\
&= \int_0^{+\infty}\left(\int_0^{+\infty} h(\tau)u(v)d\tau\right)e^{-sv}e^{-s\tau}dv \\
&= \int_0^{+\infty} h(\tau)e^{-s\tau}d\tau \int_0^{+\infty} u(v)e^{-sv}dv = H(s)U(s)
\end{aligned}
\tag{3.19}
$$

Possiamo allora definire a posteriore la matrice di trasferimento come

$$
H(s) = \frac{Y(s)}{U(s)}
\tag{3.20}
$$

Sebbene sia consuetudine indicare con le lettere minuscole le quantità nel dominio del tempo e con le lettere maiuscole le stesse quantità nel dominio delle frequenze, d'ora in poi utilizzeremo sempre la notazione minuscola, sia perché lavoreremo quasi sempre nel dominio delle frequenze e perché sarà facile capire in quale dominio ci si trovi.

Possiamo richiamare a questo punti alcuni utili teoremi:

$$
f(0^+) = \lim_{s\to\infty} sF(s) \text{ \textit{teorema del valore iniziale}}
\tag{3.21}
$$

$$
f(\infty) = \lim_{s\to 0} sF(s) \text{ \textit{teorema del volar iniziale}}
\tag{3.22}
$$

Questi teoremi possono essere utilizzati anche per vedere le conseguenze di eventuali errori:

- Teorema del valore iniziale: un errore nelle alte frequenze si traduce in un errore nella descrizione del transitorio iniziale.

- Teorema del valore finale: un errore nelle basse frequenze si traduce in un errore nella descrizione del valore a regime

CHAPTER 4

SISTEMA DINAMICO AERONAUTICO

Facciamo riferimento allo schema a blocchi di figura 4.1 e analizziamo il sistema aeroelastico sotto l'aspetto di sistema dinamico. In termini di frequenze possiamo scrivere:

$$s^2[M]\{q\} + [K]\{q\} = \{Q_a(s)\} + \{Q_{est}(s)\}$$ (4.1)

Aeroelasticità Applicata.
By Giulio Malinverno.
Copyright © 2016 .

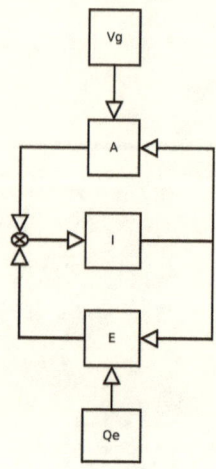

Figura 4.1: Schema a blocchi AEI

4.1 Approssimazione stazionaria

Valutiamo ora il blocco dell'aerodinamica.

$$\{Q_a(t)\} \quad \leftarrow \quad A \quad \leftarrow \quad \{q(t)\}$$
$$\uparrow$$
$$\{V_g(t)\}$$

Trasformiamo per passare nel dominio delle frequenze, ottenendo la relazione:

$$\{Q_a(s)\} = q[H_{a,m}(s)]\{q(s)\} + q[H_{a,g}(s)]\{V_g(s)\} \tag{4.2}$$

avendo messo in luce la pressione dinamica q.
In particolare, $[H_{a,m}]$ rappresenta la dipendenza dal movimento strutturale, mentre $[H_{a,g}]$ rappresenta la dipendenza dalle perturbazioni atmosferiche (dall'inglese *gust*).
Nel tempo questa relazione diviene:

$$\begin{aligned}
\{Q_a(t)\} &= q \int_{-\infty}^{+\infty} [h_{a,m}(t-\tau)]\{q(\tau)\}d\tau \\
&+ q \int_{-\infty}^{+\infty} [h_{a,g}(t-\tau)]\{q(\tau)\}d\tau
\end{aligned} \tag{4.3}$$

data la causalità dell'aerodinamica (al massimo si è dovuto fare una shift dell'origine dei tempi).

Esplicitando dunque l'aerodinamica e raccogliendo i termini comuni, otterremo:

$$\left(s^2[M] + [K] - q[H_{a,m}]\right)\{q\} = q[H_{a,q}\{V_g(s)\} + \{Q_{est}(s)\}$$ (4.4)

Guardando così l'equazione sembrerebbe che il numero di gradi di libertà del problema sia pari all'ordine di $\{q\}$. In realtà, attraverso le matrici dell'aerodinamica compaiono anche i gradi di libertà del problema aerodinamico, ovvero i meccanismi con cui si ricavano le risposte del blocco A. In un certo senso è come se avessimo fatto una condensazione statica.

Se infatti supponiamo di avere il problema con tutti i gradi di libertà (strutturali ed aerodinamici) esplicitati, possiamo partizionare le matrici. Detti $\{x\}$ le incognite generali, dopo la partizione saranno

$$\left\{ \begin{matrix} \{x_s\} \\ \{x_a\} \end{matrix} \right\}$$

quindi

$$[A] = \begin{bmatrix} [A_{ss}] & [A_{sa}] \\ [A_{as}] & [A_{aa}] \end{bmatrix}$$

Applicando una condensazione statica, possiamo ricondurre tutto ai soli gradi di libertà strutturali:

$$[A] \rightarrow [A_{ss} + A_{sa}A_{aa}^{-1}A_{as}]$$

In questo modo compaiono esplicitamente solo le $\{x_s\}$ ma a causa del termine $A_{sa}A_{aa}^{-1}A_{as}$ entrano implicitamente in gioco anche $\{x_a\}$.

Nel set di equazioni precedentemente scritto si può aggiungere un termine $\div\{\dot{q}\}$ a che nel passaggio nel dominio delle frequenze fa comparire un termine proporzionale a s:

$$\begin{aligned} \left(s^2[M] + s[C] + [K] - q\,[H_{a,m}]\right)\{q\} = \\ = q\,[H_{a,q}]\{V_g(s)\} + \{Q_{est}(s)\} \end{aligned}$$ (4.5)

Si potrebbe pensare che questo termine sia uno smorzamento aerodinamico. In effetti, lo smorzamento aerodinamico implica un sistema di forze di tipo aerodinamico dipendenti dalla velocità del fluido che si oppongono al moto. In realtà l'aerodinamica non è generalmente/necessariamente opposta al moto. Inoltre, poiché l'aerodinamica è compresa nella matrice di trasferimento $[H_{a,m}]$ la precedente scrittura implica che $[C]$ non è uno smorzamento di quel tipo[1]. Nel tempo questo sistema di equazioni si può riscrivere come:

$$[M]\{\ddot{q}\} + [C]\{\dot{q}\} + [K]\{q\} - q \int_0^{+\infty} [h_{a,m}(t-\tau)]\{q(\tau)\}d\tau =$$
$$q \int_0^{+\infty} [h_{a,g}(t-\tau)]\{q_g(\tau)\}d\tau + \{Q_{est}(s)\} \tag{4.6}$$

Si noti che queste funzioni sono note solamente per punti, tra l'altro appartenenti all'asse immaginario.

Caratterizziamo la risposta del sistema aerodinamico. Le prove in laboratorio sono effettuate attraverso analisi adimensionali che forniscono relazioni implicite. Tramite ad esempio il teorema di BUCKINGHAM , possiamo ricavare quantità utili a tal fine. Si giunge perciò alla scrittura di un'equazione del tipo:

$$\Phi(\frac{P}{qS}, Re, \frac{\omega l_a}{V}, M) = 0$$

dove accanto ai soliti numeri di REYNOLDS , MACH e al rapporto $\frac{P}{qS}$ si è introdotta la quantità

$$k \triangleq \frac{\omega l_a}{V} \tag{4.7}$$

detta *frequenza ridotta* o *numero di* STROUHAL . Avremo allora:

$$P = P(\omega) = q \cdot S \cdot \underbrace{f(\text{Re}, \text{M}, k)}_{\triangleq C_P} \tag{4.8}$$

Qualora assumessimo che i valori registrati appartengano all'asse immaginario ($j\omega$ al posto di ω):

$$P = P(s) = q \cdot S \cdot f\left(\text{Re}, \text{M}, \frac{s l_a}{V}\right) \tag{4.9}$$

Possiamo allora definire la frequenza ridotta complessa:

$$p = (\sigma + j\omega)\frac{l_a}{V} = \frac{s l_a}{V}$$

In realtà i carichi aerodinamici non sono funzioni dirette di s, ma della frequenza ridotta complessa:

$$[H_a] = [H_a(p)]$$

---

[1]Successivamente approfondiremo l'argomento dello smorzamento strutturale

Supponiamo di perturbare il corpo, muoventesi con velocità V, con un'azione a frequenza f. La lunghezza d'onda λ è relazionata in modo tale per cui $\lambda \cdot f = V$ essendo

$$k = 2\pi f \frac{l_a}{V} \rightarrow f = \frac{kV}{2\pi l_a}$$

Abbiamo allora $\lambda = \frac{2\pi}{k} l_a$. Affinché l'aerodinamica sia considerabile come stazionaria è necessario che

$$\lambda \gg l_a \tag{4.10}$$

In effetti, il teorema del campionamento di SHANNON assume come valore minimo $\lambda \geq 2l_a$, tuttavia si ottengono buoni risultati con $\lambda \div 10 l_a$.

4.2 Approssimazione quasi-stazionaria

L'approssimazione stazionaria consiste nell'approssimare la funzione di trasferimento con unicamente il primo termine di tale sviluppo, ovvero quello con polo nullo,

$$[H(p)] \simeq [H(0)] \tag{4.11}$$

Se si vuole migliorare la precisione dell'approssimazione, si può sviluppare in serie la funzione di trasferimento:

$$[H(p)] \simeq [H(0)] + [H(0)]' p + \frac{1}{2}[H(0)]'' p^2 + \ldots \tag{4.12}$$

L'APPROSSIMAZIONE QUASI-STAZIONARIA consiste quindi nell'utilizzare:

- le stesse formule della condizione stazionaria;

- delle condizioni al contorno variabili istante per istante.

Sostituendo nell'espressione del carico aerodinamico avremo,

$$
\begin{aligned}
\{Q_{a,m}\} &= q\,[H_{a,m}(p)]\,\{q\} = \\
&= q\,[H(0)]\,\{q\} + q\,[H(0)]'\left\{\tfrac{l_a}{V}\right\}\{\dot{q}\} \\
&\quad + \tfrac{1}{2}q\,[H(0)]''\left\{\tfrac{l_a}{V}\right\}^2\{\ddot{q}\} + \ldots
\end{aligned}
\tag{4.13}
$$

troncando lo sviluppo, possiamo allora scrivere un'equazione finale del tipo:

$$
\begin{aligned}
\{Q_{a,m}\} &\simeq q\,[K_a]\,\{q\} \\
&\quad + q\,[C_a]\left\{\tfrac{l_a}{V}\right\}\{\dot{q}\} \\
&\quad + \tfrac{1}{2}q\,[M_a]\left\{\tfrac{l_a}{V}\right\}^2\{\ddot{q}\}
\end{aligned}
\tag{4.14}
$$

avendo identificato:

- "rigidezza" $[K_a] = [H_{a,m}(0)]$
- "smorzamento" $[C_a] = [H_{a,m}(0)]'$
- "massa" $[M_a] = [H_{a,m}(0)]''$

I nomi utilizzati per definire questi termini sono appunto nomi[2] e non hanno quindi significato fisico a differenza di quelli che rientrano nelle equazioni della meccanica dei continui. Si noti bene che esiste realmente una *massa aerodinamica*, che compare quando i coefficienti vengono a dipendere dalle accelerazioni e in particolare quando si maneggiano flussi incomprimibili, ma non è questo caso.

Possiamo reinterpretare questo discorso nel dominio del tempo, ricordandoci che per l'integrale di convoluzione vale

$$y(t) = \int_0^t h(\tau)u(t - \tau)d\tau \tag{4.15}$$

Facciamo allora un'approssimazione su u linearizzando attorno a τ:

$$u(t - \tau) \simeq q \mid_\tau + \dot{q} \mid_\tau \cdot (t - (t - \tau)) + \frac{1}{2}\ddot{q} \mid_\tau \cdot (t - (t - \tau))^2 \tag{4.16}$$

Ora, assumiamo che la funzione abbia un transitorio che si esaurisca molto velocemente.

$$
\begin{aligned}
y(t) \;=\;& \int_0^t h(\tau)\left(q \mid_\tau + \dot{q} \mid_\tau \cdot (t - (t - \tau)) + \tfrac{1}{2}\ddot{q} \mid_\tau \cdot (t - (t - \tau))^2\right)d\tau \\[4pt]
=\;& q\int_0^t h(\tau)d\tau + \dot{q}\int_0^t -h(\tau)\tau d\tau + \tfrac{1}{2}\ddot{q}\int_0^t h(\tau)\tau^2 d\tau
\end{aligned}
$$

$$\tag{4.17}$$

A ben guardare queste sono le antitrasformate delle precedenti matrici. Infatti, essendo $H(s) = \int_0^t h(\tau)e^{-s\tau}d\tau$, valutando per s=0, otteniamo proprio

- $H(0) = \int_0^t h(\tau)e^{-0t}d\tau = \int_0^t h(\tau)d\tau = K_a$
- $H(0)' = \int_0^t -\tau h(\tau)e^{-0t}d\tau = \int_0^t -\tau h(\tau)d\tau = C_a$

---

[2]Riprendendo la definizione Scolastica data dai *nominalisti*, queste espressioni sono *flatua vocis*.

- $H(0)'' = \int_0^t \tau^2 h(\tau) e^{-0t} d\tau = \int_0^t \tau^2 h(\tau) d\tau = M_a$

Assumiamo che le funzioni siano analitiche:

$$H(0)' = \frac{dH(s)}{ds} = \frac{dH(j\omega)}{dj\omega} = \frac{1}{j}\frac{dH(j\omega)}{d\omega} = -j\frac{dH(j\omega)}{d\omega} \qquad (4.18)$$

in quanto, essendo analitiche, la direzione utilizzata per derivare è ininfluente.
Tramite le differenza finite avremo:

$$H(0)' \simeq \frac{1}{j}\frac{(H(j\omega_2) - H(j\omega_1))}{\omega_2 - \omega_1} \qquad (4.19)$$

Prendiamo allora $\omega_2 = \omega$ generica, mentre $\omega_1 = 0$:

$$H(0)' \simeq \frac{1}{j}\frac{(H(j\omega) - H(0))}{\omega} \qquad (4.20)$$

Queste sono *differenze finite in avanti*, dunque con ordine di precisione 1, $\div\omega$.
Ciò si riesce a fare in quanto, essendo

$$H(j\omega) = \int_0^{+\infty} h(t) e^{-j\omega t} dt \qquad (4.21)$$

la parte reale è simmetrica, mentre quelle immaginaria è antisimmetrica. Da ciò
consegue che

$$
\begin{aligned}
\frac{1}{j}\frac{dH(j\omega)}{d\omega} &= \frac{1}{j}\left(\frac{d\Re(Hj\omega)}{d\omega} + j\frac{d\Im(Hj\omega)}{d\omega}\right) = \\
&= \frac{d\Im(Hj\omega)}{d\omega}
\end{aligned} \qquad (4.22)
$$

in quanto la parte reale è analitica e simmetriche ($\frac{d\Re(Hj\omega)}{d\omega}\big|_0 = 0$)
Un discorso analogo può essere applicato alla derivata seconda:

$$
\begin{aligned}
H(0)'' &= \frac{d^2 H(s)}{ds^2} = -\frac{d^2 H(j\omega)}{d\omega^2} = \\
&= -\left(\frac{d^2 \Re(Hj\omega)}{d\omega^2} + j\frac{d^2 \Im(Hj\omega)}{d\omega^2}\right) = \\
&= -\left(\frac{2\Re(H(\omega)) - 2H(0)}{4\omega^2}\right) \\
&= \frac{1}{2}\left(\frac{\Re(H(\omega)) - H(0)}{\omega^2}\right)
\end{aligned} \qquad (4.23)
$$

essendo $\frac{d^2 \Im(H)}{d\omega^2}\big|_0 = 0$.

Grazie alla simmetria/antisimmetria, ci bastano due punti per effettuare il calcolo, 0 e ω, ottenendo dalle differenze finite:

$$H(0)' = \frac{\Im(H(\omega))}{\omega} \tag{4.24}$$

$$H(0)'' = \frac{1}{2}\left(\frac{\Re(H(\omega) - H(0))}{\omega^2}\right) \tag{4.25}$$

CHAPTER 5

SISTEMI DI COMANDO O SERVOSISTEMI

Introduciamo ora nel nostro modello un servosistema: fra i tre gradi di libertà esso andrà ad agire solo su β (che nel nostro esempio è l'angolo dell'alettone, ma può essere inteso come l'angolo di una qualsiasi superficie di comando). Operando in questo modo, i comandi vengono introdotti nell'equazione a secondo membro (trascuriamo per il momento altri carichi esterni).

$$\underbrace{\left(s^2 M + K - q H_{am}\right)}_{[Z]}\{q\} = \begin{bmatrix} 0 \\ 0 \\ 1 \end{bmatrix} M_c \qquad (5.1)$$

Ora, i problemi di meccanica si possono suddividere in:

Aeroelasticità Applicata.
By Giulio Malinverno.
Copyright © 2016 .

- *Diretti*: data la forza calcolare lo spostamento conseguente;

- *Inversi*: dato lo spostamento calcolare la forza necessaria per compierlo.

Gran parte dei problemi ingegneristici è mista e il metodo consueto per la loro risoluzione consiste in una sequenza iterativa.

Alcune volte inoltre, non si può considerare solo il classico $\tau\rho\iota\kappa\alpha\rho\alpha\nu o\varsigma$[1]

$$\begin{Bmatrix} q \\ \dot{q} \\ \ddot{q} \end{Bmatrix}$$ ma bisogna considerare anche il rateo di cambiamento dell'accelerazione

$\dddot{q}$, ovvero quell'entità che nella letteratura anglosassone viene indicato con *jerk*. Molti problemi impongono infatti che i meccanismi agiscano *jerkless*, ovvero senza brusche variazioni di accelerazione. Queste osservazioni nascono dal fatto che le normative impongono un limite alle forze necessarie per ottenere le posizioni angolari β volute.

Il servocomando è generalmente costituito da attuatori (pistoni) idraulici, utilizzanti un fluido che si considera in prima approssimazione "incomprimibile"[2]. Nell'ipotesi di incomprimibilità, l'informazione (onda di pressione) si sposta istantaneamente, mentre nella realtà fisica la catena di comando è elastica e l'informazione si sposta con velocità finita.

In un servocomando di questo tipo, la variabile di controllo è la *portata*, regolata attraverso una valvola. Nell'ipotesi di incomprimibilità, variare la portata significa variare la velocità con cui il fluido si sposta. Prende in tal caso il nome di *servocomando in velocità*.

Nel nostro esempio, vogliamo che l'alettone assuma una certa posizione. Ci deve essere allora un controllo che riduca la velocità del fluido affinché l'alettone assuma la posizione voluta. Scriviamo le equazioni di controllo (il problema è che vogliamo una posizione mentre lavoriamo in velocità). In generale possiamo scrivere:

$$v_p = \alpha x_v \tag{5.2}$$

---

[1]*Trikaranos* o mostro a tre teste è il termine con cui lo scrittore latino VARRONE identifica il primo triumvirato, quello di CESARE , POMPEO e CRASSO . Qui lo uso in quanto, come il primo triumvirato a Roma, il vettore posizione, velocità e accelerazione è praticamente onnipresente e onnipotente.
[2]Ogni fluido in realtà è comprimibile ma questo effetto può a volte essere trascurato, e si può tuttavia parlare di elasticità del fluido laddove necessario

dove x_v è la posizione voluta, v_p la velocità del pistone ed α il legame di pro-porzionalità fra le precedenti quantità. Passando nel dominio delle frequenze, avremo:

$$sx_p = \alpha x_v \qquad (5.3)$$

detta x_p è la posizione del pistone.

D'altra parte, il controllore modifica x_v in seguito alle misure effettuate:

$$x_v = G(x_{dp} - x_p) \qquad (5.4)$$

dove x_{dp} indica la posizione desiderata del pistone. Sostituendo quanto scritto prima:

$$
\begin{aligned}
x_v &= G(x_{dp} - x_p) \\
&\downarrow \\
sx_v &= \alpha G(x_{dp} - x_p) \\
&\downarrow \\
x_p &= \left(\frac{\alpha G}{s + \alpha G}\right) x_{dp}
\end{aligned}
\qquad (5.5)
$$

L'attuatore è allora un sistema lineare rappresentato da una funzione di trasferi-mento [3]. In realtà l'attuatore non è un sistema lineare [4] ma possiamo ragionare in termini di piccoli spostamenti. Possiamo rappresentare l'attuatore come un siste-ma a due pistoni, su cui agiscono i momenti/forze e la cui estensione è correlata all'angolo β (vedi figura 5.1).

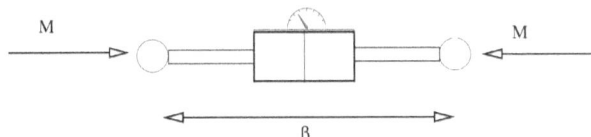

Figura 5.1: Schematizzazione di un attuatore

In generale quindi potremo scrivere:

$$\beta = H_c\beta_c + H_M\beta_M \qquad (5.6)$$

[3]in cui può comparire l' elasticità del fluido.
[4]a causa di attriti, oppure per la legge dell'olio utilizzato, che può essere ad esempio $\dot{x} \div \sqrt{p}$, ecc.

dove i vari termini tengono conto ad esempio delle caratteristiche dell'olio (H_c) o della deformabilità della catena di comando (H_M) e delle forze misurate (M_c).

Si tenga conto che H_c e M_c sono funzioni razionali fratte che possono essere rappresentate come $\frac{N_c}{D}$ e $\frac{N_M}{D}$ (si è usato lo stesso denominatore, non perché lo hanno effettivamente tale, ma perché si può sempre fare il minimo comune multiplo).
Avremo allora:

$$\beta = \frac{N_c}{D}\beta_c + \frac{N_M}{D}M_c \tag{5.7}$$

da cui

$$D\beta = N_c\beta_c + N_M M_c \tag{5.8}$$

Questo è il modo più generale con cui descrivere una legge di comando. Aggiungendola al nostro sistema e spostando a primo membro il momento di cerniera, avremo:

$$\begin{cases} \left(s^2 M + K - qH_{am}\right)\{q\} - \begin{bmatrix} 0 \\ 0 \\ 1 \end{bmatrix} M_c = 0 \\[2em] D\beta = N_c\beta_c + N_M M_c \end{cases} \tag{5.9}$$

da cui

$$\begin{bmatrix} & & 0 \\ [Z] & & 0 \\ & & 1 \\ [D] & [N_m] \end{bmatrix} \begin{Bmatrix} \{q\} \\ M_c \end{Bmatrix} = \begin{Bmatrix} 0 \\ 0 \\ -1 \\ \beta_c \end{Bmatrix} \tag{5.10}$$

Il momento non è allora più una quantità assegnata a priori ma è diventata una parte del sistema dinamico. Il sistema potrà allora avere un flutter causato dal servocomando: siamo dunque entrati nelle problematiche *aeroservoelastiche*.

Il sistema può essere riscritto, mettendo in luce le incognite ma utilizzando la notazione $\beta = H_c\beta_c + H_M\beta_M$:

$$\begin{bmatrix} & & & 0 \\ & [Z] & & 0 \\ & & & -1 \\ 0 & 0 & \frac{1}{H_c} & -\frac{H_M}{H_c} \end{bmatrix} \begin{Bmatrix} h \\ \theta \\ \beta \\ M_c \end{Bmatrix} = \begin{Bmatrix} 0 \\ 0 \\ 0 \\ 1 \end{Bmatrix} \beta_c \tag{5.11}$$

Esiste altresì un altro approccio, derivato da meccanica del volo in cui si esprime la deflessione dell'alettone dipendente solo dal comando, $\beta = H_c\beta_c$ e da cui si ottiene:

$$
\begin{bmatrix} [Z_{h\theta,h\theta}] & [Z_{h\theta,\beta}] \\ [0] & \frac{1}{H_c} \end{bmatrix} \begin{Bmatrix} h \\ \theta \\ \beta \end{Bmatrix} = \begin{Bmatrix} 0 \\ 0 \\ 0 \\ 1 \end{Bmatrix} \beta_c \tag{5.12}
$$

A differenza del primo modello, nel modello di meccanica del volo, oltre alla palese mancanza di un'incognita (il momento), c'è il notevole fatto che è un problema aeroservoelastico fittizio in quanto non c'è un reale accoppiamento: infatti il termine in basso a sinistra della matrice è nullo. Scrivere $\beta = H_c \beta_c$ non fa altro che tradurre una forma di β_c attraverso un opportuno filtro.

Inoltre lo studio della stabilità del sistema si riduce allo studio della stabilità di due sottosistemi separati, corrispondenti alle due sottomatrici sulla diagonale, di cui una è automaticamente soddisfatta avendo preso un servocomando reale, mentre la prima, $[Z_{h\theta,h\theta}]$, è la stabilità del sistema non servoassistito, in cui β è una forzante:

$$
[Z_{h\theta,h\theta}] \begin{Bmatrix} h \\ \theta \end{Bmatrix} = [Z_{h\theta,\beta}] \beta \tag{5.13}
$$

in quanto β viene a dipendere unicamente dalla dinamica di $\frac{1}{H_c}$.

Quest'approccio è allora utilizzabile in aeroelasticità qualora i due sistemi andassero a coincidere, ovvero qualora il termine $H_M M_c$ fosse trascurabile (in particolare, essendo $M_c \neq 0$, quando la catena di comando è infinitamente rigida).

Ricordiamoci che in automatica i disturbi vengono trascurati perché è proprio del servocomando:

- Attenuare i disturbi;

- Non risentire delle variazione dei parametri.

In campo lineare, lontano dalle saturazioni e dai fermacorsa, quest'osservazione può essere applicata anche al servomeccanismo del velivolo, in cui M_c può essere considerato alla stregua di un disturbo.

In un sistema servoassistito, ben progettato, si riesce nel breve periodo ad eliminare il contributo $H_M M_c$ modellando solo il filtro di forma H_c. Infatti la "rigidezza" è in parte solo di origine meccanica/strutturale, mentre parte discende dal comportamento del servomeccanismo: siccome il nostro servocomando rileva la posizione della superficie mobile a la confronta con la posizione voluta, la cedevolezza della catena di comando viene rilevata come un errore sulla posizione voluta. Avendo a disposizione una banda larga, tale "errore" viene rapidamente compensato, essendo in un ciclo chiuso.

Tuttavia, trascurare del tutto il contributo su M_c può sembrare troppo eccessivo: supponendo di conoscere l'approssimazione stazionaria (s=0) sulla cedevolezza e di conoscere le singole rigidezze delle superfici (indichiamole con K_{as} e K_{ad}), possiamo stimare una rappresentazione di H_M:

$$\bar{H}_M = H(0) + \frac{1}{K_{ad}} + \frac{1}{K_{as}} \qquad (5.14)$$

infatti H_M è una cedevolezza, ovvero una flessibilità, ed è in serie alle superfici: per ottenere la flessibilità globale bisogna sommare tutte le cedevolezze dei singoli componenti.

Figura 5.2: Molle collegate in serie

Figura 5.3: Molle collegate in parallelo

Ricordiamoci che nelle molle in serie la flessibilità si sommano mentre in parallelo si sommano le rigidezze. Dimostriamo queste osservazioni. Consideriamo due molle in serie (5.2), di rigidezza k e flessibilità f.

Poiché sono in serie, per equilibrio le forze applicate agli estremi delle singole molle sono uguali alle forze applicate agli estremi del complesso. Altresì lo spostamento dei capi della molla equivalente è dato dalla somma degli spostamenti dei singoli componenti.

- Equilibrio: $F = F_1 \equiv F_2$

- Congruenza: $s = s_1 + s_2$

Siccome $s = \frac{F}{k} = fF$, avremo

$$f_t F_t = s = s_1 + s_2 = f_1 F_1 + f_2 F_2 = F(f_1 + f_2) \rightarrow f_t = f_1 + f_2$$

Consideriamo ora due molle in parallelo, sempre con rigidezza k e flessibilità f (figure 5.3).
Poiché sono in parallelo, per equilibrio la forza globale applicata agli estremi del composto è uguale alla somma delle forze applicate agli estremi delle singole molle. Altresì lo spostamento dei capi della molla equivalente è uguale agli spostamenti dei singoli componenti:

- Equilibrio: $F = F_1 + F_2$

- Congruenza: $s = s_1 \equiv s_2$

Avremo allora, tenendo conto del legame forza-spostamento:

$$ks_t = F_t = F_1 + F_2 = k_1 s_1 + k_2 s_2 = s(k_1 + k_2) \rightarrow k_t = k_1 + k_2$$

Abbiamo visto che l'equazione sul velivolo non controllato è del tipo

$$[Z] \begin{Bmatrix} q_v \\ q_c \end{Bmatrix} = [B] \begin{Bmatrix} \beta_c \\ \beta_p \end{Bmatrix} \tag{5.15}$$

Supponiamo di avere l'uscita sul controllo del tipo

$$\{y\} = [C] \begin{Bmatrix} q_v \\ q_c \end{Bmatrix} \tag{5.16}$$

Siccome introdurre un controllo significa porre

$$\beta_c = [G]\{y\} = [G][C] \begin{Bmatrix} q_v \\ q_c \end{Bmatrix} \tag{5.17}$$

dove $[[G]$ è un compensatore, avremo

$$([Z] - [B][G][C]) \begin{Bmatrix} q_v \\ q_c \end{Bmatrix} = [\bar{B}] \begin{Bmatrix} \beta_c \\ \beta_p \end{Bmatrix} \tag{5.18}$$

Ricordiamoci che C e G sono parametri di progetto e in particolare decidere C significa decidere quali grandezze misurare (determinazione attiva per quanto riguarda $[B][G][C]$, determinazione passiva per $[Z]$): essendo sistema veramente aeroservoelastico, non si può pensare separatamente e distintamente a B, G e C ma bisogna pensare in maniera integrata.

Ragioniamo ora nel tempo e vediamo questo sistema, posto $\{\beta\} = \left\{\begin{matrix} \beta_c \\ \beta_p \end{matrix}\right\}$:

$$[M]\{\ddot{q}\} + [C]\{\dot{q}\} + [K]\{q\} = [B]\{\beta\} \tag{5.19}$$

Supponiamo di avere come uscite:

- accelerazione: $\{y_a\} = [C_a]\{\ddot{q}\}$;

- velocità: $\{y_v\} = [C_v]\{\dot{q}\}$;

- spostamento: $\{y_s\} = [C_s]\{q\}$;

Avremo allora:

$$\{\beta_c\} = [G_a][C_a]\{\ddot{q}\} + [G_v][C_v]\{\dot{q}\} + [G_s][C_s]\{q\} \tag{5.20}$$

Sostituendo sopra, otteniamo:

$$\begin{aligned} ([M] - [B][G_a][C_a])\{\ddot{q}\} \\ + \quad ([C] - [B][G_v][C_v])\{\dot{q}\} \\ + \quad ([K] - [B][G_s][C_s])\{q\} \quad = \quad [B]\{\beta_p\} \end{aligned} \tag{5.21}$$

Il sistema ci controllo può allora tirarsi dietro, attraverso le "forze" create dai controlli stesi, termini che vanno a variare la massa, la rigidezza e lo smorzamento.
Tramite un'opportuna misura e un'opportuna retroazione, possiamo diminuire la "massa" senza però modificare la rigidezza.
Si tenga conto che la matrice $[B][G_a][C_a]$ non ha le caratteristiche proprie di una matrice di massa massa, perché non è necessariamente simmetrica o definita positiva.

5.1 Servocomandi - approccio sistemistico

Consideriamo un sistema semplificato in cui i gradi dilibertà siano costituiti da

- traslazione, h;

- rotazione, ϑ;

- deflessione degli equilibratori, β.

L'equazione aeroelastica sará costituita da un sistema di tre equazioni. Supponendo un'apporssimazione quasi-stazionaria:

$$
\begin{Bmatrix} 0 \\ 0 \\ 1 \end{Bmatrix} M_c = \left([M] - q \left(\tfrac{l_a}{V_\infty} \right)^2 [M_a] \right) \{ \ddot{q} \}
$$
$$
+ \left([C] - q \left(\tfrac{l_a}{V_\infty} \right) [C_a] \right) \{ \dot{q} \}
$$
$$
+ \left([K] - q [K_a] \right) \{ q \}
$$
(5.22)

Se consideriamo un attuatore elettroidraulico, con un a funzione di trasferimento:

$$
\beta = \frac{\beta_c}{(as+1)(bs^2+cs+1)} - \frac{F_m(As+1)}{(as+1)(bs^2+cs+1)} M_c \qquad (5.23)
$$

dove il primo termine rappresenta la parte dovuta al comando desiderato mentre il secondo è dovuto alla cedevolezza della linea di comando.
Volendo introdurre l'attuatore nell'equazione aeroelastica, dobbiamo riscrivere la funzione di trasferimento nel dominio del tempo. Iniziamo col moltiplicare a destra e a sinistra per il denominatore, ottenendo:

$$
(as+1)(bs^2+cs+1)\beta = \beta_c - F_m(As+1)M_c \qquad (5.24)
$$

Sviluppando i prodotti otteniamo però una funzione in s^3, che corrisponde a una derivata terza rispetto al tempo: $\dddot{q}$. Ciò è abbastanza scomodo (per quanto fisico sia l'effeto descritto), introduciamo un'altra equazione con lo scopo di ottenere funzioni in s^2. Introduciamo allora

$$
\gamma doteq (bs^2+cs+1)\beta \qquad (5.25)
$$

ottenendo allora:

$$
\beta_c = (as+1)\gamma + F_m(As+1)M_c \qquad (5.26)
$$
$$
0 = (bs^2+cs+1)\beta - \gamma \qquad (5.27)
$$

Unendolo al sistema precedente, otteniamo cinque equazioni in cinque incognite, di cui quattro reali e una fittizia. Il vettore globale delle incognite sarà:

$$\{q\} = \begin{Bmatrix} h \\ \vartheta \\ \beta \\ M_c \\ \gamma \end{Bmatrix} \tag{5.28}$$

Vediamo allora come si modificano le matrici di massa, rigidezza e smorzamento nonché il termine noto:

$$[M] \rightarrow \begin{bmatrix} & & & 0 & 0 \\ & [M] & & 0 & 0 \\ & & & 0 & 0 \\ 0 & 0 & 0 & 0 & 0 \\ 0 & 0 & b & 0 & 0 \end{bmatrix} \tag{5.29}$$

$$[C] \rightarrow \begin{bmatrix} & & & 0 & 0 \\ & [C] & & 0 & 0 \\ & & & 0 & 0 \\ 0 & 0 & 0 & F_m A & 0 \\ 0 & c & 0 & 0 & 0 \end{bmatrix} \tag{5.30}$$

$$[K] \rightarrow \begin{bmatrix} & & & 0 & 0 \\ & [K] & & 0 & 0 \\ & & & -1 & 0 \\ 0 & 0 & 0 & F_m & 1 \\ 0 & 0 & 1 & 0 & -1 \end{bmatrix} \tag{5.31}$$

$$\begin{Bmatrix} 0 \\ 0 \\ 1 \end{Bmatrix} M_c \rightarrow \begin{Bmatrix} 0 \\ 0 \\ 0 \\ 0 \\ 1 \end{Bmatrix} \beta_c \tag{5.32}$$

Osserviamo la matrice di massa generalizzata: notiamo che una sua riga e una sua colonna sono identicamente nulle, in quanto nella quarta equazione non compare il quadrato della frequenza, s^2. Per rendere il sistema numericamente risolvibile, dobbiamo modificare la quarta equazione, introducendo un termine αs^2 dove il parametro moltiplicativo $\alpha << a$ in modo da non perturbare troppo la soluzione.

Supponiamo ora di poter trascurare la cedevolezza della linea di comando. Le equazioni aggiuntive saranno allora:

$$\beta_c = (as + 1)\gamma \tag{5.33}$$

$$0 = (bs^2 + cs + 1)\beta - \gamma \tag{5.34}$$

Avendo eliminato il temrine di cedevolezza M_c, abbiamo un sistema in 4 equazioni e cinque incognite. D'altra parte, anche una delle tre equazioni è divenuta superflua: in tal caso le matrici strutturali saranno allora ridotte da matrici quadrate $3x3$ a matrici rettangolari $2x3$. Le nuove matrici generalizzate saranno, indicando con l'asterisco le matrici strutturali di rango ridotto ($2x3$):

$$[M] \rightarrow \begin{bmatrix} & & & 0 \\ & [M]* & & 0 \\ 0 & 0 & 0 & 0 \\ 0 & 0 & b & 0 \end{bmatrix} \tag{5.35}$$

$$[C] \rightarrow \begin{bmatrix} & & & 0 \\ & [C]* & & 0 \\ 0 & 0 & 0 & a \\ 0 & 0 & c & 0 \end{bmatrix} \tag{5.36}$$

$$[K] \rightarrow \begin{bmatrix} & & & 0 \\ & [K]* & & 0 \\ 0 & 0 & 0 & 1 \\ 0 & 0 & 1 & -1 \end{bmatrix} \tag{5.37}$$

Anche in questa situazione bisogna introdurre il termine fantasma αs^2 per rendere risolvibile il sistema. Si noti che tutte queste matrici hanno dimensioni $4x4$ e sono partizionabili in sottomatrici quadrate di ordine $2x2$:

matrice 2x2 dipendente da h e ϑ	[0]
[0]	matrice 2x2 dipendente da β e γ

In questo modo notiamo che i gradi di libertà h e ϑ sono disaccoppiate dai gradi di libertà dell'equilibratore (β e γ).

Nota: l'implementazione di $\gamma = (bs^2 + cs + 1)\beta$ è arbitraria e in effetti esistono infiniti modi di implementare le equazioni aggiuntive. Alcune di queste si dicono *implementazioni minime* in quanto minimizzano il n umero di equazioni differenziali necessarie.

Supponiamo di voler tener conto delle cedevolezze degli attacchi dei comandi e di volerle rappresentare nella funzione di trasferimento dell'attuatore. Il temrine dovuto a M_c diviene in tal caso:

$$\frac{F_m(As + 1)}{(as + 1)(bs^2 + cs + 1)} + \frac{1}{K_s} + \frac{1}{K_d} \qquad (5.38)$$

(essendo le cedevolezze in serie, vanno sommate, ovveor si è sommata l'inverso della rigidezza dei singoli attacchi).

Facendo il minimo comune multiplo, otteniamo un numeratore costituito da un polinomio di ordine 3 in s. dividiamo seconod RUFFINI . Avremo un temrine costante a cui s'aggiunge un termine razionale costituito da un numeratore di ordine 2 e da un denominatore di ordine 3. Quest'ultimo termine, se fosse presente singolarmente, renderebbe la funzione di trasferimento strettamente propria, ma a causa del temrine costante, la funzione sarà semplicemnte propria:

$$\beta = \frac{\beta_c}{(\dots)} + \bar{F}_m M_c + \frac{(\dots)}{(\dots)} M_c \qquad (5.39)$$

Possiamo considerare il termine $\bar{F}_m M_c$ come la parte di cedevolezza statica mentre la parte frazionaria $\frac{(\dots)}{(\dots)} M_c$ come la parte di cedevolezza dinamica.

Parte III

ANALISI DEI FENOMENI AEROELASTICI

CHAPTER 6

L'INSTABILITÁ DINAMICA O *FLUTTER*

6.1 Il fenomeno dinamico del flutter

Il *flutter* è un fenomeno dinamico, autosostenuto e potenzialmente distruttivo che interessa i velivoli e le strutture interagenti con un fluido in movimento relativo. A grandi linee è assimilabile ad una vibrazione in cui la frequenza della forzante si avvicina alla frequenza propria della struttura. In realtà il fenomeno è più complesso, in quanto è la deformazione stessa della struttura a determinare le caratteristiche della forzante (a differenza delle normali vibrazioni meccaniche in cui la forzante esterna è indipendente dalle vibrazioni indotte): in questo senso possiamo parlare di retroazione positiva della forzante aerodinamica sulla struttura e di accoppiamento delle frequenze aerodinamiche e delle frequenze naturali

Aeroelasticità Applicata.
By Giulio Malinverno.
Copyright © 2016 .

del velivolo.

Si tenga conto che il fenomeno del flutter non si applica solamente ai velivoli (militari o civili che siano), ma potenzialmente a tutti gli oggetti immersi in una corrente fluida, quali ciminiere, impalcature o ponti, senza dimenticare automobili e mezzi marini. Un esempio eclatante di flutter avvenuto fuori dall'ambiente aeronautico è il crollo del ponte di Tacoma (stato di Washington, U.S.A.), in cui la sollecitazione del vento (peraltro di intensità non eccezionale) è andata ad eccitare le frequenze proprie del ponte portandolo al collasso strutturale.

Un'ulteriore osservazione generale da fare è che il flutter non è sempre un fenomeno distruttivo, così come non lo sono sempre le vibrazioni autosostenute: un velivolo (o un oggetto) può attraversare un campo di velocità tali da comportare un flutter della struttura senza però subire danni tali da comprometterne il funzionamento, anche se, vista la natura del fenomeno, questi eventi sono particolarmente rari.

6.2   Flutter della sezione tipica (I)

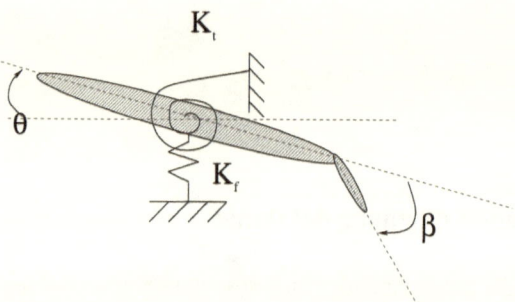

Figura 6.1: Schematizzazione a SEZIONE TIPICA

Analizziamo la sezione tipica utilizzando un approccio matriciale. Sia la sezione tipica dotata di solamente due gradi di libertà:

- h, traslazione verticale, associata alla flessione;

- ϑ, rotazione nel piano, associata alla torsione;

Sia d la distanza esistente fra il centro di massa e l'asse elastico. Sia e la distanza fra asse elastico e centro aerodinamico. Siano rispettivamente m e J_g le proprietà inerziali della sezione (massa e momento d'inerzia rispetto al baricentro). L'approccio matriciale consiste nello sxcrivere le equazioni nella forma

$$s^2 [M] \{q\} + [K] \{q\} - q [K_a] \{q\} = 0 \tag{6.1}$$

dove ovviamente, $\{q\} \doteq \begin{Bmatrix} h \\ \vartheta \end{Bmatrix}$.

La matrice di rigidezza è facilmente identificabile, in quanto rifacendoci all'asse elastico, i termini flessionale e torsionale sono disaccoppiati:

$$[K] = \begin{bmatrix} K_f & 0 \\ 0 & K_t \end{bmatrix} \tag{6.2}$$

Per quanto riguarda la matrice di massa, possiamo aspettarci che sia una matrice quadrata simmetrica 2x2 del tipo $[M] = \begin{bmatrix} M^* & S \\ S & J_{ae} \end{bmatrix}$ Scriviamo l'espressione dell'energia cinetica di cui è dotata la sezione:

$$T = \frac{1}{2} m (\dot{h} - \dot{\vartheta} d)^2 + \frac{1}{2} J_c \dot{\vartheta}^2 = \ldots = \frac{1}{2} m \dot{h}^2 - m d \dot{h} \dot{\vartheta} + \frac{1}{2} (J_c + m d^2) \dot{\vartheta}^2 \tag{6.3}$$

Siccome d'altra parte l'energia cinetica è una forma quadratica definita come:

$$T = \frac{1}{2} \{\dot{q}\}^t [M] \{\dot{q}\} \tag{6.4}$$

possiamo identificare facilmente i vari termini:

$$M^* \doteq m \tag{6.5}$$

$$S \doteq -md \tag{6.6}$$

$$J_{ae} = J_c + md^2 \tag{6.7}$$

Si tenga conto che l'ultimo termine poteva essere facilmente calcolato col teorema di Huygens - Steiner .

Per quanto riguarda la matrice aerodinamica, essa può essere scritta come:

$$[K_a] = \begin{bmatrix} 0 & SC_{p,\alpha} \\ 0 & eSC_{p,\alpha} \end{bmatrix} \tag{6.8}$$

Risolviamo quindi l'equazione del flutter:

$$s^2\,[M] + [K] - q\,[K_a] = 0 \qquad (6.9)$$

imponendo l'annullamneto del determinante della matrice globale:

$$\det \begin{bmatrix} s^2 m - K_f & -s^2 md - qSC_{p,\alpha} \\ -s^2 md & s^2 J_{ae} + K_\vartheta - qeSC_{p,\alpha} \end{bmatrix} = 0 \qquad (6.10)$$

da cui l'espressione

$$s^4(mJ_{ae} - m^2 d^2) + s^2(mK_\vartheta - J_{ae}K_f - qmeSC_{p,\alpha} - qmdSC_{p,\alpha})$$
$$-K_f(K_\vartheta - qeSC_{p,\alpha}) = 0$$

Ponendo $s = 0$, otteniamo l'equazione della pressione dinamica di divergenza:

$$K_f(K_\vartheta - qeSC_{p,\alpha}) = 0 \qquad (6.11)$$

Risolvendo invece per una generica frequenza s e tenendo conto della definizioni dei termini della matrice di massa:

$$s^4 J_g + s^2(K_\vartheta - J_{ae}\frac{K_f}{m} - q(eSC_{p,\alpha} - dSC_{p,\alpha})) = \frac{K_f}{m}K_{ae} = 0 \qquad (6.12)$$

da cui

$$\lambda_{1,2} = \frac{(K_\vartheta - J_{ae}\frac{K_f}{m} - q(eSC_{p,\alpha} - dSC_{p,\alpha}))}{2J_g}$$
$$\pm \frac{\sqrt{(K_\vartheta - J_{ae}\frac{K_f}{m} - q(eSC_{p,\alpha} - dSC_{p,\alpha}))^2 + 4J_g\frac{K_f}{m}K_{ae}}}{2J_c} \qquad (6.13)$$

Il termine noto è positivo quando la pressione dinamica di volo risulta essere inferiore alla pressione di divergenza. Si noti anche che il termine $-q(eSC_{p,\alpha} - dSC_{p,\alpha})$ è positivo.

In base a queste due osservazioni, possiamo aggiungere che le radici dell'equazione $\lambda_{1,2}$ saranno negative e dunque le radici s saranno immaginarie pure, raggruppabili in due coppie:

$$s_{1,2} = \pm\sqrt{\lambda_1}$$

$$s_{3,4} = \pm\sqrt{\lambda_2}$$

diagrammando la loro posizione sull'asse immaginario del piano di ARGAND-GAUSS , si noterà che all'aumentare della pressione dinamica di volo, le due coppie di soluzioni andranno a convergere:

$$\lim_{q \to q_d} s_{1,2} \to s_{3,4} \qquad (6.14)$$

il flutter della sezione tipica può essere allora intepretato come una coalescenza delle radici (in effetti, la presisone di divergenza é stata calcolata come una soluzione degenere).

6.3 Flutter della sezione tipica (II)

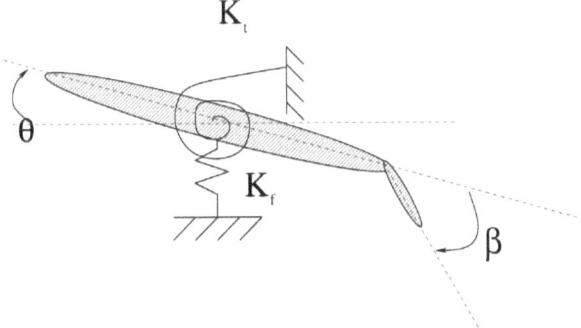

Figura 6.2: Sezione tipica con rigidezza torsionale e flessionale, datato da alettone.

Consideriamo la sezione tipica, indicando i gradi di libertà rotazionali e flessionali. Abbiamo preso β come rotazione dell'alettone relativa alla rotazione ϑ (vedi figura 6.2).
Possiamo esprimere i carichi come:

$$\begin{Bmatrix} P \\ M_{c.a.} \\ M_c \end{Bmatrix} = q \begin{bmatrix} 1 & & \\ & c & \\ & & c \end{bmatrix} [H_{2am}] \begin{Bmatrix} h \\ \vartheta \\ \beta \end{Bmatrix} \qquad (6.15)$$

Si tenga conto che $[H_{2am}]$ dipendeà dal numero di MACH e da quello di REYNOLDS , oltre che dalla frequenze ridotta.

Supponendo di avere gli alettoni liberi, la matrice di rigidezza sarà:

$$[K] = \begin{bmatrix} K_f & & \\ & K_\vartheta & \\ & & 0 \end{bmatrix} \qquad (6.16)$$

Scriviamo ora la matrice di massa, attraverso i carichi inerziali (affinché la matrice di massa sia simmetrica, è necessario che si facciano lavorare componenti energeticamente coniugate)

$$\begin{Bmatrix} Q_h \\ Q_\vartheta \\ Q_\beta \end{Bmatrix} = \begin{bmatrix} m & S & S_{ac} \\ S & J & J_{a(c.a.e.)} \\ S_{ac} & J_{a(c.a.e.)} & J_{ac} \end{bmatrix} \begin{Bmatrix} \ddot{h} \\ \ddot{\vartheta} \\ \ddot{\beta} \end{Bmatrix} \qquad (6.17)$$

dove, oltre ai consueti termini compaiono

- S_{ac} momento statico dell'alettone rispetto la cerniera;

- $J_{a(c.a.e.)}$ momento centrifugo dell'alettone;

- J_{ac} momento d'inerzia dell'alettone rispetto la cerniera.

Si noti che S_{ac} e $J_{a(c.a.e.)}$ sono parametri progettuali e il loro annullarsi comporta il disaccoppiamento tra (h, ϑ) e β. In particolare, $S_{ac} = 0$ (bilanciamento statico) significa che

- le traslazioni non comportano momenti

- le rotazioni non danno luogo a forze

Con bilanciamento dinamico s'intende invece:

$$\begin{cases} S_{ac} = 0 \\ J_{a(c.a.e.)} = 0 \end{cases} \qquad (6.18)$$

D'altra parte non si riesce a soddisfare questa condizione: si gioca allora sui due valori per ottenere la soluzione di compromesso ottimale.

In aeroelasticità quindi non intervengono solamente le rigidezze ma anche le masse, non solo in termini globali, e, a parità di massa, influiscono allora le distribuzioni di massa.

Possiamo scrivere l'equazione, trascurando il contributo di raffica:

$$[M]\{\ddot{q}\} + [C]\{\dot{q}\} + [K]\{q\} - q[H_{2am}(p.M)]\{q\} = \{Q_e\} \qquad (6.19)$$

dove

$$[H_{2am}] = \begin{bmatrix} 1 & & \\ & c & \\ & & c \end{bmatrix} [H_{2am}]$$

in cui l'ultima matrice contiene rapporti adimensionali.

La precedente equazione è stata scritta in modo *concettualmente errato* in quanto:

- $[M]\{\ddot{q}\}, [C]\{\dot{q}\}, [K]\{q\}$ sono termini scritti nel dominio del tempo;

- $q[H_{2am}(p.M)]\{q\}$ è una scrittura del dominio delle frequenze

Quello che abbiamo scritto è allora una *non-equazione*. Riscriviamo tutto in un dominio omogeneo, ad esempio quello della frequenze dove sarà più facile operare:

$$s^2[M]\{q\} + s[C]\{q\} + [K]\{q\} - q[H_{2am}(p.M)]\{q\} = \{Q_e\}$$
$$\downarrow \qquad\qquad (6.20)$$
$$\left(s^2[M] + s[C]\{q\} + [K] - q[H_{2am}(p.M)]\right)\{q\} = \{Q_e\}$$

Il metodo che stiamo seguendo può essere definito *classico*, in opposizione all'*approccio moderno* che vedremo in seguito.

Ponendo $\{Q_e\} = 0$ riusciamo a calcolare la soluzione generale e studiare la stabilità (asintotica) del movimento. Possiamo allora procedere allo studio del flutter:

$$\left(s^2[M] + s[C]\{q\} + [K] - q[H_{2am}(p.M)]\right)\{q\} = 0 \qquad (6.21)$$

Ora, si può studiare la struttura indipendentemente dall'aria e altresì si può studiare la sola aria. Si noti che singolarmente prese questi sottosistemi sono stabili, i problemi di stabilità nascono dal loro accoppiamento.

Assunto: GLI AUTOVALORI DELLA STRUTTURA VENGONO MODIFICATI SO-STANZIALMENTE DALLA PRESENZA DELL'AERODINAMICA, MENTRE QUELLI DELL'AERODINAMICA RIMANGONO INVARIATI.

L'approccio moderno, consistente nello studio degli stati nel tempo, farà un recupero di questo tenendo conto anche per l'aerodinamica di eventuali poli instabilizzanti. D'altra parte, a giustifica di questo nostra posizione:

- la struttura s'instabilizza prima dell'aerodinamica;

- non è assodato che l'aerodinamica s'instabilizzi.

Introduciamo ora l'approssimazione quasi-stazionaria:

$$\{Q_{as}\} = q \left(\frac{l_a}{v_\infty}\right)^2 [M_a]\{\ddot{q}\} + q \left(\frac{l_a}{v_\infty}\right) [C_a]\{\dot{q}\} + q[K_a]\{q\} \qquad (6.22)$$

Ritornando in frequenza otterremo:

$$\{Q_{as}\} = qs^2 \left(\frac{l_a}{v_\infty}\right)^2 [M_a]\{q\} + qs \left(\frac{l_a}{v_\infty}\right) [C_a]\{q\} + q[K_a]\{q\} \qquad (6.23)$$

Sostituendo nell'equazione del flutter:

$$\left(s^2 \left([M] - q \left(\tfrac{l_a}{v_\infty}\right)^2 [M_a]\right) + \right.$$

$$s \left([C] - q \left(\tfrac{l_a}{v_\infty}\right) [C_a]\right) \qquad (6.24)$$

$$\left. + ([K] - q[K_a]))\{q\} = 0$$

Tale equazione risulta essere un problema agli autovalori parametrizzati in V e in M. Si tenga conto che i risultati dovranno essere utilizzati anche per giustificare l'approssimazione quasi-stazionaria, ovvero si dovrà verificare che $\lambda \gg l_a$.
Si può inoltre notare che l'ultima scrittura dell'equazione del flutter abbia messo in luce i gradi di libertà prima nascosti dell'aerodinamica.
Ponendo $q = 0$ otterremo l'equazione che fornisce i modi propri della struttura:

- Modo flessionale ω_f;

- Modo torsionale ω_ϑ;

- Modo degli alettoni ω_β;

Si tenga conto che in generale $\omega_\vartheta > \omega_f$, mentre se supponiamo alettoni liberi, $\omega_\beta \equiv 0$. In tal caso allora la matrice di rigidezza sarà singolare (avremo infatti tante frequenze nulle quante volta $[K]$ sarà singolare).
Si tenga presente che i modi in realtà sono flessotorsinali, a meno che il baricentro non sia sull'asse elastico. Quindi parlando di modi flessionali si devono intendere modi *prevalentemente* flessionali, così come parlare di modi torsionali s'intende

parlare di modi *prevalentemente* torsionali.

Qualora la matrice di smorzamento fosse nulla, $[C] = 0$, gli autovalori s saranno immaginari puri ($s = j\omega$). In presenza di smorzamento non nullo, gli autovalori saranno complessi coniugati (compare una componente reale: $s = \sigma + j\omega$). Definiamo *smorzamentostrutturale* il rapporto

$$\xi \triangleq \frac{\sigma}{\omega} \tag{6.25}$$

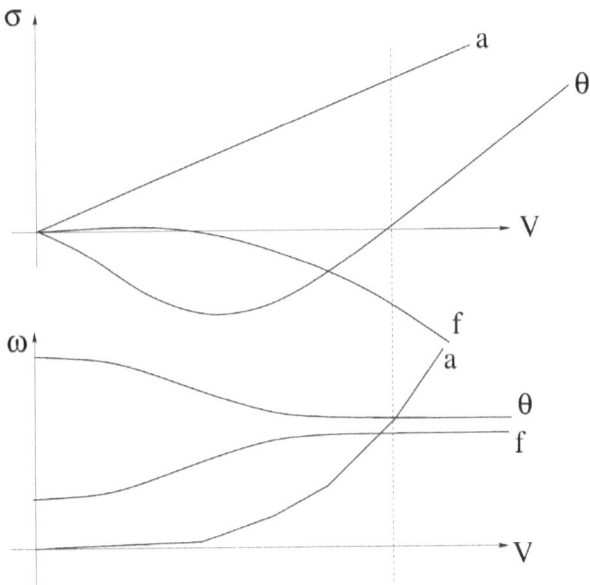

Figura 6.3: Diagramma V-g.

Possiamo a questo punto tracciare i diagrammi $V - g$, fissata la quota, ovvero il numero di Mach (vedi figura 6.3, dove abbiamo indicato con la retta verticale tratteggiata la velocità di flutter V_f, ovvero la prima velocità per cui σ_ϑ cambia segno).

Abbiamo detto *prima* velocità in quanto la curva σ_ϑ può intersecare più volte l'asse della ascisse, ma generalmente, visto che il flutter è un fenomeno abbastanza deleterio per la struttura, un velivolo generalmente non sopravvive tanto a raggiunger il secondo flutter, o comunque il pilota non tenta di farlo (esistono però esempi che ciò è possibile, ad esempio con gli alianti).

Osservazione: generalmente i flutter avvengono quando ci sono più gradi di libertà, in quanto devono esserci più vie per la ridistribuzione dell'energia. In realtà il flutter può avvenire anche con un unico grado di libertà, purché ci sia una massa consistente, ad esempio nelle palette delle turbine. Nelle consuete costruzione leggere aeronautiche, il flutter a 1 grado di libertà non succede (o se succede è perché non si sono considerati tutti i gradi di libertà realmente presenti).

Il diagramma V-g prende il proprio nome dalle convenzioni anglosassoni di utilizzare $g = 2\xi$ per lo smorzamento strutturale. Infatti si usa:

$$ms^2 + cs + k = 0$$
$$\downarrow$$
$$s^2 + \frac{cs}{m} + \frac{k}{m} = 0$$
$$\downarrow$$
$$s^2 + \underbrace{2\xi}_{\triangleq g}\,\omega_0 s + \omega_0 = 0 \tag{6.26}$$
$$\downarrow$$
$$s_{1,2} = \xi\omega_0 \pm \sqrt{\xi^2\omega_0^2 - \omega_0^2} = \omega_0\left(\xi \pm j\sqrt{1 - \xi^2}\right) \simeq \omega_0\xi \pm j\omega_0$$

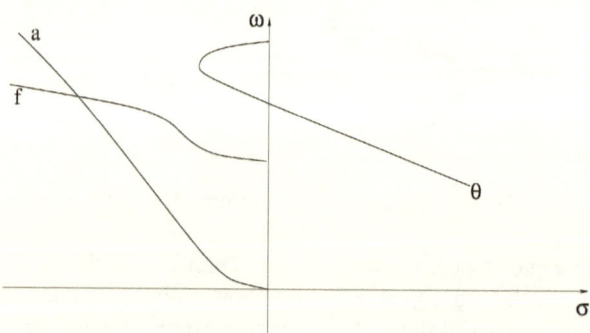

Figura 6.4: Diagramma V-g: luogo delle radici

Un'altra rappresentazione del grafico V-g è data dal luogo delle radici (vedi figura 6.4).

Il flutter è caratterizzato dal sistema omogeneo armonico[1]:

$$\left(-\omega^2 \left([M] - q\left(\tfrac{l_a}{v_\infty}\right)^2 [M_a]\right) + \right.$$

$$j\omega \left([C] - q\left(\tfrac{l_a}{v_\infty}\right)[C_a]\right) + \qquad (6.27)$$

$$\left.([K] - q[K_a])\right)\{q\} = 0$$

e per trovare gli autovalori si è imposto l'annullarsi del determinante. Poiché questo sarà dato da un numero complesso, ciò si traduce in due condizioni reali. Ci servono allora due parametri reali su cui lavorare. Si tenga conto delle seguenti dipendenze: ω (cfr. verifica della bontà dell'approssimazione fatta), V e la forma (che rappresenta i meccanismi che partecipano all'instabilità).

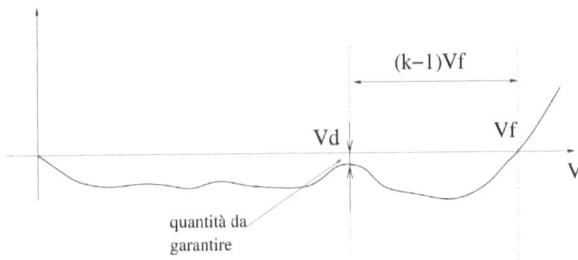

Figura 6.5: Diagramma V-g: quantità critiche

La normativa impone verifiche e condizioni sia a livello di analisi che di prove sperimentali, richiedendo che ci sia un certo livello di correlazione fra i risultati ottenuti. Inoltre si richiede che (riferendoci anche alla figura 6.5):

- la velocità di flutter sia superiore alla velocità massima raggiungibile. In

---

[1]Con l'equazione del flutter si può anche studiare la divergenza, che è un flutter a frequenza nulla.

particolare, si deve avere $V_f = kV_d$ con

$$k = \begin{cases} 1.15 \text{ Velivoli militari (certificazioni MIL)} \\ 1.2 \text{ Velivoli civili (certificazioni FAR, JAR)} \end{cases}$$

- entro lo sviluppo del volo ci deve essere uno smorzamento minimo garantito. Infatti l'andamento di σ può essere *gobboso* e in campo transonico queste gobbe possono ingrossarsi e causare danni. Si impone allora un valore minimo di σ in corrispondenza di V_d.

Si noti che lo smorzamento strutturale viene generalmente trascurato, in quanto:

- è piccolo,

- difficile da calcolare;

- in caso di flutter non influisce sostanzialmente.

- in questo modo ci poniamo anche in una posizione conservativa.

L'approssimazione stazionaria impone che

$$[H_{am}(s)] \to [H_{am}(0)]$$

Tuttavia così facendo si ottiene un valore di portanza dipendente dalla sola ϑ, ovvero $C_{p,\alpha,\vartheta}$. Per evitare problemi in ingresso si prende allora un modello stazionario imponendo condizioni al contorno instazionari. In base a questo assunto, otteniamo

$$C_{p,\alpha}\alpha_e$$

dove

$$\alpha_e = \vartheta + \frac{\dot{h} + x\dot{\vartheta}}{v_\infty}$$

Otteniamo allora un'incidenza data da

- una parte costante

- una parte lineare

il problema è scegliere allora la coordinata x opportuna, ovvero il punto di riferimento. Comunemente si prende $x = \frac{3}{4}c$, ma ciò non è teoricamente corretto (anzi, dal punto di vista teorico, questo valore porta ad alcune assurdità. Numericamente invece torna, perché effetti nascosti mettono a posto le cose). In via pratica prendiamo come punto di riferimento un punto dell'asse elastico. In questo modo possiamo trascurare il termine $x\dot{\vartheta}$:

$$\alpha_e = \vartheta + \frac{\dot{h}}{v_\infty}$$

supponendo che l'alettone sia bloccato.

Avremo allora i carichi aerodinamici (*approssimazione stazionaria del profilo rigido oscillante*):

$$\{Q_{am}\} = -\frac{q}{V_\infty}\begin{bmatrix} C_{p,\alpha}S & 0 \\ eC_{p,\alpha}S & 0 \end{bmatrix}\begin{Bmatrix} \dot{h} \\ \dot{\vartheta} \end{Bmatrix} + \frac{q}{V_\infty}\begin{bmatrix} 0 & C_{p,\alpha}S \\ 0 & eC_{p,\alpha}S \end{bmatrix}\begin{Bmatrix} h \\ \vartheta \end{Bmatrix} \tag{6.28}$$

La matrice che premoltiplica le derivate prime, poiché è preceduta da un segno meno, deve essere definita positiva affinché sia un vero smorzamento.

Per avere un effetto positivo nella combinazione aeroelastica di masse e aerodinamica, è necessario che le masse stiano davanti all'asse elastico: è per questo motivo che si tende a portare avanti i carichi appesi alle ali.

L'assunzione di $\dot{h} = 0$ potrebbe essere corretta se il flutter avvenisse a velocità molto basse, ma ciò non avviene mai.

Ora, per avere instabilità servono come già detto almeno due gradi di libertà:

- infatti, se ci fosse solo $\dot{h}$, esso compare come termine smorzante;

- se ci fosse solo ϑ, al massimo ci sarebbe divergenza.

Graficamente, gli stati si spostano su una sola curva, senza sottendere un'area fra andata e ritorno (non c'è isteresi). Con due gradi di libertà, le due curve possono sottendere un'area racchiusa (vedi figura 6.6).

Consideriamo un'ala realistica, utilizzando il principio dei lavori virtuali. Supponiamo che l'ala sia incastrata alla radice (l'ipotesi di incastro sarà tanto più corretta tanto più alta è la differenza di massa fra fusoliera e ala). L'espressione del p.l.v.

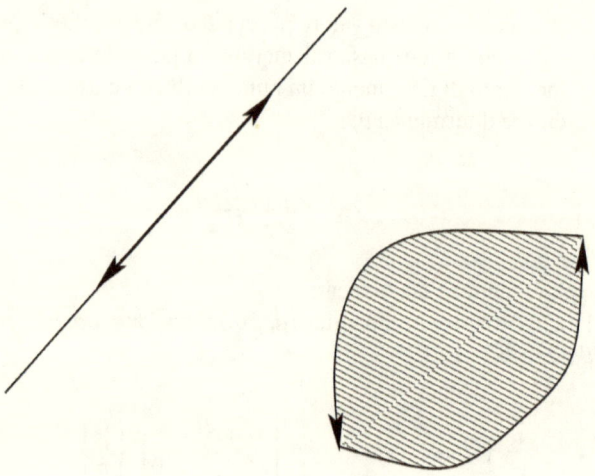

Figura 6.6: Curve senza e con isteresi

diviene, ricordiamoci che dobbiamo scrivere tutto in funzione della frequenza:

$$
\begin{aligned}
\delta L &= \int_l (\delta z'' E I z'' + \delta \vartheta' G J \vartheta') dx \\
&= -\int_l \{\delta u\}^t [M]\{u\} dx + q \int_l \{q\}^t \left\{ \begin{array}{c} \Delta P \\ \Delta M_{c.a.} \\ \Delta M_c \end{array} \right\} dx
\end{aligned}
\tag{6.29}
$$

Supponiamo di conoscere $[H_{2am}(s)]$. Tuttavia, questa è calcolata rispetto al centro aerodinamico:

$$
\left\{ \begin{array}{c} \Delta P \\ \Delta M_{c.a.} \\ \Delta M_c \end{array} \right\} = q[H_{2am}(s)] \left\{ \begin{array}{c} h \\ \vartheta \\ \beta \end{array} \right\}_{c.a.}
\tag{6.30}
$$

Dobbiamo riscrivere la relazione che collega il centro aerodinamico con l'asse elastico. Sappiamo che

$$
\begin{aligned}
h &= h_{c.a.} + e\vartheta; \\
\vartheta_{c.a.} &= \vartheta; \\
\beta_{c.a.} &= \beta;
\end{aligned}
\tag{6.31}
$$

ovvero in forma matriciale:

$$\left\{ \begin{array}{c} h \\ \vartheta \\ \beta \end{array} \right\}_{c.a.} = \begin{bmatrix} 1 & e & 0 \\ 0 & 1 & 0 \\ 0 & 0 & 1 \end{bmatrix} \left\{ \begin{array}{c} h \\ \vartheta \\ \beta \end{array} \right\}_{a.e.} \tag{6.32}$$

$$\downarrow$$

$$\{u\}_{c.a.} = [T]\{u\}_{a.e.}$$

In questo modo, la relazione sui carichi sarà

$$\left\{ \begin{array}{c} \Delta P \\ \Delta M_{c.a.} \\ \Delta M_c \end{array} \right\} = q[H_{2am}(s)][T] \left\{ \begin{array}{c} h \\ \vartheta \\ \beta \end{array} \right\}_{a.e.} \tag{6.33}$$

Analogamente possiamo riscrivere i carichi nel sistema di riferimento dell'asse elastico secondo le relazioni:

$$\begin{array}{rcl} \Delta P & = & \Delta P \\ \Delta M_{a.e.} & = & \Delta M_{c.a.} + e\Delta P \\ \Delta M_c & = & \Delta M_c \end{array} \tag{6.34}$$

ovvero

$$\left\{ \begin{array}{c} \Delta P \\ \Delta M_{a.e.} \\ \Delta M_c \end{array} \right\} = [T]^t \left\{ \begin{array}{c} \Delta P \\ \Delta M_{c.a.} \\ \Delta M_c \end{array} \right\} \tag{6.35}$$

Allora, il carico aerodinamico, espresso completamente nelle coordinate del sistema dell'asse elastico, sarà:

$$\begin{array}{rcl} \left\{ \begin{array}{c} \Delta P \\ \Delta M_{a.e.} \\ \Delta M_c \end{array} \right\} & = & q[T]^t[H_{2am}(s)][T]\{u\}_{a.e.} \\ \\ & = & q[H_{2am}(s)]_{a.e.}\{u\}_{a.e.} \end{array} \tag{6.36}$$

Il lavoro ad esso collegato sarà allora:

$$\delta L = q\{\delta u\}^t_{a.e.}[H_{2am}(s)]_{a.e.}\{u\}_{a.e.} \tag{6.37}$$

Ora è necessario introdurre uno sviluppo in serie

$$\{u(\vec{x}, s)\} = [N(\vec{x})]\{q(s)\} \tag{6.38}$$

Mentre le deformazioni saranno

$$\{\varepsilon(\vec{x}, s)\} = [\nabla_{\vec{x}}][N(\vec{x})]\{q(s)\} = [B(\vec{x})]\{q(s)\} \tag{6.39}$$

dove abbiamo indicato con $[\nabla_{\vec{x}}]$ un operatore differenziale.
Possiamo ora riscrivere i lavori virtuali come:

$$\delta L_i = \{\delta q\}^t \int [B]^t [D][B] dx \{q\} = \{\delta q\}^t [K]\{q\}$$

$$\delta L_e = -s^2 \{\delta q\}^t \int [N]^t [M][N] dx \{q\} + \{\delta q\}^t q \int [N]^t [H_{am}][N] dx \{q\}$$

$$= -s^2 \{\delta q\}^t [M]\{q\} + q\{\delta q\}^t [M_{am}]\{q\}$$

$$\tag{6.40}$$

Per l'arbitrarietà degli spostamenti virtuali, avremo,

$$(-s^2[M] + [K] - q[H_{am}])\{q\} = 0 \tag{6.41}$$

Lo sviluppo delle funzioni di forma che risulta particolarmente adatto ad essere applicato è quello *modale*, utilizzante cioè i modi propri del sistema. I modi propri hanno alcune interessanti proprietà, fra cui l'ortogonalità in senso energetico:

$$\{x\}^t [W]\{y\} \equiv 0 \tag{6.42}$$

dove si è indicata con $[W]$ la funzione peso rispetto cui si riferisce l'ortogonalità[2]. Per poter calcolare i modi però bisogna ipotizzare un primo sviluppo con cui risolvere il problema puramente meccanico associato:

$$(-s^2[M] + [K])\{q\} = 0 \tag{6.43}$$

Si potrebbe pensare che non esistano vantaggi nel calcolare i modi propri con uno sviluppo generico per poi utilizzare i modi per risolvere il problema aeroelastico: si potrebbe pensare infatti di risolvere il problema completo con lo sviluppo generico, saltando la ricerca dei modi propri.

---

[2]Si parlerà allora di ortogonalità rispetto alla massa piuttosto che all'dentità, a seconda che $[W] = [M]$ o $[W] = [I]$.

In realtà i modi sono lo strumento ottimale perché con essi riusciamo a ridurre l'ordine del problema completo, cosa che uno sviluppo generico non può fare. Lo scotto di dover risolvere il problema meccanico è allora ben ripagato dai vantaggi che lo sviluppo modale ci fornisce.

Quando non c'erano ancora i calcolatori elettronici, o non ancora potenti come gli attuali, si era obbligati a prendere delle buone forme in modo da ridurre quanto più possibile le dimensioni del problema a parità di precisione raggiunta. La scelta ottimale risulta essere quella dei modi propri più bassi.

Si ricordi che i modi sono funzioni che rappresentano lo spostamento e sono collegabili con un termine di frequenze e che lo sviluppo in funzioni di forma deve essere completo, cioè deve essere tale da poter rappresentare qualsiasi spostamento nel dominio.

Osservazione: l'interpolazione lineare può essere vista come un approccio egli elementi finiti in cui ogni tratto è dato dalla sovrapposizione di funzioni di forma. Oggi, grazie ai calcolatori elettronici, si riescono a maneggiare problemi con 300.000 gradi di libertà, mentre una volta coi regoli manuali si avevano problemi a due gradi di libertà risolti con sviluppi di qualche decina di ordine.

L'utilizzo dei modi risulta essere molto utile in quanto:

- iI modi sono correlati alle ω;

- i modi sono buoni descrittori degli spostamenti con un basso ordine:

$$\{q\} = [U]\{m\} \qquad (6.44)$$

dove

- $[U]$ sono forme, quindi definite a meno di una costante moltiplicativa.

- $\{m\}$ sono le ampiezze del modo.

Dimensionalmente parlando, è necessario solo che il prodotto $[U]\{m\}$ abbia le dimensioni richieste, ma che poi sia $[U]$ dimensionale e $\{m\}$ adimensionale o viceversa, oppure entrambi dimensionali, ciò è del tutto ininfluente.

Lo spostamento sarà allora:

$$\{u\} = [N]\{q\} = [N][U]\{m\} \qquad (6.45)$$

Se prendessimo tutti i gradi di libertà di $[U]$, non avremo nessun vantaggio computazionale, rispetto al procedimento con $[N]\{q\}$. In effetti, il vantaggio dei modi è proprio quello di poter considerare solo porzioni di $[U]\{m\}$. Ad esempio dei

300.000 gradi iniziali, ci possiamo ridurre a qualche decina.

Si noti che la matrice aerodinamica rovina in parte questi discorsi. Inoltre l'approccio modale si è finora dimostrato redditizio ma non c'è nessuna legge fondamentale per cui questo stato di cose sia necessario e un giorno lo sviluppo modale si potrebbe rivelare controproducente.

Ricordiamoci che tutti questi procedimenti sono stati trattati per ottenere i carichi reali con cui calcolare le sollecitazioni: purtroppo, l'approccio modale svela i suoi limiti proprio nel calcolo delle sollecitazioni.

Per ottener queste ultime e quindi gli sforzi, bisogna ottenere le deformazioni dagli spostamenti, ovvero derivare le funzioni di forma. Tuttavia l'operazione di derivazione riduce la convergenza: sugli sforzi si ha una convergenza è molto minore a quella ottenuta sugli spostamenti.

Una volta si calcolavano separatamente modi flessionali ($[N_f]$) e modi torsionali ($[N_\vartheta]$). In realtà, questi modi non sono reali ma astratti in quanto ottenuti tramite strutture fittizie crete ad hoc per far comparire solo i termini voluti.

Una volta calcolati i modi, si può pensare di applicare direttamene la procedura classica sostituendo nelle equazioni $[N][U]$. In realtà si può procedere in modo più veloce tramite l'antitrasformazione.

Tuttavia non avendo preso $[U]\{m\}$ nella sua interezza, la porzione utilizzata sarà rettangolare: avremo quindi un problema sovradeterminato, ovvero con più equazioni che incognite.

Esistono veri metodi per quadrare un problema sovradeterminato, come il metodo ai minimi quadrati. Tuttavia, noi abbiamo il nostro metodo universale che è il *principio dei lavori virtuali*. Ci basta allora premoltiplicare per $[U]^t$ per ottenere un sistema a n incognite in equazioni. (in tal modo si verifica l'uguaglianza dello scalare lavoro).

Consideriamo gli sviluppi:

$$[N_f] = [1 \quad x]; \tag{6.46}$$

e

$$[N_\vartheta] = [1]; \tag{6.47}$$

La peculiarità di questi sviluppi è che descrivono i moti liberi del velivolo

- $[N_f]$ descrive la traslazione e il rollio

- $[N_\vartheta]$ descrive il beccheggio

Applicando il principio dei lavori virtuali otteniamo proprio le equazioni di moto rigido libero. Per come abbiamo scelto gli sviluppi consegue anche che:

$$[N_f''] = 0 \rightarrow \delta z'' = 0$$
$$[N_\vartheta'] = 0 \rightarrow \delta \vartheta' = 0$$

La matrice di rigidezza $[K]$ ha allora tre righe e tre colonne nulle. Il rango di $[K]$ viene diminuito del numero di moti rigidi descritti: la matrice di rigidezza viene allora ad essere semidefinita positiva.

Osservazione: l'alettone libero non compare nel caso di carico simmetrico ma solo in quello antisimmetrico in quanto il suo cinematismo permette solo quest'ultima condizione. In effetti esso può comparire nel caso simmetrico a causa della deformabilità della catena di comando e dei supporti di tale catena (in effetti, si può dimostrare che è la cedevolezza dei supporti dei comandi a rendere inattivo un comando piuttosto che la deformabilità stessa dei comandi).

Per chiudere il discorso basta reintrodurre i termini noti:

$$(-s^2[M] + [K] - q[H_{am}])\{q\} = \{Q_e\} + q[H_{ag}]\left\{\frac{V_g}{V_\infty}\right\} \qquad (6.48)$$

Si tenga conto che la matrice $[H_{ag}]$ può essere ricavata da $[H_{am}]$ in ambito stazionario e a basse frequenze, in quanto basta introdurre la V_g nella scrittura delle velocità verticali. In particolare possiamo vedere $V_g g$ come una $\dot{h}$, da cui

$$\alpha_e = \vartheta + \frac{V_g}{v_\infty}$$

La $[H_{ag}]$ si può allora vedere come una colonna di $[H_{am}]$ relativa alle $\dot{h}$. In realtà c'è una piccola differenza costituita dal modo in cui le due matrici rispondono al gradino (vedi figura 6.7).

La risposta di $[H_{ag}]$ non è immediata ma ha una crescita nel tempo, in quanto la raffica non colpisce tutto il profilo nello stesso istante, ma affinché tutto il profilo sia investito dalla raffica serve un certo Δt. Il comportamento di $[H_{am}]$ è in parte immediato. Si noti che si può ottenere un andamento di $[H_{am}]$ come quello di $[H_{ag}]$ (ovvero con ritardo) considerando anche la viscosità, ovvero utilizzando le equazioni NAVIER-STOKES .

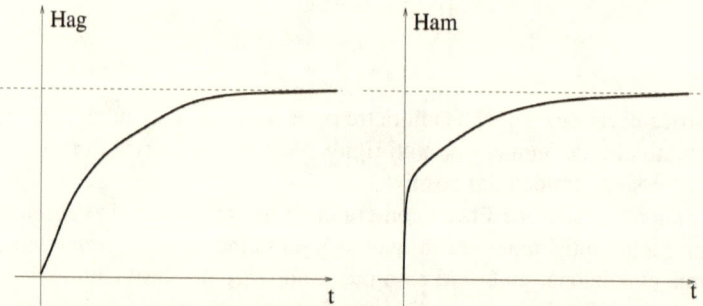

Figura 6.7: Risposta all'impulso di $[H_{ag}]$ e di $[H_{am}]$.

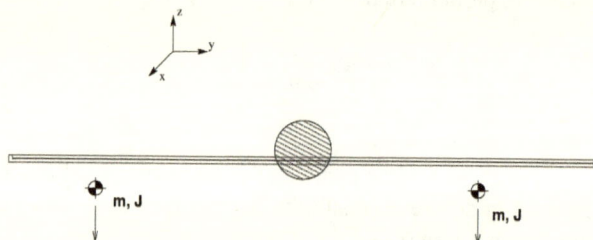

Figura 6.8: Carichi appesi all'ala.

6.4 Flutter dell'ala

Consideriamo il velivolo libero e trascuriamo le interferenze aerodinamiche fra le varie parti che lo compongono. Richiamiamo equazione del flutter vista nel paragrafo precedente:

$$\left(s^2\,[M] + [K] - q\,[H_{am}(P)]\right)\{q\} = 0 \tag{6.49}$$

Tentiamo di considerare anche la fusoliera, dei pezzi di coda e di eventuali carichi sospesi sotto le ali. Per il momento, riteniamo queste componenti aggiuntive perfettamente rigide. Per ottenere la matrice aerodinamica dell'ala, possiamo integrare la componente $[H_{2,am}]$ lungo l'apertura, introducendo delle opportune funzioni di forma e applicando successivamente il principio dei lavori virtuali. Per trovare la matrice aerodinamica della parti aggiuntive, procediamo in maniera analoga, attraverso l'applicazione dei lavori virtuali, sfruttando il fatto che abbiamo considerato nulla l'interferenza fra le varie parti.

A titolo esemplificativo, il contributo dovuto all'equilibratore sarà dato da:

$$\int_0^l \delta \left\{ \begin{matrix} h_{c.a.} \\ \vartheta \\ \beta \end{matrix} \right\}^t \cdot \left\{ \begin{matrix} P \\ \Delta M_{c.a.} \\ \Delta M_c \end{matrix} \right\} dl \tag{6.50}$$

che per la teoria delle strisce diviene:

$$\int_0^l \delta \left\{ \begin{matrix} h_{c.a.} \\ \vartheta \\ \beta \end{matrix} \right\} [H_{2,am}] \left\{ \begin{matrix} P \\ \Delta M_{c.a.} \\ \Delta M_c \end{matrix} \right\} dl \tag{6.51}$$

Siccome consideriamo solo l'ala deformata e indicando con $x = 0$ la posizione dell'ala stessa, abbiamo:

$$h_{c.a.} = h(0) - \vartheta(0)l_{c.a.} = q_h - l_{c.a.}q_{\vartheta_l}; \tag{6.52}$$
$$\vartheta_{p0} = \vartheta(0) = q_{\vartheta_l} \tag{6.53}$$

Integrando otteniamo il contributo (una matrice 3x3) da sommarsi alla matrice aerodinamica globale. siccome la matrice dell'ala è bidimensionale (2x2), i termini relativi ad h e a ϑ andranno a sommarsi algebricamente a quelli dell'ala, mentre i temrini relativi a β andranno a formare una nuova riga e una nuova colonna.

Siccome consideriamo l'equilibratore libero, la sua rigidezza è nulla: la matrice di rigidezza del problema sarà orlata di righe e di colonne di zeri. Analogamente, si dovrà modificare la matrice di massa, che aumenterà anch'essa di dimensioni (le colonne e le righe aggiuntive non sono nulle).

Per quanto riguarda i carichi appesi sotto le ali, consideriamo i loro collegamenti all'ala come perfettamente rigidi. Scriviamo l'energia cinetica tenendo conto che questi carichi possono erre considerati come delle masse concentrate dotate anche di un termine di inerzia J:

$$
T = \frac{1}{2}
\begin{Bmatrix}
\dot{x} \\
\dot{y} \\
\dot{z} \\
\dot{\psi}_x \\
\dot{\psi}_y \\
\dot{\psi}_z
\end{Bmatrix}^t
\begin{bmatrix}
m & & & & & \\
& m & & & & \\
& & m & & & \\
& & & J_x & & \\
& & & & J_y & \\
& & & & & J_z
\end{bmatrix}
\begin{Bmatrix}
\dot{x} \\
\dot{y} \\
\dot{z} \\
\dot{\psi}_x \\
\dot{\psi}_y \\
\dot{\psi}_z
\end{Bmatrix}
\tag{6.54}
$$

Indichiamo con $[M*]$ la matrice di massa dei carichi appesi. Supponiamo per semplicità che gli assi baricentrali dei carichi siano paralleli a quelli del velivolo. Poichè i collegamenti con le ali sono rigidi, le velocità del baricentro del carico appeso può essere facilmente ottenuto dalle velocità del punto d'aggancio sull'ala, tramite una relazione da corpo rigido:

$$
\vec{v}_p = \vec{v}_0 + \vec{\omega} \times (P \overset{\rightarrow}{-} O)
\tag{6.55}
$$

Siccome $(P \overset{\rightarrow}{-} O) = \begin{Bmatrix} \Delta x \\ 0 \\ \Delta z \end{Bmatrix}$:

$$
\begin{aligned}
\dot{x} &= \Delta z \dot{\vartheta}; \\
\dot{y} &= -\Delta z \dot{h}; \\
\dot{z} &= \dot{h} - \Delta x \dot{\vartheta}; \\
\dot{\psi}_x &= \dot{h}; \\
\dot{\psi}_y &= \dot{\vartheta}; \\
\dot{\psi}_z &= 0
\end{aligned}
\tag{6.56}
$$

L'energia cinetica si può scrivere allora come

$$T = \frac{1}{2} \begin{Bmatrix} \dot{h} \\ \dot{h}' \\ \dot{\vartheta} \end{Bmatrix} [T_l]^t [M*] [T_l] \begin{Bmatrix} \dot{h} \\ \dot{h}' \\ \dot{\vartheta} \end{Bmatrix} \tag{6.57}$$

Sviluppando gli spostamenti con un'opportuna funzione di forma, possiamo ridurre ancora le incognite:

$$T = \frac{1}{2} \begin{Bmatrix} \dot{q}_h \\ \dot{q}_\vartheta \end{Bmatrix} [T_2] [T_1]^t [M*] [T_1] [T_2] \begin{Bmatrix} \dot{q}_h \\ \dot{q}_\vartheta \end{Bmatrix} \tag{6.58}$$

Si noti bene che le funzioni di forma depresenti nella matrice di carichi appesi non sono calcolate nella generica coordinata y dell'ala ma devono essere valutate nella coordinata $\bar{y}$ dei carichi appesi.

6.5 Flutter di coda

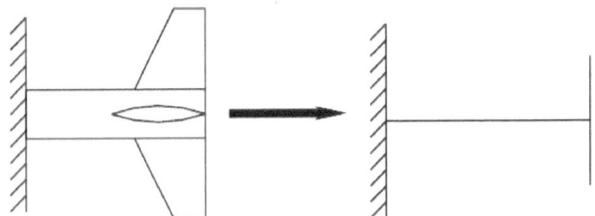

Figura 6.9: Modello di calcolo per il flutter di coda. La trave di coda può essere considerata come una trave snella incastrata ad un'estremità.

Sperimentalmente, si può registrare anche il flutter della trave di coda, corrispondente alle oscillazioni della coda e della parte terminale della fusoliera, mentre il resto del velivolo (ali, fusoliera) può essere considerato fisso. In tal caso possiamo assumere la coda come una trave incastrata all'estremità (vedi figura 6.9).
Iniziamo a considerare il caso simmetrico (figura 6.10). Scriviamo il principio dei

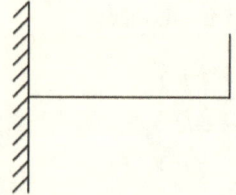

Figura 6.10: Flutter di coda (II). Analizziamo la parte simmetrica

lavori viertuali:

$$\delta L_i = \int_0^{l_f} \delta w"_f (EJ)_f w"_f dl_f + \int_0^{l_t} \delta w"_t (EJ)_t w"_t dl_t + \int_0^{l_t} \delta \vartheta'_t (GJ)_t \vartheta'_t dl_t$$
(6.59)

dove il primo termine si riferisce alla deformazione flesisonale della parte di fusoliera considerata, il secondo alla deformata flessionale della coda e l'ultimo termine alla compoente torsinale della coda.
Il lavoro delle forzer esterne è esprimibile come:

$$\begin{aligned}
\delta L_e & = q \int_{l_f} \delta \{a\}^t [H_{am}] \{a\} \, dl_f \\
& \quad -s^2 \int_{l_t} \delta \{w\}^t [M_1] \{w\} \, dl_t \\
& \quad -s^2 \int_{l_t} \delta \{a\}^t [M_2] \{a\} \, dl_t
\end{aligned}$$
(6.60)

dove i vari termini sono:

$$\{a\} \doteq \left\{ \begin{array}{c} w_{c.a.} \\ \vartheta \\ \beta \end{array} \right\}$$

$$\{w\} \doteq \left\{ \begin{array}{c} w_f \\ w_t \end{array} \right\}$$

$$[M_1] \doteq \left[\begin{array}{cc} m_f & \\ & m_t \end{array} \right]$$

Per la coda, dobbiamo considerare il fatto che essa é vincolata alla fusoliera, ovvero il punto finale dalle fusoliera equivale al punto iniziale della coda. dobbiamo quindi imporre l'equivalenza degli spostamenti. Per ottenerre questo possiamo adottare due strategie:

- scrivere degli svilupp igenerici imponendo a posteriori delle equazioni aggiuntive di congruenza;

- scrivere direttamente degli sviluppi ragionati che soddisfinio autonomamente le condizioni di congruenza.

Procediamo con quest'ultima strategia, iniziando col considerare le condizioni di congruenza. La coda nel suo punto iniziale deve avere lo stesso spostamento della parte terminale della fusoliera:

$$w_t = [N_f(l)] \{q_f\} + [N_t(x_t)] \{q_t\} \qquad (6.61)$$

imponendo poi che $[N_t(x_t)] \{q_t\} = 0$ in $x_t = 0$. In questo modo, se la coda fosse perfettamente rigida, il suo spostamento coincide completamente con lo spostamento dell'ultimo punto della fusoliera.

Dal punto di vista delle forze applicate, la flessione della fusoliera è sentita come una torsione dalla trave di coda:

$$w_\vartheta = - \left[N'_f(l) \right] \{q_f\} + [N_\vartheta(x_t)] \{q_\vartheta\} \qquad (6.62)$$

Possiamo definire in questo senso il vettore delle incognite $\{q\} \doteq \{q_f, q_t, q_\vartheta\}^t$. A questo vettore delle incognite corrisponde una matrice diagonale di rigidezza:

$$[K] \doteq = \begin{bmatrix} K_f & & \\ & K_t & \\ & & K_\vartheta \end{bmatrix} \qquad (6.63)$$

consideriamo ora i componenti della matrice d'inerzia. Iniziamo a studiare il contributo della fusoliera, passando direttamente nel campo delle frequenze e utilizzando il principio dei lavori virtuali:

$$\delta L_i = \int_0^{l_f} \delta w_f \ddot{w}_f dl = \ldots =$$

$$= -s^2 \{q_f\} \int [\bar{N}_f]^t \begin{bmatrix} m_f & \\ & J_f \end{bmatrix} [\bar{N}_f] dl_f \{q_f\} =$$

$$= -s^2 \{q_f\} \left(\int [N_f]^t m_t [N_f] dl_f + \int [N'_f]^t J_f [N'_f] dl_f \right) \{q_f\}$$

$$= -s^2 \{q_f\} [M_{ff}] \{q_f\}$$

dove $\{q_f\} \doteq \left\{w_f, w_f'\right\}^t$ e conseguentemente, $[\bar{N}] \doteq \begin{bmatrix} N_f \\ N_f' \end{bmatrix}$. Si tenga conto che

la matrice di massa ha il pedice ff in quanto teien conto dei soli termini flessionali relativi alla coda (vedi più avanti.)

Consideriamo ora il componente dovuto alla trave di coda vera e propria. Lo sviluppo considerato, come detto, contiene già la congruenza geometrica e fisica:

$$\begin{Bmatrix} w_t \\ \vartheta \\ \beta \end{Bmatrix} = \begin{bmatrix} N_f(l_f) & N_t & 0 & 0 \\ -N_f'(l_f) & 0 & N_\vartheta & 0 \\ 0 & 0 & 0 & 1 \end{bmatrix} \begin{Bmatrix} q_f \\ q_t \\ q_\vartheta \\ \beta \end{Bmatrix} = [T] \begin{Bmatrix} q_f \\ q_t \\ q_\vartheta \\ \beta \end{Bmatrix}$$

La matrice di massa relativa atali quantità sarà allora esprimibile come $[M_t] \doteq [T]^t [M_2] [T]$. La matrice di massa globale si ottine sommando algebricamente le due matrici di massa precedentemente trovate, tenendo conto che a causa della congruenza sul punto d'uinione, in $[M_t]$ compaiono termini associati ai parametri dello sviluppo della fusoliera (q_f). Questi termini andranno allora a coprire parte della matrice della fusoliera $[M_{ff}]$, dando così luogo alla vera e propria matrice di massa della fusoliera, $[M_f]$. Il sistema risulta allora essere *accoppiato inerzialmente*, in qaunto i gradi di libertà sono strutturalmente disaccoppiati.

Volendo risolvere per via manuale il problema, si dovranno considerare solo tre modi:

- flessionale relativo alla fusoliera;

- flessionale relativo alla coda;

- torsionale relativo alla coda.

Abbiamo scelto degli sviluppi in modo che fossere automaticamente verificate le condizioni di congruenza fisica fra la coda e la fusoliera nel loro punto d'unione. Nel caso avessimo voluto procedere col primo metodo, utilizzando sviluppi generali, con i parametri inizialmente indipendenti fra loro:

$$w_f = [N_f] \{q_f\}$$
$$w_t = [N_t] \{q_t\}$$
$$\vartheta_t = [N_\vartheta] \{q_\vartheta\}$$

avendo cura poi di applicare delle equazioni aggiuntive di congruenza per chiudere il problema:

$$[N_t(0)]\{q_t\} = [N_f(l_f)]\{q_f\}$$
$$[N_\vartheta(0)]\{q_\vartheta\} = [N_l'(l_f)]\{q_f\}$$

In forma generalizzata, le generiche incognite iniziali x potranno essere sempre scomposte in due categorie, incognite indipendenti x_i e incognite dipendenti x_d:

$$A_i x_i + A_d x_d = 0 \rightarrow x_d = A_d^{-1} A_i x_i \rightarrow \{x\} = \begin{Bmatrix} x_i \\ x_d \end{Bmatrix} = \begin{bmatrix} I \\ -A_d^{-1} A_i \end{bmatrix} \{x_i\}$$

6.6 Flutter di un pannello

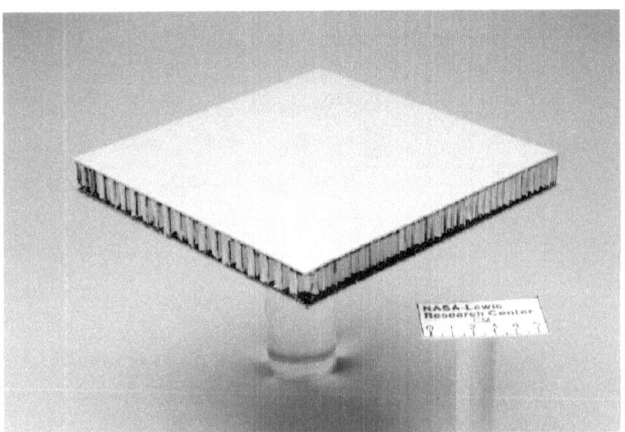

National Aeronautics and Space Administration
John H. Glenn Research Center at Lewis Field

Figura 6.11: Esempio di pannello in materiale composito - NASA Image of Glass Reinforced Aluminum (GLARE) Honeycomb composite sandwich structure.

Il *flutter di pannello* viene definito in tal modo in quanto sembra che sia un pannello a vibrare, in quanto si tratta di un particolare flutter che si localizza in una determinata zona di dimensioni limitate. A differenza del classico flutter, quello di pannello non è un fenomeno distruttivo, benché si instaurino vibrazioni molto accentuate e fastidiose.

Il carico ha un modulo limitato ma dotato di alte frequenze, producendo così fenomeni di fatica. Il modello descritto rappresenta il pannello isolato dal resto, con quest'ultimo che viene modellato tramite opportuni vincoli sul contorno del pannello. Identifichiamo la superficie media del pannello ed utilizziamo l'ipotesi di KIRCHHOFF secondo cui la normale alla superficie si mantiene tale, ovvero se un punto appartiene alla normale della superficie indeformata, esso apparterrà allora alla normale della superficie deformata (si vedano le appendici D e E per gli approfondimenti sulla teoria delle piastre e degli elementi a piccolo spessore). In base a questi assunti, gli spostamenti saranno allora esprimibili come:

$$u_x = -w_{/x}z \tag{6.64}$$

$$u_y = -w_{/y}z \tag{6.65}$$

$$u_z = w(x,y) + \Delta w(x,y,z) \tag{6.66}$$

Da queste possiamo ricavare le deformazioni:

$$\varepsilon_x = u_{x/x} = -w_{/xx}z \tag{6.67}$$

$$\varepsilon_y = u_{y/y} = -w_{/yy}z \tag{6.68}$$

$$\varepsilon_z = u_{z/z} = \Delta w_{/x} \tag{6.69}$$

$$\gamma_{xy} = u_{x/y} + u_{y/x} = -2w_{/xy}z \tag{6.70}$$

$$\gamma_{xz} = u_{x/z} + u_{z/x} = \Delta w_x \tag{6.71}$$

$$\gamma_{yz} = u_{z/y} + u_{y/z} = \Delta w_y \tag{6.72}$$

Ora, l'ipotesi di KIRCHHOFF impone che γ_{zx} e γ_{zy} siano nulli. Analogamente, possiamo supporre nulle anche le derivate dell'incremento ($\Delta w_x = \Delta w_y = 0$). L'incremento sarà allora dipendente solo dalla coordinata z.

Possiamo supporre una stato piano di sforzo grazie al piccolo spessore del pannello dunque il prodotto $\varepsilon_z \cdot \sigma_z$ sarà anch'esso nullo. In base a questo risultato, possiamo trascurare il termine ε_z, in quanto energeticamente ininfluente (benché non sia nullo). Qualora interessi, lo si potrà recuperare a posteriori tramite la definizione.

Lo stato di deformazione si può allora riassumere come:

$$\{\varepsilon\}^* = z\,\{\varepsilon\} \tag{6.73}$$

Scriviamo allora l'espressione del principio dei lavori virtuali. Il lavoro di deformazione sarà:

$$\delta L_d = \int \delta \left\{\varepsilon^*\right\}^t [D^*] \left\{\varepsilon^*\right\} dV = \int z^2 \delta \left\{\varepsilon\right\}^t [D^*] \left\{\varepsilon\right\} dV \qquad (6.74)$$

Scomponendo l'integrale di volume in un integrale di superficie e di un integrale sullo spessore:

$$\delta L_d = \int_S \delta^t \left\{\varepsilon\right\} \int_t z^2 D^* dz \left\{\varepsilon\right\} dS = \int_S \delta \left\{\varepsilon\right\}^t D \left\{\varepsilon\right\} dS \qquad (6.75)$$

dove si è indicato con D la rigidezza flessionale del pannello. supponendo di avere a che fare con un pannello omogeneo o composito bilanciato, $D = \frac{h^3 \sum D_i}{12}$.

In analogia a quanto si effettua nel caso delle travi pretensionate, in cui si considerano le pretensioni N che danno luogo ad un lavoro $\delta y' N y'$, nel caso del pannello possiamo considerare gli sforzi di pretensionamento:

$$\delta L_p = \delta \left\{\begin{matrix} w_{/x} \\ w_{/y} \end{matrix}\right\}^t \left[\begin{matrix} N_x & N_{xy} \\ N_{xy} & N_y \end{matrix}\right] \left\{\begin{matrix} w_{/x} \\ w_{/y} \end{matrix}\right\} \qquad (6.76)$$

Osservazione: se moltiplicassimo questo lavoro per λ, otterremo l'equazione per il carico critico:

$$\int \delta \left\{\varepsilon\right\}^t [d] \left\{\varepsilon\right\} dS + \delta \left\{\eta\right\}^t \lambda [N] \left\{\eta\right\} = 0 \qquad (6.77)$$

Questo è un problema agli autovalori λ. L'autovalore minimo rappresenta il moltiplicatore che applicato al precarico fornisce il carico critico.

Valutiamo ora il lavoro esterno:

$$\delta L_e = q \int \delta w^t C_p dS - \int \delta w^t m \ddot{w} dS \qquad (6.78)$$

dove m è la massa per unità di superficie (integrale della densità nello spessore). Bisogna ora passare al calcolo aerodinamico per valutare il coefficiente di portanza, C_p. A rigore, l'aerodinamica è determinata da tutto il velivolo e non solo dal singolo pannello, bisogna quindi considerare tutto il velivolo per determinare l'azione aerodinamica, per quanto questo ci interessi solo sul nostro pannello.

Sperimentalmente, tuttavia, si trova che il flutter di pannello si verifica ad alte o altissime velocità: ciò ci torna utile in quanto possiamo allora applicare la piston theory (vedi capitolo 16) qualora queste alte velocità significhino campo supersonico. In questo ambito, la pressione (intesa come differenza fra la pressione registrata e la pressione asinottica di riferimento) sul pannello è dunque esprimibile, in forma linearizzata, come

$$\Delta p = -\rho c_\infty v \qquad (6.79)$$

dove la velocità v è la velocità normale alla superficie (deformata) del pannello. Abbiamo allora (supponendo che la velocità asintotica sia parallela all'asse x):

$$v = \dot{w} + V_\infty \cdot w_{/x} \qquad (6.80)$$

$$\Delta p = -\rho c_\infty(\dot{w} + V_\infty \cdot w_{/x}) \qquad (6.81)$$

Avremo allora

$$\delta L_e = \int \delta w^t \rho c_\infty(\dot{w} + V_\infty \cdot w_{/x})dS - \int \delta w^t m\ddot{w}dS \qquad (6.82)$$

C'è da considerare ancora il contributo energetico delle forze applicate sul contorno, in quanto quest'ultimo partecipa attivamente all'elasticità: introduciamo questo termine allora nell'espressione del lavoro di deformazione, indicandolo semplicemente come δL_c:

$$\delta L_i = \int \delta \{\varepsilon\}^t [d] \{\varepsilon\} \, dS + \delta \{\eta\}^t \lambda [N] \{\eta\} + \delta L_c \qquad (6.83)$$

Sviluppiamo ora lo spostamento trasversale w e le varie quantità derivate:

$$w = [N] \{q\}$$
$$\{\varepsilon\} = [B] \{q\}$$
$$\{\eta\} = [P] \{q\}$$
$$\{\dot{w}\} = [N] \{\dot{q}\}$$
$$\{\ddot{w}\} = [N] \{\ddot{q}\}$$

Sostituendo nelle espressioni dei lavori virtuali:

$$\begin{aligned}
\delta L_i &= \delta \{q\}^t \int_s [B]^t [D] [B] \, dS \{q\} + \\
&\quad \delta \{q\}^t [P]^t [N] [P] \{q\} + \\
&\quad \delta \{q\}^t [K_c] \{q\}
\end{aligned}$$

e

$$\delta L_e \;=\; -\delta\{q\}^t \int_s [N]^t \, \rho c_\infty \, [N] \, dS \, \{\dot q\}$$

$$-\delta\{q\}^t \int [N]^t \, \rho c_\infty V_\infty \, [N_{/x}] \, \{q\}$$

$$-\delta\{q\}^t \int [N]^t \, m \, [N] \, dS \, \{\ddot q\}$$

Organizzando le matrici di cui sopra, otteniamo allora una classica formulazione per lo studio dei flutter:

$$[M]\{\ddot q\} + \rho c_\infty\,[C_a]\,\{\dot q\} + ([K] + [K_g] + [K_c] - \rho v_\infty\,[K_a])\,\{q\} = 0 \quad (6.84)$$

CHAPTER 7

ELICHE ED EFFETTI GIROSCOPICI

Consideriamo una pala di un'elica in movimento[1]: su ciascun elemento di massa della pala agirà un termine di forza centrifuga proporzionale alla massa stessa e alla velocità angolare ω di rotazione.

In base al legame elastico, questa forza produce un irrigidimento della pala in senso assiale proporzionale al quadrato della velocità di rotazione,

$$[K_n] \div \omega^2 r \tag{7.1}$$

---

[1] Il discorso può essere applicato anche alle pale di una turbina. In questo caso, possiamo parlare anche di termo-aeroelasticità, in quanto i carichi termici possono -in realtà quasi sempre- giocare un ruolo importantissimo.

Aeroelasticità Applicata.
By Giulio Malinverno.
Copyright © 2016 .

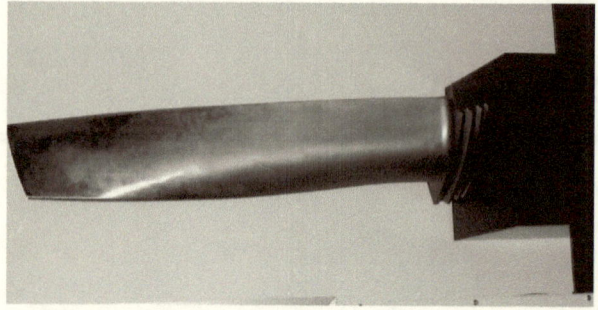

Figura 7.1: Pala di una turbina - in particolare si tratta della pala di una delle turbine a bassa pressione dell'impianto della centrale nucleare di Goesgen (CH).

mentre le forze di CORIOLIS hanno effetti trascurabili.

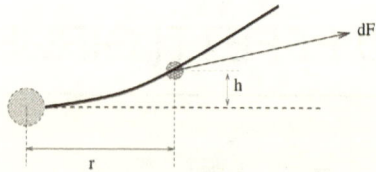

Figura 7.2: Schema di pala rotante deformata

Figura 7.3: Schema per fenomeni centrifughi

Tuttavia, la forza centrifuga dà luogo però ad un altro contributo oltre a quello precedentemente ricordato. In particolare, se consideriamo la pala deformata (vedi figura 7.2), notiamo che la distanza reale dall'asse di rotazione è $\sqrt{r^2 + h^2}$: possiamo proiettare su due assi (l'uno normale, l'altro tangente alla pala) la forza

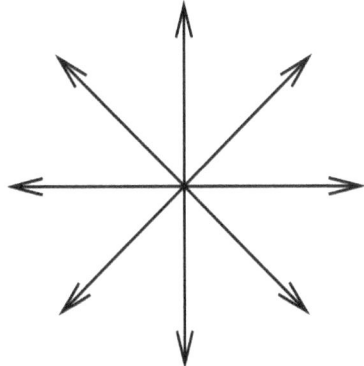

Figura 7.4: Schema per fenomeni giroscopici

centrifuga relativa all'elemento infinitesimo di massa dm,

$$dF = \omega^2 dm \sqrt{r^2 + h^2} \tag{7.2}$$

Una proiezione sarà allineata all'asse della pala deformabile (o meglio tangente al punto ove è applicata la forza). Questa componente è quella che produce l'ir-rigidimento assiale. L'altra proiezione sarà normale alla massa dm e sarà anche trasversale all'asse della trave.

Questa forza, pari a $\omega^2 \cdot h \cdot dm$, causa una rigidezza $[K_n] \div -\omega^2[M]\{q\}$, che è negativa.

L'elica poi, intesa nella sua interezza, è un corpo in rotazione e dunque il suo momento d'inerzia correlato ad ω darà luogo al *momento angolare* o *delle quantità di moto*.

Possiamo infatti suddividere i fenomeni riguardanti la pala rotante in:

- centrifughi (vettore che trasla mantenendosi parallelo a se stesso - vedi figura 7.3)

- giroscopici (vettore fisso in un punto e rotante attorno a tale polo - vedi figura 7.4)

Consideriamo allora un corpo dotato d'inerzia posto in rotazione. Le forze, generalizzate, associate al momento delle quantità di moto, saranno tali per cui:

$$\vec{M} = \frac{d\vec{\Gamma}}{dt} \tag{7.3}$$

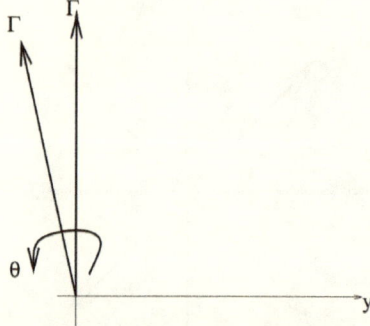

Figura 7.5: Rotazione ϑ_x di Γ

Supponiamo poi che il nostro corpo stia ruotando attorno all'asse z. Consideriamo il piano ortogonale ad x. Applichiamo una rotazione ϑ_x a Γ (vedi figura 7.5. Guardiamo come questa rotazione ha modificato le componenti y e z di Γ. Prima della rotazione:

$$\Gamma_y = 0$$
$$\Gamma_z = \Gamma$$

Dopo la rotazione

$$\Gamma_y = -\Gamma \sin(\vartheta_x) \simeq -\Gamma \vartheta_x$$
$$\Gamma_z = \Gamma \cos(\vartheta_x) \simeq \Gamma$$

Possiamo allora valutare il momento delle quantità di moto utilizzando un metodo alle differenze finite:

$$
\begin{aligned}
\vec{M} &= \frac{d\vec{\Gamma}}{dt} &= \frac{\vec{M_2}-\vec{M_1}}{\Delta t} \\
&= \frac{(-\Gamma\vartheta_x\vec{j}+\Gamma\vec{k})-\Gamma\vec{k}}{\Delta t} &= -\frac{\Gamma\vartheta_x}{\Delta t}\vec{j} \\
&= -\Gamma\dot{\vartheta}_x\vec{j}
\end{aligned}
\tag{7.4}
$$

Ragioniamo in modo analogo per il piano ortogonale a y, applicando una rotazione ϑ_y a Γ (vedi figura 7.6). Prima della rotazione:

$$\Gamma_x = 0$$
$$\Gamma_z = \Gamma$$

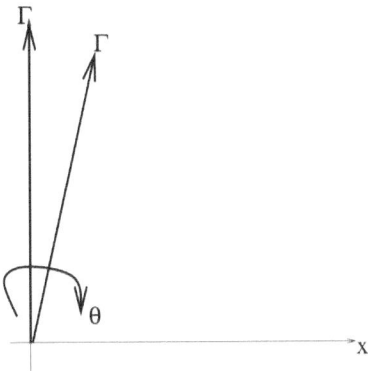

Figura 7.6: Rotazione ϑ_x di Γ

Dopo la rotazione

$$\Gamma_x = \Gamma \sin(\vartheta_y) \simeq \Gamma \vartheta_y$$
$$\Gamma_z = \Gamma \cos(\vartheta_y) \simeq \Gamma$$

Valutando il momento tramite differenze finite:

$$
\begin{aligned}
\vec{M} &= \frac{d\vec{\Gamma}}{dt} &&= \frac{\vec{M_2} - \vec{M_1}}{\Delta t} \\
&= \frac{(\Gamma \vartheta_y \vec{i} + \Gamma \vec{k}) - \Gamma \vec{k}}{\Delta t} &&= \frac{\Gamma \vartheta_y}{\Delta t} \vec{j} \\
&= \Gamma \dot{\vartheta_y} \vec{j}
\end{aligned}
\tag{7.5}
$$

Generalizzando e analizzando il formalismo dei risultati sopra ottenuti, possiamo scrivere la seguente relazione:

$$\vec{M} = \vec{\Gamma} \times \vec{\dot{\vartheta}}$$

Coppia giroscopica

$$(7.6)$$

Consideriamo dunque un rotore montato su un supporto elastico. Guardando il sistema dal punto di vista passivo avremo:

$$
\begin{bmatrix} J_x & 0 \\ 0 & J_y \end{bmatrix} \begin{Bmatrix} \ddot{\vartheta}_x \\ \ddot{\vartheta}_y \end{Bmatrix} + \begin{bmatrix} K_x & 0 \\ 0 & K_y \end{bmatrix} \begin{Bmatrix} \vartheta_x \\ \vartheta_y \end{Bmatrix} = 0
\tag{7.7}
$$

Tuttavia, guardandolo attivamente, dobbiamo aggiungere il termine di coppia giroscopica:

$$[M]\{\ddot{\vartheta}\} + [C]\{\dot{\vartheta}\} + [K]\{\vartheta\} = 0 \qquad (7.8)$$

avendo posto:

- $\{\vartheta\} = \begin{Bmatrix} \vartheta_x \\ \vartheta_y \end{Bmatrix}$;

- $[M] = \begin{bmatrix} J_x & 0 \\ 0 & J_y \end{bmatrix}$;

- $[C] = \begin{bmatrix} 0 & \Gamma_x \\ -\Gamma_y & 0 \end{bmatrix}$;

- $[K] = \begin{bmatrix} K_x & 0 \\ 0 & K_y \end{bmatrix}$

Si potrebbe pensare che il contributo di $[C]$ possa dar luogo ad instabilità. Si tenga conto che tale matrice risulta essere emisimmetrica. Possiamo utilizzare il *metodo diretto di* LYAPOUNOV per studiare la stabilità del sistema. Consideriamo l'energia meccanica totale associata al sistema:

$$E_{m,\text{totale}} = \frac{1}{2}\left\{\dot{\vartheta}\right\}^t [M]\left\{\dot{\vartheta}\right\} + \frac{1}{2}\{\vartheta\}^t [K]\{\vartheta\} = 0 \qquad (7.9)$$

Per avere asintotica stabilità la derivata dell'energia deve essere negativa:

$$\frac{\partial E_{m,t}}{\partial \vartheta} = \frac{1}{2}\left\{\dot{\vartheta}\right\}^t [M]\left\{\ddot{\vartheta}\right\} + \frac{1}{2}\left\{\ddot{\vartheta}\right\}^t [M]\left\{\dot{\vartheta}\right\} + \frac{1}{2}\left\{\dot{\vartheta}\right\}^t [K]\{\vartheta\} + \frac{1}{2}\{\vartheta\}^t [K]\left\{\dot{\vartheta}\right\} \qquad (7.10)$$

Data la scalarità dell'energia,

$$\begin{aligned} \frac{\partial E_{m,t}}{\partial \vartheta} &= \left\{\dot{\vartheta}\right\}^t [M]\left\{\ddot{\vartheta}\right\} + \left\{\dot{\vartheta}\right\}^t [K]\{\vartheta\} \\ &= \left\{\dot{\vartheta}\right\}^t \left([M]\left\{\ddot{\vartheta}\right\} + [K]\{\vartheta\}\right) \end{aligned} \qquad (7.11)$$

Ma dall'equazione d'equilibrio, ciò è uguale a

$$-\left\{\dot{\vartheta}\right\}^t [C]\left\{\dot{\vartheta}\right\} \qquad (7.12)$$

A meno di un coefficiente $\frac{1}{2}$, questo termine è allora interpretabile come una dissipazione energetica.

Sostituendo i termini in nostro possesso, avremo

$$-\left\{\dot{\vartheta}\right\}^t [C] \left\{\dot{\vartheta}\right\} = -\left\{\begin{array}{c}\dot{\vartheta}_x \\ \dot{\vartheta}_y\end{array}\right\}^t \begin{bmatrix} 0 & \Gamma_x \\ -\Gamma_y & 0 \end{bmatrix} \left\{\begin{array}{c}\dot{\vartheta}_x \\ \dot{\vartheta}_y\end{array}\right\}$$

$$= -\left\{\begin{array}{c}\dot{\vartheta}_x \\ \dot{\vartheta}_y\end{array}\right\}^t \left\{\begin{array}{c}\Gamma_x \dot{\vartheta}_y \\ -\Gamma_y \dot{\vartheta}_x\end{array}\right\} \qquad (7.13)$$

$$= -\left(\dot{\vartheta}_x \Gamma_x \dot{\vartheta}_y - \dot{\vartheta}_y \Gamma_y \dot{\vartheta}_x\right) = 0$$

Poiché allora nel nostro caso $[C]$ dà luogo a una $\frac{partialE}{\partial\vartheta} = 0$, equivale ad avere $[C] \equiv 0$. Dobbiamo allora pensare che $[C]$ sia uno smorzamento formale, in quanto se fosse stato reale (ovvero definita positiva) avremmo avuto $\frac{partialE}{\partial\vartheta} < 0$. C'è allora da pensare che la presenza di questa matrice sia effettivamente priva di conseguenze? No, anche se dal punto di vista energetico, le equazioni

$$[M]\{\ddot{q}\} + [C]\{\dot{q}\} + [K]\{q\} = 0$$

e

$$[M]\{\ddot{q}\} + [K]\{q\} = 0$$

si equivalgono. Ciò che cambia è ad esempio la struttura degli autovalori s, in quanto nel sistema non smorzato si perviene nel calcolo degli autovalori a un'equazione di primo grado in cui compare solamente s^2, mentre nel sistema smorzato (anche se in maniera formale, come nel caso in esame) si ha un'equazione di secondo grado di s, in cui compaiono s^2 ed s. Mentre nel primo caso si avevano allora autovalori immaginari puri, avere s ed s^2 comporta avere autovalori complessi coniugati e si tenga conto che la presenza di autovalori complessi coniugati è indice di un flutter. In tal caso le vibrazioni non saranno più in fase (o in controfase) ma sfasate arbitrariamente (cfr. *whirl flutter* o *flutter a mulinello*: si ha un marcato cambiamento nelle condizioni al contorno che regolano l'aerodinamica). Si tenga conto infine che gli unici parametri di progetto sono le cedevolezze delle sospensioni, ovvero i parametri K_x e K_y.

CHAPTER 8

GALOPPING

Consideriamo la sezione di un corpo non aerodinamico. Supponiamo che il suo unico grado di libertà sia la traslazione lungo un suo asse (che in figura 8.2 è indicato con y ed è ortogonale alla direzione asintotica del vento). Possiamo schematizzare la sua rigidezza in questa direzione con due molle. A causa della velocità $\dot{y}$, la velocità sentita dal corpo non sarà V_∞, ma sarà $\vec{V} = \vec{V}_\infty + \dot{\vec{y}}$. Ciò provoca l'incidenza $\Delta\alpha = \frac{\dot{y}}{V_\infty}$.

L'equazione d'equilibrio dinamico sarà allora:

$$M\ddot{y} + Ky = -P\cos(\Delta\alpha) + R\sin(\Delta\alpha) \tag{8.1}$$

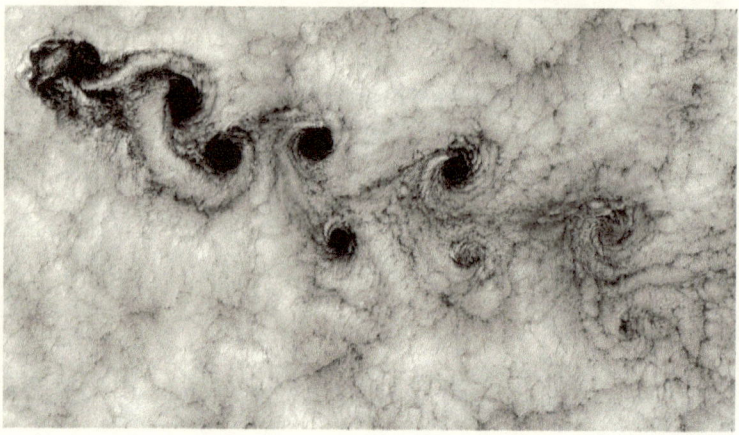

Figura 8.1: In quest'immagine del LANDSAT 7 si possono vedere le nubi sopra la costa cilena nelle vicianze delle isole di Juan Fernandez formino il caratteristico percorso dei vortici di VON KARMAN. Autore: BOB CAHALAN, NASA GSFC

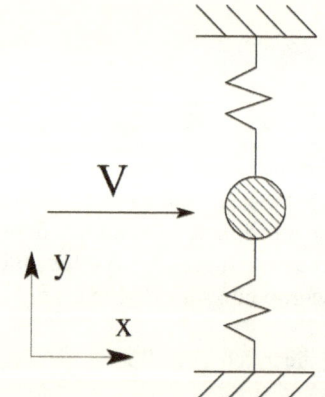

Figura 8.2: Schematizzazione per galopping

Ora i carichi aerodinamico sono esprimibili come:

$$P = qSC_P(\alpha_0) + qSC_{P,\alpha}\Delta\alpha;$$
$$R = qSC_R(\alpha_0) + qSC_{R,\alpha}\Delta\alpha;$$

(8.2)

Sostituendo queste espressioni all'interno dell'equazione e ponendo $\Delta\alpha = 0$ si ottiene la condizione statica di riferimento α_0.

Supponiamo però di avere $\Delta\alpha$ abbastanza piccoli da poter confondere il seno con l'angolo e poter considerare il coseno unitario. Riferendoci a perturbazioni della condizione di riferimento:

$$
\begin{aligned}
M\ddot{y} + Ky &= -\left(qSC_P(\alpha_0) + qSC_{P,\alpha}\Delta\alpha\right)\cos(\Delta\alpha) + \\
&\quad \left(qSC_R(\alpha_0) + qSC_{R,\alpha}\Delta\alpha\right)\sin(\Delta\alpha) \\
&= -qSC_P(\alpha_0) + qSC_{P,\alpha}\Delta\alpha \\
&\quad + qSC_R(\alpha_0)\Delta\alpha + qSC_{R,\alpha}\Delta\alpha^2
\end{aligned}
$$

(8.3)

Possiamo trascurare il termine $\div\alpha^2$ in quanto infinitesimo di ordine superiore. Otteniamo allora

$$M\Delta\ddot{y} + q\frac{S}{V_\infty}\left(C_{P,\alpha} + C_R(\alpha_0)\right)\Delta\dot{y} + K\Delta y = 0$$

(8.4)

avendo indicato con Δy la variazione di posizione rispetto la condizione di riferimento.

Ora, i coefficienti M e K sono positivi, mentre il termine proporzionale alla $\Delta\dot{y}$ funge da parametro su cui studiare la stabilità. Se è positivo, la stabilità è assicurata , secondo il *criterio di* DEN HARTOG .

Per i profili aerodinamici C_P e C_R sono positivi e tale criterio è verificato. Nei corpi tozzi, quali le sezioni dei missili sulla sezione di lancio o le sezioni dei cavi dell'alta tensione (soprattutto se vi è sopra del ghiaccio) i coefficienti aerodinamici non sono necessariamente positivi e dunque si può cadere in instabilità.

Addendum: il fenomeno del galopping[1] è richiamato anche dalle nuove norme tecniche per le costruzioni (NTC2008), nei paragrafi dedicati all'azione del vento. In particolare, si richiama che il vento agendo su di esse fa sì che strutture snelle di forma cilindrica (come appunto i pilastri o i missili in posizione di lancio) subiscano un effetto dinamico dovuto al distacco alternato dei vortici.

---

[1]Questo fenomeno prende il nome di *galopping* in quanto richiama il galoppo.

si propone quindi una formula per il calcolo della frequenza della forza ciclica agente ortogonalmente alla direzione del vento:

$$f_v = S_t \cdot \frac{v}{b} \tag{8.5}$$

dove S_t è il *numero di* STROUHAL , mentre v e b sono rispettivamente la velocità del vento e la dimensione di riferimento dell'oggetto.

Parte IV

METODI PER L'ANALISI AERODINAMICA

CHAPTER 9

INTRODUZIONE

Le equazioni più generali in aerodinamica sono quelle di Navier-Stokes e consistono in:

- Equazione sulla conservazione della massa;

- Conservazione della quantità di moto [1];

- Conservazione delle quantità di moto;

---

[1] la simmetria del tensore degli sforzi discende da un'assunzione nel modello micromeccanico, ossia che sulle facce del cubetto elementare si siano solamente forze elementari. Se fosse altresì presenti anche coppie elementari, come ad esempio nei fluidi polarizzati, l'assunzione della simmetria degli sforzi viene a cadere.

Aeroelasticità Applicata.
By Giulio Malinverno.
Copyright © 2016 .

- Conservazione dell'energia;

- Equazioni di stato[2];

- Legame sforzo-deformazione2;.

- II legge della Termodinamica;

Le equazioni di NAVIER-STOKES tuttavia non vengono praticamente utilizzate, eccettuati che nei casi di

- articoli scientifici dimostrativi;

- verifiche (raramente).

Ciò è dovuto al fatto che la risoluzione di tali equazioni è computazionalmente molto onerosa e non esiste una soluzione in forma chiusa (tra l'altro, non è stata ancora dimostrata l'unicità della soluzione dell'equazione di Navier Stokes).

Poiché il maggior onere computazionale discende dalla modellazione dei moti turbolenti, si preferisce passare alle *equazioni di* EULERO , che pur mantenendo lo stesso numero di incognite (6, una volta eliminate le equazioni costitutive) delle equazioni di NAVIER-STOKES , semplificano il problema in quanto non trattano la turbolenza. In ambito aeroelastico le equazioni di Eulero sono utilizzate come strumento di verifica e non in fase progettuale.

In tempi passati veniva usato anche un modello isoentropico applicabile nei casi privi di vorticità.

Meno costoso di EULERO risulta essere il *metodo a potenziale*, in cui compare un'unica incognita (il potenziale Φ appunto), applicabile a flussi irrotazionali e dunque non applicabile (vd. oltre) al campo transonico e allo strato limite.

In effetti, sotto opportune condizioni[3], possiamo applicare il metodo a potenziale anche al campo transonico bidimensionale, come approssimazione non lineare delle piccole perturbazioni (vedi *equazione di* TRICOMI).

---

[2]La legge dell'entropia non viene quasi mai espressa esplicitamente, in quanto viene utilizzata per vincolare le equazioni di stato e il legame $\sigma - \varepsilon$. Le equazioni costitutive devono essere allora o isoentropiche o con $\frac{dS}{dt} > 0$.

[3]con profili molto sottili, tanto che le onde d'urto possano essere confuse con le caratteristiche

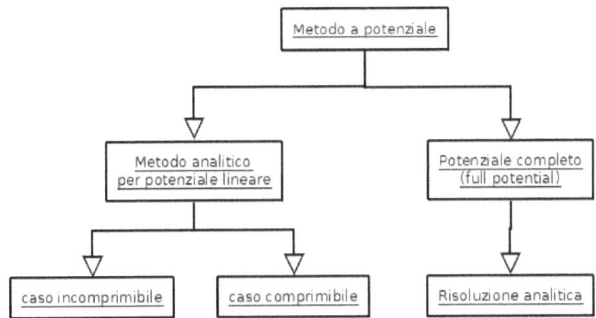

Figura 9.1: Schema dei metodi per la risoluzione dell'aerodinamica

CHAPTER 10

LINEA PORTANTE DI PRANDTL

L'equazione della congruenza aerodinamica viene espressa tramite la relazione

$$\alpha_e = \vartheta \tag{10.1}$$

mentre sappiamo che:

$$cC_P = cC_{P,e} + cC_P(\alpha_0) \tag{10.2}$$

$$m_t = e \cdot cC_{P,e} + e \cdot cC_P(\alpha_0) + c^2 \cdot C_{m,c.a.} \tag{10.3}$$

L'equazione della linea portante di PRANDTL si può scrivere in termini d'incidenza come:

$$\alpha = \frac{cC_P}{cC_{P,\alpha}} + \frac{1}{8\pi} \int_l \frac{\frac{\partial cC_P(\eta)}{\partial \eta}}{y - \eta} d\eta \tag{10.4}$$

Aeroelasticità Applicata.
By Giulio Malinverno.
Copyright © 2016 .

Possiamo inoltre sviluppare il carico come $cC_P = [N_a]\{a\}$, dove indichiamo con $\{a\}$ i parametri dello sviluppo aerodinamico. Si ricordi che questo sviluppo deve essere anch'esso *completo* e *congruente*, nel senso che deve rispettare le condizioni al contorno che possono esistere sull'andamento del carico, come ad esempio che all'estremità alare la distribuzione del carico sia nulla.
Introducendo tale sviluppo nell'equazione della linea portante otteniamo:

$$\alpha(y) = \frac{[N_a(y)]\{a\}}{cC_{P,\alpha}(y)} + \frac{1}{8\pi} \int_l \frac{[N_a(\eta)]'\{a\}}{y - \eta} d\eta + \varepsilon(y) \qquad (10.5)$$

Possiamo ora adottare un qualsiasi metodo ai residui pesati, ad esempio la collocazione semplice:

$$\alpha(y_i) = \frac{[N_a(y_i)]\{a\}}{cC_{P,\alpha}(y_i)} + \frac{1}{8\pi} \int_l \frac{[N_a(\eta)]'\{a\}}{y_i - \eta} d\eta + \varepsilon(y) \qquad (10.6)$$

da cui, essendo $\{a\}$ indipendente da y (e dunque anche da η):

$$[A]\{a\} = \{\alpha\} \qquad (10.7)$$

dove:

$$A_{ik} = \frac{[N_{a,k}(y_i)]\{a\}}{cC_{P,\alpha}(y_i)} + \frac{1}{8\pi} \int_l \frac{[N_{a,k}(y_i)]'\{a\}}{y_i - \eta} d\eta$$
$$\alpha_i = \alpha(y_i)$$

Possiamo ora a seconda dell'incidenza considerata calcolare i relativi carichi. Infatti, per la completezza, lo sviluppo N_a è identico per ciascuna incidenza considerata. Ad esempio, $cC_{P,e} = [N_a]\{a_e\}$, ma siccome $[A]\{a_e\} = \{\alpha_e\}$, avremo

$$cC_{P,e} = [N_a][A]^{-1}\{\alpha_e\} \qquad (10.8)$$

D'altra parte possiamo scrivere in termini di flessibilità:

$$\alpha_e = q \int C_{\vartheta\vartheta}(y, \eta) m_t(\eta) d\eta \qquad (10.9)$$

Sostituendo l'espressione di m_t precedentemente trovato, avremo:

$$\begin{aligned}\alpha_e = {}& q \int C_{\vartheta\vartheta}(y,\eta) e(\eta)[N_a(\eta)]\{a_e\} d\eta + \\ & q \int C_{\vartheta\vartheta}(y,\eta) \left(e(\eta)[N_a(\eta)]\{a_0\} + c^2 C_{m,c.a.}\right) d\eta\end{aligned} \qquad (10.10)$$

collocando semplicemente, otteniamo:

$$[A]\{a_e\} = q[F]\{a_e\} + q\{\vartheta_0\} \qquad (10.11)$$

dove

$$F_{ik} = \int C_{\vartheta\vartheta}(y_i, \eta)e(\eta)[N_{a,k}(\eta)]\{a_e\}d\eta$$
$$\vartheta_{0,i} = \int C_{\vartheta\vartheta}(y_i, \eta)\left(e(\eta)[N_{a,k}(\eta)]\{a_0\} + c^2 C_{m,c.a.}\right)d\eta$$

Tra le altre cose, F_{ik} è allora la rotazione, a pressione dinamica unitaria, del punti y_i dovuto allo sviluppo k-esimo del carico. Poiché dunque $N_{a,k}$ non è propriamente un carico ma uno sviluppo del carico, non è garantita la simmetria di F_{ik}. Possiamo inoltre leggere la matrice A come una "matrice d'influenza dei coefficienti aerodinamici", secondo la seguente analogia:

	spostamento	=	flessibilità	forza
campo strutt.	y	=	$[F]$	P
campo aerodin.	α	=	$[A]$	cC_P

Passiamo all'approccio agli spostamenti. Siccome utilizziamo sviluppi differenti fra ambito strutturale e ambito aerodinamico, sorge la necessità di *interfacciare i due sviluppi*.
Sappiamo ad esempio che

$$(GJ\vartheta')' = m_t$$

mentre

$$[A]\{a\} = \{\alpha\}$$

con

$$cC_P = [Na]\{a\}$$

Tuttavia, essendo

$$m_t = e \cdot cC_{P,e} + e \cdot cC_P(\alpha_0) + c^2 \cdot C_{m,c.a.}$$

e imponendo la congruenza aeroelastica,

$$\alpha_e = \vartheta$$

otterremo

$$cC_{P,e} = [N_a][A]^{-1}\{\alpha_e\} = [N_a][A]^{-1}\{\vartheta\} \qquad (10.12)$$

Si noti che $\{\vartheta\} \neq \vartheta$, in quanto il vettore $\{\vartheta\}$ si riferisce ai ϑ valutati nei punti di collocazione, $\{\vartheta\} = \vartheta_i = \vartheta(y_i)$.

Introduciamo a questo punto lo sviluppo di ϑ:

$$\vartheta = [N_\vartheta]\{q\}$$

Avremo allora:

$$\{\vartheta\} = [N_\vartheta(y)]\{q\} = [n_\vartheta]\{q\} \tag{10.13}$$

Possiamo applicare ora il principio dei lavori virtuali:

$$\int \delta\vartheta'' GJ\vartheta' dx = \int \delta\vartheta'' qecC_{p,e} dx \\ + \int \delta\vartheta'' q(ecC_P(\alpha_0) + c^2 C_{m,c.a.}) dx \tag{10.14}$$

ovvero

$$\delta\{q\}^t \int [N_\vartheta']^t GJ[N_\vartheta'] dx \{q\} =$$

$$\delta\{q\}^t \int [N_\vartheta']^t qe[N_a][A]^{-1}[n_\vartheta] dx \{q\} + \tag{10.15}$$

$$\delta\{q\}^t \int [N_\vartheta']^t q(ecC_P(\alpha_0) + c^2 C_{m,c.a.}) dx$$

riconducibile alla relazione, data l'arbitrarietà delle variazioni $\delta\vartheta$:

$$([K] - q[K_a])\{q\} = q\{Q_0\} \tag{10.16}$$

dove abbiamo definito

$$[K] \triangleq \int [N_\vartheta']^t GJ[N_\vartheta'] dx$$
$$[K_a] \triangleq \int [N_\vartheta']^t e[N_a][A]^{-1}[n_\vartheta] dx$$
$$\{q_0\} \triangleq \int [N_\vartheta']^t (ecC_P(\alpha_0) + c^2 C_{m,c.a.}) dx$$

Vediamo l'esempio del rollio applicando la linea portante di PRANDTL . In generale il carico sull'ala può essere scritto come:

$$p = qcC_{P,e} + qcC_{P,\beta}\beta + qcC_{P,p}\frac{py}{V} - my\dot{p} \tag{10.17}$$

dove indichiamo con $cC_{P,i}$ la variazione di carico, a pressione dinamica unitaria, causato dell'i-esimo effetto (eccetto che nel caso di $cC_{P,e}$).

Inoltre:

$$m_t = qecC_{P,e} + q\left(ceC_{P,\beta} + c^2 C_{m,c.a.,\beta}\right)\beta + qecC_{P,p}\frac{py}{V} - mdy\dot{p} \tag{10.18}$$

Utilizziamo dunque la linea portante di Prandtl per calcolare i vari $cC_{P,i}$.
Poiché siamo interessati alle variazioni unitarie:

$$\alpha_\beta = \tau\beta = \tau;$$
$$\alpha_p = \frac{py}{V} = y;$$

(10.19)

da cui, dopo aver collocato:

$$[A]\{\alpha_\beta\} = \{\tau\};$$
$$[A]\{\alpha_p\} = \{y\};$$

(10.20)

Si noti poi che

$$\tau = \begin{cases} 0 \\ \tau \end{cases}$$

a seconda che il punto di collocazione appartenga all'alettone ($\tau \neq 0$) o meno.
Utilizziamo l'approccio agli spostamenti. In base alla congruenza aeroelastica,
$\alpha_e = \vartheta$ Per la linea portante

$$\vartheta = \frac{cC_P}{cC_{P,\alpha}} + \frac{1}{8\pi}\int_l \frac{\frac{\partial cC_P(\eta)}{\partial\eta}}{y-\eta}d\eta$$

(10.21)

ma introducendo lo sviluppo $\vartheta = [N]\{q\}$:

$$[N]\{q\} = \frac{cC_P}{cC_{P,\alpha}} + \frac{1}{8\pi}\int_l \frac{\frac{\partial cC_P(\eta)}{\partial\eta}}{y-\eta}d\eta$$

(10.22)

Se abbiamo sviluppato ϑ con n termini, dovremo sviluppare $cC_{P,e}$ con un ugual
numero di termini.
Otteniamo quindi

$$[A]\{a_e\} = \{n\}$$

(10.23)

Avremo allora, considerando tutte le quantità in gioco:

$$cC_{P,e} = [N_a]\{a_e\} = [N_a][A]^{-1}\{n\}$$
$$cC_{P,\beta} = [N_a]\{a_\beta\} = [N_a][A]^{-1}\{\tau\}$$
$$cC_{P,e} = [N_a]\{a_p\} = [N_a][A]^{-1}\{y\}$$

(10.24)

CHAPTER 11

POTENZIALE CINETICO

Partiamo dalle equazioni di BERNOULLI :

continuità $\qquad \frac{\partial \rho}{\partial t} + \nabla \cdot (\rho \vec{V}) = 0$

quantità di moto $\quad \frac{\partial \vec{V}}{\partial t} + \frac{1}{2} \nabla \cdot V^2 + (\nabla \times \vec{V}) \times \vec{V} = -\frac{\Delta p}{\rho}$ $\qquad$ (11.1)

stato $\qquad \frac{p}{\rho^\gamma} = \text{costante}$

Aeroelasticità Applicata.
By Giulio Malinverno.
Copyright © 2016 .

Supponiamo che il fluido sia irrotazionale[1], cioè

$$\nabla \times \vec{V} = 0$$

Ne consegue che esiste una funzione Φ tale per cui

$$\vec{V} = \nabla \Phi \tag{11.2}$$

In generale si avrà $\Phi = \Phi(\vec{x}, t)$. Tuttavia si può supporre che all'infinito il potenziale sia stabile, $\Phi_\infty = V_\infty x$.
Possiamo allora scrivere $\Phi = \Phi_\infty + \phi^*$ dove indichiamo con ϕ^* una perturbazione della condizione all'infinito[2]. In forma normalizzata avremo

$$\Phi = V_\infty x + V_\infty \phi. \tag{11.3}$$

L'equazione della quantità di moto diviene allora

$$\nabla \cdot \left(\frac{\partial \phi}{\partial t} \right) + \frac{1}{2} \nabla \cdot V^2 = -\frac{\Delta p}{\rho} \tag{11.4}$$

Possiamo moltiplicare tutto per ds in modo da calcolare il lavoro. Siccome poi $\Delta F ds = df$, avremo

$$d \left(\frac{\partial \phi}{\partial t} \right) + \frac{1}{2} dV^2 = -\frac{dp}{\rho} \tag{11.5}$$

Integriamo quest'espressione da $-\infty$ a un punto x generico si ha

$$\int_{-\infty}^{x} d\frac{\partial \phi}{\partial t} = \frac{\partial \phi}{\partial t} \Big|_x - \frac{\partial \phi}{\partial t} \Big|_\infty = \frac{\partial \Phi_\infty}{\partial t} + \frac{\partial \phi}{\partial t} - \frac{\partial \Phi_\infty}{\partial t} = \frac{\partial \phi}{\partial t}$$

$$\int_{-\infty}^{x} \frac{1}{2} dV^2 = \frac{V^2 - V_\infty^2}{2}$$

$$\int_{-\infty}^{x} \frac{dp}{\rho} = \int_{-\infty}^{x} \frac{d(a\rho^\gamma)}{\rho} = \int_{-\infty}^{x} \frac{\gamma \rho^{\gamma-1}}{\rho} a d\rho = \frac{a\gamma\rho^{\gamma-1}}{\gamma-1} \Big|_{-\infty}^{x}$$

---

[1]La condizione di irrotazionalità coincide con l'imposizione dell'isoentropicità, a sua volta riconducibile all'assenza di onde d'urto, in quanto queste ultime comportano una salto di entropia $\Delta S > 0$. Tuttavia, qualora le onde d'urto fossero deboli, le equazioni che si trovano sotto l'ipotesi di irrotazionalità possono essere ancora utilizzate.
[2]in quanto servono V_∞ e Φ_∞, bisogna considerare anche punti molto distanti dalla struttura e ciò comporta un numero notevole di equazioni da risolvere.

Otterremo allora l'equazione sulla quantità di moto nella forma:

$$\frac{\partial \phi}{\partial t} - \frac{1}{2}\left(V^2 - V_\infty^2\right) + \frac{\gamma}{\gamma - 1}\frac{\rho^\gamma}{\rho}\mid_{-\infty}^{x} = 0 \qquad (11.6)$$

ma sappiamo anche che

$$\gamma\frac{p}{\rho}\mid_{-\infty}^{x} = c^2 - c_\infty^2$$

Possiamo allora ricavare l'*equazione di* BERNOULLI :

$$\frac{\partial \phi}{\partial t} - \frac{1}{2}\left(V^2 - V_\infty^2\right) + \frac{c^2 - c_\infty^2}{\gamma - 1} = 0 \qquad (11.7)$$

Quest'equazione è valida per qualsiasi punto del campo irrotazionale e può essere interpretata come la conservazione dell'energia cinetica. Abbiamo quindi il seguente sistema di due equazioni:

$$\begin{cases} \frac{\partial \rho}{\partial t} + \nabla \cdot (\rho \vec{V}) = 0 \\[2mm] \frac{\partial \phi}{\partial t} - \frac{1}{2}\left(V^2 - V_\infty^2\right) + \frac{c^2 - c_\infty^2}{\gamma - 1} = 0 \end{cases}$$

in due incognite (ϕ e ρ, in quanto c è un'incognita fittizia, calcolabile a partire dalle precedenti incognite).
Possiamo riscrivere l'equazione di BERNOULLI come

$$\frac{c^2}{c_\infty^2} = 1 - \frac{\gamma - 1}{c_\infty^2}\left(\frac{\partial \phi}{\partial t} - \frac{1}{2}\left(V^2 - V_\infty^2\right)\right) \qquad (11.8)$$

Analogamente possiamo ricavare gli altri due rapporti, che ci verranno utili per chiudere il problema e calcolare il carico, essendo

$$C_P = \frac{p - p_\infty}{\frac{1}{2}\rho_\infty V_\infty^2} = \frac{\frac{p}{p_\infty} - 1}{\frac{1}{2}\frac{\rho_\infty}{p_\infty}V_\infty^2} = \frac{\left(\frac{p}{p_\infty} - 1\right)}{\frac{1}{2}\gamma M_\infty^2}$$

avendo indicato con M il numero di Mach, rapporto tra la velocità del fluido e la velocità c di propagazione delle onde di pressione, essendo quest'ultima tale per cui $c^2 = \gamma\frac{p}{\rho}$.
Otteniamo allora

$$\frac{c^2}{c_\infty^2} = \frac{p\,\rho_\infty}{\rho\,p_\infty} = \left(\frac{\rho}{\rho_\infty}\right)^{\gamma - 1} \qquad (11.9)$$

da cui

$$\frac{\rho}{\rho_\infty} = \left(\frac{c^2}{c_\infty^2}\right)^{\frac{1}{\gamma-1}} = \left(1 - \frac{\gamma-1}{c_\infty^2}\left(\frac{\partial\phi}{\partial t} - \frac{1}{2}\left(V^2 - V_\infty^2\right)\right)\right)^{\frac{1}{\gamma-1}} \quad (11.10)$$

e

$$\frac{p}{p_\infty} = \left(\frac{c^2}{c_\infty^2}\right)^{\frac{\gamma}{\gamma-1}} = \left(1 - \frac{\gamma-1}{c_\infty^2}\left(\frac{\partial\phi}{\partial t} - \frac{1}{2}\left(V^2 - V_\infty^2\right)\right)\right)^{\frac{\gamma}{\gamma-1}} \quad (11.11)$$

Bisogna ora aggiungere le equazioni al contorno, ovvero la condizione di non penetrazione:

$$\frac{\partial\phi}{\partial n} = V_{ns} \quad (11.12)$$

dove si è indicato con V_{ns} la velocità normale alla superficie del corpo.

Ci siamo dunque ricondotti all'avere un'unica incognita, il potenziale ϕ. Tuttavia, non esistono soluzioni in forma chiusa, a meno di non utilizzare un procedimento inverso (data la forma della soluzione, trovare il problema ad essa corrispondente). Siamo allora nella posizione di dover adottare metodi risolutivi numerici.

Prima di integrare numericamente, bisogna sapere però su che dominio integrare: poiché siamo interessati in ultimo al calcolo dei carichi e quindi della portanza, essa si produce solamente in presenza di circolazione, perciò dobbiamo introdurre la scia, entità costituita da due superfici distinte ma infinitamente vicine che rappresentano una discontinuità per il potenziale (ma non per il flusso). Inoltre, bisogna ricordarsi che la scia deve essere scarica.

Dobbiamo quindi imporre le seguenti condizioni (dove il pedice w indica la scia, dall'inglese *wake*).

$$\frac{\partial\phi}{\partial n}\bigg|_w = 0 \quad (11.13)$$

e

$$\Delta C_{P,w} = 0 \quad (11.14)$$

Quest'ultima equazione rappresenta la *condizione di* KUTTA sulla scia.

A questo punto, si può ragionare a scia fissa (ovvero, imponendo a priori la posizione della scia e facendo poi scorrere su di essa la vorticosità tale da verificare la condizione di KUTTA). Trascuriamo le scie vorticose d'estremità.

Ora, l'equazione di continuità deve valere per tutto il dominio Ω^*: integriamola su questo tramite un opportuno peso w:

$$\int_{\Omega^*} w\left(\frac{\partial\rho}{\partial t} + \nabla\cdot(\rho\vec{V})\right)d\Omega^* = 0$$

con $\rho = \rho(\phi)$ e $V = V(\phi)$.

Integriamo per parti il secondo termine, ricordandoci che:

$$w\frac{\partial f}{\partial x} = \frac{\partial wf}{\partial x} - f\frac{\partial w}{\partial x}$$

Otteniamo allora:

$$\int_\Omega w\frac{\partial \rho}{\partial t}d\Omega - \int_\Omega \left[\frac{\partial(w_x\rho v_x)}{\partial x} + \frac{\partial(w_y\rho v_y)}{\partial y} + \ldots\right]d\Omega$$

$$+ \int_\Omega wV_{ns}dS = 0$$

Sviluppiamo allora il potenziale $\phi = [N(\vec{x})]\{a(t)\}$, ottenendo tramite colloca-zione[3] allora un'espressione del tipo, essendo i parametri $\{a\}$ indipendenti dal dominio d'integrazione:

$$[M_a(\phi)]\{\ddot{a}\} + [C_a(\phi)]\{\dot{a}\} + [L_a(\phi)]\{a\} = [B(\phi)]\{V_{ns}\} \qquad (11.15)$$

ovvero, in quanto la dipendenza da ϕ può essere ricondotta tramite lo sviluppo ai parametri $\{a\}$:

$$[M_a(a)]\{\ddot{a}\} + [C_a(a)]\{\dot{a}\} + [L_a(a)]\{a\} = [B(a)]\{V_{ns}\} \qquad (11.16)$$

a cui aggiungere la condizione di Kutta sulla scia, $\Delta C_{P,w} = 0$

Abbiamo quindi a che fare con un sistema non lineare, essendo le matrici dipen-denti dai parametri. Inoltre, $\{V_{ns}\}$, a termine noto, può essere ricondotto agli spostamenti strutturali, in quanto questi sono:

$$\{s\} = [N(\vec{x})]\{q(t)\}$$

La condizione di non penetrazione può essere allora vista come l'annullarsi delle velocità normali relative fra fluido e parete, dunque V_{ns} deve coincidere con la velocitò normale della parete:

$$\{V_{ns}\} = [N(\vec{x})]\{\dot{q}(t)\}$$

[3]Non abbiamo detto quale metodo ai residui si è utilizzato. In effetti ciò è in parte a scelta dell'opera-tore e in parte determinato dal tipo di campo in cui ci ritrova. Ad esempio GALERKIN , imponendo l'ortogonalità fra il residuo e le forme dello sviluppo, fa implicitamente una media fra valori a monte e a valle e ciò va bene nelle situazioni in cui fisicamente l'informazione può spostarsi a monte e a valle, come nelle correnti subsoniche. Nelle correnti supersoniche, in cui un punto può trasmettere informazioni solo a valle, non possiamo applicare GALERKIN , in quanto questo viola il flusso delle informazioni (in effetti, si può by-passare quest'ostacolo ad esempio non prendendo ρ puntualmente ma prendendo i suoi valori a monte, in modo da avere una corretta dipendenza di ciò che sta a monte).

Il termine noto può allora essere riscritto come:

$$[B(a)]\{V_{ns}\} = [B(a)][N(\vec{x})]\{\dot{q}(t)\} = [B^*(a)]\{\dot{q}(t)\}$$

La non linearità comporta l'impossibilità dell'utilizzo dei metodi classici per lo studio della stabilità, perciò bisogna effettuare molte prove di volo virtuali, ma poichè queste non sono generali e definitive, il numero delle prove da effettuare è molto elevato. Da ciò consegue che tale metodo è utilizzabile in fase di verifica ma non in fase progettuale. Per poterlo utilizzare più comodamente, dobbiamo introdurre alcune semplificazioni, costituite da:

- sviluppo modale;

- linearizzazione numerica sulla parte aerodinamica (stabilita la condizione di riferimento, si impongono delle perturbazioni numeriche a modi della struttura, ottenendo così dei transitori di perturbazioni).

Si noti, tuttavia, che per quanto siamo arrivati a un'unica equazione linearizzata attorno a una condizione di riferimento, il costo computazionale è ancora molto alto.

Vediamo ora delle linearizzazioni complete per il calcolo di H_{am}. Per il calcolo delle forze ci interessa il C_P solo sulla superficie del corpo, quindi possiamo ridurre il numero di incognite a solo quelle interessanti/utili allora è ragionevole pensare di applicare una linearizzazione diretta delle equazioni.

Supponiamo di avere $\Phi = V_\infty(x + \phi)$. La linearizzazione consisterà nel trascurare i prodotti fra le derivate. Calcoliamo la velocità, attraverso la definizione di Φ. Avremo allora:

$$\vec{V} = \nabla\Phi = V_\infty(1 + \phi_x)\vec{i} + V_\infty\phi_y\vec{j} + V_\infty\phi_z\vec{k} \tag{11.17}$$

mentre

$$\frac{\partial\Phi}{\partial t} = V_\infty\frac{\partial\phi}{\partial t} = V_\infty\phi_t \tag{11.18}$$

dove abbiamo indicato con ϕ_i la derivata parziale di ϕ rispetto alla coordinata spaziotemporale i.

In questo modo avremo in base all'ipotesi fatte:

$$V^2 = \vec{V} \cdot \vec{V} = V_\infty^2\left[(1 + \phi_x)^2 + \phi_y^2 + \phi_z^2\right] \simeq V_\infty^2(1 + \phi_x)^2 \tag{11.19}$$

Riprendendo l'espressioni delle quantità dimensionali sopra scritte:

$$\begin{aligned}\frac{\rho}{\rho_\infty} &= \left[1 - \frac{\gamma-1}{c_\infty^2}\left(\phi_t - \frac{V^2 - V_\infty^2}{2}\right)\right]^{\frac{1}{\gamma-1}} \\ &\simeq 1 - \frac{1}{c_\infty^2}\left(\phi_t + \frac{V^2 - V_\infty^2}{2}\right)\end{aligned} \tag{11.20}$$

in base all'assunto che $(1 + f)^a \simeq 1 + af$ se f è molto piccolo.
Possiamo continuare a sviluppare quest'espressione:

$$
\begin{aligned}
\frac{\rho}{\rho_\infty} &\simeq 1 - \frac{1}{c_\infty^2}\left(\phi_t^* + \frac{V^2 - V_\infty^2}{2}\right) \\
&\simeq 1 - \frac{1}{c_\infty^2}\left(V_\infty\phi_t + \frac{V_\infty^2(1 + 2\phi_x) - V_\infty^2}{2}\right) \\
&\simeq 1 - \frac{1}{c_\infty^2}\left(V_\infty\phi_t + \frac{2V_\infty^2\phi_x}{2}\right) = 1 - \frac{1}{c_\infty^2}\left(V_\infty\phi_t + V_\infty^2\phi_x\right) \\
&\simeq 1 - M_\infty^2\left(\frac{1}{V_\infty}\phi_t + \phi_x\right)
\end{aligned}
$$

da cui

$$
\rho = \rho_\infty\left[1 - M_\infty^2\left(\frac{1}{V_\infty}\phi_t + \phi_x\right)\right] \tag{11.21}
$$

analogamente si ottiene

$$
p = p_\infty\left[1 - \gamma M_\infty^2\left(\frac{1}{V_\infty}\phi_t + \phi_x\right)\right] \tag{11.22}
$$

Riprendiamo l'equazione di continuità e sostituiamo in questa l'espressione del potenziale, ottenendo per i singoli addendi:

$$
\frac{\partial \rho}{\partial t} = -\rho_\infty M_\infty^2\left(\frac{1}{V_\infty}\phi_{tt} + \phi_{xt}\right) \tag{11.23}
$$

mentre

$$
\begin{aligned}
\nabla\cdot(\rho\vec{V}) &= \nabla\left\{\rho_\infty\left[1 - M_\infty^2\left(\frac{1}{V_\infty}\phi_t + \phi_x\right)\right]\right. \\
&\quad \left. V_\infty\left[(1 + \phi_x)\vec{i} + \phi_y\vec{j} + \phi_z\vec{k}\right]\right\} \\
&= \rho_\infty V_\infty\nabla\left[(1 + \phi_x)\vec{i} + \phi_y\vec{j} + \phi_z\vec{k}\right. \\
&\quad -M_\infty^2\left(\frac{1}{V_\infty}\phi_t + \phi_x\right)(1 + \phi_x)\vec{i} \\
&\quad -M_\infty^2\left(\frac{1}{V_\infty}\phi_t + \phi_x\right)\phi_y\vec{j} \\
&\quad \left. -M_\infty^2\left(\frac{1}{V_\infty}\phi_t + \phi_x\right)\phi_z\vec{k}\right] = \\
&= \rho_\infty V_\infty\nabla\left\{\left[1 + \phi_x - M_\infty^2\left(\frac{1}{V_\infty}\phi_t + \phi_x\right)\right]\vec{i}\right. \\
&\quad \left. +\phi_y\vec{j} + \phi_z\vec{k}\right\} = \\
&= \rho_\infty V_\infty\left[-M_\infty^2\left(\frac{1}{V_\infty}\phi_{xt} + \phi_{xx}\right)\right. \\
&\quad \left. +\phi_{xx} + \phi_{yy} + \phi_{zz}\right] = \\
&= \rho_\infty V_\infty\left[-M_\infty^2\left(\frac{1}{V_\infty}\phi_{xt} + \phi_{xx}\right) + \nabla^2\phi\right]
\end{aligned}
$$

a questo punto l'equazione di continuità diviene:

$$-\rho_\infty M_\infty^2 \left(\frac{1}{V_\infty} \phi_{tt} + \phi_{xt} \right)$$

$$+\rho_\infty V_\infty \nabla \left[-M_\infty^2 \left(\frac{1}{V_\infty} \phi_{xt} + \phi_{xx} \right) + \nabla^2 \phi \right] = 0$$

ovvero

$$\nabla^2 \phi = M_\infty^2 \left(\frac{1}{V_\infty^2} \phi_{tt} + \frac{2}{V_\infty} \phi_{tx} + \phi_{xx} \right) \tag{11.24}$$

mentre l'equazione al contorno sarà

$$\frac{\partial \phi}{\partial n} = V_\infty \cdot n_x + \phi_n = V_{ns} \tag{11.25}$$

Possiamo inoltre introdurre per semplificare la notazione l'operatore derivata sostanziale, definito come

$$\frac{d}{dt} \triangleq \frac{\partial}{\partial t} + (V \cdot \nabla) = \frac{\partial}{\partial t} + V_x \frac{\partial}{\partial x} + V_y \frac{\partial}{\partial y} + V_z \frac{\partial}{\partial z} \tag{11.26}$$

Applicando tale operatore al potenziale e ricordandoci delle regole di linearizzazione, avremo:

$$\frac{\partial \phi}{\partial t} + (V \cdot \nabla \phi) = \ldots = \frac{\partial \phi}{\partial t} + V_x \frac{\partial \phi}{\partial x} = \phi_t + V_\infty \phi_x \tag{11.27}$$

Deriviamo una seconda volta, sempre sostanzialmente, rispetto al tempo:

$$\begin{aligned} \frac{d^2 \phi}{dt^2} &= \frac{\partial(\phi_t + V_\infty \phi_x)}{\partial t} + V \cdot \nabla (\phi_t + V_\infty \phi_x) \\ &= \phi_{tt} + 2V_\infty \phi_{xt} + V_\infty^2 \phi_{xx} \end{aligned} \tag{11.28}$$

Se dunque moltiplichiamo ambo i membri dell'equazione di continuità per V?2, otterremo la notazione più compatta:

$$V_\infty^2 \nabla^2 \phi = M_\infty^2 (\phi_{tt} + 2V_\infty \phi_{xt} + v_\infty^2 \phi_{xx})$$

ovvero

$$\nabla^2 \phi = \frac{1}{c_\infty^2} \frac{d^2 \phi}{dt^2} \tag{11.29}$$

Riprendiamo allora l'espressione del carico:

$$C_P = \frac{p - p_\infty}{\frac{1}{2}\rho_\infty V_\infty^2} = \ldots = -\frac{2}{V_\infty}\frac{d\phi}{dt} \tag{11.30}$$

con equazione al contorno[4]

$$V_\infty n_x + \phi_n = V_{ns}$$
$$\Delta C_{P,w} = 0$$

Si sarebbe potuto esprimere anche il potenziale completo come

$$\nabla^2\phi = \frac{1}{c_\infty^2}\frac{d^2\phi}{dt^2} + RN(\phi, t) \tag{11.31}$$

dove RN è un residuo non lineare in ϕ e in t, rappresentante i termini trascurati delle derivate.

Abbiamo così trovato un sistema lineare differenziale, che passato al dominio delle frequenze darà luogo a un sistema lineare algebrico, che può, tra le altre cose, essere partizionato.

In particolare, lo partizioneremo in modo da distinguere le incognite relative al campo intorno al corpo (che sono quelle interessanti) e quelle relative all'esterno al corpo. Riconduciamo allora il gruppo delle seconde incognite al primo gruppo: siccome avremo in generale qualcosa del tipo $[A]\{a\}$, grazie alla linearità:

$$[A] = \begin{bmatrix} A_{cc} & A_{ce} \\ A_{ec} & A_{ee} \end{bmatrix}$$

donde

$$\{a\} = \begin{Bmatrix} a_c \\ a_e \end{Bmatrix} = \begin{bmatrix} I \\ A* \end{bmatrix}\{a_c\}$$

dove la matrice segnata con l'asterisco dovrà essere proporzionale all'inversa di A_{ee}. In questo modo riusciamo a esprimere il C_P in funzione dello spostamento del corpo.

In campo incomprimibile, $c^2 \to \infty$ dunque avremo $\nabla^2\phi = 0$ che è la ben nota *equazione di* LAPLACE (in questo caso soluzione approssimata e soluzione teorica esatta coincidono).

Si ricordi poi che in generale si avrà sempre a che fare con funzioni note per punti e solo raramente si avranno relazioni analitiche.

---

[4]la normale di riferimento è quella della superficie deformata.

CHAPTER 12

METODO A PANNELLI

12.1 Funzione di GREEN

Introduciamo la funzione di GREEN tramite un esempio strutturale. Sappiamo in base alla definizione di funzione d'influenza che

$$\vartheta = \int C_{\vartheta\vartheta} m_t d\eta \tag{12.1}$$

Ora, $C_{\vartheta\vartheta}$ può essere vista come la risposta a un impulso, ovvero è la deformazione (ϑ in questo caso) che consegue a un $m_t(x_0) = \delta(x - x_0)$ ovvero a una

Aeroelasticità Applicata.
By Giulio Malinverno.
Copyright © 2016 .

delta di Dirac, da cui

$$C_{\vartheta\vartheta}(x_0) = \int C_{\vartheta\vartheta}\delta(x - x_0)d\eta \qquad (12.2)$$

Poiché dunque $C_{\vartheta\vartheta}$ è una deformazione, per quanto particolare, deve comunque obbedire alla stessa equazione cui soggiacciono tutte le deformazioni torsionali, cioè

$$(GJ\vartheta')' + m_t = 0$$

che nel caso della risposta impulsiva diviene

$$(GJC_{\vartheta\vartheta}')' + \delta(x - x_0) = 0$$

Consideriamo allora il sistema formato da queste ultime due equazioni:

$$\begin{cases} (GJ\vartheta')' + m_t = 0 \\ (GJC_{\vartheta\vartheta}')' + \delta(x - x_0) = 0 \end{cases}$$

Se queste due equazioni sono verificate, saranno verificate anche qualora venissero moltiplicate per un numero arbitrario. Prendiamo allora come moltiplicatore dell'una l'incognita dell'altra:

$$\begin{cases} C_{\vartheta\vartheta}(GJ\vartheta')' + C_{\vartheta\vartheta}m_t = 0 \\ \vartheta(GJC_{\vartheta\vartheta}')' + \vartheta\delta(x - x_0) = 0 \end{cases}$$

Integriamo entrambe le equazioni e sottraiamo la prima equazione alla seconda

$$\int \vartheta(GJC_{\vartheta\vartheta}')'dx + \int \vartheta\delta(x - x_0)dx$$

$$- \int C_{\vartheta\vartheta}(GJ\vartheta')'dx - \int C_{\vartheta\vartheta}m_t dx = 0$$

Integriamo allora per parti:

$$\vartheta GJC_{\vartheta\vartheta} \mid_0^l - \int \vartheta GJC_{\vartheta\vartheta}'dx$$
$$+ \int \vartheta\delta(x - x_0)dx - C_{\vartheta\vartheta}GJ\vartheta' \mid_0^l$$
$$+ \int C_{\vartheta\vartheta}GJ\vartheta'dx - \int C_{\vartheta\vartheta}m_t dx = 0$$

che, fatte le dovute eliminazioni, diviene

$$\vartheta GJC_{\vartheta\vartheta} \mid_0^l + \int \vartheta\delta(x - x_0)dx$$

$$-C_{\vartheta\vartheta}GJ\vartheta' \mid_0^l - \int C_{\vartheta\vartheta}m_t dx = 0$$

Ora, ϑ e $C_{\vartheta\vartheta}$ devono essere congruenti. In base alla definizione di delta di Dirac otteniamo proprio la relazione vista all'inizio:

$$\vartheta - \int C_{\vartheta\vartheta}m_t d\eta = 0$$

dunque

$$\vartheta(x) = \int_0^l C_{\vartheta\vartheta}(x, \eta)m_t(\eta)d\eta \tag{12.3}$$

12.2 Caso stazionario incomprimibile

Applichiamo la stessa procedura al campo aerodinamico, in particolare all'equazione sul potenziale. Iniziamo col considerare il caso incomprimibile. Per il caso comprimibile, basta applicare la trasformazione di PRANDTL

$$x \to x^* = \frac{1}{\beta}x$$

dove, detto M il numero di MACH,

$$\beta \triangleq \sqrt{1 - M_\infty^2}$$

L'equazione sul potenziale nel caso incomprimibile è l'equazione di LAPLACE

$$\nabla^2\phi = 0 \tag{12.4}$$

Ipotizziamo l'esistenza di una funzione G tale per cui

$$\nabla^2 G = \delta(x - x_0) \tag{12.5}$$

Mettiamo a sistema le due equazioni e moltiplichiamo ciascuna per l'incognita dell'altra come fatto nell'esempio strutturale:

$$\begin{cases} G\nabla^2\phi = 0 \\ \phi\nabla^2 G - \phi\delta(x - x_0) = 0 \end{cases}$$

Sottraiamo membro a membro e integriamo sul dominio (che in questo caso è il fluido che circonda il corpo). Si tenga conto che la normale è uscente dalla superficie del volume, e dunque, nella zona in cui il fluido lambisce il corpo, è entrante nel corpo dunque è opposta alla normale uscente dalla superficie del corpo.

$$\int_V G\nabla^2\phi dV - \int_V \phi\nabla^2 G dV + \int_V \phi\delta(x-x_0)dV = 0$$

Ora, valgono le seguenti identità:

$$G\nabla^2\phi = \nabla\cdot(G\nabla\phi) - \nabla G\cdot\nabla\phi \qquad (12.6)$$

e, analogamente,

$$\phi\nabla^2 G = \nabla\cdot(\phi\nabla G) - \nabla\phi\cdot\nabla G \qquad (12.7)$$

Siccome G e ϕ sono soluzioni dell'equazione al potenziale, non dovranno provocare perturbazioni all'infinito.
Sostituiamo le identità nell'equazione integrale:

$$\int_V \nabla\cdot(G\nabla\phi)dV - \int_V \nabla G\cdot\nabla\phi dV$$
$$- \int_V \nabla\cdot(\phi\nabla G)dV + \int_V \nabla\phi\cdot\nabla G dV = -\int_V \phi\delta(x-x_0)dV$$

ovvero

$$\int_V \nabla\cdot(G\nabla\phi)dV - \int_V \nabla\cdot(\phi\nabla G)dV = -\int_V \phi\delta(x-x_0)dV$$

In base al teorema della divergenza nello spazio,

$$\int_S G\nabla\phi\cdot\vec{n}dS - \int_S \phi\nabla G\cdot\vec{n}dS = -\int_V \phi\delta(x-x_0)dV$$

Tenendo conto dell'osservazione fatta sulle normali, avremo allora

$$-\int_S G\frac{\partial\phi}{\partial n}dS + \int_S \phi\frac{\partial G}{\partial n}dS + E\phi(x_0) = 0$$

dove $E=1$ se $x_0\in V$, altrimenti $E=\frac{1}{2}$ se $x_0\in S$.

$$E\phi(x_0) = \int_S \left(G\frac{\partial\phi}{\partial n} - \phi\frac{\partial G}{\partial n}\right)dS \qquad (12.8)$$

Ricordiamoci che la soluzione armonica di base nello spazio è

$$G = \frac{-1}{4\pi R}$$

Infatti

$$\int_V \nabla^2 G dV = \int_V \delta(x - x_0) dV$$

$$\downarrow$$

$$\int_S \frac{\partial G}{\partial n} dS = 1$$

essendo poi $dS = R^2 d\Omega$ e $\frac{\partial G}{\partial n} = \frac{\partial G}{\partial r} = \frac{1}{4\pi R^2}$ otteniamo:

$$\int_S \frac{1}{4\pi R^2} R^2 d\Omega = 1$$

ma ciò corrisponde a un'identità essendo $\int_S d\Omega = 4\pi$.

Nel caso in cui x_0 fosse sulla superficie, $E = \frac{1}{2}$ in quanto si integra secondo CAUCHY .

Esiste però una dimostrazione più fisica di questo valore di E. Consideriamo una funzione con discontinuità di prima specie. La δ di DIRAC può allora essere vista come la media fra i due valori a cavallo della discontinuità:

$$\int_{-\varepsilon}^{+\varepsilon} f(x)\delta(x)dx = \int_{-\varepsilon}^{0} f(x)\delta(x)dx + \int_{0}^{+\varepsilon} f(x)\delta(x)dx$$

Ora, a valle e a monte della discontinuità la funzione sarà costante:

$$\ldots = f(x^-) \int_{-\varepsilon}^{0} \delta(x)dx + f(x^+) \int_{0}^{+\varepsilon} \delta(x)dx = \ldots$$

poiché in base alla definizione di δ,

$$1 = \int_{-\varepsilon}^{+\varepsilon} \delta(x)dx = \int_{-\varepsilon}^{0} \delta(x)dx + \int_{0}^{+\varepsilon} \delta(x)dx \rightarrow \begin{cases} \int_{-\varepsilon}^{0} \delta(x)dx = \frac{1}{2} \\ \int_{0}^{+\varepsilon} \delta(x)dx = \frac{1}{2} \end{cases}$$

allora

$$\int_{-\varepsilon}^{+\varepsilon} f(x)\delta(x)dx = \ldots = \frac{1}{2}f(x^-) + \frac{1}{2}f(x^+) = \frac{1}{2}\left(f(x^+) + f(x^-)\right)$$

Poiché nel caso in cui $x_0 \in S$, nel corpo $\phi = 0$ mentre all'esterno $\phi \neq 0$, avremo $E = \frac{1}{2}$. Avremo allora:

$$\frac{1}{2}\phi(x_0) = \int_S \left(G\frac{\partial \phi}{\partial n} - \phi\frac{\partial G}{\partial n}\right) dS \tag{12.9}$$

12.3 Equazioni sulla scia

Si noti che se in quest'espressione riferiamo S solo al corpo, essa non è accettabile in quanto non considera la scia (che, ricordiamocelo, è ciò che produce la circolazione e dunque la portanza). Dobbiamo allora indicare correttamente S come $S_{corpo} = S_c + S_{wake} = S_w$. Consideriamo in particolare l'integrale sulla scia:

$$\int_{S_w} \left(G\frac{\partial \phi}{\partial n} + \phi\frac{\partial G}{\partial n} \right) dS_w = \int_{S_w} -\phi\frac{\partial G}{\partial n} dS_w \tag{12.10}$$

in quanto $\frac{\partial \phi}{\partial n}|_w = 0$.

Ora, la scia è composta da due superfici affacciate, parallele e infinitamente vicine, dunque le loro normali saranno uguali e opposte:

$$\int_{S_w} -\phi\frac{\partial G}{\partial n} dS_w =$$
$$\int_{S_{w,up}} -\phi\frac{\partial G}{\partial n} dS_{w,up} + \int_{S_{w,low}} -\phi\frac{\partial G}{\partial n} dS_{w,low} =$$
$$= \int_{S_w} (\phi_w^+ + \phi_w^-)\frac{partialG}{\partial n} dS_w =$$
$$= \int_{S_w} \Delta\phi_w\frac{\partial G}{\partial n} dS_w$$

da cui

$$\frac{1}{2}\phi(x_0) = \int_{S_c} \left(G\frac{\partial \phi}{\partial n} - \phi\frac{\partial G}{\partial n} \right) dS_c + \int_{S_w} \Delta\phi_w\frac{\partial G}{\partial n} dS_w \tag{12.11}$$

Ora, la condizione di KUTTA impone che $\Delta C_{P,w} = 0$ ma

$$C_P = -\frac{2}{V_\infty}\frac{d\phi}{dt}$$
$$\to C_{P,w} = -\frac{2}{V_\infty}\frac{\partial \Delta\phi}{\partial x}$$
$$\to -\frac{2}{V_\infty}\frac{\partial \Delta\phi}{\partial x} = 0$$

allora

$$\frac{\partial \Delta\phi}{\partial x} = 0 \tag{12.12}$$

cioè $\Delta\phi_w$ è costante lungo x: sarà quindi sempre uguale a quello che è presente sul bordo d'uscita

$$\Delta\phi_w \equiv \Delta\phi_{b.u.} \tag{12.13}$$

Riprendiamo le singolarità. Possiamo allora stabilire i seguenti rapporti

$$G \qquad\qquad \to \quad Sorgente$$
$$\frac{\partial G}{\partial n} = \lim \Delta G_n \quad \to \quad Doppietta$$

12.4   Caso instazionario incomprimibile

Se vogliamo estendere quest'equazione al caso instazionario incomprimibile, bisogna capire da dove provenga l'instazionarietà. Siccome non può provenire dall'equazione sul potenziale, perchè non vi compare il tempo nel caso incomprimibile ($\nabla^2 \phi = 0$), può discendere solo dalla condizioni al contorno.
In assenza di scia, il potenziale dipenderà dallo spostamento e dalla velocità (cioè da $\{q\}$ e da $\{\dot{q}\}$): siccome $C_p \div \frac{d\phi}{dt} \div \{q, \dot{q}, \ddot{q}\}$, i termini legati a $\ddot{q}$ saranno allora legati alle masse apparenti.
Sperimentalmente, si trova che il potenziale non dipende solamente dal valore attuale di $\{q\}$ e di $\{\dot{q}\}$, ma anche dalla storia passata. Tale dipendenza si esplica attraverso la scia, che rappresenta allora un elemento di *evoluzione storica*.
Nel caso instazionario, l'equazione al contorno sulla scia diviene

$$\frac{d\Delta\phi}{dt} = 0 \tag{12.14}$$

ovvero

$$V_\infty \frac{\partial \Delta\phi_w}{\partial x} + \frac{\partial \Delta\phi_w}{\partial t} = 0 \tag{12.15}$$

che può essere intesa come un'*equazione del trasporto dell'informazione*.
Si dimostra che la soluzione è una funzione del tipo

$$f = f(x - V_\infty t) \tag{12.16}$$

dove V_∞ va a rappresentare allora la *velocità di propagazione dell'informazione*.
In effetti si può riscrivere in forma più corretta come

$$f = f(t - \frac{x - x_0}{V_\infty}) \tag{12.17}$$

Il valore di f al tempo t in un punto x sarà uguale a ciò che si ha nel punto x_0 al tempo $t - \tau$ dove indichiamo con τ il ritardo:

$$\tau = \frac{x - x_0}{V_\infty}$$

Nel nostro caso la funzione f è il valore della differenza di potenziale della scia sul bordo d'uscita,

$$\Delta\phi_{w,b.u.} = \Delta\phi_{b.u.}(t - \frac{x - x_{b.u.}}{V_\infty})$$

da cui

$$\frac{1}{2}\phi(x_0) = \int_{S_c} \left(G\frac{\partial \phi}{\partial n} - \phi\frac{\partial G}{\partial n} \right) dS_c$$
$$+ \int_{S_w} \Delta\phi_{b.u.}(t - \frac{x - x_{b.u.}}{V_\infty})\frac{\partial G}{\partial n} dS_w$$

Passando nel dominio delle frequenze, e ricordandoci che un ritardo viene espresso tramite un esponenziale:

$$\frac{1}{2}\phi(x_0) = \int_{S_c} \left(G\frac{\partial \phi}{\partial n} - \phi\frac{\partial G}{\partial n} \right) dS_c + \int_{S_w} \Delta\phi_{b.u.}.e^{-\frac{\omega}{V_\infty}(x-x_{b.u.})}\frac{\partial G}{\partial n} dS_w \qquad (12.18)$$

mentre l'equazione sulla scia diviene

$$\frac{\partial \Delta\phi_w}{\partial x} + j\frac{\omega}{V_\infty}\Delta\phi_w = 0 \qquad (12.19)$$

Questa ha soluzione $\Delta\phi_w = Ce^{-j\frac{\omega}{V_\infty}x}$ e riusciamo a determinare la costanza C imponendo le condizioni al contorno:

$$\Delta\phi_{b.u.} = Ce^{-j\frac{\omega}{V_\infty}x_{b.u.}} \rightarrow \Delta\phi_w = \Delta\phi_{b.u.}e^{-j\frac{\omega}{V_\infty}(x-x_{b.u.})}$$

Alla fine l'equazione diverrà

$$\frac{\partial \phi}{\partial n} = \left([A] + j\frac{\omega}{V_\infty}[B] \right) \{q\} \qquad (12.20)$$

in cui entrambi i membri dipendono da ω.

12.5 Pannelli

Siamo arrivati dunque ad avere le seguenti equazioni:

$$\nabla^2 \phi = \frac{1}{c_\infty^2}\phi_{tt} \text{ (eq. sul potenziale)} \qquad (12.21)$$

$$\frac{\partial \phi}{\partial n} = V_{ns} - V_\infty \cdot n \text{ (eq. al contorno)} \qquad (12.22)$$

Dobbiamo procedere con la linearizzazione di questo termine. Ora, la superficie del velivolo viene generalmente data in forma parametrica:

$$\vec{x} = \vec{x}(\xi, \eta)$$

Poiché dobbiamo riferirci alla normale della superficie deformata, linearizziamo attorno a una condizione di riferimento:

$$\vec{x}(\xi, \eta) = \vec{x_0}(\xi, \eta) + \vec{s}(\xi, \eta, t)$$

dove x_0 rappresenta la superficie indeformata mentre s ne è lo spostamento. Ora,

$$V_{ns} = \frac{d\vec{x}}{dt} \cdot \vec{n} = \dot{x} \cdot \vec{n} = \dot{s} \cdot \vec{n} = \dot{s} \cdot \frac{\vec{x}_\xi \times \vec{x}_\eta}{\| \vec{x}_\xi \times \vec{x}_\eta \|}$$

Siccome

$$\begin{cases} \vec{x}_\xi = \vec{x}_{0,\xi} + \vec{s}_\xi \\ \vec{x}_\eta = \vec{x}_{0,\eta} + \vec{s}_\eta \end{cases}$$

il problema risulta non lineare e dobbiamo linearizzarlo trascurando i prodotti fra le derivate.

$$\begin{aligned} \vec{x}_\xi \times \vec{x}_\eta &= (\vec{x}_{0,\xi} + \vec{s}_\xi) \times (\vec{x}_{0,\eta} + \vec{s}_\eta) = \\ &\simeq \vec{x}_{0,\xi} \times \vec{x}_{0,\eta} + \vec{x}_{0,\xi} \times \vec{s}_\eta + \vec{s}_\xi \times \vec{x}_{0,\eta} = \\ &= \vec{x}_{0,\xi} \times \vec{x}_{0,\eta} + \vec{x}_{0,\xi} \times \vec{s}_\eta - \vec{x}_{0,\eta} \times \vec{s}_\xi \end{aligned}$$

La norma del prodotto sarà allora

$$\begin{aligned} \| \vec{x}_\xi \times \vec{x}_\eta \| &= \sqrt{(\vec{x}_\xi \times \vec{x}_\eta) \cdot (\vec{x}_\xi \times \vec{x}_\eta)} \\ &\simeq \sqrt{(\vec{x}_{0,\xi} \times \vec{x}_{0,\eta} + \vec{x}_{0,\xi} \times \vec{s}_\eta - \vec{x}_{0,\eta} \times \vec{s}_\xi) \cdot} \\ &\quad \cdot\sqrt{(\vec{x}_{0,\xi} \times \vec{x}_{0,\eta} + \vec{x}_{0,\xi} \times \vec{s}_\eta - \vec{x}_{0,\eta} \times \vec{s}_\xi)} \\ &\simeq [(\vec{x}_{0,\xi} \times \vec{x}_{0,\eta})^2 - 2(\vec{x}_{0,\xi} \times \vec{x}_{0,\eta})(\vec{x}_{0,\eta} \times \vec{s}_\xi) \\ &\quad +2(\vec{x}_{0,\xi} \times \vec{x}_{0,\eta})(\vec{x}_{0,\xi} \times \vec{s}_\eta)]^{\frac{1}{2}} \\ &\simeq \| \vec{x}_{0,\xi} \times \vec{x}_{0,\eta} \| \cdot \sqrt{1 + 2\frac{(\vec{x}_{0,\eta} \times \vec{s}_\xi) - (\vec{x}_{0,\xi} \times \vec{s}_\eta)}{\| \vec{x}_{0,\xi} \times \vec{x}_{0,\eta} \|}} \end{aligned}$$

Definiamo allora

$$\vec{n}_0 \triangleq \frac{\vec{x}_{0,\xi} \times \vec{x}_{0,\eta}}{\| \vec{x}_{0,\xi} \times \vec{x}_{0,\eta} \|} \tag{12.23}$$

e

$$N_0 \triangleq \| \vec{x}_{0,\xi} \times \vec{x}_{0,\eta} \| \tag{12.24}$$

Da ciò consegue

$$
\begin{aligned}
n &\simeq \left(\vec{n}_0 + \frac{(\vec{x}_{0,\eta} \times \vec{s}_\xi)}{N_0} - \frac{(\vec{x}_{0,\xi} \times \vec{s}_\eta)}{N_0} \right) \cdot \\
&\qquad \cdot \frac{1}{\sqrt{1 + 2 \frac{(\vec{x}_{0,\eta} \times \vec{s}_\xi) - (\vec{x}_{0,\xi} \times \vec{s}_\eta)}{\| \vec{x}_{0,\xi} \times \vec{x}_{0,\eta} \|}}} = \\
&\simeq \left(\vec{n}_0 + \frac{1}{N_0} (\vec{x}_{0,\eta} \times \vec{s}_\xi - \vec{x}_{0,\xi} \times \vec{s}_\eta) \right) \cdot \\
&\qquad \cdot \left(1 + \frac{2n_0}{N_0} (\vec{x}_{0,\eta} \times \vec{s}_\xi - \vec{x}_{0,\xi} \times \vec{s}_\eta) \right) \\
&\simeq \vec{n}_0 \cdot \left(1 + \frac{2}{N_0} (\vec{x}_{0,\eta} \times \vec{s}_\xi - \vec{x}_{0,\xi} \times \vec{s}_\eta) \right) + \\
&\qquad + \frac{1}{N_0} (\vec{x}_{0,\eta} \times \vec{s}_\xi - \vec{x}_{0,\xi} \times \vec{s}_\eta) = \\
&= \vec{n}_0 + \vec{n}_x
\end{aligned}
$$

Accanto alla linearizzazione di $\vec{n}$, bisogna linearizzare anche $V_n \cdot n_x$. Tralasciando per comodità i vari passaggi e le semplificazioni, alla fine otteniamo,

$$\frac{\partial \phi}{\partial n} = \frac{\dot{\vec{s}} \cdot \vec{n}}{V_\infty} - \vec{n}_x \tag{12.25}$$

A questo punto possiamo sostituire lo sviluppo $\{s\} = [N]\{q\}$ dove ciascuna colonna di $[N]$ è un vettore, ottenendo quindi

$$
\begin{aligned}
\frac{\partial \phi}{\partial n} &= \frac{[N]\{\dot{q}\} \cdot \vec{n}}{V_\infty} - \vec{n}_x \\
&= [\vec{n} \cdot \vec{N}] \left\{ \frac{\dot{q}}{V_\infty} \right\} - \vec{n}_x \\
&= [B] \left\{ \frac{\dot{q}}{V_\infty} \right\} - \vec{n}_x
\end{aligned}
\tag{12.26}
$$

Ora, siccome

$$\vec{n}_x \triangleq \vec{i} \cdot \left(\frac{\vec{a}}{N_0} - \vec{n}_0 \frac{\vec{n}_0 \cdot \vec{a}}{N_0} \right) = \vec{i} \cdot \frac{\vec{a}}{N_0} + \vec{n}_{0,x} \frac{\vec{n}_0 \cdot \vec{a}}{N_0} = [A]\{q\}$$

dove

$$\vec{a} \triangleq (\vec{x}_{0,\eta} \times \vec{s}_\xi - \vec{x}_{0,\xi} \times \vec{s}_\eta)$$

si ha

$$\frac{\partial \phi}{\partial n} = [A]\{q\} + [B]\{\dot{q}\} \qquad (12.27)$$

dove

- $[A]\{q\}$ rappresenta un termine dovuto all'incidenza geometrica;

- $[B]\{\dot{q}\}$ rappresenta un termine di incidenza cinematica;

Prendendo ad esempio una lastra piana,

$$\frac{\partial \phi}{\partial n} = \frac{\vec{V} \cdot \vec{n}}{V_\infty} + V_{ns}$$

dove $\vec{V} \cdot \vec{n} = \dot{y} \cdot n_0$ mentre $V_{ns} = y'$.
Abbiamo allora

$$\frac{\partial \phi}{\partial n} = \frac{\dot{y} \cdot n_0}{V_\infty} + y' = \frac{1}{V_\infty} \frac{\partial y}{\partial t} + \frac{\partial y}{\partial x}$$

12.6 Caso comprimibile

Passiamo al campo comprimibile. L'equazione che dobbiamo risolvere è del tipo

$$(1 - M_\infty^2)\phi_{xx} + \phi_{yy} + \phi_{zz} = 0 \qquad (12.28)$$

che, introducendo la trasformazione di PRANDTL $x^* = \frac{1}{\beta}x = \frac{1}{\sqrt{1-M_\infty^2}}x$,
diviene

$$\phi_{x^*x^*} + \phi_{yy} + \phi_{zz} = 0 \qquad (12.29)$$

Per questa equazione, valgono ancora le stesse soluzioni trovate nel campo incomprimibile, purché avvenga la dilatazione delle coordinate.
Tuttavia, si può procedere in altro modo, considerando profili molto sottili. Siccome infatti

$$dS^* = dx^*dy = \frac{1}{\beta}dxdy = \frac{1}{\beta}dS$$

avremo

$$
\begin{aligned}
R &= \sqrt{x^{*,2} + y^2 + z^2} \\
&= \sqrt{\frac{1}{\beta^2}x^2 + y^2 + z^2} \\
&= \frac{1}{\beta}\sqrt{x^2 + \beta^2 y^2 + \beta^2 z^2} \\
&= \frac{1}{\beta}R_\beta
\end{aligned}
$$

la soluzione della funzione di GREEN nello spazio libero diviene allora

$$
G = \frac{\beta}{4\pi R_\beta}
$$
$$\downarrow$$
$$
\int G \, dS = \int \frac{\beta}{4\pi R_\beta}\frac{1}{\beta} dS = \int \frac{1}{4\pi R_\beta} dS
$$

e sostituendola all'interno dell'equazione sul potenziale

$$
\begin{aligned}
\frac{1}{2}\phi(x_0) &= \int_{S_c^*}\left(G\frac{\partial\phi}{\partial n} - \phi\frac{\partial G}{\partial n}\right)dS_c^* + \int_{S_w^*}\Delta\phi_w\frac{\partial G}{\partial n}dS_w^* \\
&= \frac{1}{4\pi}\int_{S_c}\left(\frac{1}{R_\beta}\frac{\partial\phi}{\partial n} - \phi\frac{\partial\frac{1}{R_\beta}}{\partial n}\right)dS_c \\
&\quad + \frac{1}{4\pi}\int_{S_w}\Delta\phi_w\frac{\partial\frac{1}{R_\beta}}{\partial n}dS_w
\end{aligned}
$$
$$\downarrow$$
$$
2\pi\phi(x_0) = \int_{S_c}\left(\frac{1}{R_\beta}\frac{\partial\phi}{\partial n} - \phi\frac{\partial\frac{1}{R_\beta}}{\partial n}\right)dS_c + \int_{S_w}\Delta\phi_w\frac{\partial\frac{1}{R_\beta}}{\partial n}dS_w
$$

Prendiamo in considerazione R_β: se $M > 1$, il radicando è positivo solo qualora si verificasse la condizione

$$
\Delta x^2 > \beta^2(\Delta y^2 + \Delta z^2) \tag{12.30}
$$

ma l'equazione 12.30 è proprio l'*equazione del cono di* MACH , ovvero R_β risulta definito solo all'interno del cono di MACH e dunque l'informazione non può uscire dal cono stesso.

Nel caso subsonico, l'integrale si estende su tutto il dominio, con singolarità integrabili secondo CAUCHY. Nel caso supersonico, invece, l'integrale si estende solo sulla superficie interessata dal cono di MACH e contiene singolarità non integrabili secondo CAUCHY ma secondo HADAMARD.

Ottenute così le equazioni integrali, vediamo come risolverle. Sviluppiamo il potenziale come $\phi(\xi, \eta) = [N(\xi, \eta)]\{q\}$, applicando poi un metodo ai residui pesati. Tra questi, GALERKIN comporta il raddoppio dell'ordine d'integrazione e dunque un integrale di superficie si trasforma in un integrale quarto. Per ridurre i costi computazionali si usa quindi la semplice collocazione.

Discretizziamo le superfici (S_c e S_w) con dei *pannelli* in cui si suppone, per semplicità, di avere il potenziale costante. Come punto di controllo della collocazione prendiamo il centro del pannello.

$$
2\pi\phi_i = \sum_{k=1}^{N} \left[\left(\int_k \frac{\partial}{\partial n} \left(\frac{1}{R_\beta} \right) dS_k \right) q_k - \left(\int_k \frac{1}{R_\beta} dS_k \right) \frac{\partial q_k}{\partial n} \right.
$$

$$
\left. + S_{ik} \int_k \frac{\partial}{\partial n} \left(\frac{1}{R_\beta} \right) dS_k (\phi_r - \phi_s) \right]
$$

(12.31)

in quanto sulla scia $\Delta\phi$ è costante e coincide con quello che si ha sul bordo d'uscita. Per questo la scia è suddivisa in strisce coincidenti con la suddivisione in pannelli del bordo d'uscita in modo che il potenziale su di essa venga ricondotto al potenziale sul bordo d'uscita.
I ϕ_k si riferiscono solo al potenziale sui pannelli di S_c:

$$
S_{ik} = \begin{cases} 1 \text{ se } i \text{ si riferisce al pannello sul b.u. superiore} \\ -1 \text{ se } i \text{ si riferisce al pannello sul b.u. inferiore} \\ 0 \text{ se } i \text{ si riferisce a un pannello} \notin \text{ bordo d'uscita} \end{cases}
$$

Possiamo riscrivere la relazione in termini matriciali per quanto riguarda il corpo come:

$$
[Y]\{\phi\} = [Z]\left\{ \frac{\partial\phi}{\partial n} \right\}
$$

(12.32)

dove

- $Y_{ii} = 2\pi$

- $Y_{ik} = \int_k \frac{\partial}{\partial n} \left(\frac{1}{R_\beta} \right) dS_k$

- $Z_{ik} = - \int_k \frac{1}{R_\beta} dS_k$

Bisogna poi aggiungere, in base a S_{ik}, il contributo della scia.

12.7 Esempio d'applicazione: problema dell'interfaccia

Consideriamo un'ala a freccia in cui abbiamo modellato al struttura con una trave. Supponiamo di essere in ambito stazionario e di trascurare lo smorzamento strutturale nonché carichi esterni non aerodinamici. L'equazione risolutiva della dinamica sarà

$$[M]\{\ddot{q}\} + [K]\{q\} = \{Q_a\} \tag{12.33}$$

Modelliamo l'aerodinamica con un metodo a pannelli (GREEN). L'mabito stazionario ci permette di scrivere:

$$C_p = -2\frac{\partial \varphi}{\partial x} \tag{12.34}$$

con la relazione

$$[Y]\{\varphi\} = [Z] \left([A]\{q\} + \frac{1}{V_\infty} [B]\{\dot{q}\} \right) \tag{12.35}$$

Il carico aerodinamico viene ottenuto tramite l'espressione del lavoro aerodinamico (integrazione di C_p):

$$\delta L = q \int \delta s^t C_p \cdot n dS = q \int \delta s_n \cdot C_p dS \tag{12.36}$$

dove δs_n è la componente normale dello spostamento virtuale.
Per esprimere correttamente questo lavoro però dobbiamo interfacciare i gradi di libertà aerodinamici con quelli strutturali. Di fondamentale importanza per ottenere questo è l'ipotesi di trave a sezione rigida. In tal modo infatti possiamo descrivere lo spostamento di un punto appartenente alla sezione a partire da un altro punto della sezione con una relazione da corpo rigido. Sorge però il problema di quale sistema di riferimento considerare. Utilizziamo le lettere semplici

x, y, z per il sistema con l'asse x allineato al vento asintotico, mentre utilizziamo le lettere soprassegnate $\bar{x}, \bar{y}, \bar{z}$ per il sistema degli assi della trave. In tal caso avremo:

$$\bar{y} = \frac{y}{\cos \Lambda} \tag{12.37}$$

Scriviamo l'espressione dello spostamento di un punto della sezione:

$$s(\vec{y}) = z(\vec{y}) + \vec{\phi} \times (P \overset{\rightarrow}{-} O) \rightarrow \{s(y)\} = \{z(y)\} - [(P - O)]\{\phi\} \tag{12.38}$$

avendo utilizzato la notazione

$$[(P - O)]\{\phi\} \doteq (P - O) \times \{\phi\} = \det \begin{bmatrix} \vec{i} & \vec{j} & \vec{k} \\ x & y & z \\ \phi_x & \phi_y & \phi_z \end{bmatrix} \tag{12.39}$$

Svolgendo i calcoli otteniamo

$$[(P - O)]\{\phi\} = \ldots = \begin{bmatrix} 0 & -z & 0 \\ z & 0 & -x \\ 0 & x & 0 \end{bmatrix} \{\phi\} \tag{12.40}$$

Nel caso di ali a freccia,

$$\{\phi(\bar{y})\} = \left\{ \begin{matrix} 0 \\ \vartheta - z' \tan \Lambda \\ 0 \end{matrix} \right\} \tag{12.41}$$

che risportata nel sistema di riferimento xyz diviene.

$$\phi_x = \vartheta \sin \Lambda + z' \tan \Lambda \cos \Lambda \tag{12.42}$$
$$\phi_y = \vartheta \cos \Lambda + z' \tan \Lambda \sin \Lambda \tag{12.43}$$
$$\phi_z = 0 \tag{12.44}$$

definita la matrice di rotazione

$$[T] = \begin{bmatrix} \sin \Lambda & \tan \Lambda \cos \Lambda \\ \cos \Lambda & \tan \Lambda \sin \Lambda \end{bmatrix} \tag{12.45}$$

avremo

$$\{\phi\} = [T] \left\{ \begin{array}{c} \vartheta \\ z' \end{array} \right\} \qquad (12.46)$$

siccome poi

$$z(y) \equiv z(\bar{y}) \to \{z(y)\} = \left\{ \begin{array}{c} 0 \\ 0 \\ \{z(\bar{y})\} \end{array} \right\} \qquad (12.47)$$

Introduciamo gli sviluppi:

$$\{z\} = \left\{ \begin{array}{c} 0 \\ 0 \\ \{z(\frac{y}{\cos \Lambda})\} \end{array} \right\} = \begin{bmatrix} 0 \\ 0 \\ N(\frac{y}{\cos \Lambda}) \end{bmatrix} \{q_z\} \qquad (12.48)$$

$$\{\vartheta\} = \left[N_\vartheta(\frac{y}{\cos \Lambda}) \right] \{q_\vartheta\} \qquad (12.49)$$

$$\{z'\} = \left[\frac{y}{\cos \Lambda} N'_z(\frac{y}{\cos \Lambda}) \right] \{q_z\} \qquad (12.50)$$

Gli spostamenti si possono quindi riassumere come:

$$\{s\} = \{z\} + \begin{bmatrix} 0 & -z & 0 \\ z & 0 & -x \\ 0 & x & 0 \end{bmatrix} \{\phi\}$$

$$= \begin{bmatrix} 0 & 0 \\ 0 & 0 \\ 0 & N_z((\frac{y}{\cos \Lambda})) \end{bmatrix} \{q\} \qquad +$$

$$\begin{bmatrix} 0 & -z & 0 \\ z & 0 & -x \\ 0 & x & 0 \end{bmatrix} \cdot \begin{bmatrix} \sin \Lambda & \tan \Lambda \cos \Lambda \\ \cos \Lambda & \tan \Lambda \sin \Lambda \end{bmatrix} \cdot$$

$$\cdot \begin{bmatrix} N_\vartheta(\frac{y}{\cos \Lambda}) & 0 \\ 0 & \frac{y}{\cos \Lambda} N'_z(\frac{y}{\cos \Lambda}) \end{bmatrix} \{q\} \qquad (12.51)$$

riassumibile in forma compatta come

$$\{s\} = [\mathbb{I}] \{q\} \qquad (12.52)$$

dove la matrice $[\mathbb{I}]$ è la *matrice d'interfaccia*. Il lavoro aerodinamico é esprimibile come

$$\delta L = q \int \delta s^t C_p dS = \ldots = \{\delta q\}^t q \int [\mathbb{I}]^t C_p dS \qquad (12.53)$$

da cui

$$\{Q_a\} = q \int [\mathbb{I}]^t C_p dS \qquad (12.54)$$

Siccome sappiamo che $C_p = -2\frac{\partial \varphi}{\partial x}$, se conoscessimo il valore di φ ai nodi dei pannelli, possiamo pensare di interpolare:

$$\varphi(x,y) = [\mathbb{I}(x,y)]\{\varphi\} \qquad (12.55)$$

discretizzando l'integrale dei carichi:

$$q \int [mathbbI]^t C_p dS = q \sum [\mathbb{I}_i][\Delta S]\{C_p\} = q[\mathbb{I}][\Delta S]\{C_p\} \qquad (12.56)$$

dove $[\mathbb{I}]$ è data dall'affiancamento delle matrici $[\mathbb{I}_i]$ mentre $\{C_p\}$ è il coefficiente di portanza valutato nei punti di controllo. Possiamo quindi passare ad una scrittura del coefficiente di portanza in forma discretizzata tramite differenze finite, ad esempio:

$$\{C_p\}[P]\{\varphi\} \qquad (12.57)$$

dove la matrice $[P]$ racchiude gli moperatori delle differenze finite.
Possiamo allora sostituire l'espressione del potenziale:

$$[\varphi][Y]^{-1}[z]\left([A]\{q\} + \frac{1}{V_\infty}[B]\{\dot{q}\}\right) \qquad (12.58)$$

dove poi

$$[K_a] \rightarrow [Y]^{-1}[Z][A] \qquad (12.59)$$
$$[C_a] \rightarrow [Y]^{-1}[Z][B] \qquad (12.60)$$

Se considerassimo anche la manovra di alettoni, i loro contributi compariranno a destra dell'equazione, tramite un termine

$$q[Q_\beta]\beta \div [Y]\{\varphi\} = [z]\left\{\frac{\partial \varphi}{\partial n}\right\}_\beta \qquad (12.61)$$

CHAPTER 13

METODO DI MORINO

13.1 Metodo di MORINO

Nel campo in stazionario, oltre alle sorgenti e alle doppiette, compare anche il ritardo

$$e^{j\frac{\omega}{V_\infty}(x-x_0)}$$

Per tener conto dell'effetto di quest'ultimo, anche la scia viene discretizzata a pannelli.

Passando nel campo delle frequenze, considerando una delta di DIRAC armonica, compare un $e^{j\omega t}$ da cui consegue un termine $\phi(\omega)e^{j\omega t}$ che può essere linearizzato, facendo così scomparire l'esponenziale ma bisogna stabilire cosa sia $\phi(\omega)$.

Aeroelasticità Applicata.
By Giulio Malinverno.
Copyright © 2016 .

A causa del ritardo, il cambiamento del potenziale provocato dalla delta di DIRAC non sarà istantaneo ma si avrà un ritardo nella propagazione e dunque

$$G = \frac{-1}{4\pi R_\beta} e^{-j\omega T} \qquad (13.1)$$

dove T è un tempo che tiene conto della propagazione.

Se la perturbazione si propaga nel campo con velocità c_∞, e posta x_0 la posizione di partenza delle propagazione, allora

$$\Delta x_*^2 + \Delta y^2 + \Delta z^2 = c_\infty^2 T^2 \qquad (13.2)$$

Siccome

$$\Delta x_* = \Delta x - V_\infty T$$

avremo

$$(\Delta x - V_\infty T)^2 + \Delta y^2 + \Delta z^2 = c_\infty^2 T^2$$

ovvero

$$\Delta x^2 + \Delta y^2 + \Delta z^2 + V_\infty^2 T^2 - 2\Delta x V_\infty T = c_\infty^2 T^2$$

da cui

$$T_{1,2} = \frac{V_\infty \Delta x \pm \sqrt{V_\infty^2 \Delta x^2 - (V_\infty^2 - c_\infty^2) R^2}}{(V_\infty^2 - c_\infty^2)} \qquad (13.3)$$

avendo definito

$$R^2 \triangleq \Delta x^2 + \Delta y^2 + \Delta z^2$$

Analizzando le soluzioni di T notiamo che

- in campo subsonico, poiché $V < c$, delle due soluzioni una sola (quella positiva) ha senso fisico;

- in campo supersonico, poiché $V > c$, entrambe le soluzioni hanno senso fisico e in quest'ambito avremo due ritardi [1].

Rielaboriamo l'espressione per esplicitare il numero di MACH , ottenendo:

$$
\begin{aligned}
T_{1,2} &= \frac{1}{V_\infty} \frac{M_\infty \Delta x \pm \sqrt{M_\infty^2 \Delta x^2 - (M_\infty^2 - 1) R^2}}{\frac{M_\infty^2 - 1}{M_\infty}} \\
&= \frac{1}{V_\infty} f(M_\infty, R)
\end{aligned} \qquad (13.4)
$$

[1]ciò accade perché in campo supersonico, proprio perché tale, il corpo può superare l'onda d'informazione emessa e dunque un generico punto del campo può essere colpito da due fronti d'onda

In questo modo possiamo esprimere l'equazione di MORINO :

$$2\pi\phi \;=\; \int_{S_c} \phi \frac{\partial}{\partial n} \left(\frac{e^{-j\omega T^+} - e^{-j\omega T^-}}{R_\beta} \right) dS_c +$$

$$+ \int_{S_c} \left(\frac{e^{-j\omega T^+} - e^{-j\omega T^-}}{R_\beta} \right) \frac{\partial \phi}{\partial n} dS_c + \tag{13.5}$$

$$+ \int_{S_w} \Delta\phi_w e^{j\omega(x - x_{b.u.})} \frac{\partial}{\partial} \left(\frac{e^{-j\omega T^+} - e^{-j\omega T^-}}{R_\beta} \right) dS_w$$

Per omogeneità, anche $\frac{\partial \phi}{\partial n}$ deve essere armonica e poiché risulta $\phi = \phi(\vec{x}, \omega)$, non possiamo risolvere in forma chiusa per un'unica frequenza, ma dobbiamo risolvere per tutte le frequenze in gioco. Avremo quindi una soluzione in forma tabulata in quanto la risoluzione numerica[2] ci fornirà un vettore per ciascuna frequenza. Nel dominio delle frequenze avremo allora l'equazione espressa come

$$\frac{\partial \phi}{\partial n} = \left([A] + \frac{j\omega}{V_\infty}[B] \right) \{q\} \tag{13.6}$$

con il carico

$$C_p = -2 \left(\frac{\partial \phi}{\partial x} + \frac{j\omega}{V_\infty}\phi \right) \tag{13.7}$$

Si noti che l'integrale è ancora risolvibile con CAUCHY , ma contiene termini oscillatori che complicano i calcoli.

La formula

$$[Y]\{\phi\} = [Z] \left\{ \frac{\partial \phi}{\partial n} \right\}$$

vale anche in campo instazionario ma mentre prima i suoi termini erano reale, ora sono complessi.

Sebbene le superfici degli aerei non sono superfici piane, in campo subsonico è consuetudine applicare i metodi a pannelli di HESS in cui si sostituisce a un pannello curvo un pannello piano equivalente. Si possono adottare tecniche simili anche nel caso in cui compaia il ritardo $e^{j\omega t}$, purché la distanza fra il punto di collocazione e il centro del pannello sia piccola. In effetti si ha che queste osservazioni valgono anche per profili non troppo sottili, approssimando i pannelli come piani.

---

[2]prendendo però pannelli trapezoidali coi alti allineati al vento, esiste la soluzione analitica.

Nel caso della scia, basta pannellarla anch'essa, in modo da avere più punti di collocazione, sebbene valga ancora la condizione

$$\frac{\partial \Delta \phi}{\partial n} = 0$$

Rispetto a metodi armonici classici, il metodo di MORINO ha il vantaggio di saper trattare il ritardo di trasmissione in funzione di $\frac{s}{v_\infty}$ e non solo della parte puramente immaginaria $\frac{j\omega}{V_\infty}$, approssimando a pannelli a ritardo costante. D'altra parte in caso stazionario non si hanno grosse differenze con tale approssimazione, mentre in caso instazionario tenere costante il ritardo fra i punti di collocazione non crea eccessivi problemi.

In campo supersonico, siccome dobbiamo tener conto del'effetto relativo al cono di Mach, ovvero che l'informazione può muoversi solo all'interno di questo, si avrà che un punto di controllo potrà essere influenzato solo dai pannelli che sono all'interno del cono avente il vertice nel punto di controllo stesso.

Sebbene nei casi semplici si riescano ad ottenere dei buoni risultati, non appena si devono affrontare geometrie più complesse i risultati peggiorano rapidamente. Quando M > 1 non solo cambia il segno alle equazioni ma bisogna guardare come si modifica l'influenza della geometria. Sono infatti necessarie le seguenti condizioni:

- continuità della superficie;

- continuità del potenziale;

Gli integrali numerici risultano allora molto costosi e complessi perché

- riguardano tutta la superficie;

- devono essere rifatti al variare delle frequenze;

- devono tener conto del cono di MACH .

In presenza poi di un'ala a freccia sorge un ulteriore problema, costituito dal fatto che per particolari numeri di MACH , i coni non sottintendono più aree omogenee: un punto può allora andare a influire sia su pannelli appartenenti al corpo che a zone esterne all'ala, così come un punto può essere influenzato dall'ala e dal fluido esterno. Bisogna considerare allora anche punti esterni all'ala e ciò aumenta notevolmente la complessità del modello da analizzare/risolvere.

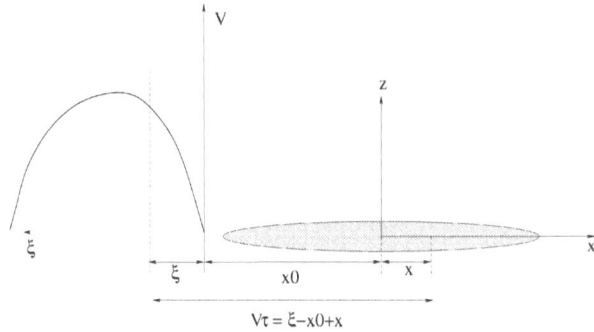

Figura 13.1: Profilo colpito da raffica.

13.2 Raffiche

Abbiamo studiato finora l'aerodinamica discendente dagli spostamenti strutturali $\{q\}$ e c'è da considerare ora quindi la presenza delle raffiche $\{V_g\}$.
Basta aggiungere la proiezione di V_g sulla normale, ottenendo:

$$[Y]\{\phi\} = [Z]\left(\left\{\frac{\partial \phi}{\partial n}\right\}_s + \left\{\frac{\partial \phi}{\partial n}\right\}_g\right) \tag{13.8}$$

dove l'indice g indica appunto la raffica (dall'inglese gusts).
Supponiamo che la raffica possa variare lungo l'apertura, indicata con l'asse y (vedi figura 13.1). Generalmente, si considera un profilo di raffica V_g in funzione di una coordinata spaziale ξ (l'ipotesi di base è che la raffica sia congelata e non venga perturbata dalla presenza del velivolo). Le attuali normative prevedono che la raffica abbia un andamento proporzionale a $1 - \cos$.
In campo stazionario, impulso di movimento e impulso di raffica sono uguali in termini d'effetti provocati, mentre differiscono in campo instazionario.
Passando nel campo delle frequenze:

$$V_g(\omega) = \int_{-\infty}^{+\infty} V_g(\xi)e^{-j\omega t}dt \tag{13.9}$$

Ora, V_g è esplicitata in funzione di ξ e non di t, ma possiamo ricondurla al tempo, essendo

$$\xi = V_\infty t - (x - x_0) \tag{13.10}$$

avremo quindi

$$V_g(\omega) \;=\; \int_{-\infty}^{+\infty} V_g(V_\infty t - (x - x_0))e^{-j\omega t}dt$$

Introduciamo la variabile ausiliaria η (coincidente con ξ):

$$\eta \;=\; V_\infty t - (x - x_0)$$
$$\downarrow$$
$$t \;=\; \frac{\eta + (x - x_0)}{V_\infty}$$
$$\downarrow$$
$$dt \;=\; \frac{1}{V_\infty}d\eta$$

Per ottenere dunque la raffica in frequenza

$$
\begin{aligned}
V_g(\omega) &= \int_{-\infty}^{+\infty} V_g(\eta)\frac{e^{-j\omega\frac{\eta+(x-x_0)}{V_\infty}}}{V_\infty}d\eta \\
&= \frac{e^{-j\omega(x-x_0)}}{V_\infty}\int V_g(\eta)e^{-j\omega\frac{\eta}{V_\infty}}\,d\eta
\end{aligned}
\tag{13.11}
$$

Si noti che l'ultimo integrale è la trasformata di FOURIER nella coordinata η. Abbiamo allora

$$
\begin{aligned}
\left\{\frac{\partial\phi}{\partial n}\right\}_g &= \frac{1}{V_\infty}V_g(\omega) \\
&= e^{-j\omega(x-x_0)}\frac{1}{V_\infty^2}\int V_g(\eta)e^{-j\omega\frac{\eta}{V_\infty}}\,d\eta
\end{aligned}
\tag{13.12}
$$

e alla fine si arriverà a scrivere qualcosa del tipo

$$\left\{\frac{\partial\phi}{\partial n}\right\}_g = q[H_{ag}]\{q(\omega)\}$$

dove la parte di ritardo nella propagazione $e^{-j\omega(x-x_0)}$ rappresenta un termine spaziale che sarà contenuto in $[H_{ag}]$. Se la raffica è costante in y, questo termine si riduce a 1 colonna, altrimenti sarà una matrice con tante colonne quante sono le suddivisioni dell'ala in direzione y.

13.3   Esempio d'applicazione:raffica vertico-laterale

È utile separare la raffica verticale dalla raffica laterale, in quanto per la prima si possono utilizzare delle semplificazioni date dalla simmetria del carico, unendo poi risultati a posteriori grazie al principio di sovrapposizione degli effetti.

Utilizziamo uno schema strutturale derivante dalle prove di vibrazione a terra (VGT, *vibration ground test*), in modo che la struttura sia rappresentata da uno schema a travi. Per il calcolo della parte aerodinamica, utilizziamo il metodo di MORINO , schematizzando la geometria con uan superficie bidimensionale.

L'equazione della risposta dinamica è:

$$\left(-\omega^2 \left[M\right] + j\omega \left[C\right] + \left[K\right] - q \left[H_{am}\right]\right) \{u\} = q \left[H_{ag}\right] \frac{V_g}{V_\infty} \qquad (13.13)$$

Avendo a disposizione i dati dei VGT, avremo a disposizione $[\omega - 0]$, $[2m\omega_0\xi]$, $[U]$ e $[m]$, dove tutte le matrici sperimentali sono diagonali (tranne ovviamente la matrice dei modi U). Possiamo fare un paragone con gli elementi finiti, notando che:

- gli smorzamenti ξ sono esatti, in quanto verificati sperimentalmente;

- le deformate ottenute sperimentalmente sono più rade perchè si hanno meno punti di controllo che nei modelli ad elementi finiti[3].

Sostituendo i modi nell'equazione della risposta otteniamo:

$$\left(-\omega^2 \left[m\right] + j\omega \left[2m\omega_0\xi\right] + \left[m\omega_0^2\right] - q \left[H_{am}\right]\right) \{u\} = q \left[U\right]^t \left[H_{ag}\right] \frac{V_g}{V_\infty}$$
$$(13.14)$$

Vediamo ora di caratterizzare l'aerodinamica tramite il metodo di MORINO :

$$\left[Y\right] \{\varphi\} = \left[Z\right] \left\{\frac{\partial\varphi}{\partial n}\right\} = \left[Z\right] \{\alpha\} \qquad (13.15)$$

Dobbiamo allora interfacciare i gradi di libertà aerodinamici con quelli strutturali. Consideriamo le sezioni delle travi perfettamente rigide (in corda). In tal modo riusciamo ad applicare le leggi dello spostamento di corpo rigido (vedi appendice

---

[3]Nei fem, in linea di principio, il numero di punti di controllo è teoricamente illimitato, sebbene nella pratica sia limitato dalle instabilità numeriche e dalla potenza computazionale a disposizione.

M):

$$s = h + \vartheta x \to \alpha(t) = \frac{\dot{h} + \dot{\vartheta}x}{V_\infty} + \vartheta \to \alpha(\omega) = j\omega\frac{h + \vartheta x}{V_\infty} + \vartheta \qquad (13.16)$$

Se il punto non cade su un nodo della trave, basta interpolare con una cubica - utilizzando una notazione matriciale otteniamo:

$$\alpha(\omega) = \begin{bmatrix} j\frac{\omega}{V_\infty} & \left(1 + j\frac{\omega}{V_\infty}\right) \end{bmatrix} \begin{Bmatrix} h \\ \vartheta \end{Bmatrix} \qquad (13.17)$$

Gli spostamenti h e ϑ possono a loro volta essere espressi tramite sviluppi di forma:

$$\begin{Bmatrix} h \\ \vartheta \end{Bmatrix} = [N]\{u\} = [N][U]\{q\} \qquad (13.18)$$

da qui la notazione compatta $\alpha = [A]\{q\}$. Si noti che in linea di principio avremmo potuto ottenere l'incidenza anche tramite la derivazione di z.

Nel metodo di MORINO classico, il potenziale φ è ritenuto costante nel centro del pannello - in tal caso potremo scrivere:

$$\{\varphi\} = [\Phi]\{q\} \qquad (13.19)$$

in cui $[\Phi] \doteq [Y]^{-1}[Z][A]$. Ora, $C_p = -4\frac{d\varphi}{dt}$ mentre il lavoro aerodinamico vale $q \int \delta z' \Delta C_p dS$.

Possiamo collocare quest'integrale ottenendo infine:

$$q\delta z'[\Delta S]\{C_p\} = q\{\delta q\}^t[Z]^t[\Delta S]\{C_p\} \qquad (13.20)$$

Tra le altre cose, il potenziale può essere allora visto tramite un'opportuna interpolazione dei valori al centro del pannello: $\varphi = [I_\varphi]\{\varphi\}$. Sotto tale ipotesi:

$$C_p = -\frac{4}{V_\infty}\frac{d[I_\varphi]\{\varphi\}}{dt} = -frac4V_\infty[I_\varphi]\{\dot{\varphi}\} - 4[I_{\varphi/x}]\{\varphi\} = [J_\varphi][\Phi]\{q\} \qquad (13.21)$$

(in quanto si è già discretizzato l'integrale, non è necessario svolgere un'interpolazione completa e basta interpolare solo nei punti in cui si è interpolato).

Sostituendo nell'espressione del lavoro otterremo l'espressione della matrice aerodinamica:

$$[H_{am}] = [Z]^t[\Delta S][J_\varphi][\Phi] \qquad (13.22)$$

Per quanto concerne la raffica, avremo allora:

$$\{\alpha_g\} = \left\{ e^{-j\frac{\omega}{v_\infty}(x-x_0)} \right\} \tag{13.23}$$

$$\{\varphi_g\} = \{\Phi_g\} V_g \tag{13.24}$$

CHAPTER 14

SUPERFICIE PORTANTE

Nella pratica,in quanto servono i Q_a derivati dalla deformabilità strutturale, in base all'assunzione di piccoli spostamenti, possiamo adottare il modello della *superficie portante*.

Per vedere questo metodo dobbiamo fare alcune osservazioni sulla simmetria. Ora, un velivolo è geometricamente simmetrico dal punto di vista destra/sinistra e dunque le condizioni al contorno possono essere suddivise allora in:

- condizioni simmetriche

- condizioni antisimmetriche

Aeroelasticità Applicata.
By Giulio Malinverno.
Copyright © 2016 .

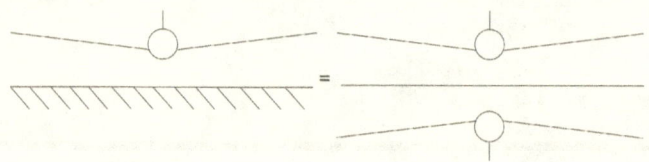

Figura 14.1: Simmetria nel metodo della superficie portante

Possiamo sfruttare questa distinzione per ridurre i costi computazionali partizionando le matrici come

$$\begin{bmatrix} Y_{ss} & Y_{sd} \\ Y_{ds} & Y_{dd} \end{bmatrix} \begin{Bmatrix} \phi_s \\ \phi_d \end{Bmatrix} = \begin{bmatrix} Z_{ss} & Z_{sd} \\ Z_{ds} & Z_{dd} \end{bmatrix} \begin{Bmatrix} \frac{\partial \phi_s}{\partial n} \\ \frac{\partial \phi_d}{\partial n} \end{Bmatrix} \tag{14.1}$$

Benché poi generalmente un velivolo non sia simmetrico sopra/sotto, possiamo sfruttare anche quest'ultima simmetria:

- nei missili;

- per velivoli in effetto suolo, dove la simmetria è data dall'immagine a terra (vedi figura 14.1).

In questo modo otteniamo allora l'equazione

$$[Y_{ss} \pm Y_{ds}]\{\phi_s\} = [Z_{ss} \pm Z_{sd}] \left\{ \frac{\partial \phi_s}{\partial n} \right\} \tag{14.2}$$

dove il segno positivo si ha nel caso simmetrico mentre quello negativo nel caso antisimmetrico.

Riduciamo così il costo computazionale a un ottavo del costo iniziale, in quanto:

- dimezziamo il numero di incognite;

- dimezziamo il numero di coefficienti da calcolare (e tale numero influisce al quadrato nel costo computazionale).

Se consideriamo ora un generico profilo deformato, notiamo che questo può essere visto come la sovrapposizione di più effetti:

- incidenza della linea media retta;

- spessore;

- curvatura della corda;

- deformazione;

Si noti che i primi tre elementi sono quello classici del profilo indeformato.

Ora, possiamo considerare la sola deformazione sebbene non possiamo applicare direttamente il metodo di MORINO in quanto quest'ultimo richiede una geometria cui applicarsi.

Introduciamo allora una *geometria di riferimento*: utilizziamo una superficie *strutturale*, costituita da una superficie fittizia simmetrica, ottenuta da un *appiattimento numerico* attraverso un passaggio al limite (ossia, avremo uno spessore non nullo ma molto piccolo).

Applichiamo dunque a questa superficie il metodo di MORINO . Poiché il profilo fittizio è simmetrico e le normali alla superficie superiore e a quella inferiore sono uguali ma opposte, le uniche condizioni al contorno che ci interessano sono quelle antisimmetriche (siamo in presenza di una [anti]simmetria sopra/sotto).

$$[Y_{uu} - Y_{ul}]\{\phi_u\} = [Z_{uu} - Z_{ul}]\left\{\frac{\partial \phi_u}{\partial n}\right\} \qquad (14.3)$$

dove u=up=sopra; l=low=sotto. Ora, vale inoltre che $\phi_u = -\phi_l$ donde $\Delta\phi = 2\phi_u$, da cui il carico

$$\Delta C_P = -\frac{2}{V_\infty}\frac{d\Delta\phi}{dt} = -\frac{4}{V_\infty}\frac{d\phi_u}{dt} \qquad (14.4)$$

Il modello della superficie portante si basa fra le altre cose sull'ipotesi di sezione rigida: siccome lo spessore è piccolo e la sezione rigida (o almeno lo è in spessore), avremo che la superficie superiore e la superficie inferiore avranno gli stessi spostamenti nel piano della sezione. Quest'assunzione ci risolve il problema dell'interfaccia fra parametri aerodinamici e parametri strutturali: ad esempio, tramite un'interpolazione lineare possiamo ricostruire gli spostamenti dell'asse elastico tramite i punti della sezione che ci sono serviti per lo studio dell'aerodinamica.

Inoltre, proprio perché la sezione è rigida, possiamo distribuire fra le due superfici il C_P nei rapporti che vogliamo (tutto sopra, tutto sotto, mezzo e mezzo o utilizzare schemi più raffinati): grazie alla sezione rigida si otterranno gli stessi risultati.

Possono però entrare in gioco effetti secondari quali la *flessione secondaria delle piastre* (questa viene valutata nelle verifiche di fino, e interviene soprattutto qualora le centine siano molto distanziate): lo sforzo secondario di flessione deve essere piccolo per poter applicare questo modello.

Possiamo giustificare anche dal punto di vista matematico il modello della superficie portante. Si giunge infatti a un'espressione del tipo:

$$\alpha(x, y, k) = \int_S K(x, y, \xi, \eta, k, m)\Delta C_p(\xi, \eta, k)dS \qquad (14.5)$$

schema a superficie portante

La funzione $K(x, y, \xi, \eta, k, m)$ (che non è simmetrica) prende il nome di *nucleo o kernel dell'equazione*
In quest'integrale, compaiono però singolarità di ordine superiore a quelle risolvibili tramite CAUCHY e viene perciò risolto per via numerica.
Valgono poi ancora le osservazioni già fatte sul cono di MACH.
Se i profili sono molto sottili, possiamo utilizzare questo metodo non solo per i calcoli aeroelastici ma anche per la normale aerodinamica, tenendo conto del fatto che non si avvertiranno gli effetti dovuti allo spessore. Integrando in coda si otterrà proprio la teoria dei profili sottili.
Concettualmente la soluzione si ottiene con uno sviluppo completo e congruente:

$$\Delta C_p = [N_a(x, y)]\{a\} \qquad (14.6)$$

che si può vedere come prodotto fra sviluppo sul profilo e sviluppo in apertura.
La condizione di KUTTA si traduce invece come:

- $\Delta C_p = 0$ sul bordo d'uscita;

- $\Delta C_p = 0$ alle estremità.

Sostituendo lo sviluppo otteniamo

$$\alpha(x, y, k) = \int_S K(x, y, \xi, \eta, k, m)[N_a(\xi, \eta)]dS\{a(k)\} + \varepsilon(x, y) \qquad (14.7)$$

a cui possiamo applicare un metodo ai residui pesati, ottenendo allora

$$[A(k, m)]\{a(k)\} = \{\alpha(k)\} \qquad (14.8)$$

A seconda di m si possono ottenere nuclei particolari:

- nucleo di THEODORSEN, $m = 0$;

- nucleo di POSSIO, $m < 1$

Nei casi stazionari ($k = 0$) e subsonici possiamo utilizzare tutti i metodi a singolarità virtuali (es. *metodo di* HESS o *dei pannelli piani con sorgenti*). Nel caso
incomprimibile non ci sono problemi, qualora la comprimibilità non fosse trascurabile, bisogna supporre piccole perturbazioni.
Se si vuole modellare la scia, si introduce la vorticità che rappresenta quindi
un'incognita aggiuntiva:

- sorgenti

$$\{v\} = [\Sigma]\{\sigma\} \tag{14.9}$$

- vorticità

$$\{v\} = [\Gamma]\{\gamma\} \tag{14.10}$$

Inoltre, grazie a BERNOULLI , possiamo calcolare il C_p, eventualmente linearizzato

$$C_p = -\frac{2V_x}{V_\infty} \tag{14.11}$$

I metodi a singolarità virtuali esistono anche in campo supersonico, purché si
abbiano verificate le seguenti condizioni:

- superfici continue;

- pendenze continue;

- singolarità variabili.

La necessità di interfacciare struttura e aerodinamica si presenta anche per questi
semplici metodi.

14.1 Esempio d'applicazione: Manovra di equilibratore

Supponimamo di aver modellato la struttura di un velivolo con un modello ad
elementi finiti e di volerne studiare l'aerodinamica attraverso il metodo della superficie portante. Possiamo sfruttare la simmetria della struttura: così facendo
possiamo tener conto solod ella massa dei piani di coda che deve essere distribuita
sui suoi attacchi - ciò è permesso dal fatto che i modi della coda sono molto più
alti di quelli della forzante e quindi la coda può essere modellata con un corpo
rigido.
Grazie all'uso degli elementi finiti avremo a disposizione le matrici di massa e di

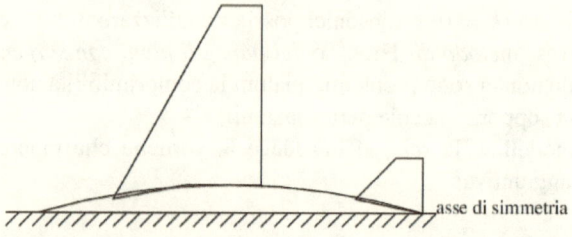

Figura 14.2: Modello di velivolo per l'analisi della manovra di equilibratore. Per simmetria consideriamo metà velivolo.

rigidezza relativamente ai nodi del modello.

Attraverso il metodo della superficie portante, l'aerodinamica sarà descritta dall'equazione:

$$\alpha(x,y) = \int K(x,y,\xi,\eta,\mathbb{M},\mathbb{K})\Delta C_p(\xi,\eta)dS \qquad (14.12)$$

dove dobbiamo sviluppare il carico come $\Delta C_p = [N_a]\{a\}$. Si tenga presente che la geometria non è definita solamente dall'ala ma cneh dalla fusoliera e dalla coda. Sostituendo lo sviluppo otteniamo:

$$\alpha(x,y) = \int K(x,y,\xi,\eta,\mathbb{M},\mathbb{K})\left[N_a(\xi,\eta)\right]d\xi d\eta\{a\} + \varepsilon(x,y) \qquad (14.13)$$

Per risolvere l'equazione integrale utilizziamo il metodo di GALERKIN , giungendo ad avere $\{\alpha\} = [\mathbb{A}]\{a\}$, dove:

$$\alpha_i = \int N_{a,i}\alpha dS; \qquad (14.14)$$

$$\mathbb{A}_{ik} = \int\int N_{a,i}(x,y)K(\ldots)N_{a,k}(\xi,\eta)d\xi d\eta dx dy \qquad (14.15)$$

Per discretizzare l'aerodinamica ci servono circa un centinaio di punti - d'altra parte, l'ordine delle matrici fornite dagli elemtni finiti è decismaente molto maggiore (ade esempio $10^5 x 10^5$).

Le condizioni al contorno sono descritte dall'equazione:

$$\{\alpha\} = \frac{\partial z}{\partial t} + \frac{1}{V_\infty}\frac{\partial z}{\partial x} = \frac{1}{V_\infty}[B]\{\dot{q}\} + [A]\{q\} \qquad (14.16)$$

I parametri $\{q\}$ generano una condizione al contorno tramite la sovrapposzione dgli effetti: l'i-esimo effetto è dato dallo spostamento q_i unitario, avendo mantenuti gli altri spostamenti $q_{j \neq i} = 0$. Questo procedimento, per quanto possa sembrare rigoroso e preciso, presenta però notevoli svantaggi:

- ciascun effetto è una variaizone molto piccola (considerato singolarmente);

- è un calcolo poco efficiente, in quanto i nodi interni alla struttura non danno contributi all'aerodinamica ma devono essere comunque processati.

Pur essendo teoricamente possibile, procedere in tal senso risulta impraticabile - in quanto eccessivamente onerose in temrini di costo computazionale. Bisogna effettuare una condensazione modale che tra l'altro ci fornisce:

- gli autovalori / frequenze proprie ω;

- gli autovettori / modi di vibrare;

- matrice di massa generalizzata;

- matrici condensate diagonali;

gli spostamenti fisici saranno allora definiti come $\{u\} = [U]\{q\}$. L'equazione divien in tal caso:

$$[U]^t [M] [U] \{\ddot{q}\} + [U]^t [K] [U] \{q\} = [U]^t \{F\}$$
$$\downarrow \qquad \qquad (14.17)$$
$$[m] \{\ddot{q}\} + [\omega_0^2 m] \{q\} = [U]^t \{F\}$$

Dobbiamo ora collegare (interfacciare) i gradi di libertà aerodinamici con quelli strutturali, ricordandoci che ogni condizione di carico fornisce una colonna di $[H_{am}]$.

Nel campo delle frequenze, le condizioni al contorno possono essere epsresse come:

$$\{\alpha\} = \frac{j\omega}{V_\infty} [B] \{q\} + [A] \{q\} \qquad (14.18)$$

ma in base quanto discretizzato sulla superficie portante:

$$\{a\} = [\mathbb{A}]^{-1} \left(\frac{j\omega}{V_\infty} [B] \{q\} + [A] \right) \{q\} \qquad (14.19)$$

da cui

$$\{\Delta C_p\} = [N_a]\,[\mathbb{A}]^{-1}\,(\frac{j\omega}{V_\infty}\,[B]\,\{q\} + [A])\,\{q\} \qquad (14.20)$$

Il lavoro aerodinamico risulta allora essere

$$\delta L_a = \{\delta q\}^t\, q \int [N_z]^t\,[N_a]\,[\mathbb{A}]^{-1}\,(\frac{j\omega}{V_\infty}\,[B]\,\{q\} + [A])\,\{n\}\,dS\,\{q\} \qquad (14.21)$$

Quest'integrale non deve essere esplicitamente calcolato, in quanto abbiamo giá a disposizione il prodotto $[U]^t\,\{F\}$ e basta quindi riportare quest'ultimo ai nodi: $[U]^t\,[F]\,\{q\}$.

A posteriori possiamo aggiungere la superficie mobile e ción è giustificato dal fatto che il problema è lineare e vale la sovrapposizione degli effetti. La superficie libera rappresenta una coordinata libera ma dipendente dallo sforzo di barra. può essere aggiunta a sinistra dell'equazione, ed eventualmente la si potrà portare a destra eliminando così la riga corrispondente a questo grado di libertà.

Supponendo di aver modellato al superficie mobile solo inerzialmente, il suo spostamento δ sarà un normale grado di libertà e non un modo proprio della struttura, ed è sprimibile come:

$$\{u\} = \begin{bmatrix} U & \{u_\delta\} \end{bmatrix} \begin{Bmatrix} \{q\} \\ \delta \end{Bmatrix} \qquad (14.22)$$

con $\{u_\delta\} = \{v_\delta \times \overline{(P-O)}\}$.

La matrice di massa generale sarà esprimibile come:

$$[M] = \begin{bmatrix} U^t M U & U^t M u_\delta \\ u_\delta^t & u_\delta^t M u_\delta \end{bmatrix} \qquad (14.23)$$

dove i termini extradiagonali rappresentano momenti inerziali generalizzati, ovvero il lavoro delle forze d'inerzia della superficie sul movimento dei modi. Il termine $u_\delta M u_\delta$ è invece il momento d'inerzia della superficie mobile rispetto all'asse di cerniera.

Rispetto alla matrice precedentemente trovata, questa è stata orlata di una riga e di una colonna per tener conto del nuovo grado di libertà - che non essendo un modo non fornirà termini puramente diagonali. In linea di principio anche la matrice di rigidezza dovrebbe essere orlata in tal modo.

Per quanto riguarda l'aerodinamica abbiamo $z_d = (x - x_0)\delta$ nell'ipotesi che l'equilibratore sia allineato con gli assi vento. Anche la matrice aerodinamica viene allora orlata di una riga e di una colonna, che però non saranno uguali in quanto la matrice aerodinamica non è simmetrica.

La riga aggiunta rappresenta infatti il lavoro prodotto dal carico generato da una deformata modale per lo spostamento dell'equilibratore, mentre i terminid ella colonna rappresentano il lavoro prodotto dallo spostamento dell'equilibratore per lo spostamento modale.

Nell'ipotesi di aver modellato completamente l'equilibratore, avremo al posto del vettore misto (modi e spostamento rigido), avremo un vettore delle incognite completamente compsoto da parametri modali - la deflessione dell'equilibratore sarà data anch'essa ora da uno sviluppo modale.

si noti che se la posto di un modello ad elementi finiti, avessimo utilizzato le matrici dedotte sperimentalmente a terra (VGT), si sarebbe dovuto necessariamente utilizzare l'approccio misto modale/rigido in quanto nei test vibratori a terra le superfici mobili sono bloccate.

CHAPTER 15

RETICOLO DI VORTICI

Nello schema a reticolo di vortici si procede come per il modello della superficie portante, appiattendo l'ala su una superficie di riferimento a spessore piccolo, discretizzandola poi a pannelli. Si applicano su ciascun pannello vortici a staffa, posizionandoli a $\frac{1}{4}$ dal bordo del pannello. Si procede poi con la *legge di* BIOT-SAVART .

Avremo così la relazione, detta ξ l'ascissa curvilinea sul vortice,

$$\{v(x, y, z)\} = [\Gamma(x, y, z, \xi)]\{\gamma\} \tag{15.1}$$

Per risolvere il problema bisogna poi imporre le condizioni al contorno:

$$\sum \{v\} \cdot \{n\} = \{V_{\infty,n}\} \tag{15.2}$$

Aeroelasticità Applicata.
By Giulio Malinverno.
Copyright © 2016 .

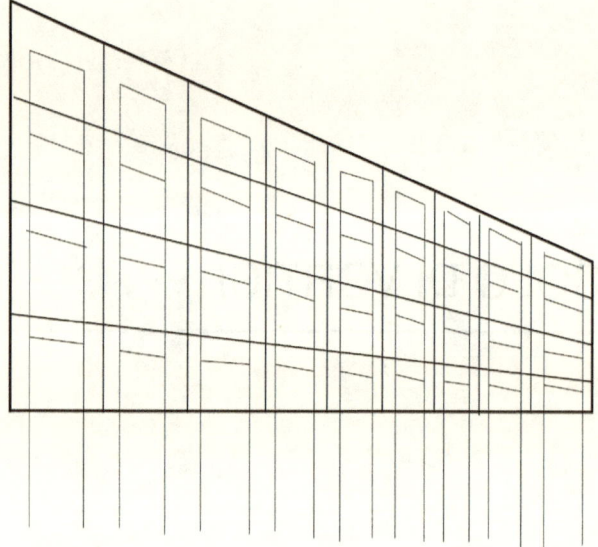

Figura 15.1: Ala schematizzata con un reticolo di vortici

Otteniamo allora m equazioni in m incognite:

$$[\Gamma_n]\{\gamma\} = \vec{V}_\infty \cdot \vec{n} = \{V_{\infty,n}\} \tag{15.3}$$

Si dimostra poi che il miglior punto di collocazione non è il centro del pannello ma a $\frac{3}{4}$ indietro.
I carichi si ottengono poi come

$$P = \rho V_\infty \gamma \Delta x \tag{15.4}$$

Poiché d'altra parte abbiamo anche

$$P = q \Delta S \Delta C_p = \frac{1}{2}\rho V\infty^2 \Delta S \Delta C_p \tag{15.5}$$

si avrà

$$\gamma \Delta x = \frac{1}{2}V_\infty^2 \Delta S \Delta C_p \tag{15.6}$$

che in forma matriciale diviene

$$\{\gamma\} = V_\infty \left[\frac{\Delta S}{2\Delta x}\right] \{\Delta C_p\} \tag{15.7}$$

passando direttamente al carico

$$\{V_{\infty,n}\} = V_\infty [\Gamma_n] \left[\frac{\Delta S}{2\Delta x}\right] \{\Delta C_p\} \tag{15.8}$$

ovvero

$$\{\alpha\} = [\Gamma_n] \left[\frac{\Delta S}{2\Delta x}\right] \{\Delta C_p\} \tag{15.9}$$

essendo $\{\alpha\} = \left\{\frac{V_{\infty,n}}{V_\infty}\right\}$.
Punto di forza di questo metodo è la sua facile implementazione, che permette ad esempio di modellare geometrie complesse, quali piani di coda o perfino la scia.

15.1 Esempio d'applicazione Richiamata simmetrica

Consideriamo una situazione stazionaria, utilizzando l'approccio in flessibilità e il metodo del reticolo di vortici. Supponiamo di avere la struttura modellata tramite

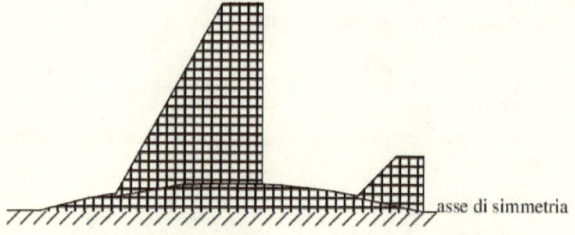

Figura 15.2: Modello di velivolo per l'analisi della manovra di equilibratore. Per simmetria consideriamo metà velivolo.

gli elementi finit.
Scriviamo le equazioni del moto:

$$\sum P_i = nW \qquad (15.10)$$

$$\sum x_i P_i = 0 \qquad (15.11)$$

Nella richiamata simmetrica abbiamo possibili tre problemi consistenti:

- dato l'assetto (α e β) ricavare n, calcolando eventualmente l'efficienza: $\eta = \frac{n_{elastico}}{n_{rigido}}$;

- problema dell'inversione dinamica dei comandi;

- dato n calcolare l'assetto che ne deriva;

In ambito aeroelastico, il velivolo è praticamente definito con le sue caratteristiche strutturali: siamo quindi nell'ultima situazione, in nquanto conosciamo il fattore di carico.
Consideriamo come di consueto la variazione rispetto ad una condizione di equilibrio. Le equazioni descriventi l'equilibrio sono:

$$q \int \Delta C_p dS - M a_y = 0 \qquad (15.12)$$

$$q \int \Delta C_p (x - x_{cg}) dS = 0 \qquad (15.13)$$

dove M è la massa del velivolo e a_y l'accelerazione lungo la verticale.
Per lo studio dell'aerodinamica utilizziamo come detto il metodo del reticolo di

vortici. ski arriverà a scrivere una relazione del tipo:

$$\{a\} = [A]\,\{\Delta C_p\} \tag{15.14}$$

in quanto avremo sviluppi completi:

$$\{\alpha_e\} = [A]\,\{\Delta C_{pe}\} \tag{15.15}$$
$$\{1\} = [A]\,\{\Delta C_{p,\Delta\alpha}\} \tag{15.16}$$
$$\{\Delta\alpha_\delta\} = [A]\,\{\Delta C_{p,\delta}\} \tag{15.17}$$

dove l'ultimo termine é relativo ai soli pannelli dell'equilibratore.
Integriamo numericamente le equazioni d'equilibrio:

$$q\int \Delta C_p dS \to q\,[1]\,[\Delta S]\,\{C_p\} \tag{15.18}$$

$$q\int \Delta C_p(x - x_{cg})dS \to q\left[x_{1/4} - x_{cg}\ \right][1]\,[\Delta S]\,\{C_p\} \tag{15.19}$$

Ricordando la sovrapposizione degli effetti,

$$\Delta C_p = C_{pe} + C_{p,\alpha}\Delta\alpha + C_{p,\delta}\Delta \tag{15.20}$$

otteniamo le equazioni di equilibrio:

$$qC_{p,\alpha}S\Delta\alpha + qC_{p,\delta}S\Delta\delta + q\,[\Delta P_e]\,\{C_{pe}\} = Ma_y \tag{15.21}$$
$$qc_{m.a.}C_{M.a.}S\Delta\alpha + qc_{m.a.}C_{M,\delta}S\Delta\delta + q\,[(x - x_{cg})\Delta S]\,\{C_{pe}\} = 0 \tag{15.22}$$
$$\tag{15.23}$$

dove $c_{m.a.}$ è la corda media aerodinamica.
In base alla congruenza aerodinamica:

$$[A]\,\{\Delta C_p\} = \{\vartheta(C_{pe})\} \tag{15.24}$$

dove, in base alle funzioni d'influenza:

$$\vartheta = \int C_{\vartheta z}(x, y, \xi, \eta)(q\Delta C_p - Ma_y)dS \tag{15.25}$$

Possiamo sfruttare però il modello ad elementi finiti. Conosciamo il valore di ϑ nei punti di controllo del modello ad elementi finiti. Il carico C_{pe} è descritto attraverso i punti del modello aerodinamico. Abbiamo quindi un problema d'interfaccia. Sfruttiamo per questo il fatto che la struttura aeronautica è rigida in corda. Lo schema aerodinamico è appiattito su una superficie di riferimento: ripartiamo il carico fra rivestimento superiore e inferiore in modo arbitrario, in quanto, grazie all'ipotesi di sezione rigida, ciò non crea problemi (se così non fosse, la struttura avrebbe problemi molto più gravi della risoluzione del porblema dell'interfaccia aeroelastica).

Dopo aver riportato il carico sul rivestimento basta riportarlo sui nodi con un semplice schema a trave su due appoggi, essendo il carico posizionato a circa $\frac{1}{4}c$ del pannello.

Possiamo così calcolare le deformate relative ai carichi. A questo punto dobbiamo proiettare nuovamente queste deformate sullo schema aerodinamico, ottenendo la matrice di flessibilità (in cui ogni colonna rappresenta una deformata).
Si noti che le parti non modellate si ritengono rigide.
Abbiamo così in termini generali

$$\{\vartheta\} = [F]\{C_{pe}\} \tag{15.26}$$

che può essere riscritto a seconda del carico considerato (per variazioni unitarie):

$$\{\vartheta_e\} = q\,[F]\,\{C_{pe}\} \tag{15.27}$$

$$\{\vartheta_\alpha\} = q\,[F]\,\{C_{p,\alpha}\} \tag{15.28}$$

$$\{\vartheta_\delta\} = q\,[F]\,\{C_{p,\delta}\} \tag{15.29}$$

$$\{\vartheta_i\} = [F]\,\{C_{p,in}\} \tag{15.30}$$

Riassumendo il tutto:

$$[A]\,\{\Delta C_p\} = q\,[F]\,\{C_{pe}\} + \{\vartheta_\alpha\}\,\Delta\alpha + \{\vartheta_\delta\}\,\Delta\delta + \{\vartheta_i\} \tag{15.31}$$

Unendo le tre equazioni e considerando nullo il termine noto, otterremo il problema dell'inversione dei comandi:

$$
q \begin{bmatrix} SC_{p,\alpha} & SC_{p,\beta} & [\Delta S] \\ c_{ma}SC_{M,\alpha} & c_{ma}SC_{M,\delta} & [(x - x_{cg})\Delta S] \\ \{\vartheta_\alpha\} & \{\vartheta_\delta\} & [F] \end{bmatrix} \begin{Bmatrix} \Delta\alpha \\ \Delta\delta \\ \{C_{pe}\} \end{Bmatrix} =
$$

$$
= \begin{bmatrix} 0 & 0 & [0] \\ 0 & 0 & [0] \\ \{0\} & \{0\} & [A] \end{bmatrix} \begin{Bmatrix} \Delta\alpha \\ \Delta\delta \\ \{C_{pe}\} \end{Bmatrix} \tag{15.32}
$$

CHAPTER 16

PISTON THEORY

Quest'ultima tecnica aerodinamica viene utilizzata in ambito pienamente supersonico ma non ancora ipersonico, quindi con numeri di MACH compresi all'incirca
fra 2 e 4.
Consideriamo un tubo di lunghezza infinita, contenente un pistone che spinge un
fluido muovendosi con velocità v_n. La pressione che allora si esercita sul pistone
è esprimibile come[1]:

$$\frac{p}{p_\infty} = (1 + \frac{\gamma - 1}{2}\frac{v_n}{c_\infty})^{\frac{2\gamma}{\gamma-1}} \qquad (16.1)$$

[1]Cfr. colpi d'ariete, variazioni dell'onda di pressione, ecc.

Aeroelasticità Applicata.
By Giulio Malinverno.
Copyright © 2016 .

L'equazione è linearizzabile come:

$$\frac{p}{p_\infty} = (1 + \gamma \frac{v_n}{c_\infty}) \tag{16.2}$$

Riconrdando l'equazione per un gas perfetto, $p = \rho RT$ e la definizione di velocità del suonio, $c_\infty^2 = \gamma RT$, otteniamo:

$$p = \rho c_\infty v_n \tag{16.3}$$

Nel nostro caso, la superficie del pistone viene sostituita dalla superficie dell'ala e quindi la velocità v_n è la velocità normale alla superficie stessa. D'altra parte, possiamo moltiplicare e dividere per $\frac{V_\infty^2}{2}$ ottenendo:

$$p = \rho \frac{V_\infty^2}{2} 2 \frac{c_\infty}{V_\infty} \frac{v_p}{V_\infty} \tag{16.4}$$

che si può riscrivere come

$$\Delta P = p - p_\infty = q \frac{2}{M_\infty} \alpha \tag{16.5}$$

Poiché α è calcolabile come che si può riscrivere come

$$\alpha = [A] \{q\} + [b] \{\dot{q}\} \tag{16.6}$$

la pressione viene data attraverso un termine di rigidezza ($\div\{q\}$) e un termine di smorzamento ($\div\{\dot{q}\}$).
Siccome il profilo sottile linearizzato è simmetrico, avremo anche

$$C_p = \frac{4}{M_\infty} \alpha \tag{16.7}$$

Se considerassimo invece due superfici non simmetriche (ovvero con le normali non uguali e opposte), o una sola superficie lambita dal flusso supersonico, avremmo:

$$\underbrace{C_p = \frac{2}{M_\infty} (\alpha_{up} - \alpha_{low})}_{\text{due superfici non simmetriche}} \tag{16.8}$$

e

$$\underbrace{C_p = \frac{2}{M_\infty} \alpha}_{\text{solo una superficie lambita dal fluido}} \tag{16.9}$$

Parte V

METODI RISOLUTIVI DELLE EQUAZIONI AEROELASTICHE

CHAPTER 17

EQUAZIONI D'EQUILIBRIO

A questo punto possiamo fare un riassunto dell'aeroelasticità. Attraverso l'applicazione del principio dei lavori virtuali siamo riusciti ad ottenere un'equazione integrale del tipo (nel dominio del tempo):

$$\int \{\delta\varepsilon\}^t [D]\{\varepsilon\} dV \; = \; -\int \{\delta s\}^t \rho\{\ddot{s}\} dV$$
$$+ q \int C_P \{\delta s\}^t \{n\} dS$$
$$+ \int \{\delta s\}^t \{f\} dV$$

Aeroelasticità Applicata.
By Giulio Malinverno.
Copyright © 2016 .

dove $s = s(x, t)$.

Dobbiamo ora trasformare per passare nel dominio della frequenza. Si potrebbe pensare che la trasformazione del prodotto

$$\{\delta\varepsilon\}^t [D] \{\varepsilon\}$$

possa creare problemi. In realtà, non si ha nessun problema perché le variazioni virtuali oltre alle solite caratteristiche, ovvero

- infinitesimalità;

- arbitrarietà;

- congruenza;

gode di un'altra caratteristica che generalmente non viene quasi mai ricordata, ovvero che la variazione virtuale è *sincrona* (indipendente dal tempo).

A questo punto possiamo allora introdurre l'approssimazione

$$\{s(x, t)\} = [N(x)]\{q(t)\}$$

da cui, utilizzando una notazione analoga a quella utilizzata nei metodi ad elementi finiti,

$$\{\varepsilon\} = [B(x)]\{q(t)\}$$

Otterremo quindi

$$\int \{\delta\varepsilon\}^t [D]\{\varepsilon\} dV \;\simeq\; \{\delta q\}^t \int [B]^t [D][B] dV \{q\}$$

$$\omega^2 \int \{\delta s\}^t \rho\{s\} dV \;\simeq\; \omega^2 \{\delta q\}^t \int [N]^t \rho[N] dV \{q\}$$

ovvero

$$\int \{\delta\varepsilon\}^t [D]\{\varepsilon\} dV \;\simeq\; \{\delta q\}^t [K]\{q\} \tag{17.1}$$

$$\omega^2 \int \{\delta s\}^t \rho\{s\} dV \;\simeq\; \omega^2 \{\delta q\}^t [M]\{q\} \tag{17.2}$$

Per quanto l'aerodinamica, dobbiamo calcolarla a parte, sviluppando il termine $C_p \simeq [N_a]\{a\}$. Tramite uno dei metodi visti nelle pagine precedenti (strisce, Morino, ecc.) possiamo ricavare:

$$\{a\} = [a^*]^{-1} \left([A] + \frac{j\omega}{V_\infty} [B] \right) \{q\}$$

da cui

$$C_p \simeq [N_a][a^*]^{-1}\left([A] + \frac{j\omega}{V_\infty}[B]\right)\{q\}$$

L'integrale del carico aerodinamica diviene allora:

$$q\int C_P\{\delta s\}^t\{n\}dS \simeq q\{\delta q\}^t[H_{am}]\{q\} \tag{17.3}$$

dove

$$[H_{am}] \doteq \int [N]^t[N_a][a^*]^{-1}\left([A] + \frac{j\omega}{V_\infty}[B]\right)\{n\}dS \tag{17.4}$$

Mentre l'integrale sulle forze generiche diviene:

$$\int \{\delta s\}\{f\}dV \simeq \{\delta q\}^t \int [N]^t\{f\}dV = \{\delta q\}^t\{Q\} \tag{17.5}$$

Per l'arbitrarietà degli spostamenti virtuali, otteniamo allora il *sistema di equazioni d'equilibrio dell'aeroelasticità*:

$$\left(-\omega^2[M] + [K] - q[H_{am}]\right)\{q\} = \{Q\} \tag{17.6}$$

Con quest'equazione possiamo calcolare il flutter ponendo il termine noto a zero. Ci manca solamente di sostituire $j\omega$ con la variabile complessa s e alla frequenza ridotta k la frequenza ridotta complessa p e poi potremo calcolare anche il diagramma $V - g$. Rimane allora da ricostruire solo quest'ultimo diagramma, in forma completa conoscendo solamente i dati sull'asse immaginario. Da qui si può anche recuperare l'aeroelasticità statica, qualora aerodinamica e struttura fossero più veloci delle forzanti.

Supponiamo di poter distinguere la parte veloce e la parte lenta. Siccome possiamo sempre partizionare in gradi di libertà rigidi e deformabili:

$$\{q\} \rightarrow \begin{Bmatrix} q_r \\ q_d \end{Bmatrix}$$

saranno partizionate anche le relative matrici:

$$[M] \rightarrow \begin{bmatrix} M_{rr} & M_{rd} \\ M_{dr} & M_{dd} \end{bmatrix} \qquad [C] \rightarrow \begin{bmatrix} C_{rr} & C_{rd} \\ C_{dr} & C_{dd} \end{bmatrix}$$

$$[K] \rightarrow \begin{bmatrix} 0 & 0 \\ 0 & K_{dd} \end{bmatrix} \qquad [K] \rightarrow \begin{bmatrix} K_{a,rr} & K_{a,rd} \\ K_{a,dr} & K_{a,dd} \end{bmatrix} \tag{17.7}$$

in quanto ricordiamoci che la rigidezza associata ai modi rigidi è identicamente nulla.

In base all'assunto secondo cui l'aerodinamica è più veloce di tutti gli altri fenomeni, si può allora decidere se applicare l'approssimazione stazionaria o quella quasi-stazionaria. Per parlare di lento e veloce bisogna studiare il contenuto in frequenza della forzante in relazione alla parte deformabile corrispondente a $\{\ddot{q}\}$ e $\{\dot{q}\}$. Qualora le forzanti non eccitassero i modi propri, le parti moltiplicative $\{\ddot{q}_d\}$ e $\{\dot{q}_d\}$ risulterebbero poi trascurabili, donde

$$[M_{rd}]\{\ddot{q}_d\}, [M_{dd}]\{\ddot{q}_d\}, [C_{a,rd}]\{\ddot{q}_d\}, [C_{a,dd}]\{\ddot{q}_d\} \simeq 0 \qquad (17.8)$$

Possiamo allora riscrivere l'equazione d'equilibrio in forma semplificata, suddividendo l'equazione della parte rigida e quella della parte deformabile:

$$
\begin{aligned}
0 = \; & [M_{rr}]\{\ddot{q}_r\} + \\
& -\frac{q}{v_\infty}[C_{a,rr}]\{\dot{q}_r\} + \\
& -q[K_{arr}]\{q_r\} - q[K_{ard}]\{q_r\}\,0
\end{aligned}
$$

$$
\begin{aligned}
\{Q_d\} = \; & [M_{dr}]\{\ddot{q}_r\} + \\
& -\frac{q}{v_\infty}[C_{a,dr}]\{\dot{q}_r\} + \\
& -q[K_{adr}]\{q_r\} - q[K_{add}]\{q_d\} + \\
& +[K]\{q_d\}
\end{aligned}
$$

La prima serie di equazioni rappresenta le equazioni della dinamica del velivolo qualora i $\{q_d\}$ fossero nulli. La seconda serie di equazioni si può riscrivere come

$$
([K] - q[K_{add}])\{q_d\} =
\begin{aligned}
& -[M_{dr}]\{\ddot{q}_r\} + \\
& \tfrac{q}{v_\infty}[C_{a,dr}]\{\dot{q}_r\} + \\
& q[K_{adr}]\{q_r\} + \{Q_d\}
\end{aligned}
\qquad (17.9)
$$

Il sistema 17.9 è un sistema di equazioni algebriche-differenziali ricavabile dalle equazioni generali in base all'ipotesi che le forzanti non eccitino i modi propri della struttura. Le derivate di stabilità a causa di $\{q_d\}$ vengono allora a dipendere dalla pressione dinamica.

Possiamo studiare la stabilità azzerando il secondo membro di quest'ultimo sistema di equazioni (trascuriamo ora il pedice d indicante i parametri deformabili)

$$([K] - q_d[K_a])\{q\} = 0 \qquad (17.10)$$

avendo indicato con q_d la pressione dinamica di divergenza.
Otteniamo allora:

$$[K]\{q\} = q_d[K_a]\{q\} \tag{17.11}$$

da cui

$$\frac{1}{q_d}\{q\} = [K]^{-1}[K_a]\{q\} \tag{17.12}$$

Definiamo ora la matrice $[q]$ contenente gli autovettori (ogni colonna è un auto-vettore). Riscriviamo allora l'equazione sulla stabilità come

$$[q]\left[\frac{1}{q_d}\right] = [K]^{-1}[K_a][q] \tag{17.13}$$

L'equazione 17.13 prende il nome di *rappresentazione spettrale* ed sotto l'ipotesi di diagonalizzabilità si ottiene allora anche che:

$$[K]^{-1}[K_a] = [q]\left[\frac{1}{q_d}\right][q]^{-1} \tag{17.14}$$

Ricordiamoci che una matrice è diagonalizzabile solo se, in presenza di autovalori con molteplicità > 1, la molteplicità algebrica e quella geometrica coincidono. Supponiamo di essere nelle suddette condizioni di diagonalizzazione e sostituiamo quanto trovato nell'equazione di equilibrio (indichiamo il termine a secondo membro con un generico $\{Q\}$):

$$([K] - q_d[K_a])\{q\} = \{Q\}$$
$$\downarrow$$
$$\{q\} = ([K] - q_d[K_a])^{-1}\{Q\}$$
$$\downarrow$$
$$\{q\} = ([K] - q_d[K_a])^{-1}[K][K]^{-1}\{Q\}$$
$$\downarrow$$
$$\{q\} = ([K]^{-1}[K] - q_d[K]^{-1}[K_a])^{-1}[K]^{-1}\{Q\}$$
$$\downarrow$$
$$\{q\} = \left([I] - [q]\left[\frac{1}{q_d}\right][q]^{-1}\right)^{-1}[K]^{-1}\{Q\}$$

si avrà dunque un maggior termine correttivo quanto più il rapporto tra la pressione dinamica e la pressione dinamica di divergenza $\frac{q}{q_d}$ sarà grande, ovvero tanto più la pressione dinamica di divergenza è piccola.

Possiamo allora applicare l'aeroelasticità statica quando

- la dinamica dell'aerodinamica è superiore a ciò che muove (forzante);

- il contenuto in frequenza della forzante non eccita le frequenze proprie del velivolo.

Possiamo altresì inquadrare ciò che è lento e veloce in uno schema più generale. Consideriamo uno schema di trasferimento in ambito lineare

$$\{\dot{x}\} = [A]\{x\} + [B]\{u\}$$

$$\{y\} = [C]\{x\} + [D]\{u\}$$

Lo stato aeroelastico è rappresentato da

- stato della struttura, $\{s\}$ e $\{\dot{s}\}$;

- stato dell'aerodinamica, $\{\psi\}$ e $\{\dot{\psi}\}$;

Partizioniamo lo stato in lento e veloce:

$$\{x\} \rightarrow \begin{Bmatrix} x_l \\ x_v \end{Bmatrix}$$

quindi

$$[A] \rightarrow \begin{bmatrix} A_{ll} & A_{lv} \\ A_{vl} & A_{vv} \end{bmatrix} \quad [B] \rightarrow \begin{bmatrix} B_l \\ B_v \end{bmatrix}$$

$$[C] \rightarrow \begin{bmatrix} C_l & C_v \end{bmatrix} \quad [D] \rightarrow [D]$$

Per giudicare se una cosa sia lenta oppure veloce, si guarda il contenuto in frequenza della forzante $\{u\}$. Una tipica trasformazione che permette di distinguere le due parti è la trasformazione modale:

$$\{x\} \rightarrow [X]\{q\}$$

Nello spazio modale è possibile eliminare i blocchi A_{lv} e A_{vl} disaccoppiando x_l e x_v:

$$\{\dot{x}_l\} = [A_{ll}]\{x_l\} + [B_l]\{u_l\}$$
$$\{\dot{x}_d\} = [A_{vv}]\{x_v\} + [B_v]\{u_v\}$$

Consideriamo l'ultimo set di equazioni e deriviamolo via via

$$\{\dot{x}_d\} = [A_{vv}]\{x_v\} + [B_v]\{u_v\}$$
$$\downarrow$$
$$\{\ddot{x}_d\} = [A_{vv}]\{\dot{x}_v\} + [B_v]\{\dot{u}_v\}$$
$$\downarrow$$
$$\{\dddot{x}_d\} = [A_{vv}]\{\ddot{x}_v\} + [B_v]\{\ddot{u}_v\}$$
$$\downarrow$$
$$\dots$$

Possiamo supporre di arrivare ad un punto per cui la derivata i-esima di $\{x_d\}$ sia nulla. Supponiamo ad esempio che $\{\ddot{x}_v\} = 0$.
Possiamo allora fare una back-sostitution arrivando così ad esprimere $\{x_v\}$ in funzione degli ingressi $\{u\}$ e delle loro derivate. In termini d'uscita, possiamo allora esprimere la *residualizzazione dinamica*:

$$\{y\} = [C_l]\{x_l\} + [D_0]\{u\} + [D_1]\{\dot{u}\} + [D_2]\{\ddot{u}\} + \dots \qquad (17.15)$$

L'*approssimazione statica* consiste nell'eliminazione la parte relativa a $\{x_l\}$ e ritenendo trascurabile gia la derivata prima di $\{x_v\}$, donde:

$$[A_{vv}]\{x_v\} + [B_v]\{u_v\} = 0 \qquad (17.16)$$

Il *troncamento* invece è una residualizzazione di ordine zero, che toglie tutta la parte veloce:

$$\{y\} = [C_l]\{x_l\} + [D_0]\{u\} \qquad (17.17)$$

Da ciò discende il discorso sul polo dominante e sulla condensazione modale.
L'*approssimazione quasi-stazionaria* afferma che l'aerodinamica è tutta veloce e dunque residualizza tutto il resto (*residualizzazione completa*).

$$\{y\} = [D_0]\{u\} + [D_1]\{\dot{u}\} + [D_2]\{\ddot{u}\} + \dots \qquad (17.18)$$

In frequenza, essa coincide con lo sviluppo in serie delle funzioni di trasferimento:

$$\{y\} = \big([D_0] + s[D_1] + s^2[D_2] + \dots\big)\{u\} \qquad (17.19)$$

Si noti che la presenza di irregolarità e di non linearità è indice di alto contenuto in frequenza. Se tutto fosse perfettamente regolare, la forzante non toccherebbe neppure la 1^a frequenza propria, permettendoci di applicare la residualizzazione completa.

L'approssimazione stazionaria e quella quasi-stazionaria sono formalmente identiche:

$$[A]\,\{a\} = \left(\alpha + \tfrac{j\omega}{V_\infty}\beta\right)\{q\}$$
$$\downarrow$$
$$\{a\} = [A]^{-1}\left(\alpha + \tfrac{j\omega}{V_\infty}\beta\right)\{q\}$$

Le differenze emergono quando si analizza la natura di $[A]$. In generale $[A] = [A(j\omega)]$, ma

- l'approccio stazionario suppone $[A] = [A(0)]$

- l'approccio quasi-stazionario sviluppa in serie arrestandosi al prim'ordine $[A] \simeq [A(0)] + \tfrac{j\omega}{V_\infty}[A_1(0)]$

Avremo in quest'ultimo caso allora:

$$
\begin{aligned}
\{a\} &= \left[A(0) + \tfrac{j\omega}{V_\infty}A_1(0)\right]^{-1}\left(\alpha + \tfrac{j\omega}{V_\infty}\beta\right)\{q\} = \\
&= \left[A(0)\left(I + \tfrac{j\omega}{V_\infty}A^{-1}(0)A_1(0)\right)\right]^{-1}\left(\alpha + \tfrac{j\omega}{V_\infty}\beta\right)\{q\}
\end{aligned}
$$

Ora, in base al fatto che il rapporto $\tfrac{j\omega}{V_\infty}$ è molto piccolo, avremo:

$$
\begin{aligned}
\{a\} &= [A(0)]^{-1}\left(\alpha + \tfrac{j\omega}{V_\infty}\beta\right)\{q\} + \\
&\quad \tfrac{j\omega}{V_\infty}[A(0)]^{-2}[A_1(0)]^{-1}\left(\alpha + \tfrac{j\omega}{V_\infty}\beta\right)\{q\}
\end{aligned}
\qquad (17.20)
$$

dove il secondo addendo rappresenta un termine correttivo nei confronti della parte stazionaria.

Si può fare un analogo discorso in flessibilità. Precedentemente avevamo trovato l'espressione secondo cui:

$$
\begin{aligned}
\{Q_r\} &= [M_{rr}]\{\ddot{q}_r\} - \tfrac{q}{V_\infty}[C_{arr}]\{\dot{q}_r\} + \\
&\quad -q\,[K_{arr}]\{q_r\} - q\,[K_{ard}]\{q_d\}
\end{aligned}
\qquad (17.21)
$$

in cui le incognite sono gli spostamenti $\{q_r\}$ e $\{q_d\}$. Nell'approccio in flessibilità, le incognite saranno le variazioni di carico dovute alla deformabilità strutturale, inserite in un'equazione che traduce la congruenza. A seconda del metodo utilizzato, tali variazioni di carico saranno i cC_p piuttosto che i Ψ_e. Indichiamoli per generalità con a_e.

$$([A] - q\,[F])\,\{a_e\} = [\vartheta_i]\,\{\ddot{q}_r\} - \frac{q}{V_\infty}\,[\vartheta_{\dot{q}_r}]\,\{\dot{q}_r\} + \{\vartheta_Q\} \qquad (17.22)$$

dove l'indicazione ϑ_k rappresenta la rotazione dovute al k-esimo effetto unitario. Dobbiamo modificare allora anche l'equazione sui modi rigidi:

$$q\,[K_{ard}]\,\{q_r\} \to q\,[M_e]\,\{a_e\}$$

Si osservi che nella matrice $[A]$ l'aerodinamica è calcolata stazionariamente, mentre a destra è calcolata con l'approccio voluto, sebbene prima di tutto sia necessario residualizzare.
Inoltre l'approccio agli spostamenti è più generale perché le incognite utilizzate descrivono già le quantità fisiche che serviranno in seguito, mentre nell'approccio in flessibilità compaiono entità ibride, in quanto le incognite formali delle equazioni non sono necessariamente quelle che servono e bisogna quindi fare successive operazioni per trasformarle nelle quantità utili.
Per la distinzione fra lento e veloce prima ci siamo basati sul contenuto in frequenza delle forzanti. Ciò non è possibile nel calcolo della stabilità in cui le forzanti non compaiono. In tal caso bisogna affidarsi allo studio dei modi propri più bassi e della frequenza ridotta k. In base a quanto si può desumere da queste quantità si applicherà poi la residualizzazione adatta.

CHAPTER 18

METODI AI RESIDUI PESATI

Supponiamo di avere un operatore Δ applicato a un campo $\vec{v}$ funzione dello spazio e del tempo tale per cui

$$\Delta\left(\vec{v}(\vec{x}, t)\right) = 0 \tag{18.1}$$

Associamo a quest'operatore un altro operatore, Γ, che descriva le condizioni al contorno:

$$\Gamma\left(\vec{v}(\vec{x}, t)\right) = 0 \tag{18.2}$$

Supponiamo di prendere $\vec{v}$ tale da soddisfare automaticamente le condizioni al contorno. Per semplicità poi assumiamo anche di non avere dipendenze temporali.

Le tecniche di approssimazione consistono nello sviluppare in modo *completo* $\vec{v}$.

Aeroelasticità Applicata.
By Giulio Malinverno.
Copyright © 2016 .

Per *completezza* s'intende che lo sviluppo, indipendentemente dal tipo di parametri scelto, debba convergere, al limite con infiniti termini, alla soluzione esatta. Prendiamo dunque:

$$\vec{v}(\vec{x}) = [N(\vec{x})] \{q\} \tag{18.3}$$

Lo sviluppo deve quindi:

- essere completo;

- soddisfare automaticamente Γ.

Introduciamo allora lo sviluppo all'interno dell'operatore Δ. Poiché abbiamo introdotto lo sviluppo e non il vettore v esatto, la relazione non sarà perfettamente verificata ma avremo dei residui:

$$\Delta \left([N(\vec{x})] \{q\}\right) = \vec{\varepsilon}(\vec{x}, \{q\}) \tag{18.4}$$

Dobbiamo quindi minimizzare questo residuo. Esistono alcuni metodi per farlo, tra cui i seguenti.

18.1 Collocazione semplice

Si impone che in n punti, dove con n si intende il grado dello sviluppo, che il vettore $\vec{\varepsilon}$ sia nullo, ottenendo così n sistemi vettoriali:

$$\vec{\varepsilon}(\vec{x}_i, \{q\}) = 0 \tag{18.5}$$

Il parametro n assumerà allora anche il significato di numero delle incognite. Il problema si trasforma dunque nello scegliere questi n punti di collocazione in modo da ottenere lo sviluppo migliore, ad esempio, in linea di principio bisogna infittire laddove ci siano dei gradienti.

18.2 Sovracollocazione

Il metodo di collocazione risente della scelta dei punti ma maggiore è il numero di punti scelti, minore sarà la sensitività del metodo. Inoltre se lo sviluppo fosse "giusto", il residuo sarebbe nullo in molti più punti nel dominio di quanti non ne siano stati imposti. Si può allora pensare di imporre che il residuo sia nullo in

m punti, con $m > n$ (n numero delle incognite ovvero parametri dello sviluppo). Si ottiene così un sistema di equazioni sovradeterminato. Per poter risolvere problemi di questo tipo, applichiamo il metodo dei minimi quadrati:

$$\min_{\{q\}} \| \, \bar{\varepsilon}^2 \, \| = 0 \qquad (18.6)$$

ovvero otterremo una soluzione che non sarà mai nulla, se non occasionalmente, nel dominio, ma sarà piccola ovunque e insensibile al numero di punti.

18.3 Minimi quadrati

Poiché abbiamo applicato il metodo ai minimi quadrati al problema sovracollocato, possiamo pensare di applicarlo direttamente al problema originario, imponendo

$$\min_{\{q\}} \int_D \varepsilon^t \varepsilon \, dD = 0 \qquad (18.7)$$

Per risolvere l'integrale possiamo discretizzare il dominio D, ottenendo quindi

$$\min_{\{q\}} \int_D \varepsilon^t \varepsilon \, dD \simeq \min_{\{q\}} \sum \varepsilon_i^t \varepsilon_i \Delta D = \min_{\{q\}} \{\varepsilon\}^t [\Delta D] \{\varepsilon\} \qquad (18.8)$$

dove $\{\varepsilon\}$ è il vettore frutto dell'impilazione degli ε_i.
Si osservi che

$$\min_{\{q\}} \int_D \varepsilon^t \varepsilon \, dD = \int_D \varepsilon^t \frac{\partial \varepsilon}{\partial q_i} dD \qquad (18.9)$$

Si noti allora che la collocazione viene a coincidere col metodo dei minimi quadrati qualora venga pesata tramite i pesi costituiti da ΔD.
Se l'operatore Δ applicato al campo v fosse lineare, potremmo ottenere, tramite collocazione, un'equazione lineare. Ad esempio, se

$$\Delta \left([N(x)] \cdot \{q\} \right) = \Delta \left([N(x)] \right) \cdot \{q\}$$

otterremmo qualcosa del tipo:

$$[A]\{q\} - \{b\} = \{\varepsilon\}$$

Per collocazione semplice, avremmo allora da risolvere il sistema

$$[A]\{q\} = \{\varepsilon\} \qquad (18.10)$$

Mentre la sovracollocazione, attraverso i minimi quadrati comporta

$$\min_{\{q\}} \frac{1}{2} \{\varepsilon\}^t \{\varepsilon\} = 0 \qquad (18.11)$$

dunque

$$
\begin{aligned}
\{\varepsilon\}^t \cdot \{\varepsilon\} &= ([A]\{q\} - \{b\})^t \cdot ([A]\{q\} - \{b\}) \\
&= (\{b\}^t - \{q\}^t[A]^t) \cdot ([A]\{q\} - \{b\}) \\
&= \{b\}^t[A]\{q\} + \{q\}^t[A]^t\{b\} - \{b\}^t\{b\} - \{q\}^t[A]^t[A]\{q\}
\end{aligned}
$$
$$(18.12)$$

Applicando l'operatore di minimo, otteniamo:

$$[A]^t[A]\{q\} = [A]^t\{b\} \qquad (18.13)$$

Nasce allora il problema del malcondizionamento, in quanto il sistema 18.10 è meglio risolubile del sistema 18.13. Ricordiamoci che il condizionamento di una matrice A è esprimibile tramite il rapporto tra l'autovalore massimo e quello minimo

$$C_\lambda = \frac{\lambda_{max}}{\lambda_{min}}$$

Dovendo fare il prodotto $[A]^t[A]$, il condizionamento del sistema 18.13 sarà allora:

$$C_\lambda = \frac{\lambda^2_{A,max}}{\lambda^2_{A,min}}$$

Per non incappare in questo problema, utilizziamo la fattorizzazione QR delle matrici, ovvero esprimiamo la matrice A tramite il prodotto di due matrici, Q e R tali per cui R è una matrice triangolare superiore mentre $[Q]^t[Q] = [I]$. In questo modo $[A]^t[A] \equiv [R]^t[R]$ e tale prodotto non risente del malcondizionamento, per quanto la risoluzione sia più costosa in termini di potenza di calcolo.

18.4   Residui pesati

Possiamo generalizzare il discorso visto sopra esprimendo il metodo dei residui pesati come risoluzione del problema

$$\min_{\{q\}} \frac{1}{2} \{\varepsilon\}^t [W] \{\varepsilon\} \qquad (18.14)$$

dove W sono opportune funzioni peso, con la matrice $[W]$ definita positiva. In questo modo otteniamo

$$
\begin{aligned}
\tfrac{1}{2}\{\varepsilon\}^t[W]\{\varepsilon\} &= \tfrac{1}{2}\left([A]\{q\}-\{b\}\right)^t[W]\left([A]\{q\}-\{b\}\right) = \\[2mm]
&= \tfrac{1}{2}\left(\{b\}^t-\{q\}^t[A]^t\right)[W]\left([A]\{q\}-\{b\}\right) \\[2mm]
&= \tfrac{1}{2}\{b\}^t[W][A]\{q\}+\tfrac{1}{2}\{q\}^t[A]^t[W]\{b\} \\[2mm]
&\quad -\tfrac{1}{2}\{b\}^t[W]\{b\}-\tfrac{1}{2}\{q\}^t[A]^t[W][A]\{q\}
\end{aligned}
\tag{18.15}
$$

da cui

$$
[A]^t[W][A]\{q\} = [A]^t[W]\{b\}
\tag{18.16}
$$

Possiamo a questo punto definire la matrice $\left[\sqrt{W}\right]$ tale per cui

$$
[W] = \left[\sqrt{W}\right]^t\left[\sqrt{W}\right]
$$

In tal caso possiamo riscrivere la precedente equazione come:

$$
[\tilde{A}]^t[\tilde{A}]\{q\} = [\tilde{A}]^t\{\tilde{b}\}
\tag{18.17}
$$

avendo posto

- $[\tilde{A}] \triangleq [\sqrt{W}][A]$
- $\{\tilde{b}\} \triangleq [\sqrt{W}]\{b\}$

18.5 GALERKIN

Il metodo di GALERKIN è un metodo ai residui consistente nel prendere come funzione peso $[W]$ lo sviluppo delle forme modali $[N]$, imponendo poi l'annullarsi del residuo sul dominio tramite l'integrale:

$$
\int_D [N]^t\{\varepsilon\}dD = 0
\tag{18.18}
$$

Ciò equivale a dire che il residuo sia ortogonale in senso energetico alla funzione peso costituita dallo sviluppo.

In forma matriciale del sistema lineare che si trova,

$$[\tilde{A}]\{q\} = \{B\}$$

ciascun termine sarà dato da:

$$\tilde{A}_{ik} = \int_D N_i A_k dD; \tag{18.19}$$

$$\tilde{B}_{ik} = \int_D N_i b_k dD; \tag{18.20}$$

18.6 Criterio min - max

Il criterio min-max si può ricondurre ai problemi di ricerca operativa e alla programmazione lineare, ovvero la minimizzazione del valore di una funzione lineare vincolata su un dominio. Consiste nel nostro caso nella minimizzazione rispetto ai parametri $\{q\}$ della funzione costituita dal massimo del valore assoluto di $\{\varepsilon\}$:

$$\min_{\{q\}} (\max |\vec{\varepsilon}|) \tag{18.21}$$

18.7 Considerazioni sui metodi ai residui pesati

Il criterio finale d'approssimazione dei residui pesati può essere allora espresso tramite l'espressione

$$\int_D w \cdot \varepsilon dD = 0 \tag{18.22}$$

dove w è la funzione peso che varia da metodo a metodo secondo la seguente tabella 18.1.

La pesatura presenta ottimalità differenti a seconda del problema affrontato. Ad esempio, in aerodinamica si preferisce utilizzare la collocazione semplice, mentre per le equazioni strutturali si usa il metodo di GALERKIN , che può essere letto come un'espressione del p.l.v.

La collocazione semplice è effettivamente il metodo più semplice, mentre gli altri metodi necessitano di calcoli più pesanti ma d'altra parte hanno migliori proprietà

metodo	funzione peso	note
Collocazione	$w = \delta(x - x_i)$	x_i è il punto di collocazione
Minimi quadrati	$w = \frac{\partial \varepsilon}{\partial q_i}$	
Collocazione mediata	$\int_D \varepsilon dD_i = 0$	$D = \bigcup_1 nD_i$
GALERKIN	$w = [N]$	$v = [N]\{q\}$

Tabella 18.1: Funzioni peso utilizzate nei metodi ai residui pesati

di convergenza. Nelle equazioni integrali si possono inoltre trovare punti ottimali che rendono la collocazione semplice atta ad essere applicata.

Possiamo altresì discretizzare l'integrale di GALERKIN :

$$\int_D N_i \varepsilon dD \simeq \sum N_i \varepsilon \Delta D_i = \{N\}^t [\Delta D]\{\varepsilon\} \qquad (18.23)$$

Generalizzando, possiamo discretizzare in questo modo tutti i metodi

$$\int_d w \varepsilon dD \simeq \sum w \varepsilon \Delta D_i = \{W\}^t [\Delta D]\{\varepsilon\} \qquad (18.24)$$

da cui

$$\{W\}^t [\Delta D][A]\{q\} = \{W\}^t [\Delta D]\{b\}$$

avendo supposto un sistema lineare tale per cui

$$\{\varepsilon\} = [A]\{q\} - \{b\}$$

In molte applicazioni compaiono nel residuo variabili con un alto ordine di derivazione. Si può allora abbassare l'ordine di derivazione delle incognite a scapito delle funzioni peso applicando il metodo di integrazione per parti. Per fare ciò tuttavia, bisogna aggiungere delle condizioni alle funzioni peso. Un esempio classico è dato dalla 'linea elastica torsionale' di una trave incastrata a un'estremità:

$$(GJ\vartheta')' + m_t = 0 \qquad (18.25)$$

Sviluppiamo ϑ come $[N]\{q\}$. In tal frangente, l'equazione non sarà più omogenea ma avrà un residuo:

$$(GJ[N'])'\{q\} + m_t = \varepsilon \qquad (18.26)$$

Scegliamo un peso w e integriamo sul dominio:

$$\int_0^l w(GJ[N'])'\{q\}dx + \int_0^l wm_t dx = 0 \qquad (18.27)$$

Integriamo per parti il primo termine:

$$wGJ[N]'\{q\}|_0^l - \int_0^l w'GJ[N']\{q\}dx + \int_0^l wm_t dx = 0 \qquad (18.28)$$

In questo modo siamo partiti dall'avere l'incognita principale ϑ derivata due volte e siamo giunti all'averla derivata una sola volta, a scapito della funzione peso, che compare derivata. Possiamo inoltre scegliere il peso in modo astuto, tale cioè da annullare il termine valutato agli estremi: se w è congruente, allora $w(0) = 0$ mentre per l'estremo libero $w(l) \neq 0$, ma d'altra parte conosciamo le condizioni al contorno naturali secondo cui

$$GJ[N'(l)]\{q\} = T(l)$$

CHAPTER 19

BASI MODALI

Una volta che si considerano strutture reali, sorge il problema di quale base scegliere per lo sviluppo delle incognite. Iniziamo col considerare un approccio in
rigidezza, avendo così a che fare con sviluppi del campo di spostamento. Si trova
che, se presi in numero sufficiente, i modi rappresentano una buona base per lo
sviluppo (base modale).

Può sembrare strano usare i modi (che sono connessi alle forze d'inerzia) in un
problema statico: poiché una base di carichi può descrivere una qualsiasi condizione di carico (la completezza è riferita all'aerodinamica, quindi in linea di
principio potrebbe non essere sufficiente per descrivere carichi di altra natura, es.
inerziali), per analogia le deformate statiche relative alla suddetta base di carichi
possono costituire una buona base.

Aeroelasticità Applicata.
By Giulio Malinverno.
Copyright © 2016 .

Il metodo agli elementi finiti rappresenta il metodo principe per la determinazione dei modi e delle deformate statiche.

In generale si otterrà allora

$$\{s\} = [N]\{q\} \tag{19.1}$$

È conveniente partizionare i parametri $\{q\}$ in rigidi e deformabili:

$$\{s\} = [[N_r]\,[N_d]] \begin{Bmatrix} \{q_r\} \\ \{q_d\} \end{Bmatrix}$$

Sopra abbiamo visto che così facendo nascono i termini $[M_{rd}]$ e $[M_{dr}]$. In particolare, il termine $[M_{dr}]\{\ddot{q}_r\}$ è particolarmente ostico in quanto comporta la correzione delle derivate di stabilità spurie. Tuttavia, l'approccio modale consente la diagonalizzazione del problema e quindi $[M_{dr}] = 0$, infatti

$$M_{dr} \triangleq \int N_d^t \rho N_r dV$$

ma per l'ortogonalità dei modi propri l'integrale è nullo, essendo per ipotesi N_r e N_d sviluppi modali.

Prendendo invece uno sviluppo non modale, quale lo sviluppo con le deformate statiche, si perde a priori l'ortogonalità e bisogna aggiungere i modi rigidi (in quanto con tali sviluppi si sono aggiunti 6 gradi di vincolo isostatico).

In realtà è possibile ortogonalizzare una base generica in modo da disaccoppiare i gradi di libertà. Per ottenere questo risultato dobbiamo distinguere i seguenti sistemi di riferimento:

- *assi medi*: quando il sistema di riferimento è tale da soddisfare la condizione d'ortogonalità

$$\int N_i^t \rho N_j dV = 0 \tag{19.2}$$

- *assi attaccati*: quando il sistema vede le deformate attaccate al sistema di vincolo. In questo sistema esistono gli accoppiamenti e questi dipendono dalla scelta del posizionamento degli assi.

Il sistema ad assi medi è difficile da ottenere a priori, ma se ci viene fornita una base in assi attaccati possiamo passare al riferimento in assi medi e dunque ortogonalizzare il problema. Supponiamo di avere i vettori $\{N_r\}$ e $\{N_d\}$.

L'ortogonalizzazione consiste in una combinazione lineare atta a soddisfare la condizione espressa nell'equazione 19.2. Sorge però il problema costituito dal fatto che modificare le basi con una combinazione lineare *generica* significa non solo diagonalizzare la matrice di massa, ma introdurre anche dei cambiamenti sulla matrice di rigidezza. Tuttavia, poiché i modi rigidi non influiscono sulla rigidezza (infatti la rigidezza dei modi rigidi è nulla): se dunque utilizzassimo uno sviluppo rigido, le modifiche introdotte nella matrice di rigidezza risulterebbero identicamente nulle. Prendiamo allora un nuovo sistema di riferimento avente:

- sviluppo rigido identicamente uguale a quello originale:

$$\{\bar{N}_r\} \equiv \{N_r\} \tag{19.3}$$

- sviluppo dei modi deformabili costituito dalla combinazione lineare dello sviluppo originario e di un termine rigido:

$$\{\bar{N}_d\} = \{N_d\} + [N_r]\{a\} \tag{19.4}$$

Imponiamo allora la condizione di ortogonalità in modo da determinare i parametri $\{a\}$:

$$\int \bar{N}_r^t \rho \bar{N}_d dV = 0$$

$$\downarrow$$

$$\int N_r^t \rho \left(\{N_d\} + [N_r]\{a\}\right) dV = 0$$

$$\downarrow$$

$$\int N_r^t \rho N_d dV + \int N_r^t \rho [N_r] dV \{a\} = 0$$

da cui otteniamo il valore dei parametri $\{a\}$ in base alla definizione di M_{rr}:

$$a = M_{rr}^{-1} \int N_r^t \rho N_d dV \tag{19.5}$$

Si ottiene perciò il seguente cambiamento di sistema di riferimento:

$$\{\bar{N}_d\} = \{N_d\} + [N_r]\left[M_{rr}^{-1}\right] \int [N_r]^t \rho [N_d] dV \tag{19.6}$$

Basta allora applicare questa metodologia per tutte le funzioni di forma ed ottenere la nuova base in assi medi.
Se le forze in ambito integrale vengono espresse come

$$\{Q_r\} = \int \begin{bmatrix} I \\ (P - O) \end{bmatrix} \{f\} dV$$

In ambito concentrato esse verranno scritte come

- Assi attaccati

$$\{Q_r\} = [R]^t \{F\}$$

- Assi medi

$$\{Q_r\} = \left([I] - [M_{rr}] [R] [M_{rr}]^{-1} [R]^t\right) \{F\}$$

Si possono dare dei significati fisici particolari ai vari termini della formulazione in assi medi:

- $[R]^t \{F\}$ sono le forze e i momenti risultanti;

- $[M_{rr}]^{-1} [R]^t \{F\}$ accelerazioni lineari e angolari risultanti (in quanto sono le precedenti forze generalizzate divise per una massa generalizzata);

- $[M_{rr}] [R] [M_{rr}]^{-1} [R]^t \{F\}$ accelerazioni riportate sugli assi medi;

- $[M_{rr}] [R] [M_{rr}]^{-1} [R]^t \{F\}$ forze d'inerzia associate alle accelerazioni, provocate queste dal carico distribuito;

Possiamo allora leggere l'espressione sulle forze in assi medi come:

F. in assi medi   =   F. in assi attaccati   −   F. inerz. associate

$$\{\bar{F}\} = \{F\} - [M_{rr}] [R] [M_{rr}]^{-1} [R]^t \{F\} \qquad (19.7)$$

Il termine correttivo viene anche detto SCARICO INERZIALE.
L'ortogonalità comporta dunque forze generalizzate scaricate inerzialmente.

CHAPTER 20

CONDENSAZIONE MODALE

Supponiamo di conoscere di un sistema le matrici di massa e di rigidezza. Il relativo problema agli autovalori si porrà come:

$$\omega^2 [M] \{u\} = [K] \{u\} \tag{20.1}$$

Per quanto le matrici siano di notevoli dimensioni, il problema è facilmente resolubile grazie:

- alla simmetria delle matrici;
- alla loro sparsità

Malgrado questo però, l'intera base modale non è calcolabile e si calcoleranno allora solo i modi ritenuti più interessanti.

Aeroelasticità Applicata.
By Giulio Malinverno.
Copyright © 2016 .

Il primo metodo per ottenere ciò è il *metodo delle potenze*. Riprendiamo la decomposizione spettrale:

$$[A] \{x\} = \lambda \{x\}$$
$$\downarrow$$
$$[A] [X] = [X] [\lambda] \qquad (20.2)$$
$$\downarrow$$
$$[A] = [X] [\lambda] [X]^{-1}$$

Il metodo delle potenze si basa quindi sull'assunzione che $\{x\} = [A]^n \{x_0\}$. Infatti, preso un generico vettore $\{x_0\}$, esso è sempre esprimibile tramite gli autovettori [1] come $\{x_0\} = [X] \{a\}$, dove appunto $[X]$ è la matrice le cui colonne sono gli autovettori.
Ora

$$[A]^n = ([X] [\lambda] [X]^{-1})^n = \ldots = [X] [\lambda]^n [X]^{-1} = [X] [\lambda^n] [X]^{-1} \qquad (20.3)$$

in quanto $[\lambda]$ è una matrice diagonale. Possiamo allora svolgere la relazione:

$$\{x\} = [A]^n \{x_0\} =$$
$$= [X] [\lambda^n] [X]^{-1} \{x_0\} =$$
$$= [X] [\lambda^n] [X]^{-1} [X] \{a\} =$$
$$= [X] [\lambda^n] \{a\} =$$
$$= \sum \lambda_i^n \{x_i\} a_i$$

Sotto le ipotesi che:

- il primo autovalore sia maggiore in senso stretto rispetto gli altri autovalori (e tanto più è distinto da essi tanto prima si giungerà a convergenza)

- il termine a_1 sia diverso da zero.

si ottiene

$$\{x\} \simeq \lambda_1 \{x_1\} a_1 \qquad (20.4)$$

Il metodo delle potenze allora si traduce nell'iterazione normalizzata a ciascun passo:

$$\{x\}_{k+1} = [A] \{x\}_k \qquad (20.5)$$

---

[1] che ricordiamo essere una *base per lo spazio*

Qualora λ_1 non sia ben distinto, ma che siano distinti comunque i primi m autovalori da tutti gli altri, emergerà allora il sottospazio relativo a questi m autovalori. Il metodo delle potenze agisce allora come un *filtro passa-alto*. Poiché noi siamo interessati ai modi più bassi[2] applicheremo il metodo alle matrici di massa e di rigidezza in modo che gli autovalori corrispondano all'inverso delle frequenze, $\lambda = \frac{1}{\omega^2}$. Nei nostri intenti il metodo delle potenze si configura dunque come un *filtro passa-basso* nei confronti dei modi[3].

La generica iterazione si esprime dunque nel nostro ambito come:

$$\{u\}_{k+1} = [K]^{-1}[M]\{u\}_k \tag{20.6}$$

dove, per evitare di calcolare l'inversa della rigidezza, si preferisce calcolare il prodotto $[M]\{u\}_k$ per poi risolvere il problema meccanico associato:

$$[K]\{u\}_{k+1} = [M]\{u\}_k \tag{20.7}$$

Si noti poi che il termine a secondo membro, a meno di un coefficiente ω^2 corrisponde alle forze d'inerzia.

Il problema viene quindi risolto tramite la decomposizione di CHOLEVSKIJ, che fra tutti i metodi possibili è quello che conserva maggiormente la sparsità Se ad esempio avessimo calcolato esplicitamente l'inversa della rigidezza, la matrice così ottenuta sarebbe risultata completamente piena.

Tra le altre cose, per una struttura libera, l'inversa della rigidezza non è calcolabile, perché in essa compaiono colonne e righe di zeri (quelle associate ai moti rigidi). Per poter effettuare la risoluzione dobbiamo allora fare uno shift degli assi degli autovalori, in modo da rendere non singolare $[K]$:

$$(\omega^2 + a)[M]\{u\} = ([K] + a[M])\{u\} \tag{20.8}$$

Lo shift di a non deve però eccedere, ovvero deve essere lo stretto necessario per rendere non singolare la rigidezza.

In tal modo, otterremo tanti autovalori coincidenti quanti sono i modi rigidi, ma fortunatamente conosciamo gli autovettori dei modi rigidi. Si tenga conto che possiamo effettuare anche uno shift negativo,

$$(\omega^2 - a)[M]\{u\} = ([K] - a[M])\{u\} \tag{20.9}$$

---

[2]Si tenga presente che in realtà non ci interessano solamente le frequenze più basse, ma anche i modi ad esse associati.
[3]cfr. metodo delle potenze inverse, o inverse power method.

stando però attenti a rendere negativi gli autovalori utili.

Lo shift è anche utilizzato per distanziare gli autovalori. Si consideri per esempio la situazione per cui

$$\begin{cases} \omega_1^2 = 1 \\ \omega_2^2 = 1.01 \end{cases} \rightarrow \frac{\omega_2^2}{\omega_1^2} = \frac{\lambda_1}{\lambda_2} = 1.01$$

Il rapporto tra il primo e il secondo autovalore è il criterio su cui valutare la convergenza. In questo caso tale rapporto è troppo basso per poter avere una buona convergenza. Applichiamo uno shift negativo, pari a -0.99:

$$\begin{cases} \bar{\omega}_1^2 = 1 - 0.99 = 0.01 \\ \bar{\omega}_2^2 = 1.01 - 0.99 = 0.02 \end{cases} \rightarrow \frac{\bar{\omega}_2^2}{\bar{\omega}_1^2} = \frac{\bar{\lambda}_1}{\bar{\lambda}_2} = 2$$

A differenza del precedente, questo rapporto garantisce una buona convergenza. A causa dello shift però bisogna effettuare la decomposizione a ogni passo.

Supponiamo di avere i primi due autovalori vicini e di aver calcolato il primo autovettore e di voler ora calcolare il secondo. Varrà come sopra:

$$[\bar{K}] \{u_2\}_{k+1} = [M] \{u_2\}_k \tag{20.10}$$

dove il pedice interno al vettore rappresenta l'identificativo dell'autovettore, mentre il pedice esterno è l'indice del ciclo iterativo.

Poiché a causa della vicinanza fra λ_1 e λ, $\{u_2\}$ tenderà a ricadere sul primo autovettore, $\{u1\}$, siamo allora nella condizione di dover trovare un modo per distinguerli. Interviene qui una fondamentale peculiarità dei modi, ovvero la loro *ortogonalità energetica rispetto a una funzione peso*. Possiamo prendere come funzione peso sia la matrice di massa che la matrice di rigidezza. Sebbene siano topologicamente uguali, generalmente si preferisce prendere la massa perché spesso è diagonale e ciò facilita i calcoli.

Imponiamo allora che

$$\{u_1\}^t [M] \{u_2\} = 0 \tag{20.11}$$

Se dunque possiamo esprimere

$$\{u_2\}_k = \{\bar{u}_2\}_k - a \{u_1\} \tag{20.12}$$

possiamo determinare il parametro a:

$$a = \left(\{u_1\}^t [M] \{u_1\} \right)^{-1} \{u_1\}^t [M] \{\bar{u}_2\} \tag{20.13}$$

Generalizzando sotto l'ipotesi di voler calcolare l'i-esimo autovettore, possiamo scrivere la relazione:

$$\{u_i\}_{k+1} = \{\bar{u}_i\}_k - \sum_{j=1}^{i-1} a_j \{u_j\} \qquad (20.14)$$

dove valgono le seguenti relazioni:

$$[\bar{K}] \{\bar{u}_i\}_{k+1} = [M] \{u_i\}_k \qquad (20.15)$$

e

$$a_j = \frac{\{u_j\}^t [M] \{\bar{u}_i\}}{\{u_j\}^t [M] \{u_j\}} \qquad (20.16)$$

A denominatore di a_j compare la massa generalizzata dell'j-esimo modo.
Si può allora cercare un metodo che presenti tutti i vantaggi del metodo delle potenze ma sia più efficiente. Possiamo usare lo stesso metodo delle potenze affiancato da un algoritmo di ortogonalizzazione appropriato.
Indicando ora con $\{u\}$ un generico vettore, introduciamo il *coefficiente di* RAYLEIGH :

$$\lambda_R = \frac{\{u\}^t [K] \{u\}}{\{u\}^t [M] \{u\}} \qquad (20.17)$$

Nel caso $\{u\}$ fosse un autovalore, il coefficiente di RAYLEIGH coinciderebbe con ω^2. Tra le altre cose, questa osservazione fa si che il modo possa essere espresso anche come il rapporto tra l'energia elastica modale e l'energia cinetica modale.
Supponiamo che il generico vettore $\{u\}$ non sia troppo distante da un autovettore, e duqneu sia esprimibile come

$$\{u\} = \{u_i\} + [U] \{\varepsilon\}$$

dove, essendo ε un disturbo dato da tutto lo spazio modale,

$$\| \varepsilon \| \ll 1$$
$$\varepsilon_i \equiv 0$$

Sostituiamo allora quest'espressione nella definizione del coefficiente di RAYLEIGH , ottenendo

$$\lambda_R = \frac{\{u_i\}^t [K] \{u_i\} + 2 \{u_i\}^t [K] [U] \{\varepsilon\} + \{\varepsilon\}^t [U]^t [K] [U] \{\varepsilon\}}{\{u_i\}^t [M] \{u_i\} + 2 \{u_i\}^t [M] [U] \{\varepsilon\} + \{\varepsilon\}^t [U]^t [M] [U] \{\varepsilon\}}$$

Per l'ortogonalità dei modi, essendo $\varepsilon_i \equiv 0$, vale:

$$2\{u_i\}^t [K][U]\{\varepsilon\} = 2\{u_i\}^t [M][U]\{\varepsilon\} = 0$$

dunque

$$\lambda_R = \frac{\{u_i\}^t [K]\{u_i\} + \{\varepsilon\}^t [U]^t [K][U]\{\varepsilon\}}{\{u_i\}^t [M]\{u_i\} + \{\varepsilon\}^t [U]^t [M][U]\{\varepsilon\}}$$

Il coefficiente di RAYLEIGH viene allora a dipendere dal quadrato della perturbazione. Ora, in uno sviluppo in serie, il quadrato è relazionato con la derivata seconda. La mancanza di un termine $\div\varepsilon$ equivale alla mancanza del termine relativo alla derivata prima. Ciò equivale a dire che poiché in λ_R non compare ε, la sua derivata prima sarà nulla e dunque λ_R è *stazionario nell'intorno dell'autovettore*.

Tra le altre cose, se abbiamo un errore del $x\%$, sull'autovettore, sull'autovalore corrispondente ci sarà un errore del $x^2\%$. Possiamo utilizzare questo metodo per vedere cosa succede se variamo leggermente K e/o M, ad esempio, qualora volessimo considerare le frequenze del sistema modificato, basta calcolarle tramite l'equazione:

$$\bar{\omega}^2 = \frac{\{u\}^t [K + \Delta K]\{u\}}{\{u\}^t [M + \Delta M]\{u\}}$$

Abbiamo così la base concettuale sugli attuali metodi per il calcolo dei modi:

- metodo che agisce da filtro (power method);

- metodo per l'ortogonalizzazione (RAYLEIGH);

Si ricordi che dobbiamo calcolare una base $[U]$ di autovettori e non un singolo autovettore. Inoltre, se riteniamo interessanti m modi, la base da calcolare dovrà essere costituita da $n > m$ vettori. Con questi accorgimenti non corriamo il rischio di perdere modi interessanti per qualche possibile errore. Definiamo il rapporto

$$g \triangleq \frac{n}{m} \qquad (20.18)$$

fattore di guardia. Generalmente, per sicurezza, si prende g=2.

Vediamo come procede specificatamente il calcolo. Si inizia con l'applicare il metodo delle potenze:

$$[K][U]_{k+1} = [M][U]_k$$

Via via che si aumentano le iterazioni, inizierà ad emergere il sottospazio dominante. Poiché siamo interessati ai singoli autovettori e non al monoblocco, utilizziamo il coefficiente di RAYLEIGH. Supponiamo di avere

$$\{u\} = [U]\{a\}$$

e calcoliamo λ_R:

$$\lambda_R = \frac{\{a\}^t [U]^t [K][U]\{a\}}{\{a\}^t [U]^t [M][U]\{a\}} = \frac{\{a\}^t [K^*]\{a\}}{\{a\}^t [M^*]\{a\}}$$

Si noti che le matrici

$$\begin{cases} [K^*] \triangleq [U]^t [K][U] \\ [M^*] \triangleq [U]^t [M][U] \end{cases}$$

sono la proiezioni di $[K]$ e $[M]$ sulla base modale.
La stazionarietà di λ_R impone che

$$\frac{\partial \lambda_R}{\partial \{a\}} = \nabla_{\{a\}} \lambda_R = 0$$

ovvero

$$\nabla_{\{a\}} \lambda_R = \frac{2(\{a\}^t [M^*]\{a\})[K^*]\{a\} - 2\{a\}^t [K^*]\{a\}[M^*]\{a\}}{(\{a\}^t [M^*]\{a\})^2} = 0$$

$$\downarrow$$

$$2(\{a\}^t [M^*]\{a\})[K^*]\{a\} - 2\{a\}^t [K^*]\{a\}[M^*]\{a\} = 0$$

$$\downarrow$$

$$[K^*]\{a\} = \frac{\{a\}^t [K^*]\{a\}}{\{a\}^t [M^*]\{a\}}[M^*]\{a\}$$

ricordando che il prodotto $\{a\}^t [M^*]\{a\}$ è uno scalare.
Otteniamo quindi un problema agli autovalori

$$[K^*]\{a\} = \lambda_R [M^*]\{a\}$$

da cui

$$\{\bar{u}_i\}_k = [U]_k \{a_i\}_k$$

$$[\bar{U}]_k = [U]_k \{a\}_k$$

L'attuale metodo può allora essere riscritto come:

$$\rightarrow \quad [K]\,[U]_{k+1} = [M]\,[\bar{U}]_{k}$$

$$\uparrow \qquad\qquad \downarrow$$

$$\uparrow \qquad\text{calcolo di } [a]$$

$$\uparrow \qquad\qquad \downarrow$$

$$\uparrow \qquad [\bar{U}]_{k+1} = [U]_{k}\,[a]$$

$$\uparrow \qquad\qquad \downarrow$$

$$\leftarrow \qquad\qquad \leftarrow$$

metodo delle potenze inverse a blocchi

Imponendo che $[K]$ e $[M]$ abbiano certe proprietà si possono ottenere altri metodi, ad esempio quello di LANCZOS .

Ci si ricordi che l'operazione più costosa fra tutte rimane sempre quella della risoluzione del sistema meccanico

$$[K]\,[U] = [M]\,[U]$$

ovvero la risoluzione di un sistema lineare. Si noti che questo sistema equivale alla risoluzione dell'equilibrio statico con varie condizioni di carico.

CHAPTER 21

DEFORMATE STATICHE

Facciamo riferimento all'aeroelasticità statica con un approccio in flessibilità: c'è allora bisogno di uno sviluppo completo dei carichi.

Possiamo supporre che se la base trovata riesce a descrivere tutti i carichi, le deformate ad essa collegate saranno allora capaci di descrivere tutte le deformazioni. Supponendo di lavorare con un metodo a elementi finiti,

$$[F] = [K][u] \rightarrow [u] = [K]^{-1}[F]$$

avendo indicato con $[F]$ la base di carico statico e con $[u]$ la base discreta in assi attaccati.

Nel nostro ambito si prende come base dei carichi statici quella relativa ai carichi aerodinamici. Tuttavia, anche le forze inerziali riescono ad essere ben modellate

Aeroelasticità Applicata.
By Giulio Malinverno.
Copyright © 2016 .

senza eccessive distorsioni. In termini di ordine delle matrici, il campo elastico ha bisogno di qualche migliaio di punti, mentre nell'approccio modale c'è un ordine di grandezza in meno. Tuttavia, il costo computazionale è pressoché identico, in quanto il calcolo modale è iterativo. Si tenga poi presente che la scelta delle basi statiche non è della sola aeroelasticità ma viene utilizzata anche in altri ambiti, quali la *modellazione multicorpo*. Inoltre la matrice di flessibilità può essere interpretata come una base di spostamenti.

Riprendiamo la formulazione $[F] = [K][u]$. Possiamo partizionare le matrici, grazie all'approccio agli elementi finiti, come:

$$\left\{ \begin{array}{c} \{F\} \\ \{0\} \end{array} \right\} = \begin{bmatrix} [K_{aa}] & [K_{oa}] \\ [K_{oa}] & [K_{oo}] \end{bmatrix} \left\{ \begin{array}{c} \{u_a\} \\ \{u_o\} \end{array} \right\}$$

dove il pedice a si riferisce all'analisi (termini caricati) mentre o si riferisce all'omissione (termini non caricati).

In questo modo possiamo giungere a scrivere:

$$\left([K_{aa}] - [K_{ao}][K_{oo}]^{-1}[K_{oa}] \right) \{u_a\} = [F]\{a\} \tag{21.1}$$

essendo

$$\{u\} = \begin{bmatrix} [I] \\ -[K_{oo}]^{-1}[K_{oa}] \end{bmatrix} \{u_a\} \tag{21.2}$$

Queste due formulazioni sono identiche, in quanto basta sostituire l'una nell'altra all'interno della relazione fondamentale per ricavare la duale.

Si è poi espresso la forza utilizzando una notazione che mette in luce una *funzione di forma* $[F]$ e un *carico* $\{a\}$, dove quest'ultimo termine va a rappresentare ciò che produce a monte le sollecitazioni (parte temporale generante), mentre $[F]$ descrive come queste vengono ridistribuite sulla struttura (parte spaziale).

In particolare la prima formula, 21.1 prende il nome di *condensazione statica*, mentre la seconda, 21.2 viene indicata col nome di *riduzione di* GUYAN , la cui matrice di trasformazione rappresenta una base statica.

Ricordiamoci che a questi gradi di libertà di deformazione bisogna aggiungere la parte rigida $[R]$. Infatti, se consideriamo per esempio un'asta incastrata caricata all'estremità libera, la base completa è data dalla forza concentrata in estremità e dalle reazioni vincolari, il che equivale a considerare la parte deformabile e la parte rigida.

Passando poi in assi medi, si riordineranno i gradi di libertà in modo che

- sia rispettata l'*ortogonalità*;

- il sistema sia *autoequilibrato*[1].

Dal punto di vista computazionale, il calcolo più gravoso rimane la risoluzione del sistema di equazioni lineari:

$$\{U\} = [K]^{-1}[F]$$

L'aeroelasticità statica non necessita sempre di una condensazione, in quanto costituita da un sistema algebrico-differenziale, la cui parte algebrica comporta tra l'altro il maggior costo in termini di calcoli, e consente uno schema iterativo nel caso in cui la pressione dinamica sia inferiore alla pressione dinamica di divergenza:

$$[K]\{q\}_{i+1} = q[K_a]\{q\}_i + \{Q_0\} \tag{21.3}$$

Se $q > q_d$, il metodo non converge e i valori di $\{q\}$ continuano a crescere indefinitivamente: in tal caso il termine $\{Q_0\}$ diverrà trascurabile, riducendo così il sistema al classico:

$$[K]\{q\}_{i+1} = q[K_a]\{q\}_i \tag{21.4}$$

che è una scrittura molto simile al metodo delle potenze.

21.1 Esempio d'applicazione: Flutter

Consideriamo un velivolo appiattito in campo subsonico, in condizioni di simmetria. Supponiamo di conoscere la massa per unità di apertura in spessore, $m = m(x, y)$.

Sia $[C_{zz}]$ la matrice dei coefficienti di flessibilità discreta - ottenuta ad esempio tramite prove sperimentali a terra (VGT) - in questo caso, per misurare la flessibilità si è resa isostatica la struttura eliminando i moti rigidi: se prendiamo come gradi di libertà gli spostamenti dei punti di misura della $[C_{zz}]$, dovremo allora aggiungere gli spostamenti rigidi che sono stati tolti nelle prove sperimentali. Lo spostamento di un generico punto della superficie sarà allora dato da:

$$z = h_0 + \vartheta(x - x_0) + z_r(x, y, t) \tag{21.5}$$

---

[1]Il sistema è reso autoequilibrato tramite le forze applicate e lo scarico inerziale delle forze inerziali ad esse associate.

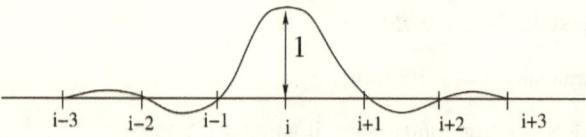

Figura 21.1: Funzioni di forma date dalle deformate statiche flessionali. La funzione i-esima ha il suo massimo nel punto i-esimo e va ad annullarsi negli altri punti di controllo, sebbene non sia nulla nei punti fisici intermedi.

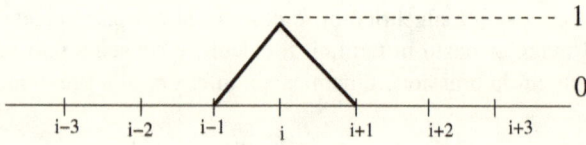

Figura 21.2: Funzioni di forma approssimata delle deformate statiche flessionali. La funzione i-esima è approssimata con una linea spezzata, nulla in tutti i punti esclusi quelli adiacenti il punto di controllo.

dove h_0 è una traslazione rigida, $\vartheta(x - x_0)$ è il contributo di beccheggio mentre $z_r(x, y, t)$ è il contributo di deformazione. Possiamo interpolare quest'ultimo termine con gli spostamenti dei punti di misura:

$$z_r(x, y, t) = [N(x, y)] \{z(t)\} \tag{21.6}$$

In generale le funzioni di forma sono date propriamente dalle deformate flessionali statiche (vedi figura 21.1) che possono essere linearizzate a tratti (vedi figura 21.2).
In base a questi assunti possiamo scrivere il lavoro delle forze d'inerzia:

$$\delta L_i = \int \delta z' m \ddot{z} dS = \delta \{g\} \int \begin{bmatrix} 1 \\ \Delta x \\ [N]^t \end{bmatrix} m \begin{bmatrix} 1 & \Delta x & [N]^t \end{bmatrix} dS \{\ddot{g}\} \tag{21.7}$$

che può essere riscritto come

$$\delta L_i = \delta \{g\}^t [M] \{\ddot{g}\} \tag{21.8}$$

dove

$$\{g\} \doteq \left\{ \begin{array}{c} h \\ \vartheta \\ \{z\} \end{array} \right\} \tag{21.9}$$

$$\Delta x = x - x_0 \tag{21.10}$$

$$\tag{21.11}$$

mentre la matrice di massa ha la forma:

$$[M] = \begin{bmatrix} M & S_{x-0} & [S_d] \\ & J_{xy} & [J_{xd}] \\ & & \int [N]^t\, m\, [N]\, dS \end{bmatrix} \tag{21.12}$$

ovvero

- S_{xo} momento statico della struttura

- S_d momento statico deformabile ($\doteq \int [N]^t m(x - x_0)dS$),

- J_{xy} momento d'inerzia della struttura

- J_{xd} matrice dei momenti centrifughi deformabili,

Ora, le funzioni di forma reali, le deformate statiche, sono difficoltose da ricavare, ma d'altra parte le interpolazioni sono richieste non solo qui ma anche nel calcolo dell'interfaccia aerodinamica.
Utilizziamo il modello linearizzato, concentrando le masse nei nodi. In tal caso otterremo:

$$S_d \simeq [m(x - x_0)] \tag{21.13}$$

$$J_{xd} \simeq [m(x - x_0)^2] \tag{21.14}$$

$$[m] \simeq \int [N]^t\, m\, [N]\, dS \tag{21.15}$$

In questo modo però riusciamo a oltrepassare solamente il problema del calcolo delle matrici di massa in quanto il calcolo del carico aerodinamico e delle condizioni al contorno dell'aerodinamica non può essere effettuato a questo modo (parametri concentrati).

Poiché nel calcolo del flutter non sono necessari moltissimi gradi di libertà, possiamo adottare u n approccio modale, considerando solo i modi più bassi. I punti di controllo sperimentali interpolano bene questi modi e quindi avremo a che fare con funzioni abbastanza semplici.

Dal punto di vista elasto-meccanico significa risolvere l'equazione

$$[M] \left\{ \begin{array}{c} \ddot{h} \\ \ddot{\vartheta} \\ \{\ddot{z}\} \end{array} \right\} + [K] \left\{ \begin{array}{c} h \\ \vartheta \\ \{z\} \end{array} \right\} = 0 \qquad (21.16)$$

da cui otterremo due soluzioni a $\omega = 0$, corrispondenti ai moti rigidi, che producono anche due righe della matrice di rigidezza identicamente nulle. Otterremo allora

$$\left\{ \begin{array}{c} h \\ \vartheta \\ \{z\} \end{array} \right\} = [Z] \{q\} \qquad (21.17)$$

Nota: formalmente avremo il prodotto $[n]^t [N]$, questo, avendo prese una base modale, potrà essere interpolato tramite la matrice $[Z]$. In tal caso avremo anche matrici diagonali per la massa e la rigidezza:

$$[M] \rightarrow [Z]^t [M] [Z] \qquad (21.18)$$
$$[K] \rightarrow [Z]^t [K] [Z] \qquad (21.19)$$

da cui il problema meccanico generale:

$$[M] \{\ddot{q}\} + \begin{bmatrix} 0 & & \\ & 0 & \\ & & [\omega^2 m] \end{bmatrix} \{q\} = \{Q\} \qquad (21.20)$$

Per il calcolo della parte aerodinamica, adottiamo il modello della superficie portante, che può essere riassunto come:

$$\alpha(x,y) = \int K(x,y,\xi,\eta,\mathbb{M},\mathbb{K})\Delta C_p dS \qquad (21.21)$$

avendo indicato con K il nucleo o kernel dell'equazione e con $\mathbb{M}$ e $\mathbb{K}$ rispettivamente il numero di MACH e la frequenza ridotta.

D'altra parte avremo anche:

$$\alpha = j\frac{\omega}{V_\infty}z + \frac{\partial z}{\partial x} \qquad (21.22)$$

che nelle approssimazioni fatte risulta essere

$$\alpha \simeq \left[j\frac{\omega}{V_\infty} \quad j\frac{\omega}{v_\infty}(x - x_0) + 1 \quad j\frac{\omega}{v_\infty}[N] + [N_{/x}] \right][Z]\{q\} \qquad (21.23)$$

Grazie alla struttura particolarmente sparsa di $[Z]$, tale relazione può essere facilmente riscritta come:

$$\alpha \simeq \left[j\frac{\omega}{V_\infty} \quad j\frac{\omega}{v_\infty}(x - x_0) + 1 \quad [\alpha_d] \right]\{q\} \qquad (21.24)$$

dove $[\alpha_d]$ è formalmente il prodotto di $[N]$ e $[N]^t$ per $[Z]$, ma può anch'essa essere costruita per interpolazione.
Analizziamo il kernel dell'equazione. ΔC_p può essere anch'esso sviluppato in $[N_a]\{a\}$, dove $[N_a]$ deve essere tale da soddisfare la "congruenza" sul carico aerodinamico, ovvero essere nullo alle estremità alari, rispettare eventuali condizioni di simmetria o antisimmetria, essere nullo sul bordo d'uscita ed eventualmente avere una singolarità sul bordo d'attacco. Sostituendo nell'espressione della superficie portante otterremo:

$$\alpha(x,y) = \int K(x,y,\xi,\eta,\mathbb{M},\mathbb{K})\,[N_a(\xi,\eta)]\,dS\,\{a\} + \varepsilon(x,y) \qquad (21.25)$$

Confrontando le due espressioni di α e integrando numericamente si otterrà la relazione:

$$\{\alpha\} = [A]\{a\} \qquad (21.26)$$

dove, supponendo di aver utilizzato la collocazione semplice:

$$\alpha_i = \alpha(x_i, y_i) \qquad (21.27)$$

$$A_{ik} = \int K(x_i, y_i, \xi, \eta, \mathbb{M}, \mathbb{K})\,[N_{a,k}(\xi,\eta)]\,dS \qquad (21.28)$$

con $N_{a,k}$ sviluppo k-esimo del carico aerodinamico.
Avremo allora, sostituendo la relazione che lega α ai parametri q:

$$\{a\} = [A]^{-1}\left[j\frac{\omega}{V_\infty} \quad j\frac{\omega}{v_\infty}(x - x_0) + 1 \quad [\alpha_d] \right]\{q\} = [A]^{-1}[\mathbb{A}]\{q\} \qquad (21.29)$$

Siccome $[\alpha_d] \div j\frac{\omega}{V_\infty}z + z_{/x}$, dovremo calcolare z e $z_{/x}$: per fare ciò possiamo utilizzare un'interpolazione bilineare. Presi quattro punti non tutti allineati li colleghiamo tramite una superficie rigata (se avessimo utilizzato 12 punti avremmo utilizzato una pezza parabolica). Si può altresì utilizzare una spline per i punti allineati lungo y.

Alla fine si otterrà

$$\Delta C_p = q\,[N_a]\,[A]^{-1}\,[\mathbb{A}]\,\{q\} \tag{21.30}$$

da cui il lavoro delle forze aerodinamiche:

$$\delta L_a = q \int \delta z' \Delta C_p dS \simeq \{\delta q\}^t\, q \int \begin{bmatrix} 1 \\ x - x_0 \\ [Z]^t \end{bmatrix} [N_a]\,[A]^{-1}\,[\mathbb{A}]\,dS\,\{q\} \tag{21.31}$$

dove $[Z]$ è una funzione data per punti e frutto dell'interpolazione. Dovremo ricorrere allora ad un'altra interpolazione. Integrando numericamente:

$$\delta L_a = \delta\{q\}^t \left(\sum DeltaS_i \begin{bmatrix} 1 \\ x_i - x_0 \\ [Z(x_i, y_i)]^t \end{bmatrix} [N_a(x_i, y_i)]\,[A]^{-1}\,[\mathbb{A}] \right) \{q\}$$
$$\tag{21.32}$$

CHAPTER 22

SMORZAMENTO STRUTTURALE

Il quadro completo delle equazioni aeroelastiche è

$$\left(s^2\,[M] + s\,[C] + [K] - q\,[H_{am}]\right)\{q\} = q\,[H_{ag}]\left\{\frac{v_g}{V_\infty}\right\} + \{Q\} \qquad (22.1)$$

dove $[C]$ rappresenta la matrice di *smorzamento strutturale*.
Generalmente quest'ultimo viene trascurato in base alle seguenti considerazioni:

- è difficile da calcolare con precisione;

- è abbastanza piccolo confrontato con gli altri termini;

Trascurando dunque il suo contributo, ci poniamo in una posizione conservativa.
Tuttavia, qualora lo volessimo considerare, le forze di smorzamento strutturale

Aeroelasticità Applicata.
By Giulio Malinverno.
Copyright © 2016 .

vengono rappresentate come dipendenti dalla velocità in ambito temporale:

$$\{Q_c\} = -\,[C]\,\{\dot{q}\} \tag{22.2}$$

In realtà le strutture sono ben lontane dal comportarsi così semplicemente. Inoltre, il comportamento dei singoli pezzi che compongono la struttura differisce se i pezzi sono considerati svincolati dal resto oppure se i pezzi sono stati unti (e influisce anche il come sono stati uniti). Entrano infatti in gioco microspostamenti e attriti di tipo coulombiano, dipendenti dalla pressione di contatto, dalle velocità relative, dalla rugosità, dalla temperatura, ecc.... La rappresentazione 22.2 risulta allora abbastanza aleatoria, anche per strutture costruite in modo uniforme.

Nel calcolo del flutter lo smorzamento strutturale non ha molta influenza e inoltre non è bene affidarsi ad esso per la certificazione. Discorso differente per quanto riguarda la risonanza, in quanto ha un marcato effetto sulla risposta del sistema sotto tale fenomeno.
A ben guardare, il meccanismo puntuale di dissipazione non è di fondamentale importanza e possiamo adottare uno schema globale del tipo 22.2 purché questo dia luogo alla stessa dissipazione negli stessi tempi (ossia che lo schema sia mediamente equivalente allo smorzamento reale). Si può allora utilizzare lo smorzamento modale, che dia luogo a risultati verificabili sperimentalmente e a matrici $[C]$ diagonali. Altresì si può utilizzare il *modello di* RAYLEIGH o *modello proporzionale*. Quest'ultimo suppone che lo smorzamento possa essere rappresentato come somma di due effetti, l'uno dovuto alla massa, l'altro dovuto alla rigidezza:

$$[C] = \alpha\,[M] + \beta\,[K] \tag{22.3}$$

Questo metodo viene usato quando i parametri $\{q\}$ non sono modali. In ambito modale, i modi ottenuti sono ancora quelli della struttura non smorzata, mentre vengono modificate le frequenze (complesse in caso di smorzamento strutturale):

$$\left(s^2\,[M] + s\,[C] + [K]\right)\{u\} = 0$$
$$\downarrow$$
$$\left((s^2 + \alpha s)\,[M] + (1 + \beta s)\,[K]\right)\{u\} = 0$$
$$\downarrow$$
$$\left(\tfrac{(s^2+\alpha s)}{(1+\beta s)}\,[M] + [K]\right)\{u\} = 0$$
$$\downarrow$$
$$\left(-\omega_s^2\,[M] + [K]\right)\{u\} = 0$$

dove

$$\omega_s^2 \triangleq \frac{(s^2 + \alpha s)}{(1 + \beta s)}$$

Con bassi smorzamenti possiamo giustificare questo procedimento per l'ottenimento dei modi reali.

Si può tentare di spiegare il metodo proporzionale di RAYLEIGH supponendo un certo comportamento del materiale. Iniziamo col considerare la proporzionalità nei confronti della rigidezza.

Il $\beta\,[K]$ termine è legato all'energia elastica e dunque al movimento relativo fra le parti. Si può vedere come tale termine discenda già dalla misura del modulo elastico del materiale. Possiamo infatti ipotizzare, legittimamente, che il legame sforzo deformazione possa essere espresso come:

$$\{\sigma\} = [D_0]\,\{\varepsilon\} + [D_1]\,\{\dot\varepsilon\} + [D_2]\,\{\ddot\varepsilon\} + \ldots \qquad (22.4)$$

Ricordiamo infatti che nelle prove di caratterizzazione del materiale bisogna stare attenti alla velocità di deformazione, perché non assuma valori troppo elevati. Altresì nelle modellazioni di crash, il semplice modello $\{\sigma\} = [D_0]\,\{\varepsilon\}$ non è ritenuto sufficiente a descrivere il comportamento del materiale.

Possiamo inoltre vedere il materiale come un sistema dinamico in cui l'ingresso è costituito dalla deformazione $\{\varepsilon\}$ mentre l'uscita è data dallo sforzo $\{\sigma\}$. Tramite l'integrale di convoluzione:

$$\{\sigma(t)\} = \int_0^t [d(t - \tau)]\,\{\varepsilon(t)\}\,d\tau \qquad (22.5)$$

In frequenza;

$$\{\sigma(\omega)\} = [D(\omega)]\,\{\varepsilon(\omega)\} \qquad (22.6)$$

Fermandoci alla sola velocità di deformazione $\{\dot\varepsilon\}$ possiamo dire che tutti i materiali hanno un comportamento viscoelastico. Si noti che questo è un approccio quasi-stazionario, in quanto le frequenze proprie delle molecole sono maggiori del contenuto in frequenza delle forzanti $\{\varepsilon\}$ e $\{\dot\varepsilon\}$.

Considerando il lavoro delle forze elastiche:

$$
\begin{aligned}
\delta L_d &= \int_V \{\delta\varepsilon\}^t \{\sigma\}\, dV = \\
&= \int_V \{\delta\varepsilon\}^t ([D_0]\{\varepsilon\} + [D_1]\{\dot\varepsilon\}) dV = \\
&= \int_V \{\delta\varepsilon\}^t [D_0]\{\varepsilon\}\, dV + \int_V \{\delta\varepsilon\}^t [D_1]\{\dot\varepsilon\}\, dV = \\
&= \{\delta q\}^t \int_V [B]^t [D_0][B]\, dV \{q\} + \{\delta q\}^t \int_V [B]^t [D_1][B]\, dV \{\dot q\} = \\
&= \{\delta q\}^t \left(\int_V [B]^t [D_0][B]\, dV \{q\} + \int_V [B]^t [D_1][B]\, dV \{\dot q\} \right) = \\
\\
&= \{\delta q\}^t ([K]\{q\} + [C]\{\dot q\})
\end{aligned}
$$

Se dunque supponiamo di avere un legame lineare fra $[D_0]$ e $[D_1]$, il che è perfettamente plausibile, avremo allora anche dimostrato il legame fra $[C]$ e $[K]$:

$$
[D_1] = \beta\,[D_0]
$$
$$
\Downarrow
$$
$$
[C] = \beta\,[K]
$$

Quest'approccio è abbastanza credibile qualora si abbia a che fare con un unico materiale. Cade in difetto però con più materiali in quanto il coefficiente β è in tal caso uguale per tutti i materiali, cosa abbastanza difficile che si verifichi in natura. Si faccia attenzione al fatto che il termine $\alpha\,[M]$ non è dovuto al termine $\{\ddot\varepsilon\}$. Passiamo dunque a studiare il termine proporzionale alla matrice di massa.

Supponiamo che esistano delle forze interne di smorzamento, ovvero delle forze volumetriche che dipendano dalla velocità di spostamento. Il lavoro associato a queste sarà:

$$
\delta L_i = \int_V \{\delta s\}^t [c]\{s\}\, dV
$$

Introduciamo lo sviluppo dello spostamento:

$$
\delta L_i = \{\delta q\}^t \int_V [N]^t [c][N]\, dV \{q\}
$$

Se supponiamo dunque di avere $[c] = \alpha\rho\,[I]$ otterremo proprio:

$$
\delta L_i = \{\delta q\}^t \int_V [N]^t \alpha\rho\,[I][N]\, dV \{q\} = \{\delta q\}^t \alpha\,[M]\{q\}
$$

Questo discorso tuttavia è abbastanza debole, anche perché queste "forze" entrano in gioco anche in presenza di moti rigidi[1].

Un discorso differente nasce se si considera un guscio in cui la massa sia distribuita sulla sola superficie e con i movimenti di questa otteniamo:

$$\alpha \int_S [N]^t \rho [N] \, dS.$$

Questo è un meccanismo di dissipazione aerodinamico in quanto funzione solo se il corpo è immerso in un fluido. Nel nostro caso, un meccanismo analogo viene già modellato in modo molto più preciso e fisico dall'aerodinamica attraverso la matrice $[H_{am}]$ e dunque non c'è la necessità di riproporlo nella matrice di smorzamento strutturale.

Supponiamo di aver fatto delle prove sperimentali e di aver ottenuto così le frequenze s reali della struttura. Poiché le ω teoriche sono molto vicine a quelle reali, possiamo utilizzarle sostituendole nell'equazione

$$s^2 + (\alpha + \omega^2 \beta)s - \omega^2 = 0$$

da cui possiamo ricavare i parametri α e β. Se si fosse utilizzato lo smorzamento modale, la matrice $[C]$ sarebbe diagonale, $[C] = [2m\xi\omega_0]$.

Un'ultima considerazione può essere fatta sull'influenza dello smorzamento strutturale nei confronti del flutter (vedi figura 22.1 rappresentante il diagramma V-g)

- in caso di flutter dolce, la variazione dovuta all'introduzione di ξ è apprezzabile, in quanto si ha una variazione della velocità di flutter abbastanza cospicua;

- in caso di flutter brusco, ξ non comporta notevoli variazioni.

22.1 Forma canonica del problema agli autovalori

Consideriamo il problema dinamico agli autovalori:

$$\left[s^2 M + sC + K \right] \{q\} = 0$$

---

[1]ricordiamoci che lo smorzamento deve andare a "giocare" solo sui gradi di libertà deformabili.

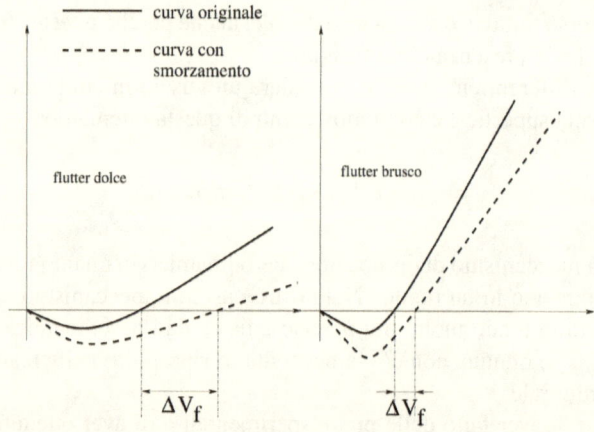

Figura 22.1: Effetto dello smorzamento strutturale sul flutter

Si potrebbe pensare che la presenza della matrice di smorzamenti strutturale possa creare dei problemi risolutivi in quanto non si giunge alla forma canonica $A - \lambda I$ dove $\lambda = s^2$. In effetti la forma canonica può essere recuperata senza troppi problemi. Consideriamo l'equazione precedente nel dominio del tempo:

$$[M]\{\ddot{q}\} + [C]\{\dot{q}\} + [K]\{q\} = 0$$

e applichiamo un approccio agli stati, aggiungendo delle equazioni aggiuntive identicamente soddisfatte:

$$\{\dot{q}\} = \{\dot{q}\}$$

A questo punto, il nostro sistema di equazioni può essere riscritto come

$$\begin{bmatrix} [M] & 0 \\ 0 & [I] \end{bmatrix} \{\dot{x}\} + \begin{bmatrix} [C] & [K] \\ -[I] & 0 \end{bmatrix} \{x\} = 0$$

avendo definito l'incognita $\{x\} \doteq \begin{Bmatrix} \{\dot{q}\} \\ \{q\} \end{Bmatrix}$, che formalmente ci riconduce all'e-quazione canonica:

$$[A]\{\dot{x}\} + [B]\{x\} = 0$$

ovvero, nel dominio delle frequenze:

$$s[A]\{x\} + [B]\{x\} = 0 \rightarrow (s[I] + [A]^{-1}[B])\{x\} = 0$$

che rappresenta la consueta formulazione canonica del problema agli autovalori.

CHAPTER 23

AZIONI INTERNE

Riconsideriamo l'equazione della risposta in frequenza:

$$(-\omega^2 [M] + j\omega [C] + [K] - q [H_{am}]) \{q\} = [B] \{F\} \qquad (23.1)$$

In generale, le uscite possono essere espresse come:

$$\{y\} = [\bar{C}(\omega)] \{q\} + [\bar{D}(\omega)] \{F\} = \left([\bar{C}] [Z]^{-1} + [\bar{D}(\omega)] \right) \{F\} \qquad (23.2)$$

Gli sforzi saranno allora esprimibili come

$$\{\sigma\} = [D] [B] \{u\} \qquad (23.3)$$

Si constata però che nell'approccio modale si ha un'ottima convergenza sugli spostamenti e sulle derivata temporali di questi (velocità, accelerazioni, ecc.), mentre

Aeroelasticità Applicata.
By Giulio Malinverno.
Copyright © 2016 .

non si ha altrettanta buona convergenza sulle derivate spaziali e dunque sugli sforzi.

Si può pensare di ovviare a questo problema aumentando il numero di modi calcolati, ma tale soluzione non è sempre efficace, oltre che per nulla efficiente.

Invece dell'approccio diretto, ovvero tramite la derivazione spaziale (ovvero il calcolo diretto di $[B]\{u\}$, dove la matrice $[B]$ contiene già la derivazione), si preferisce adottare il metodo indiretto o metodo della *somma delle forze*:

- si calcolano gli spostamenti;

- si calcolano le accelerazioni e le velocità;

- si calcolano le forze prodotte dalle accelerazioni e dalle velocità (forze d'inerzia, smorzamenti, ecc.);

- si carica la struttura col carico esterno e con le forze "inerziali" calcolate al punto precedente;

- si calcolano le sollecitazioni tramite l'equazione di equilibrio.

Dimostriamo per una maggiore correttezza che il metodo diretto è meno preciso di quello indiretto. Consideriamo un sistema semplificato come esempio. Supponiamo allora di avere l'equazione

$$[M]\{\ddot{u}\} + [K]\{u\} = \{f\}$$

Con l'approccio modale troveremo

$$\{u\} = [U]\{q\}$$

Supponiamo di aver normalizzato a massa unitaria:

$$[I]\{\ddot{q}\} + [\omega_0]\{q\} = [U]^t\{f\}$$
$$\downarrow$$
$$\{q\} = \left[\frac{1}{\omega_0^2 - \omega^2}\right][U]^t\{f\}$$

Recuperiamo le forze elastiche:

$$\{E\} = [K]\{u\} = [K][U]\{q\} = [K][U]\left[\frac{1}{\omega_0^2 - \omega^2}\right][U]^t\{f\}$$

d'altra parte abbiamo, dal problema agli autovalori che

$$[K]\,[U] = [M]\,[U]\,[\omega_0^2]$$

Le forze elastiche allora diventeranno:

$$\{E\} = [M]\,[U]\left[\frac{\omega_0^2}{\omega_0^2 - \omega^2}\right][U]^t\,\{f\}$$

Ora, il termine diagonale $\lim_{\omega_0^2 \to \infty} \frac{\omega_0^2}{\omega_0^2 - \omega^2} \to I$ all'aumentare di ω_0, ovvero dei modi considerati:

$$\lim_{\omega \to \infty} \{E\} \simeq [M]\,[U]\,[U]^t\,\{f\}$$

Poiché una matrice diagonale coincide con una sommatoria, le forze elastiche saranno date da una sommatoria di termini costanti. Abbiamo così dimostrato che lo sviluppo modale non converge a livello di sollecitazioni. In effetti, tale metodo può convergere se il prodotto $[U]^t\,\{f\}$ è decrescente, ovvero se $[U]^t\,\{f\} \to 0$. Ciò accade se le forze $\{f\}$ sono regolari, ovvero non concentrate e con piccoli gradienti, grazie all'ortogonalità dei modi propri. Stesso discorso può essere fatto per il termine $[M]\,[U]$: se abbiamo grosse masse concentrate, l'ortogonalità dei modi propri non ci può aiutare e la convergenza non è assicurata.
Vediamo ora l'approccio indiretto, detto anche:

- metodo della somma delle forze

- metodo ai modi d'accelerazione

- metodo dello scarico inerziale completo

Supponiamo di aver calcolato le incognite modali $\{q\}$, dunque possiamo derivare rispetto al tempo:

$$\{q\} = \left[\frac{1}{\omega_0^2 - \omega^2}\right][U]^t\,\{f\}$$
$$\downarrow$$
$$\{\dot{q}\} = \left[\frac{j\omega}{\omega_0^2 - \omega^2}\right][U]^t\,\{f\}$$
$$\downarrow$$
$$\{\ddot{q}\} = \left[\frac{-\omega^2}{\omega_0^2 - \omega^2}\right][U]^t\,\{f\}$$

Per l'equilibrio statico,

$$\{E\} = [K]\{u\} = \{f\} - [M]\{\ddot{u}\}$$

$$\downarrow$$

$$\{E\} = \{f\} - [M][U]\{\ddot{q}\}$$

$$\downarrow$$

$$\{E\} = \{f\} - [M][U]\left[\frac{-\omega^2}{\omega_0^2 - \omega^2}\right][U]^t\{f\}$$

$$\downarrow$$

$$\{E\} = \left([I] - [M][U]\left[\frac{-\omega^2}{\omega_0^2 - \omega^2}\right][U]^t\right)\{f\}$$

Si noti che le matrici diagonali sono convergenti, in quanto ora abbiamo sulla diagonale un termine che al crescere di ω_0 tende ad annullarsi. La convergenza che si ha sulle forze elastiche è allora la stessa che si ha sugli spostamenti. Poiché le matrici $[K]$ sono labili, bisogna imporre l'autoequilibrio, cioè

$$[R]^t\{E\} = 0$$

ovvero si può vincolare isostaticamente la struttura.

Questi discorsi sono generali e non si applicano alla sola aeroelasticità. Vediamo tuttavia cosa succede nel nostro campo applicativo. I modi sono ancora la soluzione del problema:

$$[K]\{u\} = \omega^2[M]\{u\}$$

da cui la condensazione modale

$$\{u\} = [U]\{q\}$$

L'equazione della risposta sarà:

$$\left(-\omega^2[M] + j\omega[C] + [K] - q[H_{am}]\right)\{u\} = \{F\}$$

Il metodo ai modi d'accelerazione fornisce le forze elastiche:

$$\{E\} = \{F\} + \left(\omega^2[M][U] - j\omega[C][U] + q[H_{am}][U]\right)\{q\}$$

che corrisponde a scrivere in modalità condensata

$$\left(-\omega^2[m] + j\omega[c] + [k] - q[h_{am}]\right)\{q\} = [U]^t\{F\}$$

Ora, noi abbiamo nel calcolo delle forze elastiche il termine $[H_{am}][U]$. Possiamo definire $[h_{am}] = [H_{am,modale}] = [H_{am}][U]$, ovvero i carichi aerodinamici sono calcolati a partire dalle condizioni al contorno provocate dai modi. Altresì, $[H_{am,nodale}] = [H_{am}]$, ovvero i carichi aerodinamici sono calcolati a partire dalle condizioni al contorno provocate dai nodi.

Può capitare di dover utilizzare programmi che non abbiano la possibilità di fare i calcoli indiretti, oppure, visto che il metodo diretto è più veloce, abbiano modelli di risoluzione ibridi. In tal caso bisogna stare attenti alla convergenza: se si riesce a identificare quei carichi che provocano la mancata convergenza, li si analizza con metodi indiretti, mentre per quei carichi che convergono si usano i metodi diretti.

Oppure, se si usano modi propri e deformate statiche: si sostituiscono ai modi problematici delle deformate statiche. In questo modo il metodo risulta più veloce, perché laddove si ha convergenza si usano i metodi modali (che sono più veloci), mentre per le poche (si spera) situazioni problematiche si usano le deformate statiche (che sono più lente). Il problema sta ora nel capire quali siano gli elementi irregolarizzanti.

CHAPTER 24

APPROSSIMAZIONE P-K

L'equazione finale dell'aeroelasticità risulta essere:

$$\left(-s^2\left[M\right] + s\left[C\right] + \left[K\right] - q\left[H_{am}(p)\right]\right)\{q\} = q\left[H_{ag}(p)\right]\left\{\frac{V_g}{V_\infty}\right\} + \{Q\}_0$$

$$(24.1)$$

dove si è messo in luce il fatto che $[H_{am}(p)]$ è una matrice formalmente dipendente dalla frequenza ridotta complessa $p \triangleq s\frac{l_a}{V_\infty}$ ma che è nota solo sull'asse immaginario, ovvero per quei $p = jk$[1].

---

[1] In realtà, il metodo di Morino permette di calcolare $[H_{am}]$ direttamente per un generico s e non solo sull'asse immaginario, ma ciò risulta poco efficiente.

Aeroelasticità Applicata.
By Giulio Malinverno.
Copyright © 2016 .

Perciò, senza ulteriori operazioni, tale matrice non è riconducibile a uno sviluppo in serie e ciò rende *non canonico* il problema agli autovalori. Se avessimo potuto sviluppare $[H_{am}(p)]$ in una serie di s, avremmo allora potuto scrivere una relazione del tipo

$$(s^n [A_n] + s^{n-1} [A_{n-1}] + \ldots + s [A_1] + [A_0]) \{q\} = 0$$

che è la *formulazione canonica*.

Dobbiamo a questo punto estendere la conoscenza della matrice aerodinamica oltre l'asse immaginario. Il modo più semplice per estendere la conoscenza di una funzione oltre i punti già noti è quello di svilupparla in serie di Taylor. Nel nostro caso, tale approccio prende il nome di *approssimazione p-k*:

$$[H_{am}(p)] \simeq [H_{am}(\bar{p})] + [H'_{am}(\bar{p})] (p - \bar{p}) + \frac{1}{2} [H''_{am}(\bar{p})] (p - \bar{p})^2 \qquad (24.2)$$

Ora, i nostri $\bar{p}$ sono punti dell'asse immaginario, cioè $\bar{p} \equiv j\bar{k}$ (da cui il nome di p-k).

Tuttavia, affinché questo sviluppo sia fattibile è necessario che la matrice aerodinamica sia *analitica*. Questo nella realtà non è verificato (e a volte si richiede l'intervento di *funzioni trascendenti* come quelle di BESSEL), ma noi trascureremo questo fatto e la assumeremo analitica.

Ricordiamo che se una funzione è analitica, la direzione nella quale si opera la derivazione è ininfluente. Prendiamo dunque come direzione di derivazione l'asse immaginario. In tal caso,

$$\frac{\partial^n [H_{am}(p)]}{\partial p^n} = \frac{\partial^n [H_{am}(p)]}{\partial (jk)^n} = \begin{cases} \frac{\partial [H_{am}(p)]}{\partial (jk)} = \frac{\partial [H(p)]}{j \partial k} = -j \frac{\partial [H(p)]}{\partial k} \\[2ex] \frac{\partial^2 [H_{am}(p)]}{\partial (jk)^2} = \frac{\partial^2 [H(p)]}{(j)^2 \partial k^2} = -\frac{\partial^2 [H(p)]}{\partial^2 k} \end{cases} \qquad (24.3)$$

In questo modo siamo riusciti ad esprimere la matrice aerodinamica in forma analitica e polinomiale in p (dunque in s), ottenendo allora in tal modo anche la forma canonica del problema agli autovalori.

A differenza però delle altre matrici, $[H_{am}(p)]$ è una matrice di numeri complessi e ciò rende il problema *canonico a coefficienti complessi* e gli autovalori non saranno più complessi coniugati[2]. Abbiamo allora la seguente equazione del flutter

---

[2]abbiamo infatti la matrice $[C]$ che rende, in condizioni normali, gli autovalori complessi e coniugati.

da risolvere:

$$\left(-s^2\,[M] + s\,[C] + [K] - q\,[H_{am}(p,m)]\right)\{q\} = 0 \qquad (24.4)$$

con approssimazione p-k arrestato al second'ordine:

$$[H_{am}(p)] \simeq [H_{am}(\bar{p})] + [H'_{am}(\bar{p})]\,(p-\bar{p}) + \frac{1}{2}\,[H''_{am}(\bar{p})]\,(p-\bar{p})^2$$

Quest'ultima equazione può allora essere riordinata raggruppando i vari termini a seconda della loro dipendenza da s:

$$\underbrace{\left([H(\bar{k})] + [H'(\bar{k})]\,j\bar{k} + \frac{1}{2}\,[H''(\bar{k})]\,(j\bar{k})^2\right)}_{[K_a]} +$$

$$+\frac{l_a}{V_\infty}\underbrace{\left([H'(\bar{k})] + [H''(\bar{k})]\,j\bar{k}\right)}_{[C_a]} s + \qquad (24.5)$$

$$+\left(\frac{l_a}{V_\infty}\right)^2\underbrace{[H''(\bar{k})]}_{[M_a]} s^2$$

In tal modo otteniamo la forma canonica del flutter:

$$\begin{aligned}
(s^2&\left([M] - q\left(\frac{l_a}{V_\infty}\right)^2[M_a]\right)\\
+s&\left([C] - q\frac{l_a}{V_\infty}\,[C_a]\right) +\\
&([K] - q\,[K]))\,\{q\} = 0
\end{aligned} \qquad (24.6)$$

Poiché le matrici sono complesse, si otterranno radici complesse e non complesse coniugate.

Ora, una possibile procedura di risoluzione consiste nel prendere una k intermedia (sapendo poi che il punto di partenza saranno i modi propri). Per ottenere però una maggiore precisione sui risultati, si utilizza la *procedura di allineamento*: non si prende una frequenza unica intermedia, ma si prende una frequenza attorno a cui fare l'approssimazione. Fra le radici ottenute dal calcolo ce ne sarà sempre una più vicina delle altre alla frequenza di partenza. Si prende allora la parte immaginaria di questa radice e si rifà lo sviluppo attorno a questo nuovo punto. Si itera il procedimento finché lo sviluppo non arriva a convergenza. Tale procedura prende allora il nome di *approssimazione p-k con allineamento alla soluzione corretta*. In effetti questo metodo è abbastanza costoso ($\div n^3$): per ridurre i costi computazionali si può pensare di prendere uno sviluppo arrestato al primo ordine ma ciò comporta un esiguo vantaggio, sebbene non ci sia più $[M]_a$ mentre $[C]_a$ e $[K]_a$ vengano semplificate. Si può allora pensare di prendere lo sviluppo di ordine zero, in cui $[H_{am}(p,m)] \simeq [H_{am}(\bar{k})]$ e quindi compaia alla fine solo $[K]_a$, ma anche in questo caso non si ha un netto miglioramento dal punto di vista computazionale.

Si può però prendere lo sviluppo di ordine zero come base per un metodo più efficiente. Riscriviamo il termine di ordine zero come:

$$[H_{am}(p,m)] \simeq [H_{am}(\bar{k})] = \Re(H_{am}(\bar{k})) + j\Im(H_{am}(\bar{k})) \tag{24.7}$$

premoltiplicando per un'identitò, ciò equivale a scrivere

$$\Re(H_{am}(\bar{k})) + j\bar{k}\frac{\Im(H_{am}(\bar{k}))}{\bar{k}} \tag{24.8}$$

Possiamo generalizzare sostituendo ora alla $\bar{k}$ a numeratore una generica k:

$$\Re(\bar{H}) + jk\frac{\Im(\bar{H})}{\bar{k}} \tag{24.9}$$

avendo indicato con una notazione più snella $\bar{H} \triangleq H_{am}(\bar{k})$.

Il successivo passo di generalizzazione consiste nel sostituire al generico jk la variabile complessa p, ovvero $s\frac{l_a}{V_\infty}$, ottenendo quindi:

$$[H_{am}(p)] = \underbrace{\Re(\bar{H})}_{[K_a]} + s\underbrace{\frac{l_a}{V_\infty}\frac{\Im(\bar{H})}{\bar{K}}}_{[C]_a} \tag{24.10}$$

Sebbene ricompaia formalmente la matrice $[C]_a$, si ha il notevole vantaggio che queste due matrici aerodinamiche siano reali.

Il procedimento applicato è paragonabile al *metodo della secante* o alla *regola di* DE L'HOPITAL , in quanto si è calcolata la pendenza tramite una differenza finita: abbiamo fatto comparire la pendenza senza però aver materialmente fatto la derivazione. Inoltre, grazie all'uso dell'allineamento, il vantaggio ottenuto nell'ambito dei costi computazionale non si traduce però in un eccessivo aggravio sull'errore.

Bisogna comunque stare attenti a come si evolvono gli autovalori. Questi infatti potrebbero intersecarsi oppure avvicinarsi ma senza intersecarsi: si può allora correre il rischio di interpolare le curve sbagliate facendo un mix delle due curve. Una possibile soluzione a questo problema può essere l'infittimento della zona problematica in cui le curve si avvicinano.

Esiste altresì un altro modo per risolvere questo problema, ma comporta il cambiamento di vedere il problema. Dalla forma canonica

$$\left(-s^2\,[M] + s\,[C] + [K] - q\,[H_{am}]\right)\{q\} = 0$$

passiamo alla formulazione del determinante:

$$\det\left(-s^2\,[M] + s\,[C] + [K] - q\,[H_{am}]\right) = 0 \qquad (24.11)$$

Siccome il determinante viene calcolato tramite la fattorizzazione della matrice e alle successive moltiplicazioni dei termini della matrice triangolare così ottenuta, il costo del calcolo scende a circa $\frac{n^3}{3}$. Poichè si ha l'incognita s, il determinante viene risolto per via numerica tramite il *metodo di* NEWTON-RAPSON :

$$\text{preso } x \text{ iniziale}$$
$$\downarrow$$
$$\rightarrow \quad \Delta x = -\frac{f(x)}{f'(x)} \qquad (24.12)$$
$$\uparrow \qquad \downarrow$$
$$\leftarrow \quad x = x + \Delta x$$

data una generica $f(x) = 0$ e in cui la derivata $f'(x)$ è calcolata analiticamente.

Il metodo di NEWTON-RAPSON è un metodo del second'ordine purché ci si trovi nel *dominio d'attrazione della soluzione*. Questa per noi non è una condizione vincolante perché procediamo per incrementi ordinati delle velocità. Qualora infatti non si riuscisse a giungere a convergenza, si infittisce a livello locale. Tale metodo prende allora il nome di *metodo di* NEWTON-RAPSON *con inseguimento e raffinamento*.

Si tenga poi presente che il determinante può essere ricondotto a due equazioni scomponendo parte reale e parte immaginaria:

$$\begin{cases} \Re(\sigma, \omega) = 0 \\ \Im(\sigma, \omega) = 0 \end{cases}$$

Se abbiamo preso uno sviluppo p-k di ordine zero, saremo nella condizione di non poter calcolare analiticamente la derivata $f'(x)$ e dunque di non poter applicare direttamente il metodo di NEWTON-RAPSON .
Si deve utilizzare allora un metodo:

- che non richieda la derivata, ad esempio quello delle secanti;

- che permetta l'utilizzo delle derivate numeriche, tramite ad esempio le differenze finite.

A causa di questo avremo un incremento del costo computazionale sebbene siamo ancora lontani dai costi del metodo classico.
Poiché poi abbiamo un metodo che non calcola direttamente gli autovettori, dovremo calcolarli a parte, con un costo aggiuntivo di n^3, tenendo conto del fatto che tale calcolo verrà fatto solo quando si sia raggiunta la convergenza.
Il problema agli autovalori è in realtà un modo per descrivere e risolvere *sistemi non lineari*:

$$(\lambda [I] - [A]) \{x\} = 0 \qquad (24.13)$$

dove al parte in parentesi tonde rappresenta un set di n equazioni e la parte vettoriale è stata normalizzata (si è fissata una componente) e dunque le incognite si riducono a $n - 1$.
Sorge il problema però che fissando una componente in modo arbitrario si può incorrere in malcondizionamenti. Il problema può perfino essere irresolubile se si è fissata una componente che altrimenti sarebbe stata nulla: è buona cosa allora normalizzare in norma rispetto a una funzione peso W:

$$\frac{1}{2} \{x\}^t [W] \{x\} = 0 \qquad (24.14)$$

Abbiamo così il sistema, nel nostro caso:

$$\begin{cases} [A(s)] \{q\} = 0 \\ \frac{1}{2} \{q\}^t [K] \{x\} = 0 \end{cases} \qquad (24.15)$$

Abbiamo quindi un sistema di $n + 1$ incognite in $n + 1$ equazioni, su cui possiamo applicare il metodo di NEWTON-RAPSON .
Supponiamo che $[A] = [A(s, V_p)]$, dove s è un'incognita mentre V_p è un parametro. Si può allora essere interessati all'influenza di questo parametro sul sistema.

Imponiamo che la derivata rispetto a V_p nel punto d'equilibrio sia nulla. Ora,

$$\frac{d[A]\{q\}}{dV_p} \;=\; [A]\,\frac{d\{q\}}{dV_p} + \frac{d[A]}{dV_p}\{q\} =$$

$$=\; [A]\,\frac{d\{q\}}{dV_p} + \frac{\partial[A]}{\partial V_p}\{q\} + \frac{\partial[A]}{\partial s}\frac{\partial s}{\partial V_p}\{q\} = 0$$

Se deriviamo quindi il sistema, otterremo:

$$\begin{cases} [A]\,\frac{d}{dV_p}\{q\} + \left[\frac{\partial A}{\partial s}\right]\{q\}\frac{\partial s}{\partial V_p} = -\left[\frac{\partial A}{\partial V_p}\right]\{q\} \\ [K]\,\frac{d}{dV_p}\{q\} = 0 \end{cases}$$

ovvero, in forma matriciale:

$$\begin{bmatrix} [A] & \left[\frac{\partial A}{\partial s}\right]\{q\} \\ [K] & 0 \end{bmatrix} \begin{Bmatrix} \frac{d}{dV_p}\{q\} \\ \frac{\partial s}{\partial V_p} \end{Bmatrix} = \begin{Bmatrix} -\left[\frac{\partial A}{\partial V_p}\right]\{q\} \\ 0 \end{Bmatrix} \qquad (24.16)$$

Abbiamo così ottenuto un sistema di equazioni differenziali non lineari a partire da una soluzione di partenza (forma continuativa). In questo modo possiamo ricavare la soluzione non lineare da quella lineare. La forma continuativa è garantita dal fatto di aver utilizzato come parametro proprio la velocità. Con questo metodo poi, oltre ad s e agli autovettori, possiamo conoscere anche le derivate della curva e possiamo allora costruire la curva tramite una cubica (cfr. spline) in modo quindi più regolare e continuo.

Ora, il metodo d'integrazione può introdurre errori che per quanto piccoli possono far non soddisfare il problema originario. Perché l'infittimento non rappresenta una buona soluzione, adottiamo un metodo di tipo *predizione-correzione*. Utilizziamo la soluzione ottenuta col metodo differenziale come punto di partenza di NEWTON-RAPSON sul problema originario.

Senza schema differenziale, si usa come soluzione di partenza alla velocità i-esima la soluzione a convergenza ottenuta alla velocità V_{i-1} (vedi figura 24.1).

Col sistema differenziale, si utilizza un approccio alla EULERO (vedi figura 24.2), avendo indicato con s_{i-1} la soluzione a convergenza per la velocità mentre con s_i la soluzione trial iniziale alla velocità. Si può utilizzare anche il metodo di NEWTON-RAPSON modificato: in quest'ultimo lo jacobiano non viene aggiornato ma tenuto costante. Si risparmiano così i conti dovuti alla fattorizzazione dello jacobiano e la precisione voluta viene raggiunta con un numero maggiore di iterazioni.

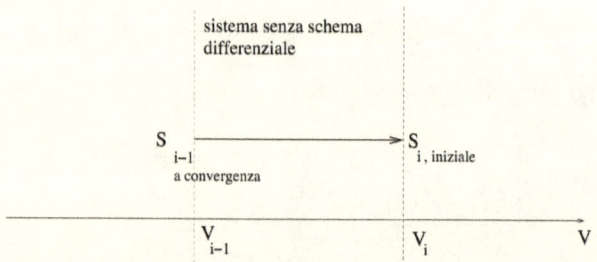

Figura 24.1: Schema non differenziale per sistemi iterativi

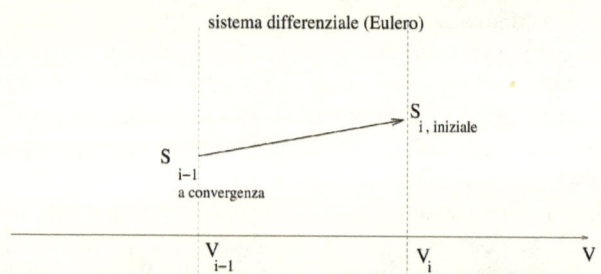

Figura 24.2: Schema differenziale per sistemi iterativi

Una volta studiata l'equazione del flutter tramite il calcolo degli autovalori, si può passare all'equazione della risposta vera e propria:

$$\left(-\omega^2 [M] + j\omega [C] + [K] - q [H_{am}(k)]\right) \{q\} = \{Q_0(\omega)\} \tag{24.17}$$

Per calcolare la risposta è necessario che la matrice globale sia *asintoticamente stabile*, e ciò è garantito in quanto calcoliamo la risposta all'interno dell'inviluppo di volo. In realtà, anche nell'inviluppo di volo non è assolutamente garantita l'asintotica stabilità in quanto alcuni gradi di libertà sono semplicemente stabili. Infatti, poiché le forze dipendono dalle condizioni al contorno, e queste ultime dipendono dalle variazioni di velocità, se non ci sono variazioni di velocità (ossia variazioni d'incidenza $\Delta \alpha$) non si saranno forze di richiamo (che assicurano l'asintotica stabilità). Ora, gli spostamenti di

- traslazione verticale;

- derapata;

- rollio

non producono variazioni $\Delta \alpha$ (ovvero forze di richiamo) e dunque si dovrebbe allora parlare correttamente di semplice stabilità a causa di questi movimenti. Tuttavia, essendo questi moti rigidi, possiamo calcolarne a parte la soluzione e assumere l'asintotica stabilità per le restanti soluzioni. Poiché stiamo operando nel dominio delle frequenze, e in particolare siamo sull'asse immaginario, è necessario che le forzanti ammettano la trasformata FOURIER nell'asse immaginario. Una condizione sufficiente per l'esistenza della trasformata di FOURIER è che esista finito l'integrale del modulo della funzione, ovvero:

$$\int_{-\infty}^{+\infty} |f(t)| dt \leq M \tag{24.18}$$

Ciò è garantito dal fatto che le forzanti sono:

- a durata limitata;

- a modulo limitato.

L'unico problema allora è quello di effettuare materialmente la trasformazione:

$$F(\bar{\omega}) = \int_{-\infty}^{+\infty} f(t) e^{j\bar{\omega}t} dt \tag{24.19}$$

a cui corrisponde l'antitrasformazione

$$f(\bar{t}) = \frac{1}{2\pi} \int_{-\infty}^{+\infty} F(\omega)e^{j\omega\bar{t}}d\omega \qquad (24.20)$$

Risolvendo allora il problema della risposta in frequenza otterremo un vettore $\{q\} = \{q(\omega)\}$ che corrisponde alla trasformata di FOURIER della risposta temporale.

In generale avremo quindi il sistema in frequenza:

$$[Z(\omega)]\{q(\omega)\} = vctQ_0(\omega) \rightarrow \{q(\omega)\} = [Z(\omega)]^{-1}\{Q_0(\omega)\} \qquad (24.21)$$

(essendo asintoticamente stabile, l'inversa di $[Z]$ esiste).

La soluzione dell'equazione della risposta è dunque la soluzione di un sistema lineare a coefficienti complessi. Per quanto riguarda il costo, ricordiamoci che questi sistemi non sono eccessivamente grossi (qualche centinaio di gradi di libertà), e l'inversione non viene effettuata esplicitamente ma si procede con la fattorizzazione.

Per ottenere la risposta temporale bisogna quindi antitrasformare: è necessario che l'integrale esista finito, dunque $q(\omega)$ deve decadere come $\frac{1}{s^n}$ con $n > 1$. Nei casi di nostro interesse, ciò è garantito in quanto nelle peggiore delle ipotesi la forzante è uno scalino, $Q(\omega) \div \frac{1}{s}$, mentre per la struttura della matrice di trasferimento, avremo infine $q(\omega) \div \frac{1}{s^3}$ (l'inversa di $[Z]$ agisce infatti come un filtro passa-basso). Il sistema diventa tuttavia singolare per frequenze nulle, ma queste sono proprio le frequenze dei moti rigidi, semplicemente stabili, che abbiamo risolto a parte.

Ora, l'integrale di antitrasformazione, che deve essere risolto per tutti i che riteniamo interessanti,

$$f(\bar{t}) = \frac{1}{2\pi} \int_{-\infty}^{+\infty} F(\omega)e^{j\omega\bar{t}}d\omega \qquad (24.22)$$

può essere sempre scomposto in una sommatoria:

$$f(\bar{t}) = \frac{1}{2\pi} \sum_{-n}^{+n} F(\omega_k)\Delta\omega_k e^{j\omega_k t} \qquad (24.23)$$

Bisogna allora:

- determinare quanti termini utilizzare nella sommatoria (ovvero n);

- determinare il passo $\Delta\omega_k$ opportuno.

Il numero di punti può essere facilmente scoperto tenendo anche conto del fatto che, svolto un calcolo con un certo numero di termini, essendo una sommatoria, si possono ancora aggiungere termini se lo si ritiene necessario. Si tenga però conto che troncare un integrale (scegliere cioè n) significa filtrare l'integrale: bisogna conoscere le frequenze $\tilde{\omega}$ delle forzanti e le frequenze proprie ω_0 del sistema per non perdere informazioni.

Il vero problema è determinare il passo $\Delta\omega_k$ opportuno. Possiamo pensare di equispaziare la sommatoria, ponendo

$$\omega_k = k\omega_0$$
$$\Delta\omega_k = k\Delta\omega_0$$

ottenendo la sommatoria:

$$f(\bar{t}) = \frac{1}{2\pi} \sum_{-n}^{+n} F(k\omega_0)\Delta k\omega_0 e^{jk\omega_0 t} \tag{24.24}$$

valutando cioè il sistema a frequenze che sono multipli interi di una frequenza fondamentale.

Ma l'uso di una frequenza fondamentale richiama alla memoria la serie di FOU-RIER :

$$f(t) = \sum_{-n}^{+n} F(k\Delta\omega_0) e^{jk\omega_0 t} \tag{24.25}$$

dove

$$F(k\Delta\omega_0) = \frac{1}{T} \int f(t) e^{jk\Delta\omega_0 t} dt \tag{24.26}$$

Se dunque avessimo forzanti periodiche, le $Q(\omega)$ sarebbero i coefficienti della serie di FOURIER della forzante, mentre i $\{q\}$ svolgerebbero il ruolo dei coefficienti della serie di FOURIER della risposta temporale con ω_0 correlata al periodo ($\omega_0 \div \frac{1}{T}$).

Introduciamo il seguente assioma: *tutto è periodico o comunque periodicizzabile*. In base a tale assunto, possiamo risolvere l'integrale tramite la serie di FOURIER . Supponiamo di avere la forzante di durata limitata, come rappresentato in figura 24.3 e periodicizziamola ripetendola più volte (vedi figura 24.4).

Ora, la risposta nei due casi non è uguale perché nel caso reale quando la forzante

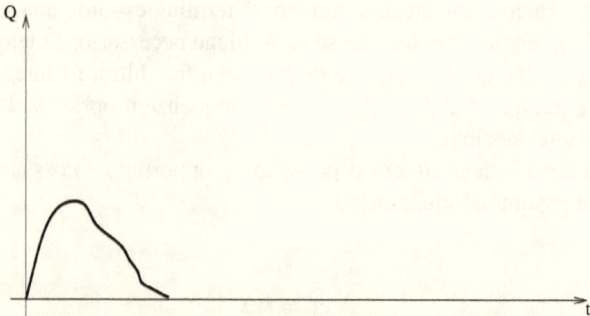

Figura 24.3: Forzante di durata limitata.

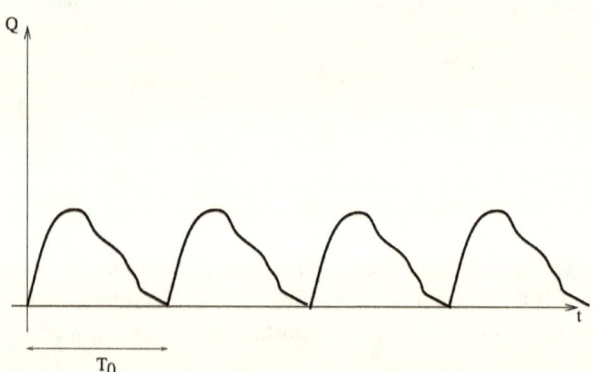

Figura 24.4: Forzante periodicizzata.

sparisce ci sarà la risposta libera del sistema. Fortunatamente, il sistema è asintoticamente stabile, e quindi la risposta libera andrà ad attenuarsi. Possiamo allora assumere come periodo della risposta la somma del periodo della forzante e del periodo della risposta libera:

$$T = T_Q + T_{free} \tag{24.27}$$

Una volta noto il periodo, possiamo calcolare la frequenza fondamentale da utilizzare nella serie di FOURIER . Per determinare il periodo della risposta libera, si impone una tolleranza indicante il valore al di sotto del quale la risposta s'intende annullata:

$$e^{-\sigma T_{free}} < \varepsilon \rightarrow T_{free} = \frac{1}{\sigma} \log \varepsilon \tag{24.28}$$

Consideriamo il grafico della risposta siffatta, rappresentato in figura 24.5. Notia-

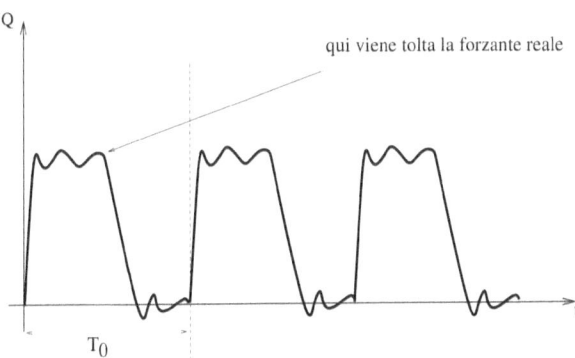

Figura 24.5: Risposta alla forzante periodicizzata e misura del periodo.

mo che consideriamo solo il primo tratto e non ci interesseremo di tutta la risposta periodica, in quanto l'ipotesi di periodicizzabilità è un artificio che ci serve infatti solo per poter utilizzare la serie di FOURIER .

Poiché queste operazioni sono fatte per il singolo tempo $\bar{t}$, tale calcolo della risposta risulta essere molto costoso perché dovrà essere ripetuto per ciascun tempo d'interesse.

Si riducono tuttavia notevolmente i costi utilizzando la *trasformata veloce di* FOURIER o FFT (calcolo dei coefficienti di FOURIER quando la funzione è nota per punti) (cfr. teorema di SHANNON-NYQUIST).

Rimangono da studiare i gradi di libertà semplicemente stabili. In tal caso, quan-

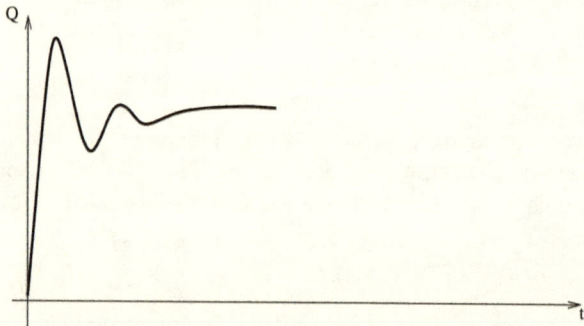

Figura 24.6: Risposta nei sistemi semplicemente stabili

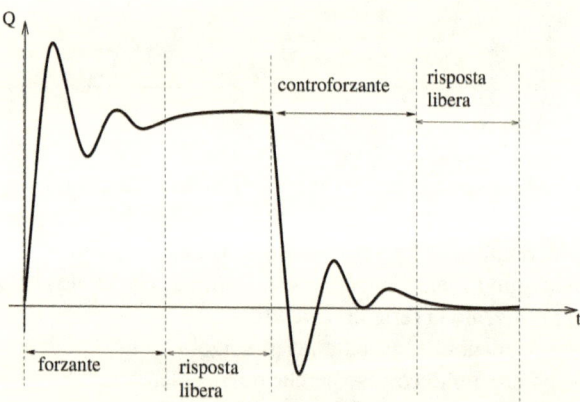

Figura 24.7: Risposta nei sistemi semplicemente stabili con controforzante

do le forzanti vengono tolte, la risposta non va a zero ma a un valore asintotico, come si vede in figura 24.6. Per avere la risposta nulla si deve applicare una *controforzante* che riporti il sistema allo stato iniziale (24.7).
Si prende allora il periodo dato da:

$$T = T_Q + T_{free,Q} + +T_{-Q} + T_{free,-Q} \qquad (24.29)$$

ovvero si considera il periodo dato dalla somma di

- periodo della forzante;
- periodo della risposta libera alla forzante;
- periodo della controforzante;
- periodo della risposta libera alla controforzante;

Tuttavia poiché solo la forzante è reale, si considera solo il grafico che rappresenta io comportamento del sistema in sua presenza. Si tenga presente che la contromanovra non corrisponde alla controforzante.
è possibile a volte evitare il controcarico, moltiplicando l'equazione della risposta, nel dominio del tempo per e^{-at}, con a abbastanza grande da far decrescere l'integrale della trasformazione:

$$[M]\{\ddot{u}\}e^{-at} + [C]\{\dot{u}\}e^{-at} + [K]\{u\}e^{-at} = \{Q\}e^{-at} \qquad (24.30)$$

Questa tecnica prende il nome di *modulazione esponenziale*. Integrando infatti abbiamo la trasformata di FOURIER in $(a+s)$:

$$\int ue^{-at}e^{-st}dt = \int ue^{-(s+a)t}dt \rightarrow \omega = s + a$$

Avremo dunque:

$$(-(a+s)^2[M] + j(a+s)[C] + [K])\{\bar{u}\} = \{\bar{Q}\} \qquad (24.31)$$

dove si sono indicati con $\{\bar{u}\}$ e con $\{\bar{Q}\}$ le trasformate rispettivamente dell'uscita e del carico post-moltiplicate per e^{-at}. La risposta $\{\bar{u}\}$ così ottenuta andrà depurata dal termine moltiplicativo. Possiamo risolvere questo problema anche per $\{u\}$ crescenti, purché inferiori a e^{-at}.
I problemi che questo metodo presenta sono principalmente:

- necessità di scegliere un parametro a opportuno;

- in presenza di a elevati, iniziali errori numerici vengono ampliati in modo notevole.

La scelta di a nella modulazione esponenziale corrisponde alla scelta della controforzante del precedente metodo, che viene allora spesso preferito a quello della modulazione anche per i motivi visti sopra.

CHAPTER 25

ESERCITAZIONI DI MECCANICA STRUTTURALE

25.1 Struttura iperstatica

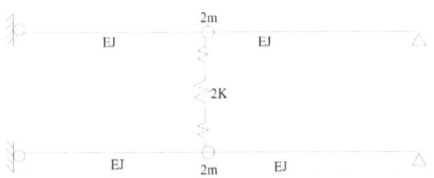

Figura 25.1: Struttura dotata di masse concentrate, molle ed aste elastiche.

Aeroelasticità Applicata.
By Giulio Malinverno.
Copyright © 2016 .

Consideriamo la struttura costituita da quattro aste identiche, due masse concentrate ed una molla, come raffigurate nella figura 25.1. Scriviamo le equazioni del sistema. Per prima cosa notiamo che avendo concentrato la massa del sistema nelle masse concentrate, la frequenza delle aste è identicamente nulla. siccome poi il sistema è iperstatico, dovremo calcolare $\frac{n(n-1)}{2}$ coefficienti della matrice di rigidezza per poter risolvere il sistema.

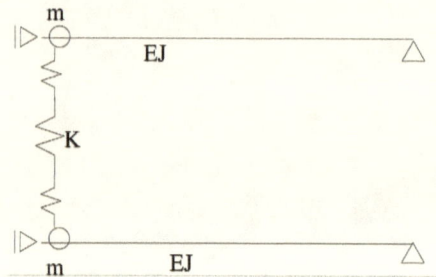

Figura 25.2: Modello ridotto della struttura precedente in cui si é fatto uso di semplificazioni dovute alla simmetria del problema.

Per simmetria, possiamo considerare solamente metà struttura, mettendo al posto dei vincoli che descrivano le condizioni di simmetria (nel caso specifico, dei pattini) (vedi figura 25.2). Mettiamo in luce la forza iperstatica (figura 25.4) e le forze sonda che posizioneremo nei punti nei quali dobbiamo scrivere le equazioni, ovvero le forze agenti sui punti materiali.

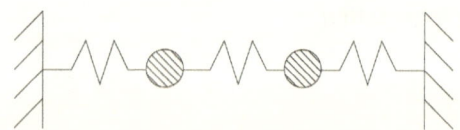

Figura 25.3: Il modello può essere ridotto ancora una volta in maniera analoga a quanto si effettua nella risoluzione dei circuiti elettrici.

La forma generale delle equazioni elastiche risulta essere

$$[f]\{P\} = \{u\} \tag{25.1}$$

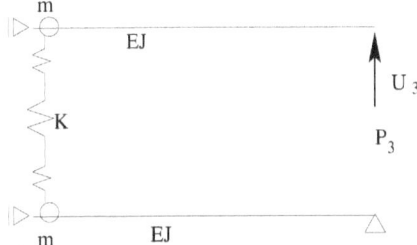

Figura 25.4: Mettiamo in luce l'incognita iperstatica.

Ricordandoci che nello specifico, $u_3 = 0$ in quanto vincolato a terra. Possiamo allora ricavare l'iperstatica P_3 come

$$0 = u_3 = \sum f_{i3}P_i \rightarrow P_3 = -\frac{f_{13}P_1 + f_{23}P_2}{f_{33}} \qquad (25.2)$$

che potrà essere sostituita nelle restanti equazioni:

$$\left(f_{11} - \frac{f_{13}^2}{f_{33}}\right)P_1 + \left(f_{12} - \frac{f_{13}f_{23}}{f_{33}}\right)P_2 = u_1 \qquad (25.3)$$

$$\left(f_{21} - \frac{f_{13}f_{23}}{f_{33}}\right)P_1 + \left(f_{22} - \frac{f_{23}^2}{f_{33}}\right)P_2 = u_2 \qquad (25.4)$$

riscrivibile come

$$[f_r]\begin{Bmatrix} P_1 \\ P_2 \end{Bmatrix} = \begin{Bmatrix} u_1 \\ u_2 \end{Bmatrix} \qquad (25.5)$$

Siccome stiamo studiando la dinamica del sistema, le forze in gioco saranno le forze inerziali, $P_i = -m_i\ddot{u}_i$, da cui l'equazione del sistema:

$$-[K]^{-1}[M]\{\ddot{u}_{12}\} = \{u_{12}\} \qquad (25.6)$$

Potevamo giungere alla scrittura del sistema anche utilizzando un approccio energetico, ad esempio tramite LAGRANGE . In particolare, la struttura ridotta può essere schematizzata come una struttura costituita da tre molle in serie vincolate a terra e con delle masse concentrate nei punti di unione fra le molle stesse (vedi figura 25.3). Questo è possibile in quanto le aste flessibili fungono da molle flessionali ($K_f = \frac{3EJ}{l^3}$).

L'energia cinetica associata al sistema è

$$T = \sum \frac{1}{2} m_i \dot{u}_i^2 = \frac{1}{2} m_1 \dot{u}_1^2 + \frac{1}{2} m_2 \dot{u}_2^2 \qquad (25.7)$$

mentre l'energia potenziale sarà data, considerando solo quella elastica:

$$U = \sum \frac{1}{2} K_j \Delta x_j^2 = \frac{1}{2} K_f u_1^2 + \frac{1}{2} K_m (u_1 - u_2)^2 + \frac{1}{2} K_f u_2^2 \qquad (25.8)$$

Le equazioni saranno ottenute dall'espressione dell'equazione di LAGRANGE :

$$\frac{\partial}{\partial t} \left(\frac{\partial L}{\partial \dot{q}} \right) + \frac{\partial L}{\partial q} = 0 \qquad (25.9)$$

dove $L = T - U$

25.2 Equazioni indefinite d'equilibrio

Figura 25.5: Struttura costituita da un'asta flessibile incernierata a terra e dotata di un carrello sull'altra estremità.

Consideriamo un'asta a massa distribuita, vincolata isostaticamente con una cerniera ed un carrello (figura 25.5). L'espressione delle linea elastica impone che

$$M_f = Ejy^{ii} \qquad (25.10)$$

scriviamo le equazioni di equilibrio dinamico nella situazione perturbata: il carico sarà dato dalle forze inerziali, qui rappresentate da un carico distribuito:

$$q = -m\ddot{y} \qquad (25.11)$$

Considerando un concio di trave infinitesimo (figura 25.6), le equazioni indefinite d'equilibrio portano a

$$\frac{dT}{dx} = -q \qquad (25.12)$$

$$\frac{dM}{dx} = -T \rightarrow \frac{d^2 M}{dx^2} = q \qquad (25.13)$$

Sfruttiamo la linea elastica:

$$(EJy^{ii})^{ii} - q = 0 \rightarrow (EJy^{ii})^{ii} + m\ddot{y} = 0 \qquad (25.14)$$

che è un'equazione differenziale alle derivate parziali. Dovremo imporre quattro condizioni al contorno in quanto l'ordine delle derivate spaziali è appunto quattro, e aggiungere inoltre due condizioni temporali (avendo a che fare con una derivata seconda rispetto al tempo):

$$y(0,t) = 0 \qquad (25.15)$$
$$y(l,t) = 0 \qquad (25.16)$$
$$y^{ii}(0,t) = 0 \qquad (25.17)$$
$$y^{ii}(l,t) = 0 \qquad (25.18)$$
$$y(x,0) = Y_0 \qquad (25.19)$$
$$\dot{y}(x,0) = \dot{Y}_0 \qquad (25.20)$$

Le prime due condizioni si dicono *essenziali*, in quanto indicano le condizioni di congruenza imposta dai vincoli. Le seconde due condizioni sono dette *naturali* e descrivono l'andamento delle azioni interne - sono *naturali* in quanto vengono verificate *naturalmente* ovvero automaticamente durante la risoluzione attraverso il principio dei lavori virtuali (se risolvessimo il problema coi lavori virtuali, queste condizioni si ottengono tramite l'arbitrarietà degli spostamenti virtuali e non c'è bisogno di imporle dall'esterno).

Nota si usa la scrittura $(EJy^{ii})^{ii}$ e non EJy^{iv} in quanto, a priori e in linea generale, le caratteristiche elastiche e geometriche della sezione non sono costanti lungo l'asse - come ad esempio in un rotore di un elicottero.

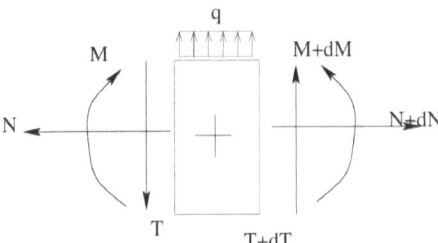

Figura 25.6: Concio di trave per la determinazione delle equazioni indefinite d'equilibrio.

25.3   Struttura a più gradi di libertà

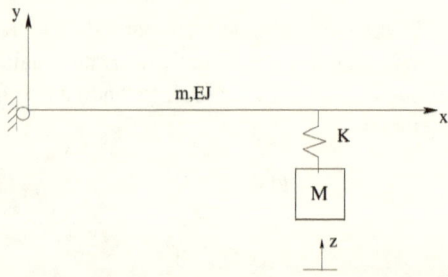

Figura 25.7: Struttura costituita da un'asta flessibile incastrata a terra e dotata di una massa oscillante sull'altra estremità. Il collegamento fra massa e asta è rappresentato da una molla, in quanto lo si assumerà flessibile.

Consideriamo una struttura a più gradi libertà, ad esempio un'asta flessibile incastrata con una massa appesa all'estremità libera tramite una molla. sia 4m4 la massa distribuita dell'asta e M la massa concentrata. Sia z la coordinata descrivente il moto assoluto della massa concentrata (figura 25.7).
utilizzando la formulazione debole, abbiamo

$$(EJy^{ii})^{ii} + m\ddot{y} = 0 \tag{25.21}$$
$$M\ddot{z} = -K(z - y(l,t)) \tag{25.22}$$

con le equazioni al contorno

$$y(0,t) = 0$$
$$y^{ii}(0,t) = 0$$
$$EJy^{ii}(l,t) = 0$$
$$(EJy^{i}(l,t))^{i} = -K(z - y(l,t))$$

Le ultime due condizioni, traducono il fatto che l'estremità libera dell'asta è priva di momento e con un'azione di taglio pari alla forza trasmessa dalla molla. A queste condizioni vanno poi aggiunte le condizioni iniziali.
Possiamo giungere allo stesso set di equazioni d'equilibrio e al contorno naturali applicando il principio dei lavori virtuali. Scriviamo l'espressione dei lavori

interni:

$$\delta L_d = \int \delta y^{ii} E J y^{ii} dx + \delta(z - y(l,t)) K(z - y(l,t)) \qquad (25.23)$$

mentre il lavoro esterno risulta:

$$\delta L_e = - \int \delta y m \ddot{y} dx - \delta z M \ddot{z} \qquad (25.24)$$

Integriamo per parti l'integrale della flessione in modo da far comparire solo δy e non le sue derivate:

$$\int_l \delta y^{ii} E J y^{ii} dx$$
$$\downarrow$$
$$\delta y^i E J^{ii}|_0^l - \int \delta y^i (E J y^{ii})^i dx \qquad (25.25)$$
$$\downarrow$$
$$\delta y^i E J^{ii}|_0^l - \delta y E J^{iii}| - 0^l + \int \delta y (E J y^{ii})^{ii} dx$$

Eguagliamo ora i due lavori, tenendo conto delle condizioni al contorno essenziali:

$$\delta y^i E J^{ii}|_l - \delta y E J^{iii}|_l + \int \delta y (E J y^{ii})^{ii} dx + \delta(z - y(l,t)) K(z - y(l,t))$$
$$= - \int \delta y m \ddot{y} dx - \delta z M \ddot{z}$$
$$(25.26)$$

Per l'arbitrarietà degli spostamenti virtuali, questa equazione deve essere verificata in qualunque situazione, dovendo quindi confrontare i termini omogenei:

$$\delta y \rightarrow (E J y^{ii})^{ii} + m \ddot{y} = 0 \qquad (25.27)$$
$$\delta y^i \rightarrow E J y^{ii}|_l = 0 \qquad (25.28)$$
$$\delta y(l,t) \rightarrow (E J y^i(l,t))^i = -K(z - y(l,t)) \qquad (25.29)$$
$$\delta z \rightarrow M \ddot{z} + K(z - y(l,t)) = 0 \qquad (25.30)$$

Come si può osservare, si sono ritrovate le condizioni naturali al contorno senza averle imposte preventivamente (a differenza di quanto fatto col metodo della linea elastica).

Si tenga conto che si può altresì partire dall'espressione delle equazioni d'equilibrio per giungere alla formulazione dei lavori virtuali. Prendiamo infatti l'equazione d'equilibrio:

$$(E J y^{ii})^{ii} + m \ddot{y} = 0 \qquad (25.31)$$

e applichiamo uno spostamento virtuale δy:

$$\delta y (EJy^{ii})^{ii} + \delta y m\ddot{y} = 0 \qquad (25.32)$$

integriamo lungo l'asse della trave:

$$\int_l \delta y (EJy^{ii})^{ii} dx + \int_l \delta y m\ddot{y} dx = 0 \qquad (25.33)$$

Integriamo per parti in modo da abbassare l'ordine di derivazione a scapito dello spostamento virtuale:

$$\delta y (EJy^{ii})^i \big|_0^l - \int_l \delta y^i (EJy^{ii})^i dx + \int_l \delta y m\ddot{y} dx = 0$$
$$\downarrow \qquad\qquad (25.34)$$
$$\delta y (EJy^{ii})^i \big|_0^l - \delta y^i (EJy^{ii}) \big|_0^l + \int_l \delta y^{ii} EJy^{ii} dx + \int_l \delta y m\ddot{y} dx = 0$$

A questo punto possiamo sostituire le altre equazioni e le condizioni al contorno (essenziali e naturali) ottenendo proprio l'espressione dei lavori virtuali vista in precedenza.

25.4   Barra di torsione

consideriamo una struttura costituita da due dischi massicci (di inerzia I_1 e I_2), collegati fra di loro da una molla torsionale. Il primo disco è vincolato a terra tramite una trave incastrata di inerzia distribuita i. Sia K la rigidezza torsionale della molla. Sia φ la posizione angolare del secondo disco, presa relativamente al primo disco. Siccome il primo disco e la trave sono saldati assieme, la coordinata angolare del disco equivale alla deformata torsionale dell'estremità della trave $(\vartheta(l))$.

Scriviamo il principio dei lavori virtuali:

$$\delta L_i = \int_0^l \delta \vartheta^i (GJ) \vartheta^i dx + \delta \varphi K_t \varphi \qquad (25.35)$$

$$\Delta L_e = -\delta \vartheta I_1 \ddot{\vartheta}(l) - \int_0^l \delta 1 \vartheta i \ddot{\vartheta} dx - \delta(\vartheta + \varphi) I_2 (\ddot{\vartheta} + \ddot{\varphi}) \qquad (25.36)$$

avendo utilizzato l'equazione della torsione elastica $M - t = GJ\vartheta^i$.

Poiché compare solo la derivata prima, possiamo integrare per parti una sola volta, ottenendo:

$$\delta L_i = \delta\vartheta GJ\vartheta^i\big|_0^l - \int_0^l \delta\vartheta(GJ\vartheta^i)^i dx + \delta\varphi K_t\varphi \qquad (25.37)$$

confrontando i termini omogenei rispetto agli spostamenti virtuali, otteniamo.

$$\delta\vartheta \rightarrow (GJ\vartheta^i)^i - i\ddot{\vartheta} = 0 \qquad (25.38)$$

$$\delta\vartheta(l) \rightarrow GJ\vartheta^i + I_1\ddot{\vartheta} + I_3(\ddot{\vartheta}(l) + \ddot{\varphi}) = 0 \qquad (25.39)$$

$$K_t\varphi + I_3(\ddot{\vartheta}(l) + \ddot{\varphi}) = 0 \qquad (25.40)$$

NOTA BENE : abbiamo indicato un generico (GJ) senza estrarlo dai termini di derivazione in quanto questo termine non è quasi mai il semplice prodotto del modulo di taglio per l'inerzia della sezione, ma un termine elasto-geometrico che descrive la sezione e può essere variabile punto-punto. In caso di una sezione modellabile a semiguscio, il termine di rigidezza torsionale della sezione si calcola come:

$$1\cdot\vartheta^i = \int \delta\tau\gamma dV = \int \sum \delta\tau_i\gamma_i t_i dS = \sum \int \delta\tau_i\gamma_i t_i dS_i = \ldots = \frac{1}{2A}\sum \frac{l_i}{G_i t_i} \qquad (25.41)$$

Introducendo un modulo di taglio elastico di riferimento, $\mathbb{G}$, possiamo scrivere

$$(GJ) = \mathbb{G}\left(\frac{1}{2A}\sum \frac{l_i}{\frac{G_i}{\mathbb{G}}t_i}\right) \qquad (25.42)$$

in questo senso possiamo dire che la rigidezza torsionale è una rigidezza moltiplicata per una caratteristica geometrica, sebbene dal lato dei calcoli effettuati, tale caratteristica *geometrica* viene in realtà pesata dalla rigidezza relativa dei materiali.

25.5 Statica dei fili

Consideriamo un filo materiale caricato con un carico distribuito q (vedi figura 25.8). Possiamo assumere una tensione T costante nel filo. Scriviamo le equazioni indefinite d'equilibrio - per fare questo dobbiamo considerare la struttura deformata. Indichiamo con x la coordinata lungo l'asse e con y la direzione trasversale:

$$Ty' + (Ty' + \frac{\partial Ty'}{\partial x}dx) + qdx = 0 \qquad (25.43)$$

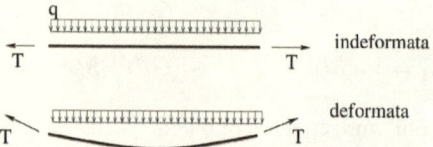

Figura 25.8: Filo teso caricato da un carico distribuito.

da cui otteniamo l'equazione

$$(Ty')' + q) = 0 \qquad (25.44)$$

Nel caso di carico concentrato, la deformata y' sarà costante (vedi figura 25.9).

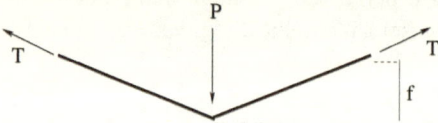

Figura 25.9: Filo teso caricato da un carico concentrato.

Si può calcolare facilmente che

$$2T \sin \vartheta = P \qquad (25.45)$$

Se supponiamo un angolo relativamente piccolo, in modo da poter confondere l'angolo con il suo seno, otteniamo

$$2Ty' = P \rightarrow 2T\frac{f}{l} = P \qquad (25.46)$$

avendo espresso la deformata (costante) come rapporto tra la freccia e la semilunghezza. Possiamo ottenere un risultato analogo utilizzando il principio dei lavori virtuali, integrando per parti il lavoro interno:

$$\int \delta y (Ty')' dx + \int \delta y a dx = \delta y (Ty')|_0^l - \int_0^l \delta y' (Ty')' y dx + \int_0^l \delta y a dx \quad (25.47)$$

Questo termine può essere utilizzato anche nel caso delle travi, aggiungendo alla flessione il contributo della forza assiale:

$$\int_0^l \delta y^{ii} E J y^{ii} dx + \int_0^l \delta y^i N y^i dx = \int q dx \qquad (25.48)$$

Si può in questa formulazione annullare il termine noto e moltiplicare per un coefficiente λ il termine dovuto alla tensione:

$$\int_0^l \delta y^{ii} EJy^{ii} dx + \int_0^l \delta y^i (\lambda N) y^i dx = 0 \qquad (25.49)$$

Otteniamo così un problema agli autovalori: il minore fra gli autovalori calcolati corrisponde, in modulo, al valore per cui bisogna moltiplicare la pretensione per ottenere il carico critico d'instabilità della trave - in particolare se abbiamo imposto una pretensione $\lambda - m$ sarà negativo, mentre risulterà positivo se abbiamo imposto una compressione.

Questo discorso sul carico critico può ritornare utile anche in ambito sperimentale: il carico critico infatti corrisponde ad una frequenza nulla ($\omega = 0$). Sperimentalmente, la condizione a frequenza nulla si trova interpolando i dati ottenuti.

CHAPTER 26

CONFRONTI DI CONVERGENZA NUMERICA

26.1 Approccio in rigidezza

Consideriamo una semiala dritta a corda costante, incastrata in radice. In generale avremo l'incidenza data da un termine di calettamento a cui s'aggiunge un termine dovuto alla deformabilità torsionale della semiala:

$$\alpha = \alpha_0 + \vartheta \tag{26.1}$$

Aeroelasticità Applicata.
By Giulio Malinverno.
Copyright © 2016 .

Possiamo allora esprimere i carichi aerodinamici, a meno della pressione dinamica q, come

$$p = cC_p(\alpha) = cC_p(\alpha_0) + cC_p(\vartheta) \tag{26.2}$$

$$m_t = ecC_p(\alpha) + c^2 C_{cma} = ecC_p(\alpha_0) + ecC_{p,\alpha}\vartheta + c^2 C_{cma} \tag{26.3}$$

26.1.1 Risoluzione analitica

Riprendiamo la relazione *costitutiva* della torsione, ovvero la relazione indefinita di EULERO :

$$(GJ\vartheta')' = qm_t \tag{26.4}$$

supponiamo che il termine di rigidezza torsionale GJ sia costante. Sostituendo la formulazione del momento aerodinamico, otteniamo

$$GJ\vartheta'' = qecC_p(\alpha_0) + qecC_{p,\alpha}\vartheta + qc^2 C_{cma} \tag{26.5}$$

che è riconducibile ad una formulazione del tipo

$$\vartheta'' + \lambda^2 \vartheta = b \tag{26.6}$$

avendo ovviamente posto che

$$\lambda^2 = q\frac{ecC_{p,\alpha}}{GJ} \tag{26.7}$$

$$b = q\frac{ecC_p(\alpha_0) + c^2 C_{cma}}{GJ} \tag{26.8}$$

La soluzione dell'omogenea associata è una forma del tipo

$$\vartheta = A\cos(\lambda x) + B\sin(\lambda x) \tag{26.9}$$

avendo indicato con x la coordinata lungo l'asse elastico. A fianco della soluzione omogenea associata, esiste la soluzione particolare (che rappresenta la soluzione al raggiungimento dell'equilibrio dinamico):

$$\vartheta_p = \frac{ecC_p(\alpha_0) + c^2 C_{cma}}{ecC_{p,\alpha}} \tag{26.10}$$

Concentriamoci sull'equazione della soluzione omogenea associata. La condizione di *congruenza* impone che alla radice alare (x=0) la torsione sia identicamente nulla, da cui otteniamo facilmente il valore $A = 0$ (*condizione al contorno essenziale*). Altresì, la condizione al contorno naturale (riferita all'estremo libero che è scarico), impone che

$$\vartheta'(x = l) = B\lambda \cos(\lambda l) = 0 \qquad (26.11)$$

Oltre alla soluzione banale $\lambda = 0$ e $B = 0$ (equivalente ad avere $\vartheta(x) \equiv 0$), esiste la soluzione tale per cui il coseno sia identicamente nullo, ovvero

$$\lambda = \pm(2n + 1)\frac{\pi}{2l} \qquad (26.12)$$

dove n assume valori interi positivi (al limite nullo). La relativa funzione caratteristica può essere normalizzata prendendo B unitario.

Possiamo così calcolare la pressione dinamica di divergenza, in base alla definizione di λ e al valore minimo di quest'ultima (con $n = 0$). Notiamo inoltre di poter scrivere tale pressione mettendo in evidenza i vari contributi:

$$q_d = \frac{\pi^2}{4} \frac{GJ}{l} \frac{1}{eSC_{p,\alpha}} \qquad (26.13)$$

Possiamo notare che il termine di divergenza sia proporzionale alle caratteristiche elastiche dell'ala e alle condizioni aerodinamiche. Il confronto con le soluzioni numeriche verrà eseguito proprio su questo fattore di proporzionalità, che indicheremo con a_t:

$$a_t = \frac{\pi^2}{4} \simeq 2.4674 \qquad (26.14)$$

Il corrispondente modo fondamentale di divergenza sarà:

$$\vartheta(x) = \vartheta_0 \cos(\frac{\pi x}{2l}) \qquad (26.15)$$

26.1.2 Risoluzione numerica tramite il metodo di RITZ

Per applicare la risoluzione numerica, scriviamo l'espressione per questo problema del principio dei lavori virtuali:

$$\int_0^l \vartheta'^t GJ\vartheta' dx = qecC_{p,\alpha} \int_0^l \vartheta^t \vartheta dx \qquad (26.16)$$

Adottiamo una notazione matriciale sviluppando lo spostamento ϑ tramite opportune funzioni di forma $[N]\,\{a\}$:

$$\{a\}^t \cdot \left[\int_0^l [N']^t\, GJ\, [N']\, dx \right] \cdot \{a\} = \{a\}^t \cdot \left[qecC_{p,\alpha} \int_0^l [N]^t\, [N]\, dx \right] \cdot \{a\}$$

(26.17)

Dobbiamo scegliere quale sviluppo polinomiale utilizzare per l'approssimazione numerica. Per semplicità, consideriamo uno sviluppo ad un'unica incognita. -scegliendo quindi o uno sviluppo lineare ($\vartheta = [x]\, a$) oppure uno sviluppo parabolico in cui si è imposta anche una condizione al contorno naturale[1], $\vartheta = \left[(x^2 - 2lx) \right] a$.

Introducendo lo sviluppo nell'equazione dei lavori virtuali, assumendo per semplicità unitari tutte le varie caratteristiche aerodinamiche ed elastiche, otteniamo ($a \doteq \lambda^2 l^2$):

- Sviluppo lineare:

$$\int_0^l 1 \cdot 1 dx \;=\; \lambda^2 \int_0^l x^2 dx$$

$$\downarrow$$

$$l \;=\; \lambda^2 \cdot \frac{l^3}{3}$$

(26.18)

$$\downarrow$$

$$a \;=\; 3$$

- Sviluppo parabolico:

$$\int_0^l (4x^2 + 4l^2 - 8lx) \cdot 1 dx \;=\; \lambda^2 \int_0^l (4x^4 + 4x^2 l^2 - 4lx^3) dx$$

$$\downarrow$$

$$\tfrac{4}{3} l^3 + 4l^3 - 4l^3 \;=\; \lambda^2 \cdot \left(\tfrac{1}{5} l^5 + \tfrac{4}{3} l^5 - l^5 \right)$$

(26.19)

$$\downarrow$$

$$a \;=\; 2,5$$

Possiamo passare ora a considerare sviluppi di ordine superiore utilizzando polinomi di grado maggiore, con funzioni di forma che soddisfino solamente la

---

[1]Le funzioni di forma sono obbligate a soddisfare necessariamente solo le condizioni al contorno *essenziali*. Imponendo anche le condizioni al contorno *naturali* ci permette di ridurre le incognite. Nel caso particolare, imponendo l'estremità scarica, si è ridotto il numero di incognite da due ad una sola.

condizione al contorno essenziale. Lo sviluppo del second'ordine sarà quindi
$\vartheta = \begin{bmatrix} x & x^2 \end{bmatrix} \cdot \begin{Bmatrix} q_1 \\ q_2 \end{Bmatrix}$, mentre lo sviluppo del terz'ordine sarà $\vartheta = \begin{bmatrix} x & x^2 & x^3 \end{bmatrix} \cdot$

$\begin{Bmatrix} q_1 \\ q_2 \\ q_3 \end{Bmatrix}$. Sostituendo tali sviluppi all'interno dell'espressione dei lavori virtuali,

avremo a che fare con sistemi omogenei del tipo (considerando l'ordine due):

$$\begin{bmatrix} l & l^2 \\ l^2 & \frac{4}{3}l^3 \end{bmatrix} \cdot \{q\} = \lambda^2 \begin{bmatrix} \frac{1}{3}l^3 & \frac{1}{4}l^4 \\ \frac{1}{4}l^4 & \frac{1}{5}l^5 \end{bmatrix} \cdot \{q\} \tag{26.20}$$

La ricerca del parametro di confronto risulta allora essere la risoluzione di un problema agli autovalori / autovettori, nel quale l'autovalore è proprio il parametro a, mentre gli autovettori risultano essere le coordinate generalizzate $\{q\}$. Nel caso di questi ultimi, avendo imposto che il sistema delle equazioni originario sia linearmente indipendente, abbiamo dovuto aggiungere un'ulteriore incognita - in particolare, si è aggiunta la condizione di normalizzazione tale per cui la funzione ϑ sia unitaria in corrispondenza di $x = l$ (per semplicità assumiamo lunghezza della trave arbitraria). In tal modo abbiamo:

$$\begin{bmatrix} 1 - \lambda^2 \frac{1}{3}l^3 & l^2 - \lambda^2 \frac{1}{4}l^4 \\ l & l \end{bmatrix} \cdot \{q\} = \begin{Bmatrix} 0 \\ 1 \end{Bmatrix} \tag{26.21}$$

Definendo l'errore percentuale come (a_t valore teorico, a_r valore calcolato tramite RITZ):

$$\varepsilon = \frac{a_t - a_r}{a_t} \cdot 100$$

otteniamo i valori riportati in tabella:

grado	$a_r \doteq (l\lambda)^2$	ε
1	3,00	-21,5854203708053
2	2,48596169911994	-0,75223273773981
3	2,46773816252451	-0,01366061854047
4	2,46740446974658	-0,00013655964716
5	2,46740112152813	-8,6146461E-07
6	2,46740110036586	-3,79009E-09
7	2,46740110029398	-8,7698E-10
8	2,46740110031774	-1,83993E-09
9	2,46740110062983	-1,448871E-08
10	2,46740110007641	7,9406E-09
11	2,46740107678641	9,5184886E-07
12	2,46740105901987	1,67189972E-06
13	2,46740096161485	5,6195764E-06
14	2,46740110672124	-2,6136426E-07
15	2,46740081005911	1,176189917E-05
16	2,46740101899791	3,29392868E-06
17	2,46740109808149	8,879174E-08
18	2,46740053128126	2,30603397E-05
19	2,46739258218091	0,00034522524242
20	2,46740053430806	2,293766847E-05

In figura 26.1 è rappresentato l'andamento dell'errore sul parametro a, mentre in figura 26.2 è riportato l'andamento dello spostamento ϑ. si può osservare come già con il polinomio di terzo grado, l'andamento sia indistinguibile ad occhio nudo da quello teorico.

Di particolare interesse è anche la scrittura della derivata dello spostamento, ϑ', al fine di verificare l'accuratezza del metodo utilizzato non solo per quanto riguardo lo spostamento ma anche sulle deformazioni (e implicitamente sugli sforzi). In figura 26.3 è riportato l'andamento della derivata e notiamo come la condizione naturale al contorno sia soddisfatta, oltre che dalla soluzione analitica, anche da quella parabolica ad un'incognita. Questo risultato può sembrare ovvio, in quanto abbiamo imposto tale condizione allo sviluppo parabolico ad un'incognita. è necessario tuttavia fare questa verifica proprio perché è un ulteriore controllo: se

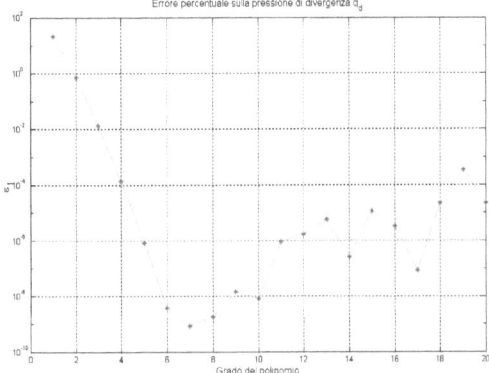

Figura 26.1: Errore percentuale sulla pressione di divergenza p_d

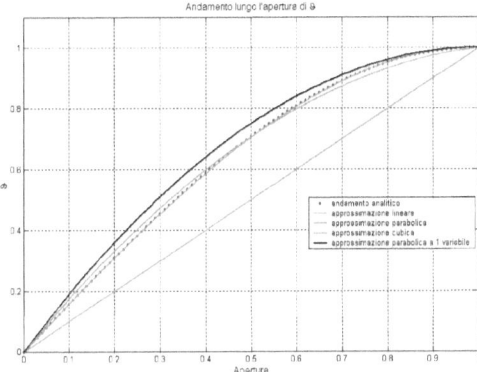

Figura 26.2: Confronto dello spostamento calcolato col metodo di RITZ e confrontato con la soluzione analitica. Si può vedere come l'approssimazione di terzo grado sia già quasi indistinguibile ad occhio.

non fosse stata verificata la condizione naturale, ci saremmo automaticamente accorti di un errore di fondo (numerico o di programmazione). Si noti come le altre approssimazioni non passino per lo zero, sia perché di grado non elevato (es. parabolico a due incognite), piuttosto che troppo elevato (a causa di instabilità numerica). Nella seguente tabella riportiamo l'errore sulla derivata:

grado	errore
Lineare	1
Parabolica	0,18116531231932
Cubica	-0,02283672848689
Quarto grado	0,00915124213077
Quinto grado	0,01264712019797
Sesto grado	0,01235524453553

A scopo puramente descrittivo, si riporta l'andamento dell'errore percentuale anche per sviluppi fino al 150° grado. si può notare come l'andamento dell'errore sia notevolmente casuale, dopo l'iniziale decrescita.

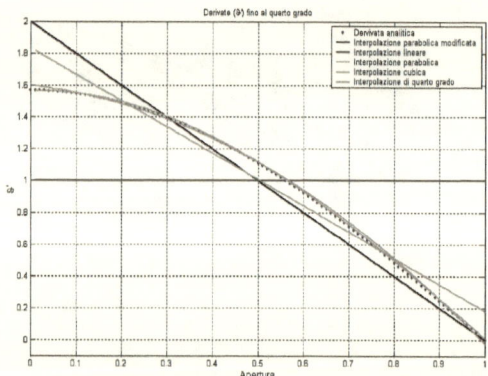

Figura 26.3: Confronto della derivata calcolata col metodo di RITZ e confrontata con la soluzione analitica.

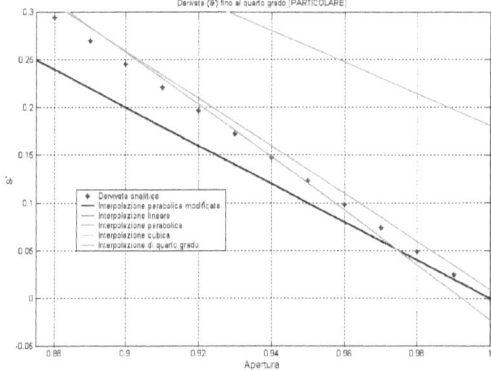

Figura 26.4: Confronto della derivata calcolata col metodo di RITZ e confrontata con la soluzione analitica - dettaglio.

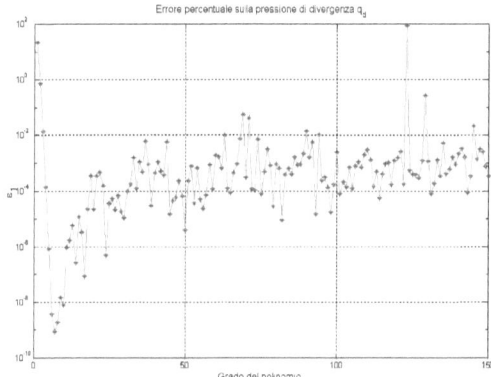

Figura 26.5: Errore percentuale sulla pressione dinamica calcolato fino a polinomi di ordine 150. Si può notare come l'errore si riduca in maniera regolare fino al polinomio di grado 7, per poi assumere un andamento impredicibile, segno di instabilità numerica.

26.2 Approccio in flessibilità

Accanto all'approccio tramite le equazioni di equilibrio (quindi con una risoluzione delle forze agenti), possiamo tentare di risolvere il problema aeroelastico tramite un approccio in flessibilità imponendo non 'equilibrio ma la congruenza (approccio in flessibilità). Per semplicità espositiva, consideriamo solamente le perturbazioni rispetto ad una soluzione di equilibrio già identificata.

sotto queste ipotesi, il carico aerodinamico, ovvero la perturbazione del carico aerodinamico, si può riscrivere come (a meno della pressione dinamica):

$$p \doteq \Delta p = cC_{pe}; \tag{26.22}$$
$$m_t \doteq \Delta m_t = ecC_{pe}; \tag{26.23}$$

a cui aggiungere l'equazione di congruenza aeroelastica:

$$\alpha_e = \vartheta \tag{26.24}$$

d'altra parte abbiamo anche la seguente relazione;

$$\alpha_e = \frac{cC_{pe}}{cC_{p,\alpha}} \tag{26.25}$$

Possiamo allora riscrivere l'espressione dell'angolo di incidenza attraverso il coefficiente d'influenza:

$$\vartheta(x) = q \int_0^\eta C_{\vartheta\vartheta}(x,\eta)\Delta m_t d\eta \tag{26.26}$$

ovvero

$$\vartheta(x) = q \int_0^\eta C_{\vartheta\vartheta}(x,\eta) \cdot ecC_{pe}d\eta = \frac{cC_{pe}}{cC_{p,\alpha}} \tag{26.27}$$

26.2.1 Collocazione semplice

Adottiamo come metodo numerico risolutivo la *collocazione semplice*, supponendo quindi un andamento di cC_{pe} costante a tratti. Detta P_i la risultante dal carico sul tratto i-esimo, passante per il punto di mezzeria del tratto stesso. L'integrale esteso sull'apertura può allora essere scomposto in una sommatoria finita di integrali, il cui argomento è costante. Otterremo allora l'espressione:

$$q[F]\{M\} = \frac{1}{C_{p,\alpha}}[I]\{\Delta P_e\} \tag{26.28}$$

mentre

$$\{M\} = e\,[\Delta x]\,\{\Delta P_e\} \tag{26.29}$$

Supponendo di aver suddiviso equamente l'apertura alare ($\Delta x = \frac{l}{n}$), otterremo:

$$q\,[F]\,e\,[\Delta x]\,\{\Delta P_e\} = \frac{1}{C_{p,\alpha}}\{\Delta P_e\} \tag{26.30}$$

ovvero

$$qecC_{p,\alpha}\Delta x\,[F]\,\{\Delta P_e\} = \{\Delta P_e\} \tag{26.31}$$

dove si è indicata con $[i]$ la matrice identità e con $\{\Delta P_e\}$ il vettore contenente gli n-esimi carichi.

Ora, la matrice di flessibilità $[F]$ può essere calcolata col mezzo a disposizione ritenuto più congeniale (es. tramite un modello ad elementi finiti) ed è quindi probabile averla già a disposizione senza doverla calcolare necessariamente per le analisi aeroelastiche. Possiamo tuttavia calcolarla a mano nel nostro caso, assumendo il termine di rigidezza torsionale costante:

$$[F] = \frac{1}{(GJ)}\begin{bmatrix} \frac{1}{2n} & \cdots & \cdots & \cdots & \frac{1}{2n} \\ & & \frac{2i-1}{2n} & \cdots & \frac{2i-1}{2n} \\ & & & \cdots & \\ \text{simm.} & & & & \frac{2n-1}{2n} \end{bmatrix} = \frac{1}{(GJ)}[F*] \tag{26.32}$$

Possiamo riscrivere le equazioni mettendo in luce il parametro λ^2:

$$\frac{qecC_{p,\alpha}}{GJ}\frac{l^2}{n}\,[F*]\,\{\Delta P_e\} = \{\Delta P_e\} \tag{26.33}$$

ovvero

$$\lambda^2\frac{1}{n}\,[F*]\,\{\Delta P_e\} = \{\Delta P_e\} \tag{26.34}$$

da cui

$$(\lambda^2\frac{1}{n}\,[F*] - [I])\,\{\Delta P_e\} = 0 \tag{26.35}$$

Possiamo confrontare i risultati numerici con quelli teorici come fatto analogamente con l'approccio in forza. A differenza di quanto trovato nell'approccio in rigidezza, qui non sembrano manifestarsi problemi di instabilità numerica, in quanto l'errore percentuale ha sempre (almeno per il numero di suddivisioni considerato) un andamento decrescente, quasi tendente ad un valore asintotico (26.6)

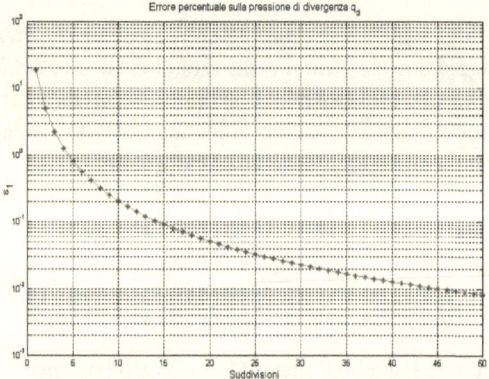

Figura 26.6: Errore percentuale sulla pressione dinamica calcolato con approccio in flessibilità e collocazione semplice. La discretizzazione spaziale è stata effettuata con tratti uniformi.

Parte VI

L'APPROCCIO MODERNO ALL'AEROELASTICITÀ

CHAPTER 27

APPROCCIO MODERNO

Studiare l'aeroelasticità in ambito temporale presente alcuni vantaggi rispetto l'approccio classico, in particolare:

- non risente dei modi semplicemente stabili in quanto integra tutto senza problemi;

- permette lo sviluppo di simulazioni complete di fenomeni aeroelastici, in quanto basandosi su integrazioni, si possono tener in conto variazioni temporali, mentre nell'approccio in frequenza i fenomeni devono essere tutti presenti.

Il concetto di partenza è quello di conoscere le matrici $[H_{am}]$ e $[H_{ag}]$ in alcune situazioni (ad esempio tramite "sperimentazioni numeriche") ovvero tabulando-

Aeroelasticità Applicata.
By Giulio Malinverno.
Copyright © 2016 .

ne i valori sotto opportune condizioni. Avremo quindi, a meno della pressione dinamica,

$$\{Q_a(t)\} = \begin{bmatrix} [H_{am}] & [H_{ag}] \end{bmatrix} \begin{Bmatrix} \{q\} \\ \{V_g\} \end{Bmatrix} \tag{27.1}$$

Rappresentando l'aerodinamica, che è un sistema dinamico, con uno schema a blocchi:

$$\{Q_a(t)\} \quad \leftarrow \quad A \quad \leftarrow \quad \{q(t)\}$$
$$\uparrow$$
$$\{V_g(t)\}$$

Ora, A è un sistema dinamico lineare tempo invariante asintoticamente stabile e quindi, proprio grazie alla linearità e alla tempo-invarianza, può essere espresso come:

$$\{\dot{x}_a\} = [A]\{x_a\} + [B] \begin{Bmatrix} \{q\} \\ \{V_g\} \end{Bmatrix}$$
$$\{Q_a(t)\} = [C]\{x_a\} + [D] \begin{Bmatrix} \{q\} \\ \{V_g\} \end{Bmatrix} \tag{27.2}$$

Abbiamo allora un problema di identificazione del modello matematico del sistema, ovvero dobbiamo calcolare le matrici $[A]$, $[B]$, $[C]$ e $[D]$ in modo da verificare i valori tabulati (quelli ottenuti per esempio tramite le prove sperimentali numeriche).

Passando nel campo della frequenza, abbiamo

$$\{Q_a\} = \left([C](s[I] - [A])^{-1}[B] + [D]\right) \begin{Bmatrix} \{q\} \\ \{V_g\} \end{Bmatrix} \tag{27.3}$$

La matrice di trasferimento $\left[[C](s[I] - [A])^{-1}[B] + [D]\right]$ deve infatti coincidere con $\begin{bmatrix} [H_{am}] & [H_{ag}] \end{bmatrix}$ nei punti di controllo valutati a priori.

In particolare si possono aggiungere altre condizioni, ad esempio:

- $[A]$ deve essere asintoticamente stabile;

- minimizzare le dimensioni delle matrici;

- avere un certo decadimento.

Inoltre, qualora non si potesse avere una ricopertura perfetta, si potrebbe applicare un criterio di ottimizzazione, ad esempio in norma (minimi quadrati) oppure sui singoli valori. Tra le altre cose questo metodo può essere applicato al posto dello *sviluppo p-k* nell'approccio in frequenza.

Qualora poi si disponesse direttamente di $[A]$, $[B]$, $[C]$ e $[D]$, si potrebbe procedere direttamente con la risoluzione di un sistema lineare tempo-invariante asintoticamente stabile.

Poiché le equazioni dell'aerodinamica vanno accoppiate con quelle strutturali,

$$[M]\{\ddot{q}\} + [C]\{\dot{q}\} + [K]\{q\} = \{Q\} + q\{Q_a\} \tag{27.4}$$

e poiché in queste ultime compaiono anche $\{\ddot{q}\}$ e $\{\dot{q}\}$, si può pensare di aumentare la precisione e la corrispondenza aumentando il numero di ingressi, in particolare, aggiungendo proprio $\{\ddot{q}\}$ e $\{\dot{q}\}$, operando così una specie di residualizzazione dinamica:

$$[D] \left\{ \begin{matrix} \{q\} \\ \{V_g\} \end{matrix} \right\} \rightarrow [D_0] \left\{ \begin{matrix} \{q\} \\ \{V_g\} \end{matrix} \right\} + [D_1] \left\{ \begin{matrix} \{\dot{q}\} \\ \{\dot{V}_g\} \end{matrix} \right\} + [D_2] \left\{ \begin{matrix} \{\ddot{q}\} \\ \{\ddot{V}_g\} \end{matrix} \right\} \tag{27.5}$$

Ora, l'aerodinamica dipende dalla frequenza complessa p. Riscriviamo correttamente il carico aerodinamico come:

$$\{Q_a\} = \left([C] \left(s[I] - [A] \right)^{-1} [B] + [D_0] + p[D_1] + p^2[D_2] \right) \left\{ \begin{matrix} \{q\} \\ \{V_g\} \end{matrix} \right\} \tag{27.6}$$

Per poter fare l'identificazione del modello matematico, bisogna valutare quest'espressione in jk. Fatta l'identificazione otterremo il sistema:

$$p\{x_a\} = [A]\{x_a\} + [B] \left\{ \begin{matrix} \{q\} \\ \{V_g\} \end{matrix} \right\}$$

$$\{Q_a\} = [C]\{x_a\} + \left([D_0] + p[D_1] + p^2[D_2] \right) \left\{ \begin{matrix} \{q\} \\ \{V_g\} \end{matrix} \right\} \tag{27.7}$$

Ora, le equazioni strutturali sono espresse in termini di frequenza s. Dobbiamo sostituire $p = s\frac{l_a}{V_\infty}$:

$$s\frac{l_a}{V_\infty}\{x_a\} = [A]\{x_a\} + [B] \left\{ \begin{matrix} \{q\} \\ \{V_g\} \end{matrix} \right\}$$

$$\{Q_a\} = [C]\{x_a\} + \left([D_0] + s\frac{l_a}{V_\infty}[D_1] + s^2 \left(\frac{l_a}{V_\infty} \right)^2 [D_2] \right) \left\{ \begin{matrix} \{q\} \\ \{V_g\} \end{matrix} \right\} \tag{27.8}$$

A questo punto possiamo tornare nel tempo:

$$
\begin{aligned}
\{\dot{x}_a\} &= \tfrac{V_\infty}{l_a}[A]\{x_a\} + \tfrac{V_\infty}{l_a}[B]\left\{\begin{array}{c}\{q\}\\\{V_g\}\end{array}\right\}\\[2mm]
\{Q_a\} &= [C]\{x_a\} + [D_0]\left\{\begin{array}{c}\{q\}\\\{V_g\}\end{array}\right\} + \tfrac{l_a}{V_\infty}[D_1]\left\{\begin{array}{c}\{\dot{q}\}\\\{\dot{V}_g\}\end{array}\right\} + \\[2mm]
&\quad + \left(\tfrac{l_a}{V_\infty}\right)^2 [D_1]\left\{\begin{array}{c}\{\ddot{q}\}\\\{\ddot{V}_g\}\end{array}\right\}
\end{aligned}
\qquad (27.9)
$$

NOTA: ci si ricordi che le precedenti relazioni dipendono dal numero di MACH .

27.1 Metodo di ROGERS-RICHARDSON

Quest'approssimazione consiste nel rappresentare il termine $[C](p[I] - [A]^{-1})[B]$ tramite la sommatoria

$$
\sum_i \frac{[E_i]}{p - \bar{p}_i}
\qquad (27.10)
$$

dove $\bar{p}_i$ rappresentano i poli assegnati a priori.

In questo modo avremo corrispondenza termine a termine fra $\Big[[H_{am}] \quad [H_{ag}]\Big]$ e la matrice di trasferimento del sistema:

$$
\sum_i \frac{[e_i]}{p_k - \bar{p}_i} + d_0 + p_k d_1 + p_k^2 d_2 = h(p_k)
\qquad (27.11)
$$

Ci bastano allora solo $\frac{n}{2}$ calcoli su h per determinare il sistema, indicando con n è il numero delle incognite.

L'approccio agli stati diviene allora:

$$
\begin{aligned}
p\{x_a\} &= \begin{bmatrix}[p_1] & & \\ & [p_2] & \\ & & \ldots\end{bmatrix}\{x_a\} + \begin{bmatrix}[E_1]\\ [E_2]\\ \ldots\end{bmatrix}\left\{\begin{array}{c}\{q\}\\\{V_g\}\end{array}\right\}\\[3mm]
\{Q_a\} &= \Big[[I] \quad [I] \quad \ldots\Big]\{x_a\} + \big([D_0] + p[D_1] + p^2[D_2]\big)\left\{\begin{array}{c}\{q\}\\\{V_g\}\end{array}\right\}
\end{aligned}
\qquad (27.12)
$$

Abbiamo sempre supposto che l'aerodinamica fosse priva di poli instabilizzanti. In effetti qui non è necessario imporre tale condizione. Si trova infatti che molto raramente si hanno poli instabili e ancora più raramente questi poli provocano un flutter più piccolo di quello provocato dalla struttura. Concettualmente i flutter possono essere generati da qualsiasi sottosistema del sistema aeroelastico, sebbene sia la parte strutturale nella consuetudine dei casi a generali. Se capita allora un flutter provocato dalla parte aerodinamica, è bene verificare l'individuazione, perché cambiando l'identificazione non si sono più trovati.

CHAPTER 28

ANALISI STOCASTICA

Consideriamo un fenomeno quale ad esempio la raffica. Nella progettazione classica la raffica viene rappresentata con uno scalino oppure con una funzione proporzionale a (1-coseno), introducendo eventualmente per quest'ultimo un fattore di attenuazione ξ. In realtà la raffica non ha un profilo così regolare come quelli descritti in quanto è un processo *non deterministico*, descrivibile in modo casuale o *stocastico* (in tal senso viene allora chiamata *turbolenza*). A causa di questo, mancando una legge deterministica che descriva i carichi, si deve procedere per via probabilistica.

Consideriamo ad esempio un andamento misurato (sperimentalmente o numericamente) per un certo tempo, come quello rappresentato in figura 28.1. Se il tempo di misura è molto grande, *probabilmente* questa curva descrive tutte le possibili

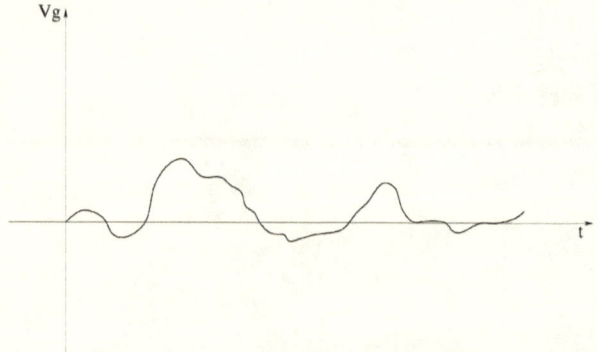

Figura 28.1: Andamento casuale di una grandezza quale la raffica.

raffiche[1].

Discretizziamo allora il campo di misura attraverso una griglia e registriamo in una tabella per intervalli di V_g la loro molteplicità, ottenendo una tabella simile a questa:

ΔV_g	$V_1 - V_2$	$V_2 - V_3$	$V_3 - V_4$	...
N	N_1	N_2	N_3	...

Dove N_1 rappresenta il numero di volte in cui i punti di misura sono rientrati nel relativo intervallo. Possiamo allora tracciare un istogramma $V - n$ come in figura 28.2.

Supponiamo che l'istogramma sia stazionario, ovvero non dipenda né dal tempo né dal luogo in cui si prenda. Questa caratteristica prende il nome di *stazionarietà della descrizione probabilistica*.
Sia

$$N \triangleq \sum_i n_i \qquad (28.1)$$

Definiamo frequenza il rapporto:

$$f_i = \frac{n_i}{N} \qquad (28.2)$$

---

[1]Tuttavia, proprio per il carattere casuale della raffica e l'approccio probabilistico adottato, nulla vieta che a tempo maggiore di quello fino a cui si è misurato, succeda qualche nuovo evento imprevisto.

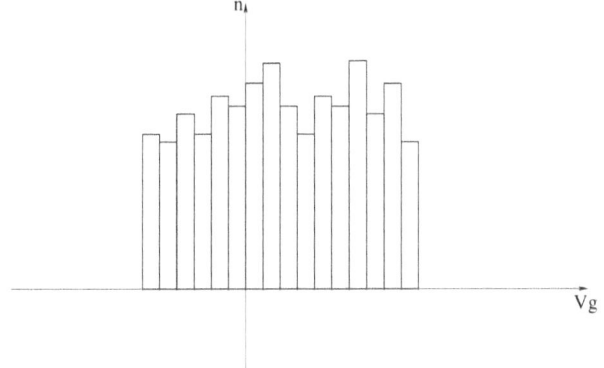

Figura 28.2: Densità di distribuzione di probabilità

Dalla sua definizione, consegue che la frequenza può assumere solamente valori compresi fra 0 e 1. Possiamo allora tentare di ottenere una legge $f_i = f_i(V_g)$ con la condizione:

$$1 = \sum_i f_i \tag{28.3}$$

Possiamo introdurre altre quantità utili per valutare la distribuzione. Definiamo la **media** come

$$\mu_{V_g} \triangleq \sum \frac{n_i \cdot V_{g,i}}{N} = \sum f_i \cdot V_{g,i} \tag{28.4}$$

avendo indicato con $V_{g,i}$ il valore medio assunto nell'intervallo i-esimo.
Lo **scarto quadratico medio** viene definito come

$$\sum \frac{n_i \cdot (V_{g,i} - \mu_{V_g})^2}{N} \tag{28.5}$$

dunque lo *scostamento* (o *varianza*) σ^2 viene definito

$$\sigma_{V_g}^2 \triangleq f_i \cdot (V_{g,i} - \mu_{V_g})^2 \tag{28.6}$$

Possiamo allora riformulare la legge da trovare:

$$f_i = f_i(V_g) \rightarrow f_i = f_i(\mu, \sigma^2)$$

Inoltre possiamo interpolare la densità di distribuzione di probabilità in modo da ottenere una curva più regolare, la $p(V_g, \mu_{V_g}, \sigma^2_{V_g})$, *densità di probabilità*[2].

L'area sottesa dalla curva continua fra una $f(V_i)$ e una $f(V_j)$ è la probabilità che l'evento accada fra queste due velocità. La probabilità di una generica V_g sarà allora data da:

$$P(V_g) = \int_{-\infty}^{V_g} p(V_g)dV_g \tag{28.7}$$

Possiamo riscrivere le espressioni di media e di varianza in termini di densità di probabilità, ottenendo

$$\mu_{V_g} = \frac{1}{2T} \int_{-T}^{+T} V_g(t)dt = \int_{-\infty}^{+\infty} V_g p(V_g)dV_g = \lim_{T\to\infty} \frac{1}{2T} \int_{-T}^{+T} V_g(\tau - t)dt \tag{28.8}$$

dove l'ultimo passaggio è stato reso possibile dalla stazionarietà, per cui quest'integrale non deve dipendere né dalla lunghezza della misura né dall'origine dei tempi.

Analogamente,

$$\sigma^2_{V_g} = \lim_{T\to\infty} \frac{1}{2T} \int_{-T}^{+T} \left(V_g(\tau - t) - \mu_{V_g}\right)^2 dt = \int \left(V_g(t - \tau) - \mu_{V_g}\right)^2 p(V_g)dV_g \tag{28.9}$$

Se dovesse comparire una dipendenza da T o da τ, l'istogramma non sarebbe più stazionario. Un processo che non dipende né da T né da τ viene detto *ergodico*. Si tenga conto che l'*ergodicità* è una forma più forte di stazionarietà.

In questo modo abbiamo ottenuto una descrizione del carico o comunque di una forzante. Possiamo adottare un analogo processo per la risposta, determinando dalla risposta classica quella stocastica.

Grazie all'ergodicità, se applichiamo uno forzante ergodica, otterremo una risposta ergodica[3].

Consideriamo un sistema a ingresso e uscita singolari (SISO). Come di consueto avremo:

$$y(t) = \int_{-\infty}^{+\infty} h(t - \tau)u(\tau)d\tau = \int_{-\infty}^{+\infty} h(\tau)u(t - \tau)d\tau \tag{28.10}$$

---

[2]Questa quantità può essere intesa come il corrispettivo in continuo delle frequenza
[3]I valori di μ e di σ della risposta sono ovviamente differenti da quelli dei corrispettivi della forzante.

Indichiamo l'integrale in media

$$\oint dt \triangleq \lim_{T \to \infty} \frac{1}{2T} \int_{-T}^{+T} dt \qquad (28.11)$$

Allora, utilizzando l'integrale in media, possiamo vedere che:

$$\mu_y = \oint y(t)dt = \oint \int_{-\infty}^{+\infty} h(\tau)u(t - \tau)d\tau dt =$$

$$= \int_{-\infty}^{+\infty} h(\tau)\oint u(t - \tau)dt d\tau = \int_{-\infty}^{+\infty} h(\tau)\mu_u d\tau =$$

$$= \mu_u \int_{-\infty}^{+\infty} h(\tau)d\tau = \mu_u H(0)$$

è la stessa cosa che si otterrebbe a transitorio concluso, con un ingresso a scalino di valore μ_u. La media dunque ha un comportamento deterministico.
Per un sistema a più ingressi e più uscite,

$$\{\dot{x}\} = [A]\{x\} + [B]\{u\};$$
$$\{y\} = [C]\{x\} + [D]\{u\};$$

applicando l'operatore di interazione in media

$$\oint \{\dot{x}\}\, dt = \oint [A]\{x\}\, dt + \oint [B]\{u\}\, dt;$$
$$\oint \{y\}\, dt = \oint [C]\{x\}\, dt + \oint [D]\{u\}\, dt;$$

che può essere riscritto facilmente come:

$$\oint \{\dot{x}\}\, dt = [A]\oint \{x\}\, dt + [B]\oint \{u\}\, dt = [A]\{\mu_x\} + [B]\{\mu_u\};$$
$$\oint \{y\}\, dt = [C]\oint \{x\}\, dt + [D]\oint \{u\}\, dt = [C]\{\mu_x\} + [D]\{\mu_u\}; \qquad (28.12)$$

Grazie all'ergodicità si può dimostrare che

$$\mu_{\dot{x}} = M\!\!\!\!\int \{\dot{x}\}\, dt =$$

$$= \lim_{T \to \infty} \int_{-T}^{+T} \{\dot{x}\}\, dt =$$

$$= \lim_{T \to \infty} \int_{-T}^{+T} \frac{d\{x\}}{dt}\, dt = \qquad (28.13)$$

$$= \lim_{T \to \infty} \int_{-T}^{+T} d\{x\} =$$

$$= \lim_{T \to \infty} \frac{x(+T) - x(-T)}{T}$$

Trattandosi di un sistema ergodico, $x(T)$ e $x(-T)$ non possono che assumere valori limitati. Allora anche la loro differenza assumerà valori limitati: poiché il denominatore tende all'infinito, abbiamo dimostrato che $\mu_{\dot{x}} = M\!\!\!\!\int \{\dot{x}\}\, dt = 0$.
Il sistema allora diviene:

$$0 = [A]\{\mu_x\} + [B]\{\mu_u\};$$
$$\mu_y = [C]\{\mu_x\} + [D]\{\mu_u\};$$

da cui

$$\mu_y = \underbrace{\left(-[C][A]^{-1}[B] + [D]\right)}_{[H(0)]} \{\mu_u\}; \qquad (28.14)$$

Studiando la risposta con solo la media e la varianza dell'ingresso, arriviamo a stabilire che ingressi con la stessa media e la stessa varianza produrranno la stessa risposta. Tuttavia questo è in contrasto con quanto comunemente si sperimenta. Proviamo a calcolare la varianza della risposta per sistemi SISO:

$$\sigma_{yy}^2 = M\!\!\!\!\int (y(t) - \mu_y)^2\, dt = M\!\!\!\!\int \left(\int_{-\infty}^{+\infty} h(\tau) u(t - \tau) d\tau - \mu_y \right)^2 dt \qquad (28.15)$$

Per quante sostituzioni si possano fare e per quante integrazioni per parti si possano applicare, non si giunge per quest'integrale a nessuna forma comoda da maneggiare. Questo fatto sottolinea ancora una volta il fatto che media e varianza non sono sufficienti a descrivere tutti gli aspetti che i fenomeni casuali possono mostrare.

Introduciamo ulteriori quantità che ci possano venire incontro, la *funzione di autocorrelazione* (o semplicemente *correlazione*):

$$r_{xx}(\tau) \triangleq M\!\!\int x(t)x(t+\tau)dt \tag{28.16}$$

e la *funzione di autocovarianza* o *covarianza*:

$$K_{xx}(\tau) \triangleq M\!\!\int (x(t) - \mu_x)\,(x(t+\tau) - \mu_x)dt \tag{28.17}$$

In questo modo riusciamo ad ottenere degli operatori che tengono conto, in modo deterministico, delle variazioni temporali di un processo stocastico. Vediamo alcune proprietà di queste importanti funzioni.

Si dimostra che la correlazione equivale alla covarianza depurata dalla media:

$$
\begin{aligned}
K_{xx} &= M\!\!\int (x(t) - \mu_x)\,(x(t+\tau) - \mu_x)dt = \\
&= M\!\!\int \left(x(t)x(t-\tau) - \mu x(t) - \mu x(t-\tau) + \mu^2 \right) dt = \\
&= M\!\!\int x(t)x(t-\tau)dt - \mu M\!\!\int x(t)dt - \mu M\!\!\int x(t-\tau)dt + \mu^2 M\!\!\int dt = \\
&= r_{xx} - \mu_x^2 - \mu_x^2 + \mu_x^2 = r_{xx} - \mu_x^2
\end{aligned}
$$

Queste quantità vengono definite *auto*-correlazioni e *auto*-covarianze perché accanto a queste esistono le *inter*-correlazioni e le *inter*-covarianze. Le *auto* - caratteristiche imparentano una funzione con la stessa funzione traslata di τ, mentre le *inter*-caratteristiche imparentano funzioni differenti:

$$r_{xy}(\tau) \triangleq M\!\!\int x(t)y(t+\tau)dt \tag{28.18}$$

$$K_{xy}(\tau) \triangleq M\!\!\int (x(t) - \mu_x)\,(y(t+\tau) - \mu_y)dt \tag{28.19}$$

La relazione che lega autocovarianza e autocorrelazione può essere riscritta anche per le inter-quantità:

$$K_{xy} = r_{xy} - \mu_x \mu_y \qquad (28.20)$$

Valutando r_{xx} in $-\tau$ otteniamo:

$$
\begin{aligned}
r_{xx}(-\tau) &= M\!\!\!\!\int x(t)x(t-\tau)dt = \\
&= \text{ponendo } v = t - \tau \text{ da cui } dv = dt \\
&= M\!\!\!\!\int x(v+\tau)x(v)dv = \\
&= M\!\!\!\!\int x(v)x(v+\tau)dv = \\
&= r_{xx}(\tau)
\end{aligned}
$$

L'autocorrelazione è dunque una funzione simmetrica.

L'applicazione dell'integrale in media $M\!\!\!\!\int dt$ su due funzioni produce una funzione deterministica imparentando una funzione con l'altra traslata:

- data la simmetria imparentando una funzione armonica con se stessa ma traslata, si ottiene ancora una funzione armonica e dunque si perde il contributo della fase;

- analogamente, se si prende un disturbo e se ne calcola l'autocorrelazione si ottiene un valore che tanto è più piccolo tanto più è caotico il disturbo stesso.

Queste due proprietà sono utili per pulire un segnale dal rumore o perfino per trovare un segnale armonico all'interno di una misura che altrimenti sembrerebbe puro rumore. Supponiamo di avere infatti il segnale sporcato da un disturbo, $s + \varepsilon$. Facendone l'autocovarianza otteniamo: $s^2 + 2s\varepsilon + \varepsilon^2$. Ora, s^2 non modifica il segnale, s e ε non sono fra loro correlati e il quadrato del rumore tende a zero quanto più grande è τ.

Enunciate le proprietà di correlazione e di covarianza, ritorniamo al problema che ce le ha fatte introdurre, ovvero l'analisi della risposta. In effetti il calcolo della varianza della risposta è un problema malposto. Più correttamente dovremo calcolare la covarianza della risposta[4]

$$
\begin{aligned}
K_{yy}(\tau) &= \oint (y_{(t)} - \mu_y)(y_{(t+\tau)} - \mu_y)dt = \\
&= \oint \int_\infty h(v)(u_{(t-v)} - \mu_u)dv \int_\infty h(w)(u_{(t+\tau-w)} - \mu_u)dwdt = \\
&= \int_\infty \int_\infty h(w)h(v)\oint (u_{(t-v)} - \mu_u)(u_{(t-\tau-w)} - \mu_u)dtdvdw = \\
&= \text{ponendo } z = t - v \to dt = dz = \\
&= \int_\infty \int_\infty h(w)h(v)\oint (u_{(z)} - \mu_u)(u_{(z+\tau-w+v)} - \mu_u)dzdvdw = \\
&= \int_\infty \int_\infty h(w)h(v)K_{uu}(\tau - w + v)dwdv
\end{aligned}
$$

Ovvero:

$$
K_{yy}(\tau) = \int_\infty \int_\infty h(w)h(v)K_{uu}(\tau - w + v)dwdv \qquad (28.21)
$$

Per calcolare la varianza della risposta, basta integrare due volte ma è fondamentale conoscere K_{uu}. Un processo stocastico u è allora ben definito quando vengono fornite:

- media μ_u;

- autocovarianza K_{uu}[5];

- densità di probabilità $p(u)$.

In generale un sistema può variare la densità di probabilità in uscita rispetto all'ingresso, ma vale il seguente assunto:

se l'ingresso è un processo ergodico e gaussiano anche l'uscita sarà ergodica e gaussiana

In tal modo possiamo recuperare la densità di probabilità dell'uscita $p(y)$.

---

[4]Nell'equazione abbiamo adottato la seguente notazione

$$
\int_\infty \doteq \int_{-\infty}^{\infty}
$$

[5]Dalla definizione di autocovarianzae di varianza, consegue che

$$
\sigma_{xx}^2 \equiv K_{xx}(\tau) \mid_{\tau=0} = K_{xx}(0) \qquad (28.22)
$$

Ora, nell'approccio classico si operava in frequenza perché così facendo si poteva operare in campo algebrico e non in campo analitico. Nell'approccio moderno, la possibilità di utilizzare il dominio delle frequenze discende dall'utilizzare gli alter-ego delle precedenti quantità fondamentali. Non possiamo però applicare la trasformata di LAPLACE , in quanto la storia non è più *causale* ma *casuale* e non più necessariamente limitata. Sebbene non si possa applicare la trasformata alla storia, possiamo applicare la trasformata di FOURIER alla covarianza, in quanto questa è limitata poiché per $\tau \to \infty$, $K_{xx}(\tau) \to 0$.

Definiamo allora la *densità spettrale di potenza* o *power spectral density (psd)*:

$$\Phi_{xx}(\omega) \triangleq \int_{\infty} K_{xx}(\tau)e^{-j\omega\tau}d\tau \qquad (28.23)$$

ovvero

$$K_{xx}(\tau) = \frac{1}{2\pi}\int_{\infty} \Phi_{xx}(\omega)e^{-j\omega\tau}d\omega \qquad (28.24)$$

Il nostro problema si configura allora nella ricerca della densità spettrale di potenza dell'uscita nota la densità spettrale di potenza dell'ingresso.

Calcoliamo infatti la psd dell'uscita[6]:

$$
\begin{aligned}
\Phi_{yy}(\omega) &= \int_{\infty} K_{yy}(\tau)e^{-j\omega\tau}d\tau \\
&= \int_{\infty}\int_{\infty}\int_{\infty} h(w)h(v)K_{uu}(\tau - v + w)dvdwe^{-j\omega\tau}d\tau \\
&= \text{introduciamo le variabili ausiliarie } \begin{cases} z_1 = \tau + w - v \\ z_2 = w \\ z_3 = v \end{cases} \\[2ex]
&= \text{grazie alla linearità, lo jacobiano della precedente} \\
&= \text{trasformazione coincide con la trasformazione stessa} \\[2ex]
&= \int_{\infty}\int_{\infty}\int_{\infty} h(w)e^{-j\omega w}h(v)e^{-j\omega(-v)}K_{uu}(z)dvdwe^{-j\omega z}dz = \\
&= \int_{\infty} h(w)e^{-j\omega w}dw \int_{\infty} h(v)e^{-j\omega(-v)}dv \int_{\infty} K_{uu}(z)e^{-j\omega z}dz = \\
&= H(\omega)H(-\omega)\Phi_{uu}(\omega)
\end{aligned}
$$

[6]Gli integrali che compaiono sono impropri, in quanto al posto di $\int_{\infty} d\omega$ si dovrebbe infatti scrivere $\lim_{\omega\to\infty}\int_{-\omega}^{+\omega} d\omega$, ovvero risolvere un integrale finito per poi applicare il passaggio al limite.

Poichè $H(\omega)$ è una funzione complessa di variabili reali, $H(-\omega) = \bar{H}(\omega)$ dove abbiamo indicato con $\bar{H}(\omega)$ il complesso coniugato di $H(\omega)$. Avremo allora:

$$\Phi_{yy}(\omega) = H(\omega)\bar{H}(\omega)\Phi_{uu}(\omega) = \| H(\omega) \|^2 \Phi_{uu}(\omega) \qquad (28.25)$$

Si noti che qui compare il quadrato del modulo di H ($\| H(\omega) \|^2$) che differisce dal modulo del quadrato di H($\| H^2(\omega) \|$). Si osservi poi bene che la $H(\omega)$ è la stessa funzione del metodo classico, e ciò che differenzia i due metodi è l'ingresso, che discrimina l'uso di $H(\omega)$ o di $\| H(\omega) \|^2$.

Abbiamo calcolato la risposta stocastica per sistema a un ingresso e un'uscita e per sistemi a un ingresso e più uscite con queste considerate singolarmente. Vediamo ora sistemi MIMO. Avremo:

- nel dominio del tempo $\{y(t)\} = \int_\infty [h(t - \tau)] \{u(\tau)\} d\tau$
- nel dominio della frequenza $\{y(\omega)\} = [H(\omega)] \{u(\omega)\}$

Se vogliamo calcolare la media, basta applicare l'operatore di media, tenendo conto che la media di un vettore corrisponde al vettore delle medie dei singoli elementi (utilizzando una rappresentazione agli stati):

$$0 = [A] \{\mu_x\} + [B] \{\mu_u\}$$
$$\{\mu_y\} = [C] \{\mu_x\} + [D] \{\mu_u\} = \underbrace{\left(- [C] [A]^{-1} [B] + [D] \right)}_{[H(0)]} \{\mu_u\} \qquad (28.26)$$

Per la varianza, il fatto di avere a che fare con vettori implica che non possiamo fare la semplice autocorrelazione componente per componente, ma bisogna fare le intercorrelazioni fra tutte le componenti, ottenendo quindi una matrice:

$$[r_{xx}(\tau)] \triangleq M\!\!\int \{x(t)\} \{x(t + \tau)\}^t \, dt \qquad (28.27)$$

Sulle diagonali di questa matrice saranno poste le autocorrelazioni mentre fuori della diagonale ci saranno le intercorrelazioni. Valutando infatti il generico termine nella posizione i,k:

$$
\begin{aligned}
r_{xx}(\tau)_{i,k} &= M\!\!\int x_i(t)x_k(t + \tau)dt &=\\
&= M\!\!\int x_i(z - \tau)x_k(z)dz &=\\
&= M\!\!\int x_k(z)x_i(z - \tau)dz &= r_{xx}(-\tau)_{k,i}
\end{aligned}
\qquad (28.28)
$$

Si noti bene che questa relazione non descrive l'antisimmetria della matrice ma qualcosa di più complesso:

$$r(\tau)_{i,k} = r(-\tau)_{k,i} \qquad (28.29)$$

Analogamente, esiste il corrispettivo della covarianza (anche in questo caso ha natura matriciale):

$$[K_{xx}(\tau)] \triangleq M\!\!\int \{\Delta x(t)\}\{\Delta x(t+\tau)\}^t\, dt \qquad (28.30)$$

avendo posto

$$\{\Delta x\} \triangleq \{x(t)\} - \{\mu_x\}$$

Quindi si avrà anche:

$$[\sigma_{xx}^2] \triangleq M\!\!\int \{\Delta x(t)\}\{\Delta x(t)\}^t\, dt \qquad (28.31)$$

Si dimostra poi analogamente che:

$$[K_{xx}(\tau)] = [r_{xx}(\tau)] - \{\mu_x\}\{\mu_x\}^t$$

In generale, si potranno definire:

$$
\begin{aligned}
[r_{xy}(\tau)] &\triangleq M\!\!\int \{x(t)\}\{y(t+\tau)\}^t\, dt \\
[K_{xy}(\tau)] &\triangleq M\!\!\int \{\Delta x(t)\}\{\Delta y(t+\tau)\}^t\, dt \\
[\sigma_{xy}^2] &\triangleq M\!\!\int \{\Delta x(t)\}\{\Delta y(t)\}^t\, dt
\end{aligned}
\qquad (28.32)
$$

Cerchiamo ora la covarianza dell'uscita:

$$[K_{yy}(\tau)] = M\!\!\int \{\Delta y(t)\}\,\Delta y(t+\tau)^t\, dt =$$

$$= M\!\!\int \int_\infty [h(v)]\{\Delta u(t-v)\}\, dv \int_\infty \{\Delta u(t+\tau-w)\}^t\, [h(w)]^t\, dw\, dt =$$

$$= \int \int [h(v)]\, M\!\!\int \{\Delta u(t-v)\}\{\Delta u(t+\tau-w)\}^t\, dt\, [h(w)]^t\, dw\, dv =$$

utilizzando la trasformazione $z = t - v$

$$= \int \int [h(v)]\, [K_{uu}(\tau+v-w)]\, [h(w)]^t\, dw\, dv$$

Si ottiene perciò:

$$[k_{yy}(\tau)] = \int_\infty \int_\infty [h(v)]\,[K_{uu}(\tau + v - w)]\,[h(w)]^t\,dwdv \qquad (28.33)$$

e

$$[\sigma_{yy}^2] = \int_\infty \int_\infty [h(v)]\,[K_{uu}(v - w)]\,[h(w)]^t\,dwdv \qquad (28.34)$$

Accanto alle operazioni nel dominio del tempo ci sono le operazioni nel dominio delle frequenze:

$$[\Phi_{xx}(\omega)] = \int_\infty [K_{xx}(\tau)]\,e^{-j\omega\tau}\,d\tau \qquad (28.35)$$

Sulla diagonale sarà posta l'autodensità spettrale di potenza, mentre fuori dalla diagonale giacciono le interdensità spettrali di potenza. Otterremo allora:

$$[K_{xx}(\tau)] = \frac{1}{2\pi} \int_\infty [\Phi_{xx}(\omega)]\,e^{j\omega\tau}\,d\omega \qquad (28.36)$$

e dunque

$$[\sigma_{xx}^2] = \frac{1}{2\pi} \int_\infty [\Phi_{xx}(\omega)]\,d\omega \qquad (28.37)$$

Calcoliamo la trasformata di FOURIER sulla varianza della risposta:

$$[\Phi_{yy}(\omega)] = \int_\infty [K_{yy}(\tau)]\,e^{-j\omega\tau}\,d\tau = \int_\infty e^{-j\omega\tau}\,[K_{yy}(\tau)]\,d\tau =$$

$$= \int e^{-j\omega\tau} \int\int [h(v)]\,[K_{uu}(\tau + v - w)]\,[h(w)]^t\,dwdvd\tau =$$

utilizzando la trasformazione $z = \tau + v - w$

$$= \int [h(v)]\,e^{-j\omega(-v)}dv \int [K_{uu}(z)]\,e^{-j\omega z}dz \int [h(w)]^t\,e^{-j\omega w}dw =$$

$$= [H(-\omega)]\,[\Phi_{uu}(\omega)]\,[H(\omega)]^t$$

Utilizzando la notazione precedente con il complesso coniugato:

$$[\Phi_{yy}(\omega)] = [\bar{H}(\omega)]\,[\Phi_{uu}(\omega)]\,[H(\omega)]^t \qquad (28.38)$$

I vantaggi di quest'operazione consistono nel fatto che si passa dal campo dell'analisi al campo dell'algebra. Tuttavia si ha un aumento del costo computazionale dovuto al fatto che di deve calcolare il quadrato di una matrice ($[H(\omega)]$).

Si noti bene che *scorrelazione* ed *indipendenza* sono due cose distinte:

- scorrelazione implica le matrici diagonali;

- indipendenza significa che la probabilità congiunta è data dal semplice prodotto delle probabilità dei singoli eventi.

Solo nel caso di distribuzione gaussiana si ha l'equivalenza dei due termini.

É interessante vedere come passare all'approccio moderno (dove si ha la risoluzione diretta nel tempo), soprattutto nel caso della varianza. In particolare si può cercare di risolvere il problema direttamente nel tempo evitando di fare due integrazioni (o di fare un'integrazione sola passando per la frequenza).
Considerando il sistema:

$$\{\Delta\dot{x}\} = [A]\{\Delta x\} + [B]\{\Delta u\}$$
$$\{\Delta y\} = [C]\{\Delta x\} + [D]\{\Delta u\}$$

Proviamo a moltiplicare a destra per $\{\Delta x\}^t$ applicando poi l'operatore di integrale in media:

$$M\!\!\int \{\Delta\dot{x}\}\{\Delta x\}^t\, dt = M\!\!\int [A]\{\Delta x\}\{\Delta x\}^t\, dt + M\!\!\int [B]\{\Delta u\}\{\Delta x\}^t\, dt$$
$$M\!\!\int \{\Delta y\}\{\Delta x\}^t\, dt = M\!\!\int [C]\{\Delta x\}\{\Delta x\}^t\, dt + \int [D]\{\Delta u\}\{\Delta x\}^t\, dt$$

Otteniamo a secondo membro nella relazione agli stati:

$$[A]\left[\sigma_{xx}^2\right] + [B]\left[\sigma_{ux}^2\right]$$

Per sapere ci sia a primo membro, dobbiamo valutare l'integrale in media $M\!\!\int \{\Delta\dot{x}\}\{\Delta x\}$
Per aiutarci, consideriamo il suo equivalente scalare:

$$M\!\!\int \ddot{x}x\, dt = M\!\!\int x\, dx = \lim_{T\to\infty}\frac{1}{2T}\frac{x^2(T) - x^2(-T)}{2} = 0$$

Avremo allora in ambito scalare $\sigma_{\dot{x}x}^2 = \sigma_{x\dot{x}}^2 = 0$. Possiamo allora dire che x e $\dot{x}$ sono fra loro *scorrelati*. In forma matriciale:

$$[\sigma^2(x,\dot{x})] = \begin{bmatrix} \sigma_{xx}^2 & 0 \\ 0 & \sigma_{\dot{x}\dot{x}}^2 \end{bmatrix} \tag{28.39}$$

In campo matriciale, il precedente integrale scalare viene trasformato nella somma di due vettori:

$$\oint \left(\{\Delta x\}\{d\Delta x\}^t + \{d\Delta x\}\{\Delta x\}^t \right) = 0$$

Il secondo addendo coincide con l'integrale in media del primo membro dell'equazione agli stati. Siccome sopra avevamo post-moltiplicato, possiamo pensare di pre-moltiplicare per $\{\Delta x\}^t$ per ottenere l'altro termine che compare in quest'ultima relazione. Prima di fare ciò però, dobbiamo trasporre il sistema:

$$\{\Delta\dot{x}\}^t = \{\Delta x\}^t [A]^t + \{\Delta u\}^t [B]^t$$

A questo punto possiamo moltiplicare a sinistra e applicare l'integrale in media:

$$\oint \{\Delta x\}^t \{\Delta\dot{x}\}^t \, dt = \oint \{\Delta x\}^t \{\Delta x\}^t [A]^t \, dt + \oint \{\Delta x\}^t \{\Delta u\}^t [B]^t \, dt$$

$$\downarrow$$

$$\oint \{\Delta x\}^t \{d\Delta x\}^t = \left[\sigma_{xx}^2\right][A]^t + \left[\sigma_{xu}^2\right][B]^t$$

Sommiamo membro a membro con la precedente relazione e ricordandoci di quanto trovato con l'analogia scalare, otteniamo:

$$[A]\left[\sigma_{xx}^2\right] + \left[\sigma_{xx}^2\right][A]^t + [B]\left[\sigma_{ux}^2\right] + \left[\sigma_{xu}^2\right][B]^t = 0 \tag{28.40}$$

Siccome, $\left[\sigma_{xu}^2\right] = \left[\sigma_{ux}^2\right]^t$, c'è un'unica matrice da calcolare, tramite l'integrale

$$[K_{ux}(\tau)] = \oint \{\Delta x(t)\}\{\Delta u(t+\tau)\}^t \, dt$$

Tuttavia, prima di fare l'integrazione bisogna calcolare Δx.
Si noti che la matrice globale posta a zero con l'equazione 28.40 è quadrata e simmetrica, in quanto frutto della somma di matrici e delle loro trasposte. A loro volta poi le $\left[\sigma_{xx}^2\right]$ sono simmetriche. Le incognite totali saranno allora $\frac{n(n-1)}{2}$ in quanto

basta annullare la triangolare inferiore o superiore. Ciò equivale a risolvere un sistema lineare di $\frac{n(n-1)}{2}$ equazioni. Confrontando con altre metodologie, abbiamo da calcolare un unico integrale, ma associato a un sistema lineare le cui dimensioni crescono col quadrato delle dimensioni del problema originario. Inoltre, poiché il costo computazionale della risoluzione di un sistema lineare di dimensione m è $\div m^3$, il costo computazionale del nostro sistema sarà proporzionale a n^6. Sorge perciò la necessità di applicare degli opportuni accorgimenti per diminuire tale costo a un più accettabile n^3.

L'equazione sulla risposta sarà, dopo aver fatto le varie pre- e post- moltiplicazioni:

$$[\sigma_{yy}^2] = [C]\left\{\sigma_{xx}^2\right\}[C] + [D]\left\{\sigma_{ux}^2\right\}[C] + [C]\left\{\sigma_{xu}^2\right\}[D] + [D]\left\{\sigma_{uu}^2\right\}[D]$$
(28.41)

Prima di continuare è utile studiare l'ingresso stocastico comunemente viene detto rumore.

- *rumore a banda larga*: guardando la sua densità spettrale di potenza, si vede che è un qualcosa che mantiene un certo valore per un certo tempo per poi decadere.

- *rumore a banda stretta*: c'è un addensarsi attorno a un campo di frequenze ristretto. Eventualmente può essere multimodale, ovvero con più campi attorno cui si raccoglie.

- *rumore esponenziale*: quando si porta la banda stretta nell'intorno di zero. Il suo nome deriva dall'evento temporale.

- *rumore bianco*: corrisponde a una densità spettrale di potenza costante. Analogamente alla luce bianca che raccoglie tutti i colori, così il rumore bianco raccoglie tutte le frequenze. La sua autocovarianza corrisponde a una delta di Dirac.

É bene richiamare anche la risposta impulsiva, considerando un sistema del tipo $m\ddot{x} + c\dot{x} + kx = \delta(t)$ con condizioni iniziali $x(0) = 0$ e $\dot{x}(0) = 0$.
Integrando nel tempo fra 0^- e 0^+, otteniamo, in base alla variazione di quantità di moto calcolata in termini finiti:

$$m\left(\dot{x}(0^+) - \dot{x}(0^-)\right) = \int \delta(t)dt = 1 \rightarrow \dot{x}(0^+) = \frac{1}{m}$$

Ciò equivale a dire che l'impulso varia istantaneamente la quantità di moto.
Nel caso più semplice, $\dot{x} = ax + b\delta(t)$, con $x(0) = 0$, avremo come la risposta impulsiva: $k = e^{at}$. Integrando nel tempo sempre fra 0^- e 0^+, l'equazione diviene:

$$x(0^+) - x(0^-) = b$$

ovvero l'impulso su un sistema semplice corrisponde a uno spostamento finito. Allora risolvere il sistema

$$\begin{cases} \dot{x} = ax + b\delta \\ x(0) = 0 \end{cases}$$

equivale a risolvere il sistema

$$\begin{cases} \dot{x} = ax \\ x(0^+) = b \end{cases} \rightarrow x(t) = be^{at}$$

dove la seconda equazione dell'ultimo sistema rappresenta l'equazione di raccordo fra con risposta impulsiva. In forma matriciale, questo si può scrivere come

$$[x] = [B][\Phi]$$

avendo definito la *risposta impulsiva*

$$[\Phi] = e^{[A]t}$$

Se consideriamo l'equazione $m\ddot{x} + c\dot{x} + kx = a\delta(t) + b\dot{\delta}(t)$, che possiamo utilizzare una rappresentazione agli stati tale per cui,

$$\{\dot{y}\} = \begin{bmatrix} \frac{c}{m} & \frac{1}{m} \\ k & 0 \end{bmatrix} \{y\} + \begin{bmatrix} \frac{b}{m} \\ a \end{bmatrix} \delta$$

posto

$$\{y\} = \begin{Bmatrix} x \\ z \end{Bmatrix} \text{ con } z \triangleq m\dot{x} + cx - b\delta$$

Facendo lo stesso procedimento d'integrazione, otteniamo:

$$\begin{cases} x(0^+) = \frac{b}{m} \\ x(0^+) = a \end{cases}$$

una $\dot{\delta}$ provoca quindi uno spostamento istantaneo in un sistema del second'ordine. Generalizzando, detto n il grado dell'equazione, una δ^{n-1} causa uno spostamento istantaneo mentre una δ^{n-2} provoca una variazione istantanea di velocità. Se dunque avessimo nell'equazione una δ^n, nella risposta otterremmo una δ. Considerando allora l'equazione integrale

$$\sigma_{yy}^2 = \int \int h(w)h(v)K_{uu}(v-w)dvdw$$

supponiamo di avere in ingresso del rumore bianco. Per quanto detto sopra, $K_{uu} = k\delta(t)$, da cui

$$\sigma_{yy}^2 = \int \int h(w)h(v)K_{uu}(v-w)dvdw =$$

$$= \int h^2(w)kdw = kb^2 \int_0^{+\infty} e^{2aw}dw = -\frac{kb^2}{2a}$$

Essendo il valore di a negativo, otteniamo giustamente una σ^2 positiva.

Siamo arrivati a scrivere

$$[\sigma_{yy}^2] = [C]\{\sigma_{xx}^2\}[C] + [D]\{\sigma_{ux}^2\}[C] + [C]\{\sigma_{xu}^2\}[D] + [D]\{\sigma_{uu}^2\}[D]$$

Calcoliamo l'intercovarianza:

$$[K_{xu}(\tau)] = M\int \{\Delta x(t)\}\{\Delta u(t+\tau)\}^t\, dt$$

dove la risposta del sistema è esprimibile come

$$\{\Delta x\} = \int_\infty [\Phi(\tau)][B]\{\Delta u(t-\tau)\}\, d\tau$$

essendo in generale, tramite quanto detto sulla risposta impulsiva[7]:

$$\{\Delta x\} = [\Phi(t)]\{\Delta x(0)\} + \int_0^{+\infty} [\Phi(\tau)][B]\{\Delta u(t-\tau)\}\, d\tau \qquad (28.42)$$

---

[7]I cambiamenti degli estremi d'integrazione sono legittimi in quanto supponiamo ingressi causali.

Da cui:

$$[K_{xu}(\tau)] = \oint \int_\infty [\Phi(v)] \, [B] \, \{\Delta u(t-v)\} \, dv \, \{\Delta u(t+\tau)\}^t \, dt =$$

$$= \int_\infty [\Phi(v)] \, [B] \oint \{\Delta u(t-v)\} \, \{\Delta u(t+\tau)\}^t \, dt dv =$$

$$= \text{ponendo } z = t - v =$$

$$= \int_\infty [\Phi(v)] \, [B] \oint \{\Delta u(z)\} \, \{\Delta u(z+v+\tau)\}^t \, dz dv =$$

$$= \int_\infty [\Phi(v)] \, [B] \, [K_{uu}(\tau+v)] \, dv$$

In questo modo abbiamo:

$$[\sigma^2_{ux}] = \int_\infty [\Phi(v)] \, [B] \, [K_{uu}(v)] \, dv \qquad (28.43)$$

Siamo così riusciti a dover calcolare solo un unico integrale semplice, mentre tutte le altre operazioni si riferiscono all'algebra matriciale. In effetti, qualora l'ingresso fosse un rumore bianco anche quest'ultimo integrale verrebbe eliminato, lasciando tutte le operazioni in campo algebrico.
Infatti, se avessimo $[K_{uu}(\tau)] = [W] \delta(\tau)$ (w da white noise), avremmo di converso:

$$[\sigma^2_{ux}] = \int_\infty [\Phi(v)] \, [B] \, [W] \, \delta(v) dv = [\Phi(0)] \, [B] \, [W]$$

Sorge il dubbio allora di dove bisogna valutare $[\Phi(0)]$, se in 0^- o in 0^+. Poiché

$$\int_\infty f(t)\delta(t)dt = \frac{1}{2}(f(0^+) - f(0^-))$$

la scrittura corretta sarà:

$$[\sigma^2_{ux}] = \frac{1}{2} [\Phi(0^+)] \, [B] \, [W] = \frac{1}{2} [B] \, [W] \qquad (28.44)$$

Sostituendo quest'espressione nella relazione 28.40 da cui siamo partiti otterremo, fatte le dovute semplificazioni:

$$[A] [\sigma]^2_{xx} + [\sigma]^2_{xx} [A]^t + [B] \, [W] \, [B]^t \qquad (28.45)$$

equazione di *Lyapounov*

Se il sistema è asintoticamente stabile, risulta garantita la soluzione all'equazione di Lyapounov.

In caso di rumore bianco avremo a che fare con la sola algebra, e potrebbe ritornare utile rimanere sempre in quest'ambito. Possiamo allora supporre che il nostro ingresso $\{u\}$ sia generato a monte da un rumore bianco, in particolare di ampiezza unitaria. In tal modo:

$$\Phi_{uu}(\omega) = \| H \|^2 \, \Phi_{ww}(\omega) = \| H \|^2 \qquad (28.46)$$

Per ottenere questo è come se il rumore bianco passasse all'interno di un filtro. L'ingresso $\{u\}$ del nostro sistema può essere allora viso come l'uscita $\{y_f\}$ di un sistema detto *filtro di forma* che ha sua volta come ingresso proprio il rumore bianco $\{w\}$. Il filtro di forma sarà allora:

$$\begin{cases} \{\dot{x}_f\} = [A_f] \{x_f\} + [B_f] \{w\} \\ \{y_f\} = [C_f] \{w\} \end{cases} \qquad (28.47)$$

Ricordiamoci che il filtro deve essere *strettamente proprio*
L'ingresso del nostro sistema sarà allora:

$$\{u\} = [C_f] [j\omega I - A_f]^{-1} [B_f] \{w\} \qquad (28.48)$$

Accoppiando i due sistemi, otteniamo

$$\begin{Bmatrix} \dot{x} \\ \dot{x}_f \end{Bmatrix} = \begin{bmatrix} [A] & [C][B]_f \\ 0 & [A]_f \end{bmatrix} \begin{Bmatrix} x \\ x_f \end{Bmatrix} + \begin{bmatrix} 0 \\ [B_f] \end{bmatrix} \{w\} \qquad (28.49)$$

con risposta:

$$\{y\} = \begin{bmatrix} [C] & [D][C]_f \end{bmatrix} \{w\} \qquad (28.50)$$

In questo modo abbiamo saltato il passaggio dell'integrazione a scapito però di un sistema algebrico più grosso, contenente un filtro di forma. Si noti che il metodo del filtro di forma può essere utilizzato anche in ambito deterministico, ad esempio nei comandi. Un generico ingresso viene allora modellato con un filtraggio dei rumori bianchi (decisa una densità spettrale di potenza, si impone che questa venga rispettata in alcuni punti, applicando poi ad esempio la risoluzione ai minimi quadrati). Si deve però modellare un filtro che sia strettamente proprio.

Vediamo ora le tecniche risolutive per questo tipo di equazioni. Consideriamo un sistema del second'ordine perturbato da rumore bianco, $m\ddot{x} + c\dot{x} + kx = bw$. Passiamo alla formulazione agli stati:

$$\{\dot{y}\} = \left\{ \begin{matrix} \dot{x} \\ x \end{matrix} \right\} = \underbrace{\begin{bmatrix} 0 & 1 \\ -\frac{k}{m} & -\frac{c}{m} \end{bmatrix}}_{[A]} \{y\} + \underbrace{\left\{ \begin{matrix} 0 \\ \frac{b}{m} \end{matrix} \right\}}_{[B]} w$$

Applicando i metodi tradizionali si ottengono integrali di scomoda risoluzione. Portiamoci allora in campo stocastico utilizzando poi l'equazione di LYAPOUNOV :

$$[A]\,[\sigma]^2_{xx} + [\sigma]^2_{xx}\,[A]^t + \begin{bmatrix} 0 & 0 \\ 0 & \frac{b^2}{m^2} \end{bmatrix} = [Z] = 0$$

L'annullamento di una matrice coincide con l'annullamento dei suoi singoli componenti. Sfruttando la simmetria, ci basta imporre l'annullarsi dei termini della triangolare superiore:

$$\begin{cases} Z_{11} = 0 \cdot \sigma^2_{xx} + 1 \cdot \sigma^2_{x\dot{x}} + 0 \cdot \sigma^2_{ot} + 0 \cdot \sigma^2_{\dot{x}\dot{x}} = 0 \\ Z_{12} = 1 \cdot \sigma^2_{\dot{x}\dot{x}} - \frac{k}{m} \cdot \sigma^2_{xx} = 0 \\ Z_{12} = -\frac{c}{m} \cdot \sigma^2_{\dot{x}\dot{x}} - \frac{c}{m} \cdot \sigma^2_{\dot{x}\dot{x}} + \frac{b^2}{m^2} = 0 \end{cases}$$

In termini matriciali, il sistema di equazioni si riduce a

$$\begin{bmatrix} & 1 & \\ -\frac{k}{m} & 1 & \\ & & \frac{2c}{m} \end{bmatrix} \left\{ \begin{matrix} \sigma^2_{xx} \\ \sigma^2_{x\dot{x}} \\ \sigma^2_{\dot{x}\dot{x}} \end{matrix} \right\} = \left\{ \begin{matrix} 0 \\ 0 \\ \frac{b^2}{m^2} \end{matrix} \right\}$$

La prima equazione ci conferma la scorrelazione esistente fra x e $\dot{x}$.
Come si può notare il sistema risulta sparso, non simmetrico e di dimensioni superiori alle matrici originarie. La risoluzione mostrata comunque non è quella ottimale. Riprendiamo allora il sistema originario e introduciamo le seguenti

modifiche:

$$[A] [\sigma]_{xx}^2 + [\sigma]_{xx}^2 [A]^t + [B] = 0$$

$$\downarrow$$

$$[A] [X]^{-1} [X] [\sigma]_{xx}^2 + [\sigma]_{xx}^2 [X]^t [X]^{-t} [A]^t + [B] = 0$$

$$\downarrow$$

$$[X] [A] [X]^{-1} [X] [\sigma]_{xx}^2 + [X] [\sigma]_{xx}^2 [X]^t [X]^{-t} [A]^t + [X] [B] = 0$$

$$\downarrow$$

$$[X] [A] [X]^{-1} [X] [\sigma]_{xx}^2 [X]^t + [X] [\sigma]_{xx}^2 [X]^t [X]^{-t} [A]^t [X]^t + [X] [B] [X]^t = 0$$

Possiamo allora riscrivere:

$$[\bar{A}] [\bar{\sigma}_{xx}^2] + [\bar{\sigma}_{xx}^2] [\bar{A}]^t + [\bar{B}] = 0 \tag{28.51}$$

avendo definito

$$[\bar{A}] = [X] [A] [X]^{-1}$$

$$[\bar{\sigma}_{xx}^2] = [X] [\sigma_{xx}^2] [X]^t \tag{28.52}$$

$$[\bar{B}] = [X] [B] [X]^t$$

La maggior sparsità del problema viene ottenuta nel caso in cui sia la matrice degli autovettori. A volte può comparire la matrice di JORDAN , ma spesso se la si può cavar con la formula di SHUR con cui si ottiene una triangolare superiore se i termini sono reali o a blocchi, per valori complessi coniugati. Si noti che la semplice formula $m\ddot{x} = $ const. produce a una matrice $[A] = \begin{bmatrix} 0 & 0 \\ 0 & 1 \end{bmatrix}$ che porta alla forma di JORDAN .

Il costo computazionale del calcolo di è proporzionale a n^3 e dunque il costo complessivo rimano inferiore a n^6, che è quanto ci avevamo prefissato precedentemente.

Una volta noti σ^2 e μ possiamo anche utilizzarli in fase progettuale, in particolare in ambito dinamico. Siccome siamo interessati al fatto che gli sforzi non superino un certo valore limite l, possiamo cercare ci calcolare la probabilità di non superare questo ammissibile in una certa durata di tempo. Supponiamo di avere la distribuzione a media nulla. Indichiamo allora i punti in cui la distribuzione tocca il valore limite (vedi figura 28.3) É indifferente distinguere valori

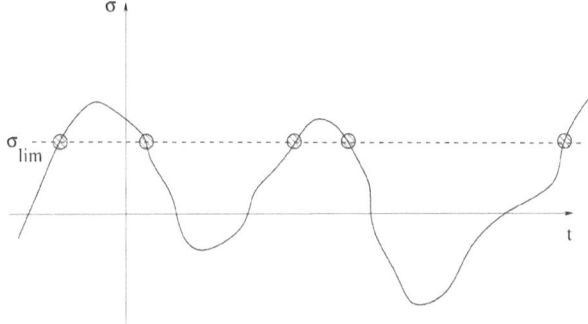

Figura 28.3: Superamento del limite ammissibile per una data distribuzione

che oltrepassano il limite passando dal basso verso l'alto piuttosto che quello che toccano il limite passando dall'alto verso il basso. Contiamo allora tutte le intersezioni. Dobbiamo però avere un metodo per contare tali passaggi. Se abbiamo gli eventi x con densità di probabilità $p(x)$, per definizione,

$$\mu_x = \int_\infty x p(x) dx \qquad (28.53)$$

Se abbiamo una funzione f(x), vale allora la relazione:

$$\mu_{f(x)} = \int_\infty f(x) p\left(f(x)\right) df(x) = \int_\infty f(x) p(x) dx \qquad (28.54)$$

ovvero

$$p\left(f(x)\right) \equiv p(x) \qquad (28.55)$$

Ora, il superamento del livello di guardia è rappresentabile come uno scalino (figura 28.4) Abbiamo allora

$$f(x) = \text{sca}(x - l)$$

Ora, per contare i passaggi, basta calcolare la derivata di questa funzione, in quanto i passaggi corrispondono proprio alla variazione di pendenza dello scalino.

$$n_s = \delta(x - l) \cdot \| \dot{x} \|$$

dove abbiamo utilizzato la velocità in modulo perché ci è indifferente la modalità di attraversamento, se in salita o discesa.

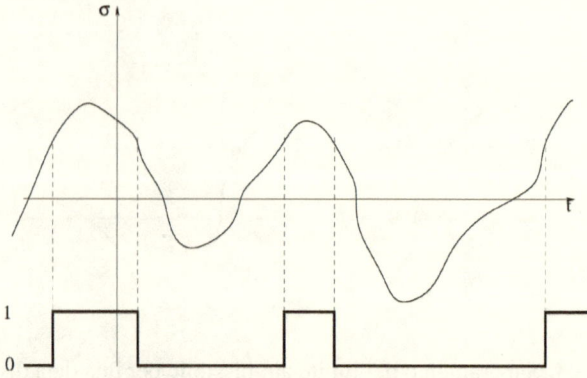

Figura 28.4: Superamento del limite ammissibile analizzato a scalini

Ora, dobbiamo calcolare la media. Ci serve però la probabilità congiunta, in quanto non sappiamo nulla a priori sulle eventuali scorrelazioni.

$$\mu_{f(x)} = \int_{\infty} \delta(x - l) \cdot \parallel \dot{x} \parallel p(x, \dot{x}) d\{x\}$$

Se gli eventi sono gaussiani,

$$p(\{x\}) = \frac{1}{(2\pi)^{\frac{n}{2}} \mid [\sigma_{xx}^2] \mid^{\frac{1}{2}}} e^{-\frac{1}{2}\{\Delta x\}^t [\sigma_{xx}^2]^{-1}\{\Delta x\}} \tag{28.56}$$

dove n è la dimensione di $\{x\}$, mentre $\mid [\sigma_{xx}^2] \mid^{\frac{1}{2}}$ è la radice del determinante di $[\sigma_{xx}^2]$. Nel caso scalare ci riduciamo ad avere:

$$p(x) = \frac{1}{\sqrt{2\pi}\sigma_{xx}} e^{-\frac{1}{2}\frac{\Delta x^2}{\sigma_{xx}^2}} \tag{28.57}$$

Nel nostro caso, $n = 2$, in quanto $\{x\} = \begin{Bmatrix} x \\ \dot{x} \end{Bmatrix}$. La matrice delle covarianza è diagonale in quanto posizione e velocità sono scorrelate (come conseguenza dell'ipotesi di ergodicità). Avremo quindi

$$
\begin{aligned}
p(x,\dot{x}) \;=\; & \frac{1}{2\pi\sqrt{\sigma_{xx}^2\cdot\sigma_{\dot{x}\dot{x}}^2}}e^{-\frac{1}{2}\left(\frac{\Delta x}{\sigma_{xx}}\right)^2}e^{-\frac{1}{2}\left(\frac{\Delta x}{\sigma_{\dot{x}\dot{x}}}\right)^2} = \\[2mm]
=\; & \frac{1}{\sqrt{2\pi\sigma_{xx}^2}}e^{-\frac{1}{2}\left(\frac{\Delta x}{\sigma_{xx}}\right)^2}\frac{1}{\sqrt{2\pi\sigma_{\dot{x}\dot{x}}^2}}e^{-\frac{1}{2}\left(\frac{\Delta x}{\sigma_{\dot{x}\dot{x}}}\right)^2} = \\[2mm]
=\; & p(x)\cdot p(\dot{x})
\end{aligned}
$$

In caso di distribuzione gaussiana, alla scorrelazione si accompagna l'indipendenza. Tornando quindi al calcolo della media e sostituendo quanto trovato:

$$
\begin{aligned}
\mu_{f(x)} \;=\; & \int_{\infty}\delta(x-l)\cdot\parallel\dot{x}\parallel p(x,\dot{x})d\{x\} \\[2mm]
=\; & \int\int\delta(x-l)\cdot\parallel\dot{x}\parallel p(x,\dot{x})dxd\dot{x} \\[2mm]
=\; & \int\int\delta(x-l)\cdot\parallel\dot{x}\parallel\frac{1}{\sqrt{2\pi\sigma_{xx}^2}}e^{-\frac{1}{2}\left(\frac{\Delta x}{\sigma_{xx}}\right)^2}\frac{1}{\sqrt{2\pi\sigma_{\dot{x}\dot{x}}^2}}e^{-\frac{1}{2}\left(\frac{\Delta x}{\sigma_{\dot{x}\dot{x}}}\right)^2}dxd\dot{x} \\[2mm]
=\; & \frac{1}{\sqrt{2\pi\sigma_{xx}^2}}e^{-\frac{1}{2}\left(\frac{l}{\sigma_{xx}}\right)^2}2\int_{0}^{+\infty}\parallel\dot{x}\parallel\frac{1}{\sqrt{2\pi\sigma_{\dot{x}\dot{x}}^2}}e^{-\frac{1}{2}\left(\frac{\Delta x}{\sigma_{\dot{x}\dot{x}}}\right)^2}d\dot{x} \\[2mm]
=\; & \text{posto } z=\frac{1}{2}\left(\frac{\Delta x}{\sigma_{\dot{x}\dot{x}}}\right)^2\rightarrow d\dot{x}=\frac{\sigma_{\dot{x}\dot{x}}^2}{\dot{x}}dz \\[2mm]
=\; & \frac{1}{\sqrt{2\pi\sigma_{xx}^2}}e^{-\frac{1}{2}\left(\frac{l}{\sigma_{xx}}\right)^2}2\int_{0}^{+\infty}\parallel\dot{x}\parallel\frac{1}{\sqrt{2\pi\sigma_{\dot{x}\dot{x}}^2}}e^{-z}\frac{\sigma_{\dot{x}\dot{x}}^2}{\dot{x}}dz
\end{aligned}
$$

Riassemblando i vari termini otteniamo infine

$$
\mu_{f(x)}=\frac{1}{\pi}\frac{\sigma_{xx}}{\sigma_{\dot{x}\dot{x}}}e^{-\frac{1}{2}\left(\frac{1}{\sigma_{xx}}\right)^2} \tag{28.58}
$$

Formula di RICE

dove il rapporto $\frac{\sigma_{xx}}{\sigma_{\dot{x}\dot{x}}}$ prende il nome di *media apparente*. Infatti σ_{xx} ha lo stesso effetto dell'ampiezza della funzione, mentre $\sigma_{\dot{x}\dot{x}}$ ha lo stesso effetto dell'ampiezza della derivata.

La formula così trovata può anche essere utilizzata per lo studio della fatica, con un approccio a danno cumulativo del tipo di MINER .

Posto $\Delta t = \frac{T}{n}$,la probabilità del superamento del limite in questo intervallo Δt sarà

$$p = f \cdot \Delta t \tag{28.59}$$

Per calcolare però la probabilità di superamento del limite nel tempo T, è meglio procedere calcolando la *probabilità complementare*, ovvero la probabilità di non superare il limite. Considerando l'intervallo Δt, essa risulta essere pari a

$$p_c = 1 - f \cdot \Delta t \tag{28.60}$$

Allora la possibilità di non superare il limite nel tempo T sarà pari a

$$(1 - f \cdot \Delta t)^n \tag{28.61}$$

ovvero

$$(1 - f \cdot \frac{T}{n})^n \tag{28.62}$$

Passando al limite

$$\lim_{n \to \infty} (1 - f \cdot \frac{T}{n})^n = e^{-fT} \tag{28.63}$$

Allora la possibilità di superare il limite nel periodo T sarà

$$p(l, T) = 1 - e^{-fT} \tag{28.64}$$

formula per l'*equivalente statico*

I problemi consistenti ad essa collegata saranno:

- dati T e l, calcolare la probabilità ad essi associati;

- dati T e p, si può calcolare il limite collegato;

- dati p e l, si può calcolare il tempo per cui si raggiunge il limite.

Finora abbiamo considerato processi ergodici, ovvero fortemente stazionari. In realtà, gli eventi non sono stazionari e uno stesso evento può avvenire in modi più generali e differenti fra loro. Le statistiche devono quindi essere fatte su tutti i campioni e dunque su tutte le possibili realizzazioni dell'evento.

$$p = p(x, t)$$
$$\mu_x = \mu_x(t) = \int_\infty x p(x, t) dx$$

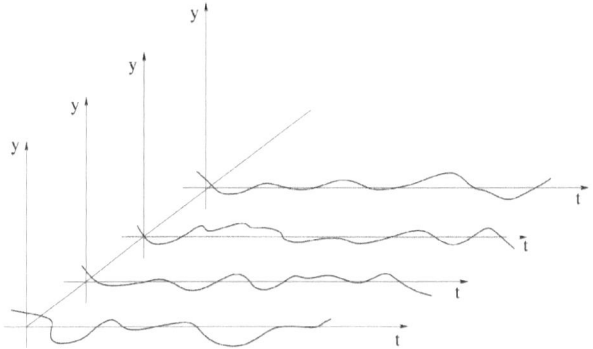

Figura 28.5: Andamento non stazionario

Ne consegue che ad ogni istante ci sarà una media differente. Da ciò discende anche che[8].

$$\mu_{\dot{x}} \neq 0 \qquad (28.65)$$

In particolare, applicando quanto detto a un sistema multingresso/multiuscita, otterremo:

$$\{\mu_{\dot{x}}\} = [A]\{\mu_x\} + [B]\{\mu_u\}$$
$$\{\mu_y\} = [C]\{\mu_x\} + [D]\{\mu_u\}$$

Introduciamo ora la densità di probabilità congiunta,$p(x_1, t_1, x_2, t_2)$. Da questa discende la covarianza in campo instazionario:

$$K_{xx}(t_1, t_2) = \int_\infty \int_\infty (x_1 - \mu_x(t_1)) \cdot (x_2 - \mu_x(t_2)) \cdot p(x_1, t_1, x_2, t_2) dx_1 dx_2$$
$$(28.66)$$

con autocorrelazione

$$K_{xx}(t_1, t_2) = \int_\infty \int_\infty x_1 \cdot x_2 \cdot p(x_1, t_1, x_2, t_2) dx_1 dx_2 \qquad (28.67)$$

Vettorialmente otterremo:

$$[K_{xx}(t_1, t_2)] = E\left((\{x_1\} - \{\mu_x(t_1)\}) \cdot (\{x_2\} - \{\mu_x(t_2)\})^t \right) \qquad (28.68)$$

---

[8]Si noti tuttavia che la media conserva il proprio comportamento deterministico.

dove E prende il nome di *valore atteso*

$$E(g(x_1, x_2)) = \int_\infty \int_\infty g(x_1, x_2) \cdot p(x_1, t_1, x_2, t_2) dx_1 dx_2 \qquad (28.69)$$

Per descrivere un fenomeno allora abbiamo bisogno di

- probabilità $p(\{x\}, t)$

- probabilità congiunta $p(\{x_1\}, t_1, \{x_2\}, t_2)$

Quando i tempi t_1 e t_2 coincidono, otterremo l'*autovarianza*

$$: \left[\sigma_{xx}^2(t)\right] = \left[K_{xx}(t, t)\right] \qquad (28.70)$$

e l'*intervarianza*:

$$: \left[\sigma_{xy}^2(t)\right] = \left[K_{xy}(t, t)\right] \qquad (28.71)$$

Possiamo inoltre ottenere l'equivalente instazionario dell'equazione di Lyapounov:

$$[A]\left[\sigma_{xx}^2(t)\right] + \left[\sigma_{xx}^2(t)\right][A]^t + [B][W(t)][B]^t = \left[\dot{\sigma}_{xx}^2(t)\right] \qquad (28.72)$$

Ora, gli eventi stazionari ergodici sono più facili da maneggiare rispetto a quelli instazionari, che d'altra sono la maggioranza dei casi. Esistono poi eventi debolmente stazionari che permettono di facilitare i calcoli rispetto agli instazionari puri.

Nei casi di *stazionarietà debole*, la media è costante:

$$[\mu_x] = \text{const} \rightarrow \begin{cases} [K_{xx}(t_1, t_2)] \equiv [K_{xx}(t_1 - t_2)] \\[2ex] \left[\sigma_{xx}^2\right] = [K_{xx}(0)] \\[2ex] [\dot{\mu}_x] = 0 \\[2ex] [\dot{\sigma}_{xx} = 0] \end{cases} \qquad (28.73)$$

I processi debolmente stazionari hanno media costante e dipendono dalla *distanza temporale* e non dai singoli valori puntuali t_1, t_2. Grazie a questo fatto, possiamo applicare le stesse formule trovate per i processi ergodici.

Si noti che questi ultimi processi godono della stazionarietà forte che è verificata sia a livello globale che a livello di singolo evento, mentre la stazionarietà debole invece è verificata solo a livello globale, ma non sui singoli eventi.

28.1 Applicabilità dell'analisi stocastica

Consideriamo il sistema lineare nella formazione agli stati con un ingresso costituito da rumore bianco:

$$\dot{x} = ax + bw \tag{28.74}$$

L'equazione di LYAPOUNOV

$$a\sigma_{xx}^2 + \sigma_{xx}^2 a + b^2 w = 0 \tag{28.75}$$

porta ad ottenere

$$\sigma_{xx}^2 = -\frac{b^2}{2a}w \tag{28.76}$$

Supponiamo ora di avere un generico rumore n, con spettro

$$\Phi_{nn} = \frac{A^2}{B^2 + \omega^2} \tag{28.77}$$

Siccome la funzione di trasferimento del sistema è

$$H = \frac{b}{j\omega - a} \tag{28.78}$$

avremo lo spettro:

$$\Phi_{xx} = \|H\|^2 \Phi_{nn} = \frac{b^2}{a^2 + omega^2} \frac{A^2}{B^2 + \omega^2} = \frac{(Ab)^2}{(aB)^2 + \omega^2(a + B) + \omega^4} \tag{28.79}$$

Cerchiamo ora un filtro di forma tale da ricondurre questo generico rumore a quello bianco. Lo stato del filtro di forma si può esprimere come:

$$\dot{n} = Bn + Aw \tag{28.80}$$

con funzione di trasferimento

$$H_{filtro} = \frac{A}{-B + j\omega} \rightarrow H_{filtro}^2 = \frac{A^2}{B^2 + \omega^2} \tag{28.81}$$

Ora, bisogna stare attenti al segno di Bin quanto deve essere negativo per assicurare l'asintotica stabilità al filtro. Per essere sicuri indichiamo lo stato del filtro come

$$\dot{n} = -|B|n + Aw \tag{28.82}$$

Mettiamo a sistema il filtro col nostro sistema inizilae, ottenendo:

$$\left\{ \begin{array}{c} \dot{x} \\ \dot{n} \end{array} \right\} = \begin{bmatrix} a & b \\ 0 & -|B| \end{bmatrix} \left\{ \begin{array}{c} x \\ n \end{array} \right\} + \begin{bmatrix} 0 \\ A \end{bmatrix} w \qquad (28.83)$$

da cui

$$\{\dot{y}\} = [\bar{A}] \{y\} + [\bar{B}] \{w\} \qquad (28.84)$$

Applichiamo l'equazione di LYAPOUNOV a questo nuovo sistema:

$$\begin{bmatrix} a & b \\ 0 & -|B| \end{bmatrix} \begin{bmatrix} \sigma_{xx}^2 & \sigma_{xn}^2 \\ \sigma_{xn}^2 & \sigma_{nn}^2 \end{bmatrix}$$
$$+ \begin{bmatrix} \sigma_{xx}^2 & \sigma_{xn}^2 \\ \sigma_{xn}^2 & \sigma_{nn}^2 \end{bmatrix} \begin{bmatrix} a & b \\ 0 & -|B| \end{bmatrix}^t + \begin{bmatrix} 0 \\ A \end{bmatrix} w \begin{bmatrix} 0 \\ A \end{bmatrix}^t = 0 \qquad (28.85)$$

Applichiamo lo shcema risolutivo classico imponendo l'annullarsi della matrice triangolare superiore:

$$\sigma_{xx}^2 = \frac{b^2 A^2}{2a|B|(a - |B|)} w \qquad (28.86)$$

$$\sigma_{nx}^2 = \frac{b A^2}{2|B|(a - |B|)} w \qquad (28.87)$$

$$\sigma_{nn}^2 = \frac{A^2}{2a|B|} w \qquad (28.88)$$

Consideriamo ora un oscillatore smorzato soggetto ad un generico rumore:

$$m\ddot{x} + c\dot{x} + kx = n \qquad (28.89)$$

non n tal eper cui

$$\Phi_{nn} = \frac{a^2 + b^2\omega^2}{(c^2 + \omega^2)^2} \qquad (28.90)$$

Un filtro generico avrà la forma:

$$\frac{a^2 + b^2\omega^2}{c^2 + d^2\omega^2 + \omega^4} \qquad (28.91)$$

dpvremo quindi utilizzare un filtro del quart'ordine. Supponiamo allora di avere:

$$\left(s^2 + 2|c|s + |c|^2\right) n = \left(|a| + j|b|\right) w \qquad (28.92)$$

Verifichiamo la relazione calcolando i quadrati dei moduli:

$$a + jbs \rightarrow a^2 + b^2\omega^2 \qquad (28.93)$$
$$s^2 + 2cs + c^2 \rightarrow \omega^4 + c^4 + 2\omega^2 c + 4\omega^2 c^2 \rightarrow (\omega^2 + c^2) \qquad (28.94)$$

Nota: quando a e b contengono informazioni sulla velocità si parla di *spettor di turbolenza di* DRYDEN .
Passiamo allora a risolvere il sistema globale:

$$m\ddot{x} + c\dot{x} + kx = bn \qquad (28.95)$$
$$\ddot{n} + 2c\dot{n} + c^2 n = aw + \dot{b}w \qquad (28.96)$$

Passiamo ad una formulazione agli stati: per fare questo passaggio, introduciamo nuove incognite date dalle derivate delle precedenti. Otterremo così il sistema globale:

$$\begin{Bmatrix} \dot{y} \\ x \\ \eta \\ n \end{Bmatrix} = \begin{bmatrix} -\frac{c}{m} & -\frac{k}{m} & 0 & \frac{b}{m} \\ 1 & 0 & 0 & 0 \\ 0 & 0 & -2c & -c^2 \\ 0 & 0 & 1 & 0 \end{bmatrix} \begin{Bmatrix} y \\ x \\ \eta \\ n \end{Bmatrix} + \begin{Bmatrix} 0 \\ 0 \\ a \\ 0 \end{Bmatrix} w + \begin{Bmatrix} 0 \\ 0 \\ b \\ 0 \end{Bmatrix} \dot{w} \qquad (28.97)$$

28.2 Esempio d'applicazione: dimensionamento di un ammortizzatore

Consideriamo un velivolo in fase di rullaggio. Per semplicità espositiva, modelliamo il sistema come una massa puntuale M dotata di una ruota collegata con una molla e uno smorzatore (vedi figura 28.6). Per quanto liscia si possa pensare, la pista sar'otata di una certa rugosità r rispeto ad un riferimento ideale piano. L'equazione di moto della massa è:

$$m\ddot{x} + c(\dot{x} - \dot{r}) + k(x - r) = 0 \qquad (28.98)$$

dove x è la coordinata assoluta di riferimento della massa. Possiamo altresì introdurre la coordinate relativa $y \doteq x - r$, tale per cui l'espresione del moto diviene:

$$m\ddot{y} + c\dot{y} + ky = -m\ddot{r} \qquad (28.99)$$

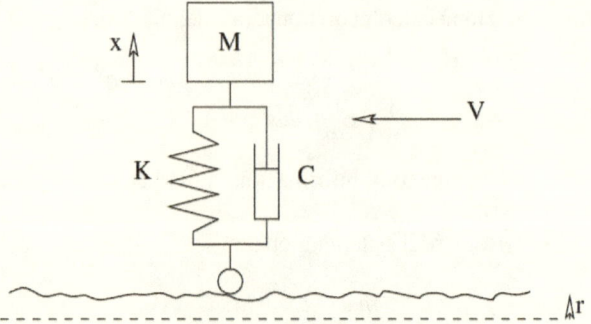

Figura 28.6: Schema classico per la rappresentazione di un nmodello di struttura. A sinistra, il modello *massa-molla*, a destra lo stesso modello con l'aggiutna dello smorzatore.

In generale, $r = r(z) = r(v, t)$, dove z è la posizione dell'aereo sulla pista. Se consideriamo una velocità di rullaggio costante, r sar'a stazionario anche nei confronti del tempo e possiamo assumere che la forzante collegata ad r sia una forzante *ergodica* in z e t. Ora,

$$\ddot{r} = \frac{\partial^2 r}{\partial z^2}(\frac{\partial z}{\partial t})^2 = V^2 \frac{\partial^2 r}{\partial z^2} \tag{28.100}$$

Definiamo la quantità $\Omega = \frac{2\pi}{\lambda}$ la frequenza spaziale. Assumiamo che la forzante abbia una densità spettrale di potenza costante: siamo allora in ambito conservativo e riteniamo che la forzante sia un *rumore bianco*. In ambito progettuale, l'unico parametro su cui possiamo andare ad operare è la costante di smorzamento, in quanto la massa e la rigidezza sono già state determinate in altre fasi progettuali. Un possibile requisito di progetto potrebbe essere il comfort di guida / comfort dei passeggeri, ovvero minimizzare le accelerazioni che vengano trasferite alla massa. In termini statistici si dovrà minimizzare la varianza delle accelerazioni, ovvero σ_{qq}^2, definendo la variabile $q \doteq \begin{bmatrix} \frac{c}{m} & \frac{k}{m} \end{bmatrix}$.
Iniziamo a scrivere l'equazione degli stati:

$$\begin{Bmatrix} \dot{y} \\ \ddot{y} \end{Bmatrix} = \begin{bmatrix} 0 & 1 \\ -\frac{k}{m} & -\frac{c}{m} \end{bmatrix} \begin{Bmatrix} y \\ \dot{y} \end{Bmatrix} + \begin{bmatrix} 0 & \frac{1}{m} \end{bmatrix} w \tag{28.101}$$

Applichiamo l'equazione di LYAPOUNOV :

$$\begin{bmatrix} 0 & 1 \\ \frac{-k}{m} & \frac{-c}{m} \end{bmatrix} \begin{bmatrix} \sigma^2_{yy} & \\ & \sigma^2_{\dot{y}\dot{y}} \end{bmatrix} + \begin{bmatrix} \sigma^2_{yy} & \\ & \sigma^2_{\dot{y}\dot{y}} \end{bmatrix} \begin{bmatrix} 0 & \frac{-k}{m} \\ 1 & \frac{-c}{m} \end{bmatrix} + \begin{bmatrix} 0 & 0 \\ 0 & \frac{1}{m^2} \end{bmatrix} w = 0 \quad (28.102)$$

Le equazioni che determinano l'annullarsi della triangolare sono:

$$\sigma^2_{\dot{y}\dot{y}} - \frac{k}{m}\sigma^2_{yy} = 0 \rightarrow \sigma^2_{yy} = \frac{1}{2ck}w - 2\frac{c}{m}\sigma^2_{\dot{y}\dot{y}} - \frac{1}{m^2}w = 0 \rightarrow \sigma^2_{\dot{y}\dot{y}} = \frac{1}{2cm}(28.103)$$

da cui

$$\sigma^2_{qq} = \frac{k^2}{m^2}\sigma^2_{yy} + \frac{c^2}{m^2}\sigma^2_{\dot{y}\dot{y}} = (\frac{k}{2cm^2} + \frac{c}{2m^3})w = \frac{w}{2m^2}(\frac{k}{c} + \frac{c}{m}) \quad (28.104)$$

Volendo minimizzare questo termine, σ^2_{qq}, otterremo il valore dello smorzamento ottimale:

$$-\frac{k}{c^2} + \frac{1}{m} = 0 \rightarrow c_{opt} = \pm\sqrt{mk} \quad (28.105)$$

CHAPTER 29

SINTESI PROGETTUALE

Molto spesso la sintesi progettuale viene ottenuta partendo da un'intuizione seguita da un dettagliato processo d'analisi. Il problema è che l'analisi organizzata in
forma parametrica ha un costo pari a n^2, indicando con n il numero di parametri.
Nel progetto generale si tende a evidenziare allora i parametri più importanti per
poi innalzarne il numero aumentando lo spettro d'analisi col progetto di dettaglio.
Tuttavia i si ritarda tropo quest'ampliamento, si può incorrere in grossi guai.
Si cerca di mettere una guida per correlare i vari aspetti: siccome la sintesi ha bisogno di molte analisi, ma queste risultano costose, possiamo fornire degli ausili
che evitino l'analisi parametrica. In particolare poiché è importante guardare non
solo che alcuni valori cambiano ma anche come essi lo fanno, possiamo introdurre l'analisi di sensitività, tramite sviluppi in serie, benché le derivate di ordine

Aeroelasticità Applicata.
By Giulio Malinverno.
Copyright © 2016 .

superiore comportino matrici di dimensioni pari all'ordine della derivata.

Derivate di ordine 1 → vettori;

Derivate di ordine 2 → matrici a due dimensioni;

Derivate di ordine 3 → matrici a tre dimensioni;

...

Si può altresì cercare di ottimizzare il progetto in modo numerico, tramite l'ottimizzazione di funzioni obiettivo e limitazioni poste da funzioni vincolo. Spesso poi i parametri possono assumere valori quantizzati e questo può favorire il portar avanti più configurazioni in parallelo.

Noi abbiamo a che fare generalmente con problemi del tipo:

$$\{f\left(\{x\},\{p\}\right)\} = 0 \tag{29.1}$$

dove $\{x\}$ sono le variabili di progetto mentre $\{p\}$ sono i parametri di progetto.

Per calcolare il gradiente (derivata del prim'ordine), basta derivare rispetto al generico parametri p_i:

$$\left[\frac{\partial \{f\}}{\partial \{x\}}\right] \cdot \{x\}_{/i} + \{f\}_{/i} = 0 \tag{29.2}$$

dove abbiamo indicato con il pedice $/i$ la derivata parziale $\frac{\partial}{\partial p_i}$. Otteniamo allora, dal punto di vista formale in quanto operativamente non calcoleremo mai l'inversa di una matrice:

$$\{x\}_{/i} = -\left[\frac{\partial \{f\}}{\partial \{x\}}\right]^{-1} \cdot \{f\}_{/i} = -[J]^{-1}\{f\}_{/i} \tag{29.3}$$

essendo $[J]$ la matrice jacobiana, che si noti essere indipendente dal parametro scelto. Le derivate $\{x\}_{/i}$ sono allora date dalla soluzione di sistemi lineari in cui compare la marice jacobiana, che può essere disponibile da calcoli precedenti.

Spesso, come quando si utilizzano metodi ad elementi finiti o nei problemi agli autovalori, si è interessati alle derivate di pochi gradi di libertà (infatti un modello ha elementi finiti ha moltissimi gradi di libertà, ma di cui pochi sono interessanti dal punto di vista progettuale). Adottiamo allora il *metodo del carico unitario fittizio*.

Supponiamo di voler calcolare la derivata di un solo grado di libertà.

In notazione matriciale, tale derivata può essere estratta dal vettore di tutte le derivate:

$$x_{k/i} = \{1_k\}^t \{x\} \tag{29.4}$$

dove $\{1_k\}$ è il vettore di estrazione:

$$\{1_k\} = \begin{Bmatrix} 0 \\ \ldots \\ 1 \\ \ldots \\ 0 \end{Bmatrix} \leftarrow \text{k-esima riga}$$

Riprendendo quanto scritto sopra:

$$x_{k/i} = \{1_k\}^t \{x\} = -\{1_k\}^t \left[\frac{\partial \{f\}}{\partial \{x\}}\right]^{-1} \{f\}_{/i} = -\{1_k\}^t [J]^{-1} \{f\}_{/i} \tag{29.5}$$

Definiamo allora il vettore:

$$\{c_k\}^t \triangleq \{1_k\}^t [J]^{-1} \rightarrow [J]^t \{c_k\} = \{1_k\} \tag{29.6}$$

donde

$$x_{k/i} = -\{c_k\}^t \{f\}_{/i}$$

Il nostro sistema sarà allora dato da:

$$\begin{cases} [J]^t \{c_k\} = \{1_k\} \\ x_{k/i} = -\{c_k\}^t \{f\}_{/i} \end{cases} \tag{29.7}$$

La prima equazione prende il nome di *equazione aggiunta*.
In questo modo $x_{k/i}$ è calcolato a un costo computazionale più basso, essendo frutto del prodotto di due vettori e del prodotto fra una matrice e un vettore, mentre altresì è ricavata dalla risoluzione del sistema ridotto dell'equazione aggiunta.
Consideriamo ad esempio il problema:

$$\begin{cases} \left[-\omega^2 M + K\right] \{u\} = 0 \\ \\ \frac{1}{2} \{x\}^t [M] \{u\} = 1 \end{cases}$$

Consideriamo ω^2 come un unico parametro e non come quadrato di ω. Deriviamo rispetto a un generico i-esimo parametro:

$$\begin{cases} \left[-\omega^2 M + K\right] \{u\}_{/i} - [M] \{u\} \omega_{/i}^2 + \left[-\omega^2 M + K\right]_{/i} \{u\} = 0 \\[2ex] \frac{1}{2} \{x\}^t [M]_{/i} \{u\} + [M] \{u\}_{/i} = 0 \end{cases}$$

ovvero

$$\begin{bmatrix} \left[-\omega^2 M + K\right] & -[M]\{u\} \\[1ex] [M] & 0 \end{bmatrix} \begin{Bmatrix} \{u\}_{/i} \\[1ex] \omega_{/i}^2 \end{Bmatrix} = \begin{Bmatrix} \left[-\omega^2 M + K\right]_{/i} \{u\} \\[1ex] -\frac{1}{2} \{x\}^t [M]_{/i} \{u\} \end{Bmatrix}$$

Se volessimo ora calcolare solo $\omega_{/i}^2$, utilizzando quanto visto sopra, avremmo:

$$\omega_{/i}^2 = \{c_{\omega^2}\}^t \{b\}$$

avendo indicato con $\{b\}$ il termine noto. L'equazione aggiunta risulta essere

$$[J]^t \{c_k\} = \begin{Bmatrix} \{0\} \\ 1 \end{Bmatrix}$$

Riprendiamo l'equazione singola senza condizione di normalizzazione e deriviamola:

$$[-\omega^2 M + K]\{u\}_{/i} + [-\omega_{/i}^2 M - \omega^2 M_{/i} + K_{/i}]\{u\} = 0$$

Per quanto visto sopra e moltiplicando sopra e sotto per $\{u\}^t$ otteniamo

$$\omega_{/i}^2 = \frac{\{u\}^t [-\omega^2 M_{/i} + K_{/i}]\{u\}}{\{u\}^t [M]\{u\}}$$

Siamo allora arrivati al sistema:

$$\begin{bmatrix} [-\omega^2 M_{/i} + K_{/i}] & -[M]\{u\} \\[2ex] \{u\}^t [M] & 0 \end{bmatrix} \begin{Bmatrix} \{u\}_{/i} \\[1ex] \omega_{/i}^2 \end{Bmatrix} = - \begin{Bmatrix} -[-\omega^2 M_{/i} + K_{/i}]\{u\} \\[1ex] \frac{1}{2}\{u\}^t [M]_{/i}\{u\} \end{Bmatrix}$$

Qualora si volesse calcolare $\omega_{/i}^2$ si può evitare il passaggio all'equazione di normalizzazione in quanto si ottiene:

$$\omega_{/i}^2 = \frac{\{u\}^t [-\omega^2 M_{/i} + K_{/i}]\{u\}}{\{u\}^t [M]\{u\}}$$

Si può anche risolvere il problema aggiunto

$$[J]^t \left\{ \begin{array}{c} \{a\} \\ b \end{array} \right\} = \left\{ \begin{array}{c} \{0\} \\ 1 \end{array} \right\}$$

che confrontato col problema originario porta all'identificazione $\{a\} = \{u\}$ e $b = 1$.

Si può procedere anche utilizzando il coefficiente di RAYLEIGH per arrivare ad analoghe conclusioni. Supponiamo di voler calcolare $\omega^2(p + \Delta p)$. Possiamo adottare uno sviluppo in serie:

$$\omega^2(p + \Delta p) = \omega^2(p) + \omega^2_{/p}\Delta p = \omega^2(p) + \frac{\{u\}^t[-\omega^2 M_{/p} + K_{/p}]\{u\}}{\{u\}^t[M]\{u\}}\Delta p$$

Si ottiene lo stesso risultato applicando RAYLEIGH :

$$\omega^2(p + \Delta p) = \frac{\{u\}^t[K + \Delta K]\{u\}}{\{u\}^t[M + \Delta M]\{u\}}$$

Dimostriamo quest'affermazione:

$$\omega^2(p + \Delta p) = \frac{\{u\}^t[K+\Delta K]\{u\}}{\{u\}^t[M+\Delta M]\{u\}} = \frac{\{u\}^t[K+K_{/p}\Delta p]\{u\}}{\{u\}^t[M+M_{/p}\Delta p]\{u\}} =$$

$$= \frac{\{u\}^t[K]\{u\}+\{u\}^t[K_{/p}]\{u\}\Delta p}{\{u\}^t[M]\{u\}+\{u\}^t[M_{/p}\Delta p]\{u\}} = \frac{\{u\}^t[K]\{u\}+\{u\}^{\lfloor}K_{/p}]\{u\}\Delta p}{\{u\}^t[M]\{u\}\left(1+\frac{\{u\}^t[M_{/p}]\{u\}}{\{u\}^t[M]\{u\}}\Delta p\right)} =$$

$$= \frac{\{u\}^t[K]\{u\}+\{u\}^t[K_{/p}]\{u\}\Delta p}{\{u\}^t[M]\{u\}} \cdot \left(1 - \frac{\{u\}^t[M_{/p}]\{u\}}{\{u\}^t[M]\{u\}}\Delta p\right) =$$

$$= \frac{\{u\}^t[K]\{u\}}{\{u\}^t[M]\{u\}} + \frac{\{u\}^t[K_{/p}]\{u\}}{\{u\}^t[M]\{u\}}\Delta p$$

$$- \frac{\{u\}^t[K]\{u\}}{\{u\}^t[M]\{u\}}\frac{\{u\}^t[M_{/p}]\{u\}}{\{u\}^t[M]\{u\}}\Delta p - \frac{\{u\}^t[K_{/p}]\{u\}}{\{u\}^t[M]\{u\}}\frac{\{u\}^t[M_{/p}]\{u\}}{\{u\}^t[M]\{u\}}\Delta p^2$$

Trascurando gli infinitesimi di ordine superiore (Δp^2), avremo:

$$\omega^2(p + \Delta p) = \omega^2(p) + \frac{\Delta p}{\{u\}^t[M]\{u\}} \left(\{u\}^t[K_{/p}]\{u\} - \omega^2(p)\{u\}^t[M_{/p}]\{u\}\right)$$

$$= \omega^2(p) + \frac{\Delta p}{\{u\}^t[M]\{u\}}\{u\}^t \left[K_{/p} + \omega^2(p)M_{/p}\right]\{u\}$$

$$= \omega^2(p) + \frac{\{u\}^t[-\omega^2 M_{/p} + K_{/p}]\{u\}}{\{u\}^t[M]\{u\}}\Delta p$$

Il calcolo della sensitività può essere applicato anche all'approccio stocastico:

$$[\sigma_{xx}^2] = [\bar{H}(\omega)][\Phi_{uu}][H(\omega)]$$
$$\downarrow$$
$$[\sigma_{xx}^2]_{/i} = [\bar{H}(\omega)]_{/i}[\Phi_{uu}][H(\omega)] + [\bar{H}(\omega)][\Phi_{uu}][H(\omega)]_{/i}$$

Abbiamo però il problema del calcolo della derivata dell'inversa. Ciò non costituisce un ostacolo eccessivo in quanto:

$$[A][A]^{-1} = [I]$$
$$\downarrow$$
$$[A]_{/i}[A]^{-1} + [A][A]_{/i}^{-1} = 0$$
$$\downarrow$$
$$[A]_{/i}^{-1} = -[A]^{-1}[A]_{/i}[A]^{-1}$$

Questa è la risoluzione formale, in quanto non si procederà mai al calcolo esplicito di un'inversa ma si ricorrerà sempre alla fattorizzazione.
Si può lavorare anche sull'equazione di LYAPOUNOV :

$$[A][\sigma_{xx}^2] + [\sigma_{xx}^2][A]^t + [B][W][B]^t = 0$$
$$\downarrow$$
$$[A][\sigma_{xx}^2]_{/i} + [\sigma_{xx}^2]_{/i}[A]^t + [A]_{/i}[\sigma_{xx}^2] + [\sigma_{xx}^2][A]_{/i}^t + ([B][W][B]^t)_{/i} = 0$$
$$\downarrow$$
$$[A][\sigma_{xx}^2]_{/i} + [\sigma_{xx}^2]_{/i}[A]^t + (\text{t.n.}) = 0$$

è ancora un'equazione di LYAPOUNOV , in cui ora l'incognita è $[\sigma_{xx}^2]_{/i}$ mentre il termine noto risulta costituito da un contributo di $[W]$ e di $[\sigma_{xx}^2]$.

Il calcolo della sensitività può essere effettuato direttamente nel tempo. Si consideri per esempio l'equazione agli stati

$$\{\dot{x}\} = [A]\{x\} + [B]\{u\}$$
$$\downarrow$$
$$\{\dot{x}\}_{/i} = [A]_{/i}\{x\} + [A]\{x\}_{/i} + [B]_{/i}\{u\} + [B]\{u\}_{/i}$$
$$\downarrow$$
$$\{\dot{x}\}_{/i} = [A]\{x\}_{/i} + \underbrace{\left([A]_{/i}\{x\} + [B]_{/i}\{u\} + [B]\{u\}_{/i}\right)}_{\text{termine noto}}$$

In tutti i casi la matrice dei coefficienti è la stessa che si aveva nel problema originario, con tutti i vantaggi computazionali derivanti da questo fatto.

Le derivate possono essere calcolate anche numericamente tramite le varie forme delle *differenze finite*. Si tenga conto che le differenze finite *in avanti* e quelle *in dietro* richiedono una sola analisi, ma sono meno precise delle differenze *centrate* che però richiedono più analisi. Si possono altresì utilizzare soluzioni miste, come ad esempio nel problema statico $[K]\{u\} = \{P\}$ che derivato diviene $[K]\{u_{/i}\} = -[K]_{/i}\{u\}$, supponendo carichi non dipendenti dal tempo. Teoricamente si dovrebbe calcolare $[K(p + \Delta p)]\{u(p + \Delta p)\}$, ma si può calcolare $[K]_{/i}$ e risolvere il problema statico associato, conoscendo già $\{u\}$ della condizione d'equilibrio.

CHAPTER 30

PROVE SPERIMENTALI

Accanto alla prove sperimentali a terra, in cui il velivolo è vincolato isostaticamen-te, esistono prove sperimentali in cui il velivolo è libero di muoversi. La prova in volo per antonomasia è la prova di flutter. Principalmente, si a terra che in volo, le prove sperimentali sono prove di certificazione del velivolo, ma secondariamente sono utilizzate anche come metro di valutazione dei modelli matematici. Assunti fondamentali di tutte le prove sono la linearità e la tempo-invarianza. Poiché le normative impongono che il flutter non avvenga prima di $1.15 \sim 1.20 V_{ne}$, e non si effettuano le prove dal vero se non quando si sia del tutto sicuri di non perdere il velivolo, per definizione stessa di V_{ne} la velocità di flutter non verrà mai raggiun-ta, se non occasionalmente. Siamo dunque costretti a fare delle estrapolazioni. Abbiamo quindi due esigenze contrapposte:

Aeroelasticità Applicata.
By Giulio Malinverno.
Copyright © 2016 .

Fare molte prove per avere risultati dettagliati (o comunque più dati da elaborare);

vs.

Fare poche prove, sia per questioni di sicurezza (tiriamo infatti il velivolo alle sue massime velocità) sia economiche.

Possiamo operare anche per modelli, ma qui sopraggiungono problemi di similitudine mancata. La modellazione si basa infatti su metodi quali quello di BUCKINGHAM e dell'analisi dimensionale: in linea di principio una simulazione perfetta impone di avere nel modello tutti i parametri adimensionali identici a quelli che si hanno nella situazione reale. Paradossalmente si scopre che il miglior modello di una situazione reale è al situazione reale stessa. Siamo dunque costretti a ricercare una soluzione di compromesso.

L'approccio iniziale consiste nell'adimensionalizzare le equazioni descriventi il problema, ottenendo cosi all'equazione $\Phi(g_1, g_2, \ldots, g_n)$. Poiché si hanno 4 unità dimensionali fondamentali (massa, lunghezza, tempo e temperatura), potremo avere al massimo n-4 parametri adimensionali, che possono avere o meno significato fisico.

Si possono riportare sui modelli gli stessi concetti d'approssimazione sviluppati nell'approccio analitico-numerico, e sebbene questi modelli siano abbastanza costosi, si arriva ad accettarne la perdita nella simulazione purché questa sia consistente.

Esiste però una differenza fra prove a terra e prove in volo, oltre all'ovvio fatto che il velivolo non sia vincolato in queste ultime, anzi conseguente da questo: poiché gli strumenti devono essere montati sul velivolo, mentre a terra possono essere piazzati vicino, devono essere per prima cosa appunto montabili/smontabili, poco intrusivi e devono funzionare qualunque manovra il velivolo possa compiere.

Diviene allora gravoso il problema dell'installazione di questi strumenti: devono essere posizionati nei punti di maggior efficacia, ovvero la loro localizzazione deve garantire la massima osservabilità.

Ricordiamo che dato un sistema lineare agli stati:

$$\{\dot{x}\} = [A]\{x\} + [B]\{u\};$$
$$\{y\} = [C]\{x\} + [D]\{u\};$$

La controllabilità è data dal rango della matrice $\begin{bmatrix} B & AB & A^2B \ldots A^{n-1}B \end{bmatrix}$: questo deve essere uguale a n. Altresì l'osservabilità del sistema è data dal rango della matrice $\begin{bmatrix} C^t & AC^t & A^2C^t \ldots A^{n-1}C^t \end{bmatrix}$ che deve essere pari a n-1.

Tra le altre cose, i punti migliori minimizzano, a parità di punti di misura, l'energia che bisogna fornire agli eccitatori. Si può facilmente capire come i punti migliori siano quelli dove si hanno le maggiori variazioni delle quantità misurate. Così se si vogliono misurare degli spostamenti, i punti migliori risultano essere i ventri delle deformate modali. Non è però sempre così facile identificare i luoghi dove la funzioni sono massime.

Riportiamoci allora in base modale:

$$\{x\} = [X]\{m\}$$

da cui

$$\{\dot{m}\} = \left[\tilde{A}\right]\{m\} + [X]^{-1}[B]\{u\}$$

dove $\left[\tilde{A}\right]$ è una matrice diagonale. Il discorso sul rango per verificare la controllabilità e l'osservabilità si riconduce alla verifica che la matrice $[X]^{-1}[B]$ abbia rango pieno: non deve avere righe nulle sui modi che riteniamo interessanti. Analogamente, per la risposta,

$$\{y\} = [C][X]\{m\} + [D]\{u\};$$

la matrice $[C][X]$ non deve avere colonne nulle.

Concettualmente l'accelerometro mantiene una $[D]$ in quanto misurando $\{\dot{x}\}$ prende anche $\{u\}$: le funzioni di trasferimento devono essere proprie e ciò si ottiene ad esempio modellando anche l'accelerometro stesso.

Per quanto riguarda le forzanti non se ne possono quante se ne hanno a terra: tutte le forzanti vengono ricondotte a un vettore $\{B\}$ contenente la legge di distribuzione spaziale, in quanto tutte avranno la stessa legge di comando temporale f:

$$\{f\} = \{B\}f \tag{30.1}$$

Comunemente a terra si suole usare la distinzione fra forzanti simmetriche e forzanti antisimmetriche: questa distinzione nelle prove in volo è lo standard.

I sistemi di eccitazione poi sono spesso ricavati dalla struttura stessa del velivolo, ad esempio tramite le superfici libere o i carichi appesi.

Le procedure (non necessariamente sequenziali) della prova sono allora:

- Posizionamento delle forzanti;

- Posizionamento dei punti di misura;

- Eccitazione;

- Misurazione;

- Ricostruzione dei modi

- Ricostruzione del diagramma V-g

Al suolo l'ambiente dove si effettua la prova è in un certo senso controllato, mentre in volo non lo è affatto. Le prove di volo sono allora affette da un rumore maggiore di quello che si può trovare in analoghe prove a terra, soprattutto a causa di forzanti aggiuntive (es. turbolenza) del tutto incontrollabili e imprevedibili.

Il sistema corretto sarà allora:

$$\{\dot{x}\} = [A]\{x\} + [B_f]\{u_f\} + [B_g]\{u_g\};$$ (30.2)

dove la parte $[B_g]\{u_g\}$ non è controllabile.

Ciò si riflette doppiamente nella risposta:

- Come contributo diretto tramite un $[D]\{u\}$;

- Come contributo derivante dagli stati $\{x\}$;

Infatti:

$$\{y\} = \begin{pmatrix} [C](s[I] - [A])^{-1}[B_f] + [D] \end{pmatrix}\{u_f\} + \\ \begin{pmatrix} [C](s[I] - [A])^{-1}[B_g] + [D] \end{pmatrix}\{u_g\}$$ (30.3)

La presenza di $(s[I] - [A])^{-1}$ comporta anche un rumore di modello. Questo rumore compare anche nelle prove a terra, ma grazie alla linearità lo si può superare. Nelle prove in volo intervengono invece delle non linearità dovute all'aerodinamica che complicano il tutto. Avremo quindi difficoltà nell'elaborazione delle misure.

I comandi di volo possono essere utilizzati come forzanti ma bisogna verificarne la banda passante e il contributo in frequenza. In generale possiamo infatti suddividere le forzanti in:

- misurabili;

- non-misurabili;

oppure in:

- controllabili in storia;

- non-controllabili.

Le forzanti impulsive o "bonkers" sono meccanismi pirotecnici, poco intrusivi (se usati in piccole quantità) che possono essere controllati in:

- durata dell'esplosione;

- intensità dell'esplosione.

Concettualmente rappresentano un impulso perchè si riesce ad eccitare quasi tute le frequenze della struttura. Il loro problema è che non sono misurabili in forza. Sono allora adeguate per sperimentazioni veloci ma non per prove di qualità. Non vanno bene inoltre se c'è possibilità di flutter esplosivo. Se poi la loro durata è breve non si potrà avere una buona risoluzione in frequenza.

Esistono anche eccitatori inerziali (costituiti da masse poste in movimento), che sono controllabili, purtroppo intrusivi (anche se sostituendole a masse inutili,es. serbatoi ausiliari o altri carichi subalari, se ne può ridurre l'intrusività), ma anche misurabili. Accanto agli eccitatori inerziali esistono quelli elettrodinamici.

Nei dispositivi inerziali, avere una forza rotante complica la misurabilità. Tra le altre cose, poiché la forza trasmessa è $\div \omega^2$, indicando con ω la velocità di rotazione, per ottenere una forza costane al variare di ω bisogna avere un'eccentricità altrettanto variabile.

Esistono anche eccitatori di tipo aerodinamico, non costituiti da superfici preesistenti del velivolo. Si aggiungono cioè delle nuove superfici per introdurre le forzanti. Un esempio è costituito da alette aggiunte alle estremità alari oppure un sistema costituito da due cilindri coassiali posti sul bordo d'uscita:

il cilindro più esterno è fisso e dotato di più fori;

il cilindro interno può ruotare attorno al proprio asse ma è dotato di una sola fessura.

Il flusso sul profilo viene incanalato all'interno del cilindro interno e ne può uscire solo attraverso la fessura sopra ricordata. Poiché tal cilindro può ruotare, la fessura interna può essere messa in comunicazione con una delle fessure del cilindro esterno, premettendo così al flusso di continuare il suo cammino. Si tenga presente che così si ottiene per azione reazione una forza opposta la moto del fluido: cambiando fessura d'uscita si potrà allora ottenere una forzante oscillante sul bordo d'uscita.

Questi sistemi risultano essere ben fatti dal punto di vista dell'entità e della frequenza. Tuttavia:

- possono risultare molto intrusivi;

- la "geometria" che si ottiene è quella del velivolo così modificato e non quella del velivolo che si vuole testare.

Un tipo di forzante poco costoso è la turbolenza in quanto essa è gratuita e non intrusiva, agente su tutto il velivolo nella sua configurazione da certificazione e tra le altre cose rappresenta proprio uno dei fenomeni cui il velivolo deve resistere.
I problemi sono dati da:

- la turbolenza potrebbe non avere un adeguato contenuto in frequenza, che deve rimanere pressoché costante per tutto il campo di ω che ci interessa;

- non è misurabile

Ci viene però in aiuto l'assunto dogmatico secondo cui TUTTO È PERIODICO (O PERIODICIZZABILE). In questo modo possiamo applicare le tecniche d'analisi già viste e limitare così gli errori d'elaborazione. Si noti che una forzante ergodica può essere sempre vista come un mezzo per ottenere una certa densità spettrale di potenza costante, ovvero un "rumore bianco" ripetuto periodicamente (non è un vero e proprio rumore bianco ma un mezzo per avere Φ costante).
Se abbiamo $sin(\vartheta)$ con $\vartheta = \vartheta(t) = \omega(t) \cdot t$; dobbiamo far variare ω: una possibilità è data dalla *spazzolata lineare in frequenza*:

$$\omega(t) = \omega_{min} + \frac{\omega_{max} - \omega_{min}}{T} t \qquad (30.4)$$

Siccome ω varia linearmente, ϑ risulterà parabolico.
Oss.: accanto alla spazzolata lineare, esiste anche la spazzolata esponenziale, dove $\omega \div e^{\alpha t}$.
Avremo così una densità spettrale del tipo rappresentato in figura 30.1. Se si fa variare la frequenza molto lentamente, è possibile ottenere direttamente $H(\omega)$.
Noi siamo interessati anche alla durata della forzante, poiché alla durata è associata la risoluzione in frequenza (la risoluzione è collegata anche allo smorzamento). Le forzanti impulsive, hanno una bassa risoluzione in frequenza, oltre ad avere un basso rapporto segnale/rumore. Possono essere usate allora quando:

- lo smorzamento è basso;

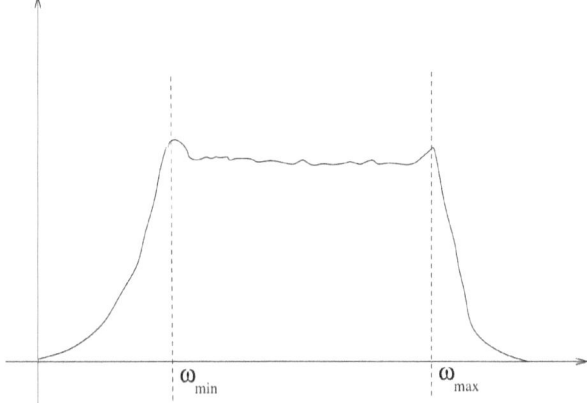

Figura 30.1: Prove sperimentali: densità spettrale

- quando non c'è pericolo di flutter esplosivo.

Vediamo ora la tipologia delle storie d'eccitazione. Possiamo sfruttare l'analisi per progettare la prova:

- rifacendo la prova al calcolatore;

- i metodi agli elementi finiti danno già un'idea di dove posizionare gli eccitatori.

Per vedere quanti eccitatori mettere, prendiamo i risultati numerici e sommiamogli dei rumori/della turbolenza. Passiamo quindi i dati all'elaborazione per ricavare il diagramma $V - g$. Confrontando il diagramma così ottenuto con quello analitico possiamo capire come l'elaborazione ha manipolato i dati fornitegli. Si devono fare le prove in modo da avere allora la maggior correlazione fra risultato analitico e prodotto dell'elaborazione.

Una volta campionato si è già risolto il problema dell'aliasing, avendo già posizionato un filtro che toglie le frequenze indesiderate. Se si è campionato male, gli errori rimasti non potranno più essere eliminati.

Scopo dell'elaborazione è quello di ricostruire il diagramma V-g: bisogna conoscere i poli di $H(s)$.

Iniziamo col considerare forzanti non misurabili (impulsi e turbolenza): abbiamo

potuto misurare solo l'uscita e non la forzante. Supponiamo che nel caso di forzante impulsiva, le risposte all'impulso siano risposte impulsive (ciò non è detto perché non avendo misurato l'ingresso si sono perse le ampiezza, cfr. rapporto d'ampiezza di fase).
In possesso della risposta impulsiva:

- se è lunga la si depura della media;

- perché è coperta da turbolenza la si moltiplica per un esponenziale (si toglie rumore di coda, ma si perde in risoluzione);

- a questo punto si può trasformare, ottenendo $H(j\omega)$.

Oss.: per tutte le forzanti impulsive, di qualsiasi origine, l'unico modo di togliere rumore è quello di fare molte prove, ma poiché non se ne possono fare in un numero infinito, ci sarà sempre un errore/rumore.
Vediamo ora l'altra forzante non misurabile, la turbolenza atmosferica. L'idea su cui si basa l'elaborazione della risposta alla turbolenza è quella di trasformare su un periodo, considerando quindi la di un periodo, per poi mediare su tutti i periodi.
In base alla relazione:

$$\Phi_{yy} = \|H\|^2 \Phi_{uu} \tag{30.5}$$

si riesce a calcolare il modulo di ma non i suoi poli. Bisogna passare al calcolo dell'intercovarianza.

$$
\begin{aligned}
K_{uy} &= \oint \Delta y(\tau) \Delta u(t+\tau)dt = \\
&= \oint \int_{-\infty}^{+\infty} h(v) \Delta u(t-v)dv \Delta u(t+\tau)dt = \\
&= \int_{-\infty}^{+\infty} h(v) \oint \Delta u(t-v) \Delta u(t+\tau)dt dv = \\
&= \text{ponendo } z = t - v = \\
&= \int_{-\infty}^{+\infty} h(v) K_{v+\tau} dv
\end{aligned}
\tag{30.6}
$$

Si trova che K_{uy} è collegata ad h e non al prodotto $h \cdot h$. Trasformando si ottiene allora:

$$\Phi_{yu} = H\Phi_{uu} \rightarrow H = \frac{\Phi_{yu}}{\Phi_{uu}} \tag{30.7}$$

Questo discorso vale per processi ergodici: poiché noi abbiamo a che fare con forzanti periodiche invece della densità spettrale di potenza dovremo parlare di *densità spettrale di energia* in quanto integriamo su un periodo, ovvero su un dominio limitato.

Oggi si va direttamente al calcolo di Φ_{yu} tramite le trasformate dei suoi componenti (trasformando direttamente le storie primarie).

Inoltre, l'uso della trasformata veloce di FOURIER permette di ridurre notevolmente i costi computazionali.

Si noti che abbiamo trovato $H = \frac{\Phi_{yu}}{\Phi_{uu}}$ ma vale anche $H = \frac{\Phi_{yy}}{\Phi_{uy}}$, inoltre ricordiamoci sempre che $\Phi_{yy} = \|H\|^2 \Phi_{uu}$. Nel caso della turbolenza questa relazione va riscritta come $\Phi_{yy} = \|H\|^2 \Phi_{V_g V_g}$ (avendo suddiviso l'intervallo e fatto su ogni pezzo la trasformata).

L'uso della turbolenza come forzante è subordinato al fatto che la sua banda passante sia sufficiente e abbastanza costante. Deve cioè comportarsi come un rumore bianco, pur non essendo un rumore bianco vero e proprio. Avendo il modulo, se si suppone che il sistema sia a fase minima, possiamo in base al teorema di BÖDE, ricavare la fase di questo. Un altro metodo consiste nel ricavare da $\|H\|^2$ la densità spettrale di potenza per poi antitrasformare $\Phi_{yy} \to K_{yy}$ (figura 30.2). In

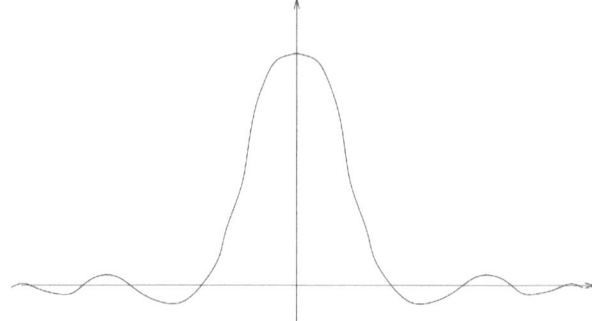

Figura 30.2: Prove sperimentali (2)

particolare, ne consideriamo solo metà (figura 30.3).

La supporremo essere una *(pseudo)risposta impulsiva*.

Tramite l'antitrasformata si ottiene un'approssimazione di H.

A questo punto dobbiamo ricostruire il diagramma V-g. Possiamo rappresentare $H(j\omega)$ come:

$$H(j\omega) = \frac{N(j\omega)}{D(j\omega)} =$$

$$\sum \left(\frac{A}{j\omega + a} + \frac{\tilde{A}}{j\omega + \tilde{a}} \right) + m\omega^2 + j\omega c + ka + \frac{c}{j\omega} + \frac{m}{\omega^2}$$

(30.8)

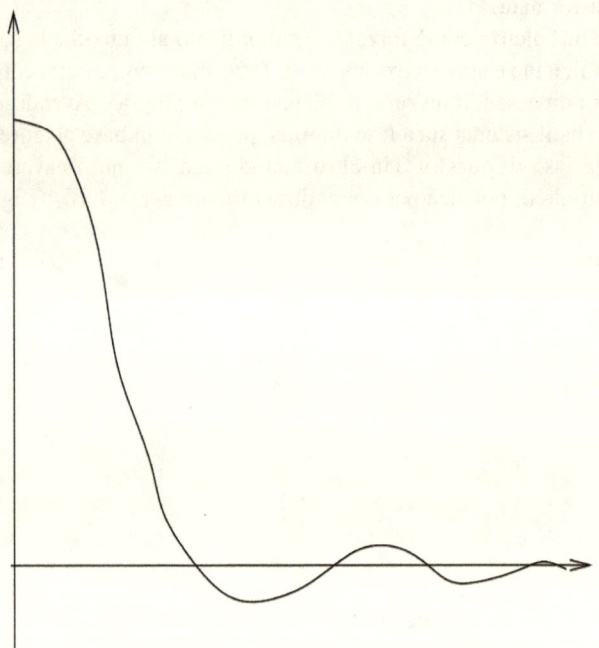

Figura 30.3: Prove sperimentali (3)

dove

- $\left(\frac{A}{j\omega+a} + \frac{\tilde{A}}{j\omega+\tilde{a}} \right)$ è la rappresentazione a poli e residui alla HEAVISIDE ;

- $m\omega^2 + j\omega c + ka$ è la parte, non propria dei fattori correttivi che tengono conto delle ω escluse verso l'alto (ovvero le $\omega > \omega_{max}$);

- $\frac{c}{j\omega} + \frac{m}{\omega^2}$ è invece la parte correttiva per le ω escluse verso l'origine, ovvero $\omega < \omega_{min}$.

Quest'ultimo caso esiste ovviamente solo se $\omega_{min} > 0$.
In questo modo compaiono però molti zeri e poli spuri. Generalmente si lascia evolvere il sistema in modo da eliminare l'errore, per poi decidere a posteriori cosa eliminare.
Utilizziamo la notazione:

$$H(j\omega) = \frac{N(j\omega)}{D(j\omega)} = \text{ad esempio} = H(j\omega) = \frac{a(j\omega)^2 + bj\omega + c}{d(jw)^2 + ej\omega + f}$$

Abbiamo così trovato un sistema non lineare del tipo

$$\frac{HD - N}{D} = 0 \tag{30.9}$$

La sua risoluzione più semplice consiste nel prendere il sistema lineare costituito dal solo numeratore:

$$HD - N = 0$$

Si tratta della risoluzione di un sistema omogeneo: poiché ci serve un termine noto, per ottenerlo dobbiamo normalizzare, ad esempio ponendo d=1:

$$H(j\omega) = \frac{a(j\omega)^2 + bj\omega + c}{(jw)^2 + ej\omega + f}$$

Inoltre c'è da riconsiderare la presenza del denominatore: questa è utile in quanto il denominatore funge da funzione peso, siccome avvicinandosi ai poli $D \to 0$ ovvero il fattore peso aumenta.
Avendo allora a che fare con un sistema non lineare possiamo tentare di risolverlo ad esempio con un processo iterativo:

$$\frac{HD_{i+1} - N_{i+1}}{D_i} = 0 \tag{30.10}$$

Possiamo altresì utilizzare la risoluzione ai minimi quadrati non lineari. Supponiamo di dover minimizzare una funzione non lineare, ad esempio $f^2(x)$. Per
prima cosa stabiliamo una condizione di stazionarietà:

$$2f(x)\frac{df(x)}{dx} = 0$$

Poiché è ancora un'equazione non lineare, applichiamo un metodo simile a quello
di NEWTON-RAPSON , che prende il nome di *Metodo di* NEWTON-GAUSS :

$$f(x)\frac{df(x)}{dx} + \frac{d}{dx}\left(f(x)\frac{df(x)}{dx}\right)\Delta x = 0$$

$$\downarrow$$

$$f(x)\frac{df(x)}{dx} + \left[\left(\frac{df(x)}{dx}\right)^2 + f(x)\frac{df(x)^2}{d^2x}\right]\Delta x = 0$$

(30.11)

Siccome $f(x)$ è un residuo, e poiché si accettano radici spurie pur di avere residui
piccoli, possiamo supporre che la derivata seconda sia nulla, $\frac{df(x)^2}{d^2x} =$. Avremo
allora:

$$f(x)\frac{df(x)}{dx} + \left(\frac{df(x)}{dx}\right)^2\Delta x = 0$$

(30.12)

Nel caso di funzioni a più variabili, avremo a che fare con l'hessiano, ovvero lo
jacobiano del gradiente.
Nel nostro caso il problema diviene $H - \frac{N}{D} - \frac{\Delta N}{D} - \frac{N}{D^2}\Delta D$ su cui applicare un
procedimento iterativo.
Ripetendo allora più volte le prove non si otterrà mai lo stesso risultato ma una
zona di probabili risultati (figura 30.4). Ciò non è un male eccessivo, purché queste nuvole identifichino una zona limitata di flutter.
Utilizzare i minimi quadrati classici o quelli modificati può a volte essere indifferente, così come a volte può essere determinante per ottenere o meno buoni
risultati. Il metodo di elaborazione quindi va a influire anche sulla qualità del-
l'eccitante. Da ciò consegue ad esempio che oltre i limiti già detti, la turbolenza
deve essere allora utilizzata solo se si è in possesso di un adeguato strumento di
elaborazione.
Oltre all'approccio in frequenza, esiste anche quello temporale discreto. Dato il
sistema in tempo discreto:

$$\{x_{k+1}\} = [A]\{x_k\} + [B]\{u_k\}$$
$$\{y_k\} = [C]\{x_k\} + [D_0]\{u_k\} + [D_1]\{u_{k+1}\} + \ldots$$

(30.13)

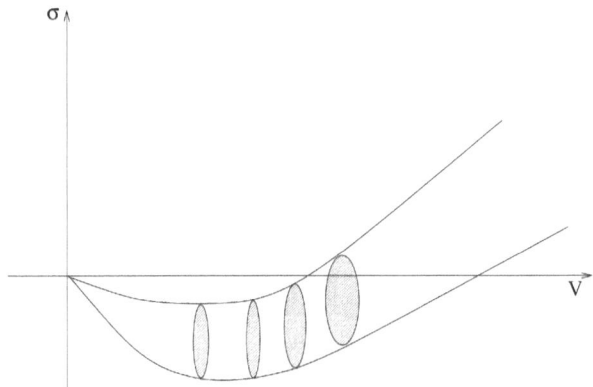

Figura 30.4: Prove sperimentali: zone di possibili risultati

attraverso la trasformata Z otteniamo

$$\{y_k\} = \left([C][zI - A]^{-1}[B] + [D]\right)\{u_{k+1}\} \tag{30.14}$$

dove $\left([C][zI - A]^{-1}[B] + [D]\right)$ è una funzione razionale in z.
Ad esempio,

$$y(z) = \frac{az^2 + bz + c}{z^2 + ez + f}u(z) = \frac{a + \frac{b}{z} + \frac{c}{z^2}}{1 + \frac{e}{z} + \frac{f}{z^2}}u(z)$$

Portando il denominatore a primo membro, otteniamo:

$$y + \frac{e}{z}y + \frac{f}{z^2}y = au + \frac{b}{z}u + \frac{c}{z^2}u$$

che può allora essere facilmente antitrasformato:

$$\underbrace{y_k + ey_{k-1} + fy_{k-2}}_{\text{autoregressione}} = \underbrace{au_k + bu_{k-1} + cu_{k-2}}_{\text{media mobile}}$$

Abbiamo quindi un'equazione alle differenze finite di ordine n, equivalente nel campo continuo a un'equazione differenziale sempre di ordine n. Possiamo inoltre portare tutto a sinistra e scrivere:

$$y_k + ey_{k-1} + fy_{k-2} - au_k - bu_{k-1} - cu_{k-2} = \varepsilon$$

applicando poi un metodo ai residui, come la collocazione seguita dai minimi quadrati.

Questo metodo prende il nome di *Metodo autoregressivo a media mobile* o *a.r.m.a.* dal nome dei due contributi che lo formano.

Il residuo ε può anch'esso essere portato a primo membro, guardandolo come un rumore. Inoltre vi si può applicare un filtro di forma per cui $\varepsilon_k + c_1\varepsilon_{k-1} + c_2\varepsilon_{k-2} + \ldots$.

Un ultimo generico approccio è quello di ricostruire a tempo discreto gli stati e le matrici del sistema, ottenendo però le nuvolette di possibili soluzioni.

APPENDICI

APPENDICE A

METODI ENERGETICI

Definiamo *lavoro* di una forza l'integrale del prodotto scalare della forza e dello spostamento del punto ove la forza è applicata.

$$W = \int_l \vec{F(u)} \cdot \vec{du} \qquad (A.1)$$

ovvero, nel caso di valori discreti e costanti

$$W = \vec{F} \cdot \vec{u} \qquad (A.2)$$

Se l'integrale è positivo, la forza viene detta *motrice*, altrimenti viene detta *resistente*.

Aeroelasticità Applicata.
By Giulio Malinverno.
Copyright © 2016 .

Dall'equazione A.2 si evince anche che il lavoro, nel caso di forza costante, può essere nullo solamente se:

- la forza applicata è nulla;

- lo spostamento del punto ove la forza è applicata è nullo;

- la forza è sempre ortogonale allo spostamento.

Qualora la forza dipendesse dalla posizione, il lavoro verrebbe a non dipendere dal cammino d'integrazione percorso, ma soltanto dagli estremi di questo. Si può allora introdurre la quantità detta ENERGIA POTENZIALE tale per cui

$$\vec{F} = -\nabla E = -\frac{\partial E_i}{\partial x_i}\vec{i} \tag{A.3}$$

Possiamo altresì introdurre il POTENZIALE, definito come quantità uguale ed opposta all'energia potenziale:

$$U \triangleq -E \Rightarrow \vec{F} = \nabla U = \frac{\partial U_i}{\partial x_i}\vec{i} \tag{A.4}$$

Avremo allora che il lavoro compiuto dalla forza è uguale all'opposto della variazione di energia potenziale, ovvero che il lavoro è fatto a spese di un'energia dipendente dal posto:

$$W = \int_l \vec{F} \cdot d\vec{u} = \int_l (-\frac{\partial E_i}{\partial x_i}\vec{i}) \cdot d\vec{u} = -\int_l dE = -\Delta E \tag{A.5}$$

Analogamente

$$W = \int_l \vec{F} \cdot d\vec{u} = \int_l (\frac{\partial U_i}{\partial x_i}\vec{i}) \cdot d\vec{u} = \int_l dU = \Delta U \tag{A.6}$$

Riprendiamo d'altra parte le equazioni di NEWTON sulla dinamica di un sistema, moltiplicendo ambo i membri per la velocità (valutando in tal modo la *potenza*):

$$M\vec{a} \cdot \vec{v} = \vec{F} \cdot \vec{v} \tag{A.7}$$

ed esplicitiamo la derivata temporale del termine a primo membro.

$$M\vec{a} \cdot \vec{v} = M\frac{d\vec{v}}{dt} \cdot \vec{v} = \frac{1}{2}M\frac{d(\vec{v} \cdot \vec{v})}{dt} = \frac{d(\frac{1}{2}M\vec{v} \cdot \vec{v})}{dt} \tag{A.8}$$

Abbiamo quindi trovato che la potenza istantanea del sistema è pari alla variazione temproale di una quantità nota come ENERGIA CINETICA del sistema (che indichiamo con la lettera T). Integrando nel tempo, otteniamo allora che il lavoro compiuto dalle forze agenti sul sistema è pari alla variazione di energia cinetica.

A.1   Equazioni di LAGRANGE

Nell'ambito della meccanica classica, se il sistema studiato è soggetto a vincoli perfetti, bilateri ed olonomi, ai fini del calcolo del movimento si possono utilizzare le equazioni di LAGRANGE :

$$\frac{d}{dt}\left(\frac{\partial T}{\partial \dot{q}_k}\right) - \frac{\partial T}{\partial q_k} = Q_k \qquad (A.9)$$

avendo indicato con q_k le coordinate libere generalizzate del sistema e con Q_k le componenti della sollecitazione attiva secondo le precedenti coordinate, mentre

$$T = \frac{1}{2}\sum_i \sum_j m_{i,j}\dot{q}_j\dot{q}_i \qquad (A.10)$$

Nell'ipotesi che le forze attive siano conservative, indicato con U il potenziale loro associato, le equazioni di LAGRANGE assumono la forma:

$$\frac{d}{dt}\left(\frac{\partial L}{\partial \dot{q}_k}\right) - \frac{\partial L}{\partial q_k} = 0 \qquad (A.11)$$

essendo il potenziale indipendente dalle velocità generalizzate e collegato alle forze tramite la relazione

$$Q_k = \frac{\partial U}{\partial q_k} \qquad (A.12)$$

e avendo indicato con

$$L \triangleq T + U = T - E \qquad (A.13)$$

la *lagrangiana* o *funzione di* LAGRANGE , ovvero la differenza fra energia cinetica ed energia potenziale.
Sebbene si sia introdotta sotto l'ipotesi dei vincoli olonomi e in presenza di forze conservative, in effetti possiamo darne una descrizione[1] più generale che tenga

---

[1] vedi MEIROVITCH per una trattazione piú completa e rigorosa.

conto anche di forze dissipative.

In particolare, assumiamo l'esistenza di una funzione D tale per cui

$$D = \frac{1}{2} \sum_i \sum_j c_{i,j} \dot{q}_j \dot{q}_i + \sum_i \sum_j f_{ij} q_i \dot{q}_j \tag{A.14}$$

che tenga conto di effetti viscosi (tramite le velocità relative) e circolatori.

Alla fine giungiamo ad avere, considerando anche altre forze non conservative

$$\frac{d}{dt} \left(\frac{\partial L}{\partial \dot{q}_k} \right) - \frac{\partial L}{\partial q_k} + \frac{\partial D}{\partial \dot{q}_k} = Q_k \tag{A.15}$$

ovvero

$$\boxed{\frac{d}{dt} \left(\frac{\partial T}{\partial \dot{q}_k} \right) - \frac{\partial U}{\partial q_k} + \frac{\partial D}{\partial \dot{q}_k} = Q_k} \tag{A.16}$$

supponendo che il potenziale non dipenda dalle velocità generalizzate e l'energia cinetica dalle posizioni[2]. Nell'ambito della nostra trattazione, le equazioni di LAGRANGE , soprattutto nell'ultima formulazione, vengono utilizzate per determinare le matrici caratterisithce del sistema, massa, rigidezza e smorzamento (in tal caso della forza generalizzata F vengono considerati solo gli elementi viscosi). Questo compito è facilitato dal fatto che sappiamo anticipatamente che il sistema delle equazioni dovrà avere la seguente struttura formale:

$$[M]\{\ddot{x}\} + [C]\{\dot{x}\} + [K]\{x\} = \{P\}$$

A.2 Principio di D'ALEMBERT

Il principio di D'ALEMBERT è un comodo metodo per la scrittura delle equazioni del moto di un sistema rifacendosi alle condizioni e alle metodologie utilizzate per un problema di equilibrio statico.

Secondo NEWTON , la legge fondamentale della dinamica si scrive, considerando un punto materiale di massa m soggetto ad una forza esterna attiva F e ad una reazione vincolare Φ:

$$m\vec{a} = \vec{F} + \vec{\Phi} \tag{A.17}$$

---

[2]Sebbena nella maggior parte delle sistuazioni queste condizioni siano verificate, è bene ricordarsi della formulazione generale.

ovvero, in altri termini, che l'accelerazione cui sarà soggetto il punto materiale è proporzionale al rapporto fra il risultante delle forze e la massa del punto stesso:

$$\vec{a} = \frac{\vec{F} + \vec{\Phi}}{m} \tag{A.18}$$

Consideriamo ad esempio un punto materiale di massa m vincolato, tramite una fune ideale (inestensibile e priva di propria massa) di lunghezza R, ad un centro C e rotante uniformemente attorno a questo stesso centro (sun un piano liscio). L'equazione di NEWTON afferma che la tensione T del filo funge da forza centripeta per la massa m: in altre parole, il moto circolare artono a C è possibile solo se esiste una forza che funga da forza centripeta. In mancanza di un elemento vincolate come la fune, il punto materiale sarebbe libero di muoversi in linea retta (e conformemente alle condizioni iniziali).
Riscrivamo però le equazioni di NEWTON portando tutto a secondo membro:

$$0 = -m\vec{a} + \vec{F} + \vec{\Phi} \tag{A.19}$$

ovvero

$$\vec{F} + \vec{\Phi} + (-m\vec{a}) = 0 \tag{A.20}$$

Definendo ora l'ultimo termine come *forza d'inerzia* F_i, risulta che durante il moto, le forze attive, le reazioni vincolari e le forze d'inerzia si fanno equilibrio (dinamico).
Se dunque per NEWTON le equazioni dinamiche sono equazioni *di equivalenza* (in quanto equivalgono una costruzione matematica *la descrizione del moto*, ad una condizione fisica, *le forze e le reazioni vincolari*), per D'ALEMBERT ora il moto è descritto da un'equazione di equilibrio: la tensione del filo deve andare ad equilibrare una forza inerziale applicata alla massa.
Generalizzando a sistemi materiali qualsiasi, possiamo postulare il *principio di* D'ALEMBERT :

> *le equazioni del moto di un sistema meccanico possono essere ottenute consi-*
> *derandolo soggetto oltre che alle forze effettive e alle reazioni vincolari, anche*
> *alle forze d'inerzia e imponendone conseguentemente l'equilibrio.*

A.3   Principio dei lavori virtuali

Il PRINCIPIO DEI LAVORI VIRTUALI afferma che

> *in condizioni di equilibrio sotto l'azione di determinate forze, il lavoro com-*
> *piuto da tali forze per spostamenti* VIRTUALI *ovvero* CONGRUENTI *coi vincoli*
> *geometrici,* INFINITESIMI, ARBITRARI *e* SINCRONI *è identicamente nullo.*

Esplicitando l'espressione del lavoro virtuale come somma di una componente dovuta alle forze esterne ed una componente dovuta alle forze itnerne avremo:

$$\delta^* L = \delta^* L_e + \delta^* L_i = 0 \tag{A.21}$$

Avremo quindi che il lavoro delle forze interne si oppone al lavoro delle forze esterne:

$$\delta^* L_e = -\delta^* L_i \tag{A.22}$$

Possiamo allore definire il LAVORO DI DEFORMAZIONE come opposto del lavoro interno: $\delta^* L_d \triangleq -\delta^* L_i$. Il principio dei lavori virtuali si potrà scrivere come:

$$\delta^* L_e = \delta^* L_d \tag{A.23}$$

Nella consueta notazione matriciale della meccanica dei continui, il lavoro di deformazione si scrive, indicando con Ω il volume del corpo

$$\delta^* L_d = \int_\Omega \{\sigma\}^t \{\delta\varepsilon\} d\Omega = \int_\Omega \{\delta\varepsilon\}^t \{\sigma\} d\Omega \tag{A.24}$$

In base allo schema della trave aeronautica, in cui compiano solamente lo sforzo assiale σ_z e gli sforzi tangenziali τ_{xz} e τ_{yz}, e di questi considerando solamente lo sforzo assiale:

$$\sigma_z = \frac{T_z}{A} + \frac{M_x}{J_x}y - \frac{M_y}{J_y}x \tag{A.25}$$

avremo, sfruttando il legame elastico, la seguente espressione del lavoro di deformazione:

$$\boxed{\delta^* L_{d,\sigma_z} = \int_l \frac{T_z' T_z}{EA}dz + \int_l \frac{M_x' M_x}{EJ_x}dz + \int_l \frac{M_y' M_y}{EJ_y}dz} \tag{A.26}$$

In modo analogo possiamo scrivere il lavoro dovuto agli sforzi di taglio introducendo opportune grandezze caratteristiche della sezione della trave:

$$\boxed{\delta^* L_{d,\tau} = \int_l \frac{T_x' T_x}{GA_x^*}dz + \int_l \frac{T_y' T_y}{GA_y^*}dz + \int_l \frac{M_z' M_z}{GJ_t}dz} \tag{A.27}$$

Grazie a tali espressioni, il principio dei lavori virtuali può essere utilizzato in moltissime applicazioni, tra le quali ricordiamo

- nel calcolo della posizione d'equilibrio e delle forze iperstatiche, trattando l'incognita iperstatica come una forza reale esterna e imponendo la verifica del plv sul sistema di azioni interne cui essa dà luogo;

- nel calcolo degli spostamenti di punti sotto l'azione di certe forze, note le caratteristiche geometriche ed elastiche;

- nel calcolo di tali caratteristiche elastiche (matrice di rigidezza) costruendo sistemi fittizi ed imponendo in essi spostamenti e forze unitarie.

Nel caso sia possibile applicare il modello di corpo rigido, il principio dei lavori virtuali mantiene la propria validità, in quanto banalmente il termine dovuto alla deformazione elastica del materiale automaticamente s'annulla (per definizione di corpo rigido). Avremo quindi che il prodotto delle forze agenti sul corpo per spostamenti virtuali del punto d'applicazione, sia nullo:

$$\delta^* L = \delta^* L_e = \sum \vec{F}_i \cdot \delta \vec{P}_i = 0 \qquad (A.28)$$

avendo indicato con $\vec{F}_i$ la risultante delle forze attive agenti sull'i-esimo punto e con $\delta \vec{P}_i$ lo spostamento virtuale di tale punto. In notazione cartesiana esso diviene:

$$\delta^* L = \sum \left(F_{i,x} \delta x_i + F_{i,y} \delta y_i + F_{i,z} \delta z_i \right) = 0 \qquad (A.29)$$

dove x_i, y_i e z_i sono le coordinate cartesiane del punto P_i.

Nel caso di sistemi olonomi, utilizzando le coordinate libere generalizzate $q_1 \ldots q_n$ e dei loro differenziali $\delta q_1 \ldots \delta q_n$, il principio dei lavori virtuali assume la forma:

$$\delta^* L = \sum Q_i(q_1, \ldots, q_n) \delta q_i = 0 \qquad (A.30)$$

Poiché tale espressione deve essere soddisfatta per qualsiasi scelta dei δq_j (*arbitrarietà degli spostamenti virtuali*), essa dà luogo a un sistema di n equazioni pure e indipendenti di equilibrio con n = numero dei gradi di libertà del sistema:

$$\begin{cases} Q_1(q_1, \ldots, q_n) = 0 \\ \ldots \\ Q_k(q_1, \ldots, q_n) = 0 \\ \ldots \\ Q_n(q_1, \ldots, q_n) = 0 \end{cases} \qquad (A.31)$$

Nei sistemi olonomi, vale anche il *principio di sovrapposizione*: il lavoro virtuale totale può essere ottenuto variando una alla volta le coordinate libere e sommando i lavori parziali così ottenuti.

$$\delta^* L = \sum \delta^* L_i \qquad (A.32)$$

Ogni componente Q_k della sollecitazione attiva secondo la coordinata q_k è poi calcolabile come:

$$Q_k = \frac{\delta^* L_k}{\delta q_k} \qquad (A.33)$$

Consideriamo ora un applicazione del principio dei lavori virtuali. In effetti si

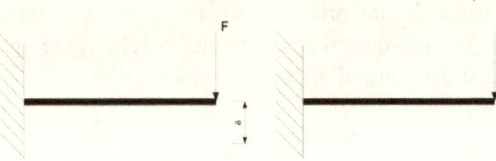

Figura A.1: Schema per l'applicazione del principio dei lavori virtuali complementari. A destra vediamo il sistema reale mentre a sinistra vediamo il sistema virtuale.

tratta dell'applicazione del PRINCIPIO DEI LAVORI VIRTUALI COMPLEMENTARI, che è il duale del classico plv. Si tratta infatti di far lavorare per degli *spostamenti reali* delle *forze virtuali*, ovvero forze arbitrarie, sincrone ed autoequilibrate. Per semplicità espositiva, calcoleremo la deflessione dell'estremità libera di una trave a sbalzo, a sezione costante ed omogenea caricata in punta da una forza nota (vedi figura A.1). Sappiamo dai corsi di meccanica delle strutture che tale deflessione è valutabile come:

$$\delta = \frac{Fl^3}{3EJ} \qquad (A.34)$$

avendo indicato con E il modulo elastico del materiale, l la lunghezza della trave, J il momento d'inerzia geometrico della sezione rispetto all'asse coniugato alla forza.

L'applicazione del plvc comporta la valutazione dell'equazione:

$$1 \cdot \delta = \int_l \frac{M'_x M_x}{E J_x} dz \qquad (A.35)$$

in quanto possiamo trascurare l'effetto del taglio e delle forze assiali. In particolare stiamo facendo lavorare un sistema di spostamenti reali (dati da δ per il lavoro esterno e da $\frac{M_x}{EJ_x}$ per il lavoro di deformazione) per un sistema di forze fittizio, che per facilitare i calcoli prendiamo di valore unitario[3]. La deformazioni interne sono valutabili attraverso il momento reale dato dalla forza F applicata:

$$M_x = Fz \tag{A.36}$$

Analogamente il sistema fittizio darà luogo ad una propria distribuzione di momenti (che data la tipologia dell'esempio, coincide con quanto abbiamo già calcolato, sebbene a forza unitaria.)

$$M'_x = F'z = 1 \cdot z \tag{A.37}$$

Avremo quindi

$$1 \cdot \delta = \int_l \frac{M'_x M_x}{EJ_x} dz = \int_l \frac{(1 \cdot z)(F \cdot z)}{EJ_x} dz = \int_l \frac{1 \cdot Fz^2}{EJ_x} dz = \frac{1 \cdot Fl^3}{3EJ} \tag{A.38}$$

Suddividendo per il valore della forza fittiza troviamo quando ci eravamo prefissati.

A.3.1 Trasmissione del calore

Il principio dei lavori virtuali (o la corrispettiva formulazione numerica che è il metodo di GALERKIN) può essere applicato in molti campi, non necessariamente di ambito strutturale. Un esempio può essere la sua applicazione a problemi termici riguardanti la trasmissione del calore.
Consideriamo una sbarra di lunghezza l, avvolta in un materiale perfettamente isolante sulla lunghezza in modo da avere solamente la faccia ad una sua estremità a contatto con l'ambiente circostante a temperatura T_a. sia α il coefficiente di scambio termico con l'ambiente circostante. L'equazione della trasmissione del calore è:

$$C_p \frac{\partial T}{\partial t} + K \frac{\partial^2 T}{\partial x^2} = 0 \tag{A.39}$$

che possiamo riscrivere con una notazione più vicina a quanto visto:

$$C_p \dot{T} + K(T')' = 0 \tag{A.40}$$

---

[3]Non è necessario assumere il sistema virtuale unitario, è solo una comodità per avere direttamente a primo membro il valore numero dello spostamento

Moltiplichiamo per la variazione di temperatura virtuale δT e integriamo sulla lunghezza del corpo:

$$\int_l \delta T (C_p \dot{T} + K(T')')dx = 0 \tag{A.41}$$

Integrando per parti:

$$\delta T K T'|_0^l - \int_l \delta T' K T' dx + \int_l \delta T C_p \dot{T} dx = 0 \tag{A.42}$$

Possiamo sviluppare il campo di temperatura del corpo tramite un'opportuna funzione di forma: $T = [N]\{q\}$ e sostituire tale sviluppo all'interno delle equazioni (tendo conto delle condizioni al contorno), ottenendo in base all'arbitrarietà degli spostamenti virtuali δT le espressioni:

$$\{\delta q\}^t [N]^t K T'|_o^l - \{\delta q\}^t \int_l [N']^t K [N'] \, dx \, \{q\} +$$
$$\{q\}^t \int_l C_p [N] \, dx \, \{\dot{q}\} = 0$$
$$\downarrow$$
$$\{\delta q\}^t [N(l)]^t \alpha S(T_a - [N(l)]\{q\})$$
$$- \{\delta q\}^t \int_l [N']^t K [N'] \, dx \, \{q\} + \{q\}^t \int_l C_p [N] \, dx \, \{\dot{q}\} = 0$$
$$\downarrow$$
$$([K] + \alpha S(T_a - [N(l)]^t [N(l)])\{q\}) = [C]\{\dot{q}\} + [N(l)]^t \alpha S T_a$$

La risoluzione dell'ultima espresisone porta a conoscere i modi termici della struttura.

A.4 Teorema di MAXWELL-BETTI

Il lavro compiuto da un sistema di forze Q_a per degli spostamenti s_b provocati da un secondo sistema di forze Q_b è uguale al lavoro compiuto dal sistema di forza Q_b per gli spostamenti s_a provocati dal sistema di forze Q_a.

In altri termini:

$$\delta L_{ab} \doteq \{Q_a\}^t \{s_b\} \equiv \{Q_b\}^t \{s_a\} \doteq \delta L_{ba} \tag{A.43}$$

Dal teorema di MAXWELL-BETTI discende la simmetria della matrice di rigidezza e di quella di lfessibilità, essendo:

$$L_d = \frac{1}{2}\{P\}^t [F]\{P\} = \frac{1}{2}\{u\}^t [K]\{u\} \tag{A.44}$$

Ad esempio, considerando i due sistemi a e b costituiti ciascuno da una forza e da un momento, avremo:

$$
\begin{Bmatrix} s_1 \\ \vartheta_1 \\ s_2 \\ \vartheta_2 \end{Bmatrix} = \begin{bmatrix} f_{11} & f_{12} & f_{13} & f_{14} \\ & f_{22} & f_{23} & f_{24} \\ & & f_{33} & f_{34} \\ \text{simm.} & & & f_{44} \end{bmatrix} \begin{Bmatrix} F_1 \\ M_1 \\ F_2 \\ M_2 \end{Bmatrix}
\tag{A.45}
$$

Bisogna stare attenti però in quanto è la matrice *globale* del sistema ad essere simmetrica: quando si scrive una relazione del tipo:

$$
\{P\} = [K]\{u\}
\tag{A.46}
$$

non è detto che la matrice utilizzata sia simmetrica, in quanto *per avere la simmetria bisgna far lavorare le componenti* CONIUGATE . Non ci sarà ad esmepio simmetria se confrontiamo gli spsotamenti lineari provocati da un momenti e le rotazioni provocate da forze. Ciò può essere facilmente dimostrato considerando un carico unitario: gli spostamenti che si otterranno saranno identicamente uguali ai coefficienti della matrice.

APPENDICE B

RICHIAMI DI MECCANICA DEI SOLIDI

B.1 Azioni Interne

Consideriamo una struttura soggetta a generiche sollecitazioni. Le leggi fondamentali della meccanica assicurano che questa struttura è in equilibrio dinamico in quanto le forze applicate vengono bilanciate dalle forze inerziali[1]:

$$[M]\{\ddot{u}\} = \{Q\} \tag{B.1}$$

---

[1] In questa sezione, salvo laddove diversamente indicato, considereremo le forze inerziali al pari di forze reali, secondo il modello di D'ALEMBERT.

Possiamo ipotizzare la nostra struttura come costituita da un certo numero parti, suddividendola con superfici di taglio ideali[2]. Considerando una parte estrapolata dal resto, possiamo ancora dire che essa è in equilibrio sotto l'azione delle seguenti forze:

- le forze esterne agenti sulla sua superficie e sul suo volume;

- le forze inerziali che competono alla sua massa;

- le forze che le altre parti esercitano *per garantire l'equilibrio*;

Definiamo queste ultime forze come AZIONI INTERNE.

Le azioni interne si riferiscono alla superficie di taglio ovvero la loro quantificazione dipende ovviamente dalla sezione considerata. In generale tuttavia conviene rappresentare tali azioni tramite una terna di riferimento cartesiana associata agli assi principali d'inerzia. Comunemente avremo:

- una forza diretta come la normale, T_z;

- due forze agenti nel piano della sezione, T_x e T_y;

- due momenti flettenti associati agli assi del piano, M_x e M_y;

- un momento torcente, M_z;

B.2   Stato di sforzo

Possiamo raffinare il nostro modello di struttura considerando le parti sufficientemente piccole da poterle ritenere *indeformabili* ovvero *rigide*. Posiamo allora enunciare il seguente postulato

condizione necessaria e sufficiente per un corpo deformabile è che sia in equilibrio ogni sua parte considerata rigida sotto l'azione dei carichi esterni che le competono e sotto l'azione dei carichi trasmessi dai vincoli.

Prendiamo allora in esame una particella infinitesima e rigida, costituita da un tetraedro con tre delle quattro facce orientate in modo che le loro normali siano

---

[2]In effetti, ciò non è neppure troppo lontano dalla realtà, sia perché le strutture sono costituite da atomi, sia perché, a meno di non ricavare un pezzo dal pieno, ordinariamente i sistemi meccanici sono c composti da più elementi eterogenei collegati fra loro.

parallele ad assi coordinati cartesiani. Sia dS l'area della faccia rimanente, di normale $\vec{n}$. In generale, su questa faccia agirà uno sforzo φ_n, che assumiamo positivo se diretto come la normale cioè uscente dalla superficie.

Considerando il vettore dei coseni direttori, possiamo ricavare le aree delle facce ortogonali agli assi coordinati (per la condizione d'equilibrio sopra enunciata, anche su queste facce eserciteranno degli sforzi.):

$$dS_x = dS \cos \alpha \tag{B.2}$$

$$dS_y = dS \cos \beta \tag{B.3}$$

$$dS_z = dS \cos \gamma \tag{B.4}$$

Indichiamo la generica componente di uno sforzo con la notazione

$$\varphi_{ij} = \text{componente } j\text{-esima dello sforzo relativo alla faccia di normale } i \quad \text{(B.5)}$$

In particolare, trattando degli sforzi relativi alle facce coordinate, quando tuttavia gli indici sono identici, utilizzeremo la più comoda forma $\sigma_i \equiv \varphi_{ii}$, mentre per i termini tangenziali utilizzeremo la lettera $\tau \equiv \varphi_{ij}$.

L'equilibrio impone allora che, supponendo che non ci siano forze di volume e l'elemento considerato sia all'interno della nostra struttura:

$$\varphi_{nx}dS - \sigma_x dS \cos \alpha - \tau_{yx}dS \cos \beta - \tau_{zx}dS \cos \gamma = 0 \tag{B.6}$$

$$\varphi_{ny}dS - \tau_{xy}dS \cos \alpha - \sigma_y dS \cos \beta - \tau_{zy}dS \cos \gamma = 0 \tag{B.7}$$

$$\varphi_{nz}dS - \tau_{xz}dS \cos \alpha - \tau_{yz}dS \cos \beta - \sigma_z dS \cos \gamma = 0 \tag{B.8}$$

Utilizzando la più comodo notazione tensoriale di EINSTEIN e notando che i coseni direttori si riducono alle componenti della normale $\vec{n}$, queste relazioni si riducono a

$$\boxed{\varphi_{ni} = \sigma_i n_i + \tau_{ij} n_j} \tag{B.9}$$

B.3 L'equazioni indefinite d'equilibrio

Consideriamo un concio infinitesimo di trave di EULERO, soggetto a del carico distribuito per unità di lunghezza, come rappresentato in figura B.1, dove:

- n carico assiale distribuito;

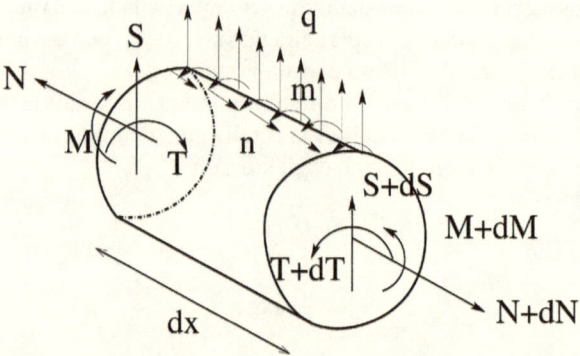

Figura B.1: Concio infinitesimo di trave

- q carico trasversale;

- m momento torcente distribuito;

Scriviamo le equazioni d'equilibrio per il sistema:

$$N + dN - N + ndx = 0 \tag{B.10}$$
$$S + dS - S + qdx = 0 \tag{B.11}$$
$$M + dM - M + (S + dS)dx + \frac{1}{2}qdx^2 \tag{B.12}$$
$$T + dT - T + mdx = 0 \tag{B.13}$$

Trascurando gli infinitesimo di ordine superiore, otteniamo le EQUAZIONI IDEFI-
NITE D'EQUILIBRIO:

$$\frac{dN}{dx} = -n; \tag{B.14}$$

$$\frac{dS}{dx} = -q; \tag{B.15}$$

$$\frac{dM}{dx} = -S \rightarrow \frac{d^2M}{dx^2} = q \tag{B.16}$$

$$\frac{dT}{dx} = -m; \tag{B.17}$$

Sostituendo le relazioni che intercorrono fra sollecitazioni e deformazioni, otteniamo le EQUAZIONI DELLA LINEA ELASTICA:

$$\frac{d}{dx}\left(EA\frac{du}{dx}\right) = -n; \tag{B.18}$$

$$\frac{d^2}{dx^2}\left(EJ\frac{d^2w}{dx^2}\right) = q; \tag{B.19}$$

$$\frac{d}{dx}\left(GJ\frac{d\vartheta}{dx}\right) = -m; \tag{B.20}$$

detti

- u lo spostamento assiale;

- w la delfessione trasversale;

- ϑ la torsione;

Consideriamo il precedente esempio calcolato coi lavori virtuali e affrontiamolo di nuovo con la linea elastica. Dato che non ci sono carichi distribuiti:

$$EJ\frac{d^4w}{dx^4} = 0; \tag{B.21}$$

in quanto la trave non subisce variazioni di forma o materiale. Possiamo integrare fino a raggiungere l'espressione dello spostamento trasversale:

$$EJw^{III} = C_1; \tag{B.22}$$

$$EJw^{II} = C_1x + C_2; \tag{B.23}$$

$$EJw^{I} = \frac{1}{2}C_1x^2 + C_2x + C_3; \tag{B.24}$$

$$EJw = \frac{1}{6}C_1x^3 + \frac{1}{2}C_2x^2 + C_3x + C_4; \tag{B.25}$$

Le condizioni al contorno ci dicono che:

- all'incastro la deflessione deve essere nulla: $w(0) = 0$;

- all'incastro l'inclinazione deve essere nulla: $w^{I}(0) = 0$;

- all'incastro il momento valga $EJw^{II}(0) = -Fl$;

- all'estremità caricata, il taglio deve corrispondere alla forza applicata, $EJw^{III}(0)$ F

Abbiamo allora i seguenti valori per le costanti:

$$C_1 = F; \quad C_2 = -Fl;$$
$$C_3 = 0; \qquad C_4 = 0;$$

L'equazione dello spostamento divien allora:

$$EJw = \frac{1}{6}Fx^3 - \frac{1}{2}Flx^2$$

che valutata in all'estremità libera diviene:

$$w(l) = \frac{1}{6EJ}Fl^3 - \frac{1}{2EJ}Flx^2 = -\frac{1}{3EJ}Fl^3$$

APPENDICE C

MODELLO A TRAVE AERONAUTICA

C.1 Trave ingegneristica

Definiamo TRAVE un elemento strutturale in cui una dimensione (indicata comunemente con LUNGHEZZA) è preponderante rispetto alle altre dimensioni (vedi figura C.1).

Altresì, possiamo definirla anche come il volume prismatico nato dalla traslazione di una figura piana, la SEZIONE della trave, lungo una linea rettilinea perpendicolare alla figura stessa, linea detta ASSE della trave. In generale, l'asse della trave non è caratterizzato da altri requisiti fisici, e inoltre i risultati ottenuti potranno essere applicati con una certa approssimazione anche per travi dotate di

Aeroelasticità Applicata.
By Giulio Malinverno.
Copyright © 2016 .

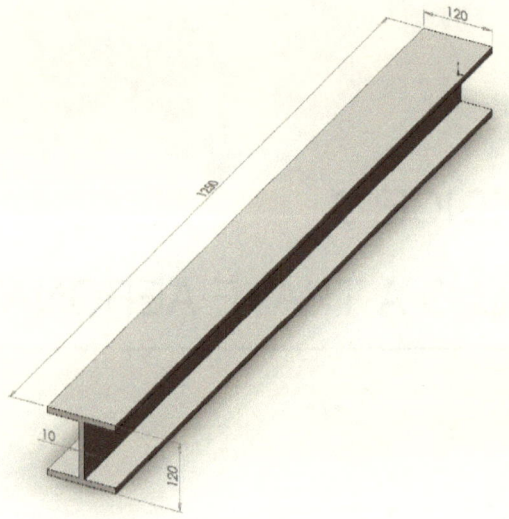

Figura C.1: Esempio di struttura assimilabile a TRAVE. Si può notare come una dimensione sia preponderante rispetto le altre due.

assi curvilinei.

Utilizziamo un sistema di riferimento destro cartesiano con l'asse z allineato con l'asse della trave e posizionato nel suo baricentro, con i rimanenti assi x ed y allineati con gli ASSI PRINCIPALI D'INERZIA. Supponiamo inoltre che

- la sezione sia costante lungo l'asse;

- la trave sia omogenea;

- i carichi esterni siano applicati alle estremità;

Possiamo allora definire le AZIONI INTERNI di una particolare trave come

le forze e i momenti che sono presenti su una data sezione necessari per equilibrare i carichi esterni.

Per la determinazione degli sforzi, introduciamo la seguente approssimazione:

gli sforzi presenti in una data sezione dipendono unicamente dalle azioni interne di quella sezione.

Da ciò consegue che carichi esterni differenti, qualora diano luogo ad analoghe azioni interne, genereranno gli stessi sforzi.

In effetti tale osservazione ha una propria validità reale in quanto si è verificato che lontano dalle zone d'applicazione dei carichi, gli sforzi non risentono dalla tipologia di applicazione del carico ma solo dai valori globali. Tale soluzione prende il nome di SOLUZIONE CENTRALE.

Nelle zone d'applicazione del carico o di variazioni di caratteristiche, lo sforzo complessivo può essere visto come la somma di un contributo centrale e di un contributo determinato dalle caratteristiche locali.

Consideriamo uno stato di sforzo tale per cui:

- $\tau_{zy}, \tau_{zy}, \sigma_{zz} \neq 0$;

- $\sigma_{xx} = \sigma_{yy} = \tau_{xy} = 0$

In tal modo possiamo anche riorganizzare il tensore degli sforzi in un vettore più comodo da maneggiare:

$$\{\sigma\} = \begin{bmatrix} \sigma_{zz} \\ \tau_{zx} \\ \tau_{zy} \end{bmatrix} \qquad (C.1)$$

Ora, il legame che unisce $\{\sigma\}$ alle azioni interne è una RELAZIONE D'EQUI-VALENZA e non un rapporto d'equilibrio: infatti, le azioni interne equilibrano le azioni esterne, mentre sono le risultanti degli sforzi ovvero gli sforzi sono le distribuzioni sulla sezione delle azioni interne.

Da questa osservazione possiamo dedurre l'espressione integrale d'equivalenza:

$$
\boxed{
\begin{aligned}
T_z &= \int_A \sigma_z dA & M_x &= \int_A \sigma_z y dA \\[2mm]
T_x &= \int_A \tau_{zx} dA & M_y &= -\int_A \sigma_z x dA \\[2mm]
T_y &= \int_A \tau_{zy} dA & M_z &= \int_A (\tau_{zy} x - \tau_{zx} y) dA
\end{aligned}
}
\qquad \text{(C.2)}
$$

Valutando l'espressione del principio dei lavori virtuali complementari ed applicando il metodo dei moltiplicatori di LAGRANGE , possiamo ricavare l'espressione dello sforzo normale:

$$
\boxed{\sigma_z(x,y) = \frac{T_z}{A} + \frac{M_x}{J_x} y - \frac{M_y}{J_y} x}
\qquad \text{(C.3)}
$$

cui è collegato il lavoro di deformazione

$$
\delta^* L_{d,\sigma_z} = \int_l \frac{T_z' T_z}{EA} dz + \int_l \frac{M_x' M_x}{EJ_x} dz + \int_l \frac{M_y' M_y}{EJ_y} dz
\qquad \text{(C.4)}
$$

Analogamente, possiamo scrivere il lavoro di deformazione correlato agli sforzi tangenziali

$$
\delta^* L_{d,\tau} = \int_l \frac{T_x' T_x}{GA_x^*} dz + \int_l \frac{T_y' T_y}{GA_y^*} dz + \int_l \frac{M_z' M_z}{GJ_t} dz
\qquad \text{(C.5)}
$$

ovvero

$$
\boxed{
\begin{aligned}
\sigma_z(x,y) &= \frac{T_z}{A} + \frac{M_x}{J_x} y - \frac{M_y}{J_y} x \\
\sigma_z(x,y) &= \frac{T_z}{A} + \frac{M_x}{J_x} y - \frac{M_y}{J_y} x
\end{aligned}
}
\qquad \text{(C.6)}
$$

Si noti bene che A_x*, A_y* e J_t sono quantità definite a posteriori tali per cui l'espressione di $\delta^* L_{d,\tau}$ assume la forma riportata. Ci serve quindi un metodo alternativo per il calcolo delle sollecitazioni tangenziali.

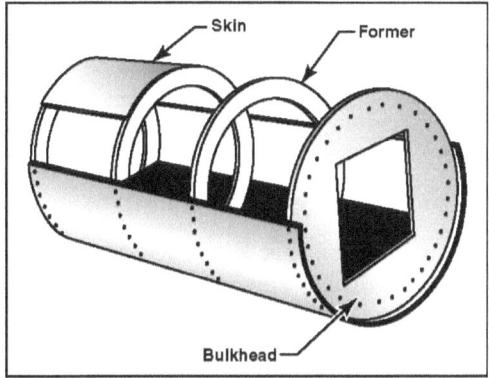

Figura C.2: Esempio di struttura aeronautica schematizzabile con il modello a semiguscio.Fonte:[1]

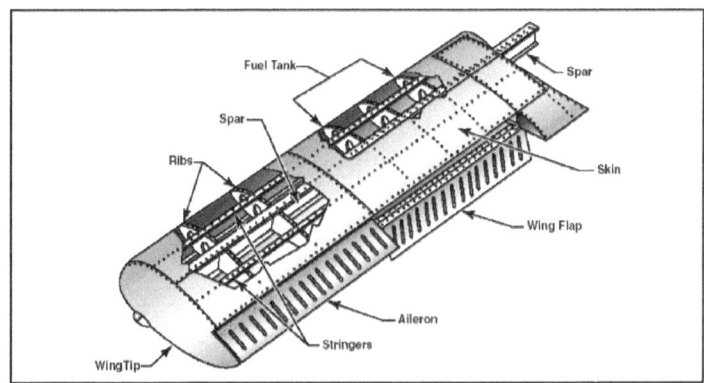

Figura C.3: Ulteriore esempio di trave aeronautica. Fonte:[1]

C.2   La trave aeronautica

La trave aeronautica è una trave DIAFRAMMATA A PARETE MOLTO SOTTILE, costituita da tre elementi principali:

- PANNELLI, ovvero l'elemento di rivestimento esterno;

- CORRENTI, ovvero l'elemento longitudinale di rinforzo;

- DIAFRAMMI o CENTINE, ovvero l'elemento trasversale di rinforzo;

Le immagini C.2 e C.3 illustrano bene le tre componenti fondamentali della trave aeronautica, mettendo in luce inoltre le *dimensioni relative* fra queste componenti: in particolare il piccolo spessore dei pannelli, soprattutto se confrontato con le dimensioni delle sezioni della trave.
A causa di tale rapporto, quantificabile all'incirca come

$$\frac{D}{t} > 10^3 \tag{C.7}$$

(avendo definito con D la dimensione caratteristica della sezione) possiamo assumere che lo stato di sforzo all'interno dei pannelli sia tale per cui:

- lo sforzo tangenziale τ sul contorno sia tangente ad esso;

- lo sforzo tangenziale rimanga parallelo al contorno e rimanga costante;

- lo sforzo normale σ sia trascurabile nei pannelli;

Ciò equivale a considerare nei pannelli solo lo sforzo medio tangenziale, o meglio se ne può considerare l'integrale sullo spessore:

$$q = \text{FLUSSO DI TAGLIO} = \int_{-\frac{t}{2}}^{\frac{t}{2}} \tau \, dt = \int_{-\frac{t}{2}}^{\frac{t}{2}} \bar{\tau} \, dt = \bar{\tau} t \tag{C.8}$$

Da queste annotazione consegue inoltre che le possibili variazioni di flusso di taglio possono avvenire solo passando da un pannello ad un altro, ovvero attraversando un corrente.

In questo modo poi possiamo assumere che i componenti della trave vengano estremizzati nella loro funzione, nel senso che ciascun componente ha un'unica funzione all'interno del modello a semiguscio della trave aeronautica:

- i PANNELLI hanno il compito di introdurre i carichi aerodinamici sostenendo le sollecitazioni tangenziali (flussi q_j allineati con il pannello);

- i CORRENTI hanno solo il compito di trasferire i carichi sostenendo le sollecitazioni normali (forze assiali N_i);

- i DIAFRAMMI hanno il compito di mantenere la forma della sezione, aumentare il carico critico instabilizzante dei correnti e trasferire ai pannelli in forma di taglio le sollecitazioni ricevute dai pannelli stessi sotto forma di forze normali continue;

C.3   Schematizzazione a grafo

La sezione schematizzata a semiguscio può essere poi interpretata come un GRAFO CONNESSO, in cui i correnti costituiscono i nodi del grafo mentre i pannelli ne sono le connessioni.

Se dovessimo stabilire un senso di percorrenza (e ce ne sarà l'occorrenza) dei pannelli, potremo essere interessati a sapere se il flusso presente in un pannello sia entrante o uscente da un corrente. Possiamo quindi introdurre la matrice β, costituita tramite la seguente regola:

- $\beta_{i,j} = 1$ se il flusso q_j del pannello j-esimo ha verso uscente dal corrente i-esimo;

- $\beta_{i,j} = -1$ se il flusso q_j del pannello j-esimo ha verso entrante dal corrente i-esimo;

- $\beta_{i,j} = 0$ se il pannello j-esimo non inerisce il corrente i-esimo;

All'interno della sezione possiamo inoltre identificare le CELLE, ovvero percorsi chiusi fra i nodi in cui i pannelli possono essere percorsi una sola ed unica volta. Fra tutte le celle che si possono individuare all'interno di una sezione, solo alcune sono indipendenti: in particolare, detto n il numero di correnti ed m il numero di pannelli, abbiamo

$$\mathbb{N} = m - n + 1 \qquad (C.9)$$

detto NUMERO CICLOMATICO DEL GRAFO ed indicante il numero di celle indipendenti all'interno della sezione. Introduciamo anche la matrice α così definita:

- $\alpha_{i,j} = 1$ se il flusso q_j del pannello j-esimo ha verso concorde a quello della cella i-esima;

- $\alpha_{i,j} = -1$ se il flusso q_j del pannello j-esimo ha verso discorde a quello della cella i-esima;

- $\alpha_{i,j} = 0$ se il pannello j-esimo non appartiene alla cella i-esima;

C.4   Equazioni dei flussi sorgenti

Per la trave aerodinamica, così come per qualsiasi altra trave, vale la condizione indefinita d'equilibrio di CAUCHY:

$$\nabla \cdot \mathbb{T} + \{F\} = 0 \tag{C.10}$$

Sotto l'ipotesi di DE SAINT VENANT di carichi concentrati alle estremità e dello stato di sforzo considerato, le tre equazioni d'equilibrio si riducono a

$$\begin{aligned} \tau_{xz/z} &= 0; \\ \tau_{yz/z} &= 0; \\ \tau_{zx/x} + \tau_{zy/y} + \sigma_{zz/z} &= 0; \end{aligned} \tag{C.11}$$

dunque

- τ_{xz} e τ_{yz} sono costante lungo z;

- σ_z è lineare in z;

Possiamo assumere liberamente che i due sforzi tangenziali siano i componenti di un vettore $\{\tau\}$ giacente nel piano, quindi la terza equazione d'equilibrio può essere riscritta come:

$$\nabla \cdot \{\tau\} + \sigma_{z/z} = 0; \tag{C.12}$$

Consideriamo una superficie S_i che includa un unico corrente (per semplicità) e tagli i pannelli che entrano in tale corrente, come rappresentato in figura C.4 Integrando su quest'area otteniamo, ricordando il teorema della divergenza e il fatto che S_i non dipende da z (e quindi che le operazioni d'integrazione e di derivazione possono essere invertite):

$$\int_{S_i} \nabla \cdot \{\tau\}\, dS_i + \int_{S_i} \sigma_{z/z} dS_i = 0$$
$$\downarrow \tag{C.13}$$
$$\int_c \{\tau\} \cdot \{n\}\, dc + \frac{d}{dz} \int_{S_i} \sigma_z dS_i = 0$$

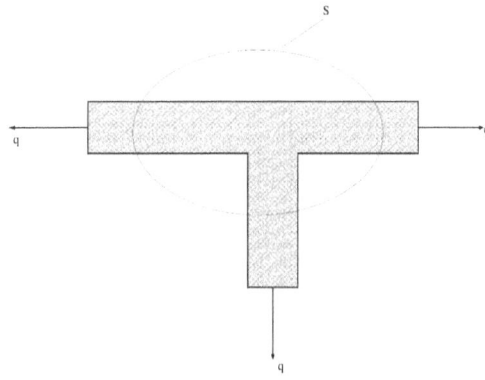

Figura C.4: Integrazione delle equazioni indefinite su una superficie generica S_i.

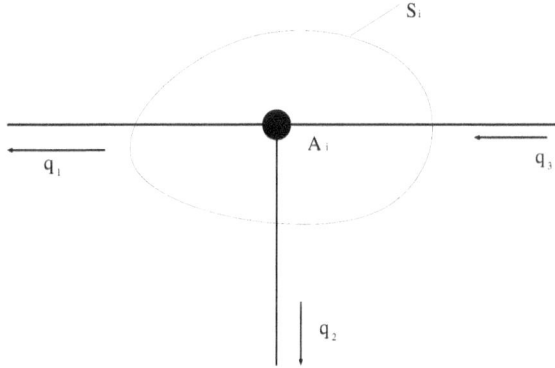

Figura C.5: Integrazione equazioni indefinite su modello a semiguscio.

Ora, applicando la schematizzazione a semiguscio (vedi figura C.5), l'integrazione sulla superficie S_i si riduce all'integrazione sull'area del corrente i-esimo A_i, mentre l'integrazione sul contorno si riduce sull'integrazione sugli spessori di pannelli che la superficie S_i interseca, ovvero:

$$\sum_j \int_{t_j} \{\tau\} \cdot \{n_j\} \, dt_j + \frac{d}{dz} \int_{A_i} \sigma_z \, dA_i = 0 \qquad (C.14)$$

Otteniamo allora la prima formulazione dell'EQUAZIONE DEI FLUSSI SORGENTI

$$\boxed{\Delta q = -\frac{dN_i}{dz}}$$

(C.15)

che lega la variazione di flusso di taglio nel passaggio attraverso il corrente i-esimo alla variazione del carico assiale.

Valutando per il singolo corrente i-esimo l'espressione della sollecitazione normale:

$$N_i = \frac{T_z}{A} A_i + \frac{M_x}{J_x} S_{x,i} - \frac{M_y}{J_y} S_{y,i}$$

(C.16)

Abbiamo quindi la SECONDA FORMULAZIONE DEI FLUSSI SORGENTI:

$$\boxed{\Delta q = -\frac{T_y}{J_x} S_{x,i} - \frac{T_x}{J_y} S_{y,i}}$$

(C.17)

Si noti bene che quest'espressione è valida unicamente per la soluzione centrale[1]. Possiamo formalizzarla anche utilizzando la matrice β precedentemente introdotta:

$$\sum_{j=1}^{m} \beta_{ij} q_j = -\frac{T_y}{J_x} S_{x,i} - \frac{T_x}{J_y} S_{y,i}$$

(C.18)

C.5 Formula di BREDT per il momento torcente

Le equazioni dei flussi sorgenti legano le variazioni del flusso di taglio alle variazioni delle sollecitazioni assiali (prima formulazione) ovvero alle sollecitazioni di taglio (seconda formulazione). Non abbiamo quindi ancora una relazione fra gli sforzi tangenziali e il momento torcente in termini di q. Possiamo tuttavia ricavare tale espressione dal calcolo del momento torcente come risultante della distribuzione di flussi.

Consideriamo un generico pannello curvo AB, come rappresentato in figura C.6.

---

[1]Si noti bene che qui si è fatto l'assunto che la sezione della trave non vari lungo l'asse della trave stessa. Qualora ci dovessero essere delle variazioni in tal senso, bisognerà tenerne conto aggiungendo i termini correttivo dovuti alla derivata lungo z della sezione, in particolare compariranno dei termini dipendenti dai momenti flettenti.

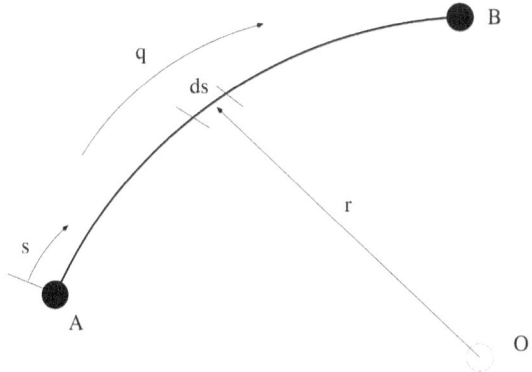

Figura C.6: Schema di calcolo per il momento torcente

Calcoliamo il momento generato dal flusso presente su un tratto infinitesimo ds di questo pannello rispetto ad un generico polo O:

$$dM_O = qdsr \tag{C.19}$$

dove r è la distanza del punto medio del tratto infinitesimo ds. Integrando su tutto il pannello otteniamo il momento genrato dal flusso di taglio di tale pannello rispetto al polo O:

$$M_{AB,O} = \int_A^B qrds = q\int_A^B rds = 2q\Omega_{AB,O} \tag{C.20}$$

dove abbiamo introdotto la quantità $\Omega_{AB,O} \doteq \frac{1}{2}\int_A^B rds$ che è pari all'area del settore sotteso dal pannello e dalle congiungenti il polo O agli estremi AB (dal punto di vista infinitesimo infatti, rds più essere visto come il doppio dell'area del triangolo infinitesimo di altezza r e base ds).
Considerando tutti i pannelli presenti in una data sezione, otteniamo l'equazione d'equilibrio al momento:

$$M_O = \sum_{j=1}^m 2q_j\Omega_{j,O} \tag{C.21}$$

Qualora avessimo una sezione unicellulare, sottoposta solamente all'azione di un momento torcente, il flusso di taglio è uniforme nei pannelli (dall'equazione dei flussi sorgenti $\Delta q \equiv 0$, dunque $q_j = q_i$) e pari a quello che si ottiene attraverso quella che viene definita PRIMA FORMULA DI BREDT

$$\boxed{q_t = \frac{M_z}{2\Omega_s}} \qquad (C.22)$$

dove Ω_s è l'area sottesa dalla sezione (che è indipendente dal polo O considerato).

C.6 Calcolo della torsione

Valutiamo ora la torsione prodotta da una distribuzione di flussi q attraverso lo schema a semiguscio e l'applicazione del principio dei lavori virtuali complementari. Per semplicità, consideriamo un concio di trave a sezione monocellulare, come rappresentato in figura C.7 Il lavoro esterno sarà allora, considerando come

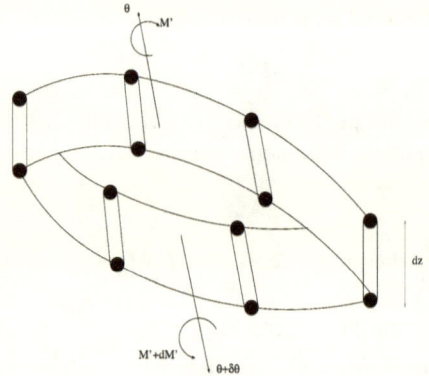

Figura C.7: Schema di calcolo per la torsione

distribuzione di forze fittizie solamente un momento torcente puro:

$$\delta L_e = (M' + dM')(\vartheta + d\vartheta) - M'\vartheta \simeq M'd\vartheta \qquad (C.23)$$

mentre il lavoro di deformazione sarà:

$$\delta L_d = \int_V \gamma\tau' dV \qquad (C.24)$$

L'integrale nel lavoro di deformazione può essere suddiviso nella somma di tanti integrali estesi sui singoli pannelli costituenti la cella, quindi

$$\delta L_d = \sum_{j=1}^{m} \int_{V_j} \gamma_j \tau_j dV_j \tag{C.25}$$

Ora, $dV_j = t_j dl_j dz$, mentre $\gamma_j = \frac{\tau_j}{G} = \frac{q_j}{t_j G}$. Per quanto riguarda lo sforzo virtuale, avendo applicato un momento torcente, esso sarà dato attraverso la formula di BREDT : $\tau_j' = \frac{q'}{t_j} = \frac{M'}{2\Omega_s t_j}$. Abbiamo quindi:

$$\delta L_d = \sum_{j=1}^{m} \int \frac{q_j}{t_j G} \frac{M'}{2\Omega_s t_j} t_j dl_j dz \tag{C.26}$$

Uguagliando le espressioni di lavori otteniamo

$$M' d\vartheta = \sum_{j=1}^{m} \frac{q_j M'}{2G\Omega_s t_j} l_j dz \tag{C.27}$$

il che equivale a scrivere

$$\dot{\vartheta}_s \doteq \frac{d\vartheta_s}{dz} = \sum_{j=1}^{m} \frac{q_j l_j}{2G\Omega_s t_j} \tag{C.28}$$

Possiamo generalizzare il risultato ad una sezione a più celle, ricordando che per l'ipotesi di trave diaframmata la tosione di una singola cella è identicamente uguale alla torsione delle restanti celle e alla torsione della sezioen globale:

$$\dot{\vartheta} \equiv \dot{\vartheta}_k \forall k \tag{C.29}$$

e, introducendo i valori della matrice α, otteniamo infine l'espressione per la torsione, detta SECONDA FORMULA DI BREDT:

$$\dot{\vartheta}_k = \frac{d\vartheta_k}{dz} = \frac{1}{2G\Omega_k} \sum_{j=1}^{m} \frac{q_j l_j \alpha_{kj}}{t_j} \tag{C.30}$$

C.7   Metodi risolutivi manuali

Se consideriamo una generica sezione aeronautica, le equazioni dei flussi sorgenti sono condizioni *necessarie* ma non *sufficienti* per la risoluzione del problema, a meno che non si tratti di una sezione *aperta*, per la quale vale $\mathbb{N} \leq 0$. In particolare, detto n il numero di correnti ed m il numero di pannelli, delle n equazioni dei flussi sorgenti che si possono scrivere, una è linearmente dipendente dalle altre. Per la risoluzione della sezione bisogna allora aggiungere altre equazioni.
La risoluzione avviene allora tramite lo schema seguente:

- schematizzare la sezione reale con un modello a semiguscio;

- trovare la posizione del baricentro della sezione e posizionare il sistema di coordinate nel baricentro;

- determinare gli assi principali d'inerzia ed allineare gli assi coordinati agli assi principali;

- scrivere le $n - 1$ equazioni ai flussi sorgenti:

$$\sum_{j=1}^{m} \beta_{ij} q_j = -\frac{T_y}{J_x} S_{x,i} - \frac{T_x}{J_y} S_{y,i}$$

- scrivere l'equazione sul momento:

$$M_O = \sum_{j=1}^{m} 2 q_j \Omega_{j,O}$$

- scrivere le rimanenti $m - n$ ($\equiv \mathbb{N} - 1$) equazioni necessarie alla chiusura del problema come eguaglianza delle torsioni delle celle

$$\dot{\vartheta}_k = \dot{\vartheta}_z$$

C.8   Metodo di calcolo automatico agli spostamenti

È possibile implementare un codice numerico di calcolo per risolvere le sezioni modellate a semiguscio. A differenza del metodo manuale riportato precedentemente, il metodo automatico si basa su un approccio agli spostamenti.

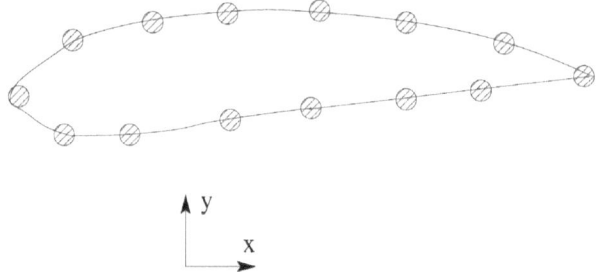

Figura C.8: Schema a semiguscio di una profilo generico aerodinamico.

Sia n il numero di correnti con cui abbiamo schematizzato la struttura. Sia m il numero di pannelli del modello. Sia 0 un punto generico[2] che consideriamo il centro del sistema di riferimento cartesiano.

Lo spostamento di un generico punto P è calcolabile come somma di componenti, in particolare di

- deformazione elastica w nel piano del diaframma;

- spostamento rigido $a_0 \times (P \overset{\rightarrow}{-} O)$ nel piano del diaframma;

- ingobbamento $g(P)$ ortogonale al piano indeformato del diaframma.

Rispetto alle deformazioni, ricordiamo che siamo interessati al calcolo di

- deformazione assiale $\varepsilon_z \frac{\partial s_z}{\partial z}$;

- deformazione tangenziale allineata al pannello, $\gamma_{nz} = \frac{\partial s_z}{\partial n} + \frac{\partial s_n}{\partial z}$;

Avremo allora i seguenti componenti dello spostamento:

$$s_x = w_x - y a_z \tag{C.31}$$

$$s_y = w_y + x a_z \tag{C.32}$$

$$s_z = w_z + (y a_x - x a_y) + g \tag{C.33}$$

da cui la deformazione assiale:

$$\varepsilon_z = w'_z + y a'_x - x a'_y + \frac{\partial g}{\partial z} \tag{C.34}$$

[2]Non è richiesto esplicitamente che questo punto sia baricentrale - il metodo presentato calcola la soluzione nel sistema di coordinate generico.

mentre

$$\gamma_{nz} = (w'_x - a_y)n_x + (w'_y + a_x)n_y + (xn_y - yn_x)a'_z + \frac{\partial g}{\partial n} \qquad (C.35)$$

Definendo i vettori delle incognite:

$$\{u\} \doteq \begin{Bmatrix} w_z \\ a_x \\ a_y \end{Bmatrix} ; \qquad (C.36)$$

$$\{g\} \doteq \begin{Bmatrix} g_1 \\ \dots \\ g_n \end{Bmatrix} \qquad (C.37)$$

$$\{v\} \doteq \begin{Bmatrix} w_x \\ w_y \\ a_z \end{Bmatrix} \qquad (C.38)$$

$$\{\eta\} \doteq \begin{Bmatrix} w'_x - a_y \\ w'_y + a_x \\ a'_z \end{Bmatrix} \qquad (C.39)$$

e le matrici ausiliarie:

$$[Z] \doteq \begin{bmatrix} 1 & y_1 & -x_1 \\ \dots & & \\ 1 & y_i & -x_i \\ \dots & & \\ 1 & y_n & -x_n \end{bmatrix} \qquad (C.40)$$

$$[Y] \doteq \begin{bmatrix} \Delta x_1 & \Delta y_1 & 2\Omega_{0,1} \\ \dots & & \\ \Delta x_m & \Delta y_m & 2\Omega_{0,m} \end{bmatrix} \qquad (C.41)$$

$$[T] \doteq \begin{bmatrix} 0 & 0 & -1 \\ 0 & 1 & 0 \\ 0 & 0 & 0 \end{bmatrix} \qquad (C.42)$$

Avremo el seguenti relazioni:

$$\{\varepsilon\} = [Z]\{u\} + \frac{\partial}{\partial}\{g\} \qquad (C.43)$$

$$\{\eta\} = \{v'\} + [T]\{u\} \qquad (C.44)$$

$$\{\gamma\} = \left[\frac{1}{l}\right][Y][\eta] + \left[\frac{1}{l}[\beta]\{g\}\right] \qquad (C.45)$$

C.8.1 Matrice autoequilibrante $[L]$

Introduciamo ora una matrice particolare tale da definire un sistema di azioni assiali autoequilibrate $\bar{N}$:

$$\sum N_i = 0 \qquad (C.46)$$

$$\sum N_i x_i = 0 \qquad (C.47)$$

$$\sum N_i y_i = 0 \qquad (C.48)$$

Il sistema di carichi descritto è un sistema agli autovalori, ed è quindi esprimibile come

$$\{\bar{N}\} = [L]\{\varphi\} \qquad (C.49)$$

Dal punto di vista numerico, la matrice autoequilibrante si trova risolvendo il problema:

$$[Z]^t[L] = 0 \qquad (C.50)$$

a cui aggiungere tre equazioni aggiuntive per chiudere il problema. Ad esempio si possono imporre le componenti di tre punti unitarie:

$$L_{i=1,2,3} = 1 \qquad (C.51)$$

C.8.2 Carichi assiali e tangenziali

Per quanto riguarda i carichi esterni, possiamo distinguerli fra carichi assiali/-flessionali e carichi torsionali/di taglio. Le equazioni d'equilibrio si riscrivono come:

$$\{P\} = [Z]^t\{N\} \qquad (C.52)$$

$$\{Q\} = [Y]^t\{q\} \qquad (C.53)$$

in cui possiamo sostituire l'espressione dei carichi interni tramite le relazioni costitutive:

$$\{N\} = [EA]\{\varepsilon\} \tag{C.54}$$

$$\{q\} = [Gt]\{\gamma\} \tag{C.55}$$

Introducendo la matrice autoequilibrata appena introdotta, avremo

$$\boxed{\{P\} = [Z]^t [EA][Z]\{u'\}} \tag{C.56}$$

Per quanto riguarda i carichi tangenziali, introduciamo le seguenti matrici:

$$[\Omega] \doteq [Y]^t \left[\frac{Gt}{l}\right][Y] \tag{C.57}$$

$$[B] \doteq [Y]^t \left[\frac{Gt}{l}\right][\beta]^t \left[\frac{1}{EA}\right][L] \tag{C.58}$$

$$[K] \doteq [L]^t \left[\frac{1}{EA}\right]^t [\beta]\left[\frac{Gt}{l}\right][\beta]^t \left[\frac{1}{EA}\right][L] \tag{C.59}$$

Avremo quindi le equazioni differenziali:

$$[\Omega]\{\eta\} + [B]\{\varphi\} = \{Q\} \tag{C.60}$$

$$[B]^t \{\eta\} + [K]\{\varphi\} - [M]\{\varphi''\} = 0 \tag{C.61}$$

ovvero

$$\boxed{\begin{bmatrix} [\Omega] & [B] \\ [B]^t & [K] \end{bmatrix} \begin{Bmatrix} \{\eta\} \\ \{\varphi\} \end{Bmatrix} - \begin{bmatrix} 0 & 0 \\ 0 & [M] \end{bmatrix} \begin{Bmatrix} \{\eta\} \\ \{\varphi\} \end{Bmatrix}'' = \begin{Bmatrix} \{Q\} \\ 0 \end{Bmatrix}} \tag{C.62}$$

il sistema di equazioni differenziali ordinarie descrive il comportamento completo della struttura, comprensive di soluzione centrale (data dall'equazione particolare) e di soluzione d'estremità (data dalla soluzione dell'omogenea associata).
Il sistema di equazioni particolari è esprimibile come

$$\boxed{\begin{bmatrix} [\Omega] & [B] \\ [B]^t & [K] \end{bmatrix} \begin{Bmatrix} \{\eta\} \\ \{\varphi\} \end{Bmatrix} = \begin{Bmatrix} \{Q\} \\ 0 \end{Bmatrix}} \tag{C.63}$$

C.8.3   Osservazioni sulla stabilità numerica

Il metodo numerico presentato si presta ottimamente all'implentazione su computer, in particolare utilizzando suite di calcolo algebrico come MATLAB ©️ oppure librerie numeriche come la GSL . Ad esempio, un codice scritto in linguaggio C , utilizzante le librerie GSL, richiede meno di 1000 righe di codice[3]

Dal punto di vista numerico, devo notare tuttavia alcune peculiarità dovute al calcolo della matrice autoequilibrante. Trattandosi di un sistema agli autovalori, ovvero degenere, è particolarmente sensibile alla scelta dei parametri. In particolare, bisogna stare attenti che i tre punti utilizzati per definire il parametro $\{\varphi\}$ non abbiano coordinate allineate: in tal caso, il sistema di equazioni non è risolvibile. Anche la soluzione generale presente alcuni problemi numerici nel caso di strutture particolari, quali quelle simmetriche con un numero limitato di pannelli / correnti (ad esempio una sezione quadrata con 4 pannelli e i 4 correnti posizionati ai quattro vertici). La presenza di matrici particolari produce delle instabilità numeriche che si possono eliminare solo tramite opportuni metodi risolutivi (ad esempio utilizzando un metodo numerico come quello di CHEBYSHEV).

---

[3]righe comprendenti anche le dichiarazioni delle funzioni e delle librerie. Le righe di calcolo effettive sono poco più della metà.

APPENDICE D

PIASTRE E LASTRE

Analogamente per quanto fatto per le travi ingegneristiche, possiamo definire LA-STRA un elemento strutturale in cui due dimensioni sono notevolmente superiori rispetto alla terza (spessore). Si definisce *superficie mediana* il luogo geometrico dei punti equidistanti dalle superfici esterne. In caso la mediana sia un piano, si ha a che fare con una lastra piana.

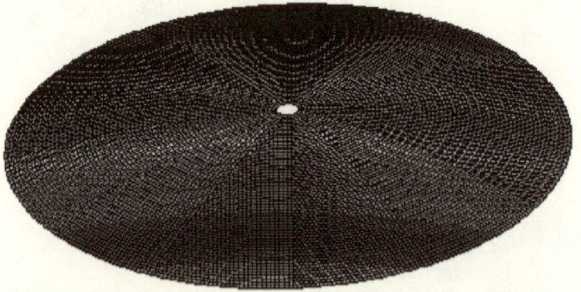

Figura D.1: Lo specchio secondario adattivo del telescopio VLT puó essere analizzata come una lastra, in quanto il suo spessore (qualche mm) è di qualche ordine di grandezza inferiore alla dimensione del raggio (qualche metro).

D.1   Lastre piane

D.1.1   Relazioni cinematiche e costituenti elastiche

Consideriamo una lastra piana sottile sottoposta a flessione[1]. Sotto l'azione dei carichi, la superficie mediana inizialmente piana subisce una deformazione, che è conveniente descrivere come una funzione puntuale $w = w(x, y)$, dove le coordinate cartesiane x e y si riferiscono alla posizione del punto sulla superficie indeformata. Dato il piccolo spessore, è possibile ignorare la dipendenza dallo spessore. Possiamo definire allora tre curvature:

$$\frac{1}{R_x} = \frac{\partial^2 w}{\partial x^2} \tag{D.1}$$

$$\frac{1}{R_y} = \frac{\partial^2 w}{\partial y^2} \tag{D.2}$$

$$\frac{1}{R_{xy}} = \frac{\partial^2 w}{\partial x \partial y} \tag{D.3}$$

---

[1]In realtà l'analisi può essere estesa anche a lastra inizialmente curve, generalizzando le equazioni. Inoltre, le curvature inziiali possono essere considerate alla stregua di un precarico. In effetti, la presenza di una curvatura preesistente rende le lastre più rigide a parità di carico e di dimensioni globali, proprio come una molla precaricata.

Inoltre, le componenti di deformazione risultano essere:

$$\varepsilon_{xx} = \frac{\partial u}{\partial x} \tag{D.4}$$

$$\varepsilon_{yy} = \frac{\partial v}{\partial y} \tag{D.5}$$

$$\varepsilon_{zz} = \frac{\partial w}{\partial z} = 0 \tag{D.6}$$

$$\varepsilon_{xy} = \frac{\partial u}{\partial y} + \frac{\partial v}{\partial x} = 0 \tag{D.7}$$

$$\varepsilon_{xz} = \frac{\partial u}{\partial z} + \frac{\partial w}{\partial x} = 0 \tag{D.8}$$

$$\varepsilon_{yz} = \frac{\partial v}{\partial z} + \frac{\partial w}{\partial y} \tag{D.9}$$

$$\tag{D.10}$$

Sviluppando e tenendo conto che $w = w(x, y)$, otteniamo

$$u(x, y, z) = -z\frac{\partial w}{\partial x} + u_0 \tag{D.11}$$

$$v(x, y, z) = -z\frac{\partial w}{\partial y} + v_0 \tag{D.12}$$

$$\varepsilon_{xx} = -\frac{\partial^2 w}{\partial x^2} \tag{D.13}$$

$$\varepsilon_{yy} = -\frac{\partial^2 w}{\partial y^2} \tag{D.14}$$

$$\varepsilon_{xy} = -2z\frac{\partial^2 w}{\partial x \partial y} \tag{D.15}$$

Il legame elastico è costituito ovviamente dalle equazioni di HOOKE che caratterizzano il materiale:

$$\sigma_x = E_x\varepsilon_{xx} + E_{xy}\varepsilon_{yy} = -z\left(E_x\frac{\partial^2 w}{\partial x^2} + E_{xy}\frac{\partial^2 w}{\partial y^2}\right) \tag{D.16}$$

$$\sigma_y = E_{yx}\varepsilon_{xx} + E_y\varepsilon_{yy} = -z\left(E_{xy}\frac{\partial^2 w}{\partial x^2} + E_y\frac{\partial^2 w}{\partial y^2}\right) \tag{D.17}$$

$$\tau_{xy} = G\varepsilon_{xy} = -2zG\frac{\partial^2 w}{\partial x \partial y} \tag{D.18}$$

D.1.2 Equazioni di equilibrio

Per ottenere le equazioni di equilibrio possiamo operare come se avessimo a che fare con un concio di trave: considerando un concio di piastra, di dimensioni infinitesime e integriamo sullo spessore e sui lati infinitesimi. Le equazioni di equivalenza sono

$$M_x = \int_z z\sigma_x dz; \tag{D.19}$$

$$M_y = \int_z z\sigma_y dz; \tag{D.20}$$

$$M_{xy} = \int z\tau_{xy} dz \tag{D.21}$$

Sostituendo negli integrali le definizioni cinematiche e tenendo conto che le derivate parziali non dipendono dalla coordinata z, abbiamo:

$$\left\{ \begin{array}{c} M_x \\ M_y \\ M_{xy} \end{array} \right\} = - \begin{bmatrix} D_x & D_{xy} & \\ D_{xy} & D_y & \\ & & -2G_{xy} \end{bmatrix} \left\{ \begin{array}{c} \frac{\partial^2 w}{\partial x^2} \\ \frac{\partial^2 w}{\partial y^2} \\ \frac{\partial^2 w}{\partial x \partial y} \end{array} \right\} \tag{D.22}$$

dove

$$D_x \doteq \int_{-\frac{t}{2}}^{\frac{t}{2}} z^2 E_x dz \tag{D.23}$$

$$D_y \doteq \int_{-\frac{t}{2}}^{\frac{t}{2}} z^2 E_y dz \tag{D.24}$$

$$D_{xy} \doteq \int_{-\frac{t}{2}}^{\frac{t}{2}} z^2 E_{xy} dz \tag{D.25}$$

$$G_{xy} \doteq \int_{-\frac{t}{2}}^{\frac{t}{2}} z^2 G dz \tag{D.26}$$

Imponendo l'equilibrio indefinito al concio, otteniamo

$$S_x = \frac{\partial M_x}{\partial x} + \frac{\partial M_{xy}}{\partial y} \tag{D.27}$$

$$S_y = \frac{\partial M_y}{\partial y} + \frac{\partial M_{xy}}{\partial x} \tag{D.28}$$

$$q = \frac{\partial S_x}{\partial x} + \frac{\partial S_y}{\partial y} \tag{D.29}$$

avendo posto S_x e S_y le azioni di taglio risultanti sui lati del concio.
Sostituendo l'espressioni trovate, abbiamo

$$\boxed{\frac{\partial^2 M_x}{\partial x^2} + 2\frac{\partial^2 M_{xy}}{\partial xy} + \frac{\partial^2 M_y}{\partial y^2} = p} \tag{D.30}$$

Sostituendo la matrice di rigidezza ottenuta, e ponendo $H \doteq D_{xy} + 2G_{xy}$, abbiamo

$$\boxed{D_x\frac{\partial^4 w}{\partial x^4} + 2H\frac{\partial^4 w}{\partial x^2 y^2} + D_y\frac{\partial^4 w}{\partial y^4} = p} \tag{D.31}$$

D.1.3 Lastra isotropa

Se consideriamo una lastra isotropa, il legame elastico diviene

$$\sigma_x = \frac{E}{1-\mu^2}\left(\varepsilon_x + \mu\varepsilon_y\right) = -\frac{E}{1-\mu^2}z\left(\frac{\partial^2 w}{\partial x^2} + \mu\frac{\partial^2 w}{\partial y^2}\right) \tag{D.32}$$

$$\sigma_y = \frac{E}{1-\mu^2}\left(\varepsilon_y + \mu\varepsilon_x\right) = -\frac{E}{1-\mu^2}z\left(\frac{\partial^2 w}{\partial y^2} + \mu\frac{\partial^2 w}{\partial x^2}\right) \tag{D.33}$$

$$\tau_{xy} = \frac{E}{1+\mu}\frac{\partial^2 w}{\partial x\partial y} \tag{D.34}$$

mentre l'espressione dei momenti risultanti (per unità di lunghezza) sui lati viene semplificata:

$$M_x = D\left(\frac{\partial^2 w}{\partial x^2} + \mu\frac{\partial^2 w}{\partial y^2}\right) \tag{D.35}$$

$$M_y = D\left(\frac{\partial^2 w}{\partial y^2} + \mu\frac{\partial^2 w}{\partial x^2}\right) \tag{D.36}$$

$$M_{xy} = D(1-\mu)\frac{\partial^2 w}{\partial x\partial y} \tag{D.37}$$

avendo definito la *rigidezza flessionale della piastra D*

$$D \doteq \frac{Et^3}{12(1-\mu^2)}$$ (D.38)

In tal modo, l'equazione di equilibrio diviene l'equazione di LAGRANGE

$$\nabla^4 w = \frac{\partial^4 w}{\partial x^4} + \frac{\partial^4 w}{\partial x^2 y^2} + \frac{\partial^4 w}{\partial y^4} = \frac{p}{D}$$ (D.39)

Si può ben capire che la soluzione analitica è difficilmente esprimibile in forma generale e dipende fortemente dalla geometria della piastra e dalla condizioni al contorno. In letteratura esistono molti testi, fra i quali si possono sicuramente ricordare il ROARK e il BARES, che contengono tabelle relative a soluzioni per i più comuni casi di lastre piane soggette a flessione.

Nel caso non sia disponibile un risultato già classificato, è possibile adottare un metodo numerico adottando uno sviluppo armonico dello spostamente w, metodologia adottata anche per il calcolo delle instabilità dei pannelli.

D.1.4 Laminati

Nel caso la lastra sia costituita da lamine di materiali differenti ma isotropi (o comunque trattabili come essi), come nel caso di materiali compositi costituiti da preimpregnati e tessuti, la formula precedente può essere riscritta come

$$\nabla^4 w = \frac{p}{D_e}$$ (D.40)

dove abbiamo indicato con D_e una rigidezza equivalente. Ciò è facilmente ottenibile scomponendo gli integrali generali in sommatorie sulla singola lamina (in cui le caratteristiche sono uniformi e costanti nello spessore). Per la singola lamina, avremo infatti una relazione costituente come nel caso della piastra isotropa:

$$\sigma_{x,i} = \frac{E_i}{1-\mu_i^2}(\varepsilon_x + \mu_i \varepsilon_y) = -\frac{E_i}{1-\mu_i^2} z_i \left(\frac{\partial^2 w}{\partial x^2} + \mu_i \frac{\partial^2 w}{\partial y^2} \right)$$ (D.41)

mentre

$$M_x = \int_z \sigma_x dz = \int_z \sum \sigma_{x,i} z_i dz = \sum \int_z \sigma_{x,i} z_i dz$$

essendo per definizione gli spostamenti indipendenti dalla coordinata z. L'integrale pu'o essere sostituito da una sommatoria finita, avendo così a che fare con delle rigidezza pesate delle singole lamine.

D.1.5   Risoluzione alla NAVIER

La risoluzione alla NAVIER consiste nel risolvere il problema di una lastra sottile rettangolare (di lati a e b) tramite uno sviluppo armonico del carico e della deformazione:

$$p(x,y) = \sum_{m=1}^{\infty} \sum_{n=1}^{\infty} p_{mn} \sin\left(\frac{m\pi}{a}x\right) \sin\left(\frac{n\pi}{b}y\right) \qquad (D.42)$$

$$w(x,y) = \sum_{m=1}^{\infty} \sum_{n=1}^{\infty} w_{mn} \sin\left(\frac{m\pi}{a}x\right) \sin\left(\frac{n\pi}{b}y\right) \qquad (D.43)$$

I coefficienti dello sviluppo del carico si ottengono procedendo con l'approccio di FOURIER :

$$p_{mn} = \frac{4}{ab} \int \int p(x,y) \sin\left(\frac{m\pi}{a}x\right) \sin\left(\frac{n\pi}{b}y\right) dxdy \qquad (D.44)$$

che per un carico costante p_0 diviene semplicemente

$$p_{mn} = \frac{16}{\pi^2 ij} p_0 \qquad (D.45)$$

dove $i = 2m - 1$ e $j = 2n - 1$. Lo sviluppo della deformazione si ottiene risolvendo l'equazione di LAGRANGE :

$$w_{mn} = \frac{1}{\pi^4 D} \frac{p_{mn}}{\left(\left(\frac{m}{a}\right)^2 + \left(\frac{n}{b}\right)^2\right)^2} \qquad (D.46)$$

che nel caso di lastra caricata uniformemente diviene

$$w_{mn} = \frac{16 p_0}{\pi^6 D} \frac{1}{ij \left(\left(\frac{i}{a}\right)^2 + \left(\frac{j}{b}\right)^2\right)^2} \qquad (D.47)$$

D.2   Lastre simmetriche

In caso di lastre simmetriche (come nel caso di gusci di rotazione), possiamo utilizzare una formulazione analitica semplificata e definire due raggi particolari di curvatura:

- ρ_m raggio di curvatura principale, definito come il raggio di curvatura dell'arco mediano della superficie mediana;

- ρ_t raggio di curvatura secondario, identificato sul piano ortogonale a quello del raggio principale.

Consideriamo un concio di lastra di dimensioni ds_1 e ds_2. Sia h lo spessore della lastra. Siano σ_m e σ_t rispettivamente gli sforzi diretti lungo l'arco mediano e trasversalmente ad esso. Siano $d\vartheta$ e $d\phi$ gli angoli sottesi dal concio di lastra.
L'equazione d'equilibrio in corrispondenza di una pressione normale p risulta essere:

$$pds_1ds_2 - \sigma_m h ds_2 d\vartheta - \sigma_t h ds_1 d\phi = 0 \qquad (D.48)$$

da cui si ottiene l'*equazione di* LAPLACE :

$$\boxed{\frac{\sigma_m}{\rho_m} + \frac{\sigma_t}{\rho_t} = \frac{p}{h}} \qquad (D.49)$$

Considerando ora un concio non infinitesimo, pari all'intera rivoluzione e proiettando lungo l'asse di rotazione le azioni, possiamo rivcavare l'equazione aggiuntiva per chiudere il problema. Per simmetria, la risultante delle azioni tangenziali è identicamente nulla, mentre per l'azione mediana:

$$\boxed{\sigma_m 2\pi r h \sin \vartheta = \int_S p \cos \phi \, dS} \qquad (D.50)$$

Si noti come, nel caso di pressione uniforme, il secondo membro non sia altro che il prodotto della pressione per l'area piana proiettata sul piano ortogonale all'asse di rotazione.
Per una formulazione più completa si rimanda al successivo paragrafo E.

APPENDICE E

ELEMENTI ASSIALSIMMETRICI

Queste note riassumono le metodologie classiche per analizzare recipienti in pressione di forma assialsimmetrica, nonché studiare la stabilità euleriana di attuatori idraulici o pneumatici.

Il modello di recipiente assialsimmetrico è applicabile qualora la forma geometrica dell'oggetto da analizzare e le condizioni di carico cui è soggetto, dipendano unicamente dalla coordinata *radiale*, ovvero che traslazioni assiali e rotazioni attorno all'asse siano *invarianti* nei confronti del carico e della geometria. In questa situazione, le direzioni principali di sforzo sono

- direzione radiale, r;

- direzione assiale, a;

Aeroelasticità Applicata.
By Giulio Malinverno.
Copyright © 2016 .

- direzione tangenziale, t.

Si esporranno quindi

- formule per recipienti di piccolo spessore;

- formule per recipienti di spessore non trascurabile;

- formule di BACH per cilindri idraulici;

- formule di EULERO per instabilità di trave;

E.1 Recipienti a piccolo spessore

Per poter applicare l'approssimazione a piccolo spessore è necessario verificare che il rapporto tra la dimensione caratteristica della sezione (il diametro della sezione trattandosi di geometrie cilindriche o sferiche) sia superiore di più di un ordine di grandezza rispetto allo spessore della parete:

$$\frac{D}{s} > 15 \qquad \text{(E.1)}$$

Qualora sia verificato quest'assunto, possiamo assumere che gli sforzi principali siano costanti nello spessore e dipendano unicamente dal raggio (interno, medio o esterno non fa molta differenza).
Supponiamo che il corpo cilindrico sia soggetto ad una pressione interna p.
Sezioniamo idealmente il corpo cilindrico lungo l'asse, considerandolo di altezza unitaria, ottenendo così due gusci semicircolari e applichiamo le equazioni di equilibrio.
La risultante delle pressioni interne sarà pari a

$$F_{p,i} = \int_0^{2\pi} p\frac{D}{2} \sin\vartheta d\vartheta = -p\frac{D}{2} \cos\vartheta \;|_0^{2\pi} = pD \qquad \text{(E.2)}$$

Le forze agenti sui due spessori saranno date dagli sforzi tangenziali moltiplicati per la superficie, data quest'ultima dall'altezza (unitaria) per lo spessore:

$$F_{t,e} = 2\sigma_\vartheta \cdot 1 \cdot s \qquad \text{(E.3)}$$

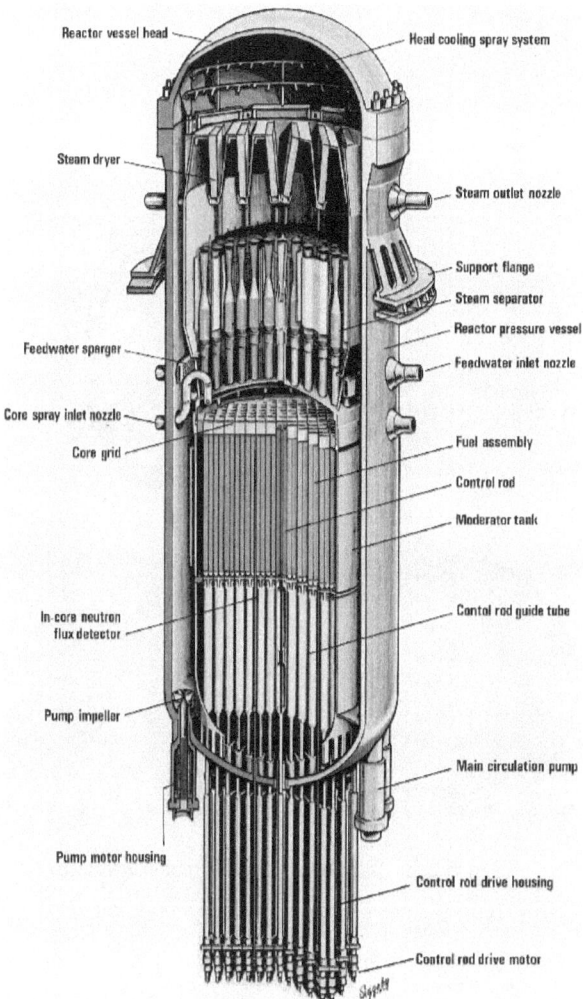

Figura E.1: Un esempio di recipiente in pressione assialsimmetrico: il vessel di un reattore nucleare.

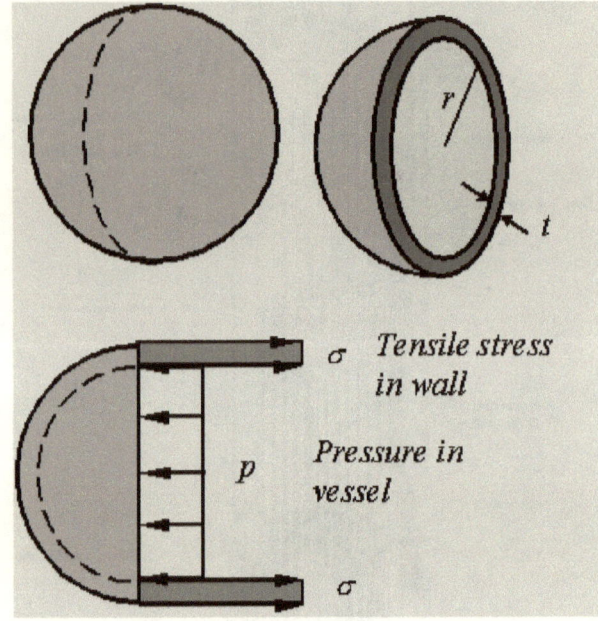

Figura E.2: Schema di calcolo per il fondello.

Dall'equilibrio discende

$$\boxed{\sigma_\vartheta = \frac{pD}{2s}} \tag{E.4}$$

Radialmente, per congruenza sul bordo interno, avremo:

$$\boxed{\sigma_r = -p} \tag{E.5}$$

Per la valutazione dello sforzo assiale, dobbiamo considerare l'azione trasmessa dal e al fondello. Per simmetria, sul fondello agirà una forza risultante diretta assialmente dal seguente valore:

$$F_f = p\frac{\pi D^2}{4} \tag{E.6}$$

Per azione-reazione è la stessa forza che agisce assialmente e sarà equilibrata dall'azione degli sforzi assiali. L'azione assiale è calcolabile come prodotto degli sforzi assiali per l'area della corona circolare che delimita il fondello (valutabile in maniera approssimata come $\pi D s$). Dall'equilibrio otteniamo:

$$\boxed{\sigma_a = \frac{pD}{4s}} \tag{E.7}$$

Nel fondello, per simmetria, sforzo assiale e sforzo tangenziale sono identicamente uguali (data la simmetria sferica e l'invarianza alle rotazioni).

Si tenga presente che quest'analisi trascura gli effetti di bordo che variano sull'interfaccia fra fondello e corpo cilindrico. Infatti, oltre a valore differenzi di sforzo (nel mantello, lo sforzo assiale è circa la metà di quello tangenziale, mentre nel fondello sono identici), gli spessori del fondello e del mantello saranno differenti e si avranno quindi dilatazioni differenti:

$$\begin{aligned}
\varepsilon_{tm} &= \frac{1}{E}(\sigma_{\vartheta,m} - \nu\sigma_{a,m}) = \dots = 0,425\frac{pD}{Es_m} \\
\varepsilon_{tf} &= \frac{1}{E}(\sigma_{\vartheta,f} - \nu\sigma_{a,f}) = \dots = 0,175\frac{pD}{Es_f}
\end{aligned} \tag{E.8}$$

E.2 Recipienti a grosso spessore

Per considerare gli effetti dovuti ad un campo di pressione uniforme su un oggetto assialsimmetrico a grosso spessore, consideriamo un disco pesante in rotazione attorno al proprio asse.

Consideriamo un elemento dr a distanza r dal centro del disco. La forza di massa dovuta alla rotazione sarà data da:

$$R = \rho\omega^2 r \qquad\qquad (E.9)$$

che ha le dimensioni di una forza per unità di volume $[\frac{N}{m^3}]$.

Scriviamo l'equazione di equilibrio:

$$R(r + \frac{dr}{2})dr d\phi dz - \sigma_r dz r d\phi +$$
$$(\sigma_r + d\sigma_r)dz(r + dr)d\phi - 2\sigma_\vartheta \sin(\frac{d\phi}{2})dr dz = 0 \qquad (E.10)$$

da cui

$$\frac{d(r\sigma_r)}{dr} - \sigma_\vartheta + R = 0 \qquad\qquad (E.11)$$

Per poter chiudere il problema dobbiamo associare un'altra equazione: consideriamo quindi la congruenza geometrica. Possiamo assumere che la sezione circolare rimanga piana, ovvero che l'angolo ϕ non subisca variazioni:

$$\varepsilon_\vartheta = \frac{(r + u)d\phi - r d\phi}{r d\phi} = \frac{u}{r}$$
$$\varepsilon_r = \frac{(dr + du) - dr}{dr} = \frac{du}{dr} \qquad (E.12)$$

che vanno ovviamente confrontate con

$$\varepsilon_\vartheta = \frac{1}{E}[\sigma_\vartheta - \nu(\sigma_a + \sigma_r)]$$
$$\varepsilon_r = \frac{1}{E}[\sigma_r - \nu(\sigma_a + \sigma_\vartheta)] \qquad (E.13)$$

Generalizzando i risultati abbiamo

$$\sigma_a = 0$$
$$\sigma_r = A + \frac{B}{r^2} + \frac{3 + \nu}{8}\rho\omega^2 r^2$$
$$\sigma_r = A - \frac{B}{r^2} - \frac{1 + 3\nu}{8}\rho\omega^2 r^2 \qquad (E.14)$$

Si tenga presente che benché lo sforzo assiale sia nullo, la dofermazione assiale non lo è affatto:

$$\varepsilon_z = -\frac{\nu}{E}(\sigma_r + \sigma_\vartheta) \qquad \text{(E.15)}$$

Nel caso di un disco pieno, le condizioni al contorno sono tali per cui

$$\begin{aligned} r = R \rightarrow \sigma_r = 0 \\ r = 0 \rightarrow \sigma_r = \sigma_\vartheta \end{aligned} \qquad \text{(E.16)}$$

ottenendo quindi

$$\begin{aligned} \sigma_r &= \frac{3+\nu}{8}\rho\omega^2 R^2 (1 - \frac{r^2}{R^2}) \\ \sigma_\vartheta &= \frac{3+\nu}{8}\rho\omega^2 R^2 (1 - \frac{1+3\nu}{3+\nu}\frac{r^2}{R^2}) \end{aligned} \qquad \text{(E.17)}$$

Risulta quindi che il punto più sollecitato è il centro.

Nel caso il disco sia forato, le condizioni al contorno sono

$$\begin{aligned} r = R_i \rightarrow \sigma_r = 0 \\ r = R_e \rightarrow \sigma_r = 0 \end{aligned} \qquad \text{(E.18)}$$

da cui

$$\begin{aligned} \sigma_r &= \frac{3+\nu}{8}\rho\omega^2 (R_i^2 + R_e^2 - \frac{R_i^2 R_e^2}{r^2} - r^2) \\ \sigma_\vartheta &= \frac{3+\nu}{8}\rho\omega^2 (R_i^2 + R_e^2 - \frac{R_e^2 R_i^2}{r^2} - \frac{1+3\nu}{3+\nu}r^2) \end{aligned} \qquad \text{(E.19)}$$

Il punto più sollecitato risulta essere l'intradosso.

Nel caso di tubazioni di spessore non piccolo, in assenza di forze di massa ma solo di pressione interna (o esterna), le soluzioni generali sono

$$\begin{aligned} \sigma_r &= A + \frac{B}{r^2} \\ \sigma_r &= A - \frac{B}{r^2} \end{aligned} \qquad \text{(E.20)}$$

da cui si ottiene la deformazione assiale

$$\varepsilon_a = -\frac{\nu}{E}(\sigma_r + \sigma_\vartheta) = \ldots = -\frac{2\nu}{E}A \qquad \text{(E.21)}$$

Nel caso di pressione esterna, le condizioni al contorno comportano che all'interno ($r = R_i$) lo sforzo radiale sia uguale alla pressione, mentre sull'estradosso, lo sforzo radiale sia identicamente nullo. Ponendo $a = \frac{R_e}{R_i}$:

$$\sigma_r = \frac{p}{a^2 - 1}\left(1 - \frac{R_e^2}{r^2}\right)$$

$$\sigma_\vartheta = \frac{p}{a^2 - 1}\left(1 + \frac{R_e^2}{r^2}\right)$$

(E.22)

Nel caso di pressione esterna, le condizioni al contorno sono le duali delle precedenti, con lo sforzo radiale che si annulla all'intradosso e sia uguale alla pressione sull'estradosso:

$$\sigma_r = -\frac{a^2}{a^2 - 1}p\left(1 - \frac{R_i^2}{r^2}\right)$$

$$\sigma_\vartheta = -\frac{a^2}{a^2 - 1}p\left(1 + \frac{R_i^2}{r^2}\right)$$

(E.23)

E.3   Formule di BACH per cilindri idraulici

La prima formula di BACH calcola lo spessore necessario al mantello di un cilindro idraulico dati l'alesaggio del cilindro, la pressione d'esercizio (in bar) e la tensione ammissibile del materiale che si vuole utilizzare (in MPa).

$$D = d\sqrt{\frac{10\sigma_{am} + 0,4p}{10\sigma_{ap} - 1,3p}}$$

(E.24)

La formula è valida solamente se il carico ammissibile del materiale soddisfa la seguente condizione:

$$\sigma_{ap} > 0,13p$$

(E.25)

La seconda formula di BACH permette invece di calcolare lo spessore del fondello a saldare del cilindro idraulico:

$$h = 0,45d_s\sqrt{\frac{0,1p}{\sigma_{am}}}$$

(E.26)

dove d_s è il diametro interno di saldatura, normalmente differente dall'alesaggio del cilindro.

APPENDICE F

STABILITÀ DELLE TRAVI IN COMPRES-SIONE

F.1 Instabilità di una trave di EULERO

Consideriamo una trave snella incernierata ad un'estremità e dotata di un carrello all'altra estremità (figura F.1). sia caricata in punta sul lato del carrello con una forza assiale N di compressione.

L'analisi classica della trave di EULERO-BERNOULLI sotto le condizioni di TI-MOSHENKO descrive un comportamento della trave che non sempre è verificato sperimentalmente.

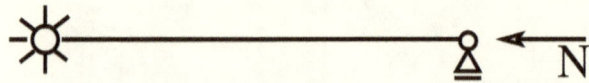

Figura F.1: Instabilità euleriana - trave incernierata alle estremità e caricata in punta con un carico assile di compressione.

Si trovano, qualora la forza N sia di compressione, comportamenti flessionali e la trave va ad instabilizzarsi. Dal punto di vista matematico, questa situazione può essere analizzata considerando la geometria deformata.

Definiamo w lo spostamento veticale della trave rispetto alla posizione indeformata dell'asse.

In base alla teoria di EULERO-BERNOULLI , abbiamo

$$\frac{d^2w}{dx^2} = \frac{M}{EJ} \tag{F.1}$$

D'altra parte, nella configurazione indeformata, l'azione assile provoca, come azioni interne, oltre ad un'azione assile uguale e contraria, anche un momento flettente pari a

$$M_f(x) = -Nw(x) \tag{F.2}$$

La condizione critica sarà quindi

$$\boxed{\frac{d^2w}{dx^2} = -\frac{N}{EJ}w} \tag{F.3}$$

La funzione risolutiva sarà del tipo

$$w(x) = C_1 \sin(\sqrt{\frac{N}{EJ}}x) + C_2 \cos(\sqrt{\frac{N}{EJ}}x) \tag{F.4}$$

Considerando le condizioni al contorno $(w(l) = w(0) = 0)$:

$$x = 0 \rightarrow C_2 = 0 \tag{F.5}$$

$$x = l \rightarrow C_1 \sin(\sqrt{\frac{N}{EJ}}l) = 0 \tag{F.6}$$

Affinchè la seconda equazione sia verificata, è necessario che

$$\sqrt{\frac{N}{EJ}}l = n\pi \tag{F.7}$$

da cui

$$N_c = \frac{\pi^2 EJ}{l^2}$$

(F.8)

La lunghezza l della trave prende il nome di *lunghezza d'inflessione*. Nel caso della trave snella incernierata, la lunghezza d'inflessione è la lunghezza propria della trave, mentre in altre configurazioni di vincolo questa lunghezza non corrisponde alla lunghezza della trave, benché il carico critico possa sempre scriversi come

$$N_c = \frac{\pi^2 EJ}{L_k^2}$$

(F.9)

F.2   Instabilità con un carico tipo *follower*

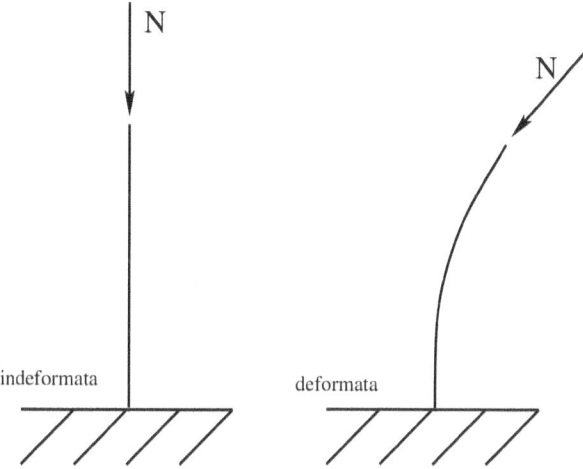

Figura F.2: Un carico tipo *follower* ha una direzione nello spazio definita dal suo punto d'applicazione. A differenza di un cairco classico d'instabilità, la cui direzione è costante ad un riferimento non deformato, il carico follower segue la deformata non solo come punto d'applicazione ma anche come direzione.

Consideriamo un'asta snella caricata in punta con una forza assiale di tipo follower: la forza in questo caso si manterrà la direzione costante rispetto ad un riferimento locale dell'asta (a differenza della forza instabilizzatrice classica che mantiene la direzione iniziale in quanto si riferisce alla struttura indeformata). Nle caso in esame, la forza sarà sempre normale alla punta dell'asta.

Sia x la coordinata assiale mentre indichiamo con w la deformata flessionale. Applichiamo il principio dei lavori virtuali - in esso comparirà il contributo della flesisone e dell'azione assiale:

$$\delta L_d \doteq \int (\delta w'' EJw'' - \delta w' Nw')dx = - \int \delta w m \ddot{w} dx - \delta w(l) N(l) \doteq \delta L_e$$
(F.10)

Integriamo per parti, ritenendo per semplicità costante il contributo di rigidezza flessionale:

$$\delta w^i EJw^{ii}\big|_0^l - \delta w EJw^{iii}\big|_0^l + \delta w Nw^i\big|_0^l + \int \delta w (EJw^{iv} + Nw^{ii})dx = \dots$$
(F.11)

Consideriamo solo i componenti omogenei, per l'arbitrarietà degli spostamenti virtuali (ricordandoci inoltre di applicare le condizioni al contorno essenziali):

$$EJw^{iv} + Nw^{ii} + m\ddot{w} = 0 \qquad (\text{F.12})$$
$$EJw^{iii}(l) = 0 \qquad (\text{F.13})$$
$$EJw^{ii}(l) = 0 \qquad (\text{F.14})$$

consideriamo la prima equazione che descrive la stabilità:

$$EJw^{iv} + Nw^{ii} = 0 \qquad (\text{F.15})$$

si noti che nell'equazione compaiono solamente le derivate pari: possiamo fare uno shift di coordinate definendo l'incognita sostitutiva $y \doteq ww^{ii}$. Avremo quindi:

$$EJy^{ii} + Ny = 0 \qquad (\text{F.16})$$

Se consideriamo invece le forze inerziali, si introduce un termine $\div \ddot{w}$. Avremo quindi a che fare con un'equazione differenziale alla derivate parziali. Possiamo tuttavia passwre nel dominio delle frequenze:

$$EJw^{iv} + Nw^{ii} + s^2 mw = 0 \qquad (\text{F.17})$$

che è un'equazione differenziale ordinaria a coefficienti costanti. Si può osservare come l'autovalore del sistema sia dipendente dal valore del carioc N a differenza di quanto succede con un carico classico (forza non follower) s^2 non viene a dipendere da N.

APPENDICE G

VIBRAZIONI MECCANICHE

Le vibrazioni sono la risposta dinamica di una struttura elastica soggetta ad una sollecitazione esterna variabile nel tempo[1]. Normalmente, le vibrazioni si caratterizzano come oscillazioni attorno ad una posizione di equilibrio e possono essere:

- *libere*, in cui la struttura è inizialmente sollecitata (ad esempio da una forza impulsiva) e lasciata libera di oscillare senza interventi dall'esterno;

---

[1] Si tenga conto che la forzante esterna non è necessariamente periodica, in quanto può essere, ad esempio, a carattere impulsivo. si ricordi a titolo esplicativo il diapason, dove una sollecitazione impulsiva provoca delle vibrazioni più o meno sostenute - in tal caso parliamo di vibrazioni libere.

Aeroelasticità Applicata.
By Giulio Malinverno.
Copyright © 2016 .

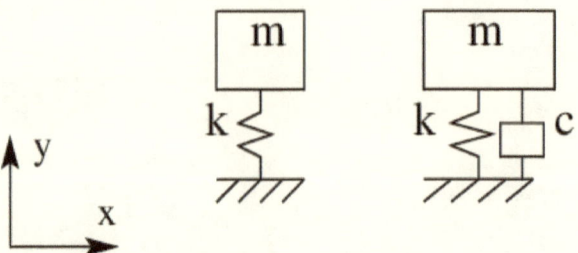

Figura G.1: Schema classico per la rappresentazione di un modello di struttura. A sinistra, il modello *massa-molla*, a destra lo stesso modello con l'aggiunta dello smorzatore.

- *sostenute*, in cui la forzante esterna, variabile nel tempo, è costantemente applicata;

Le equazioni descriventi i fenomeni dinamici sono le consuete:

$$[m]\{\ddot{q}\} + [C]\{\dot{q}\} + [K]\{q\} = \{Q\} \tag{G.1}$$

Le vibrazioni libere sono ottenute dall'analisi del sistema omogeneo associato ($\{Q\} = 0$), passando nel dominio delle frequenze:

$$s^2[m]\{q\} + s[C]\{q\} + [K]\{q\} = \{Q\} \tag{G.2}$$

Le radici dell'equazione associata rappresentano le *frequenze proprie* della struttura, mentre gli autovettori associati rappresentano i *modi di vibrare* della struttura. Da un punto di vista matematico, gli autovettori rappresentano una base per lo sviluppo dello spazio geometrico: questa caratteristica ha una notevole valenza fisica, in quanto tutti gli spostamenti (deformazioni) della struttura possono essere calcolati come sovrapposizione lineare dei modi di vibrare. In un certo senso, possiamo affermare che i modi di vibrare rappresentano i movimenti *atomici*[2] della struttura.

Ponendo a zero il termine di smorzamento strutturale C e in caso di forzante statica, la struttura oscillerà attorno al punto di equilibrio statico

$$\{q_s\} = [K]^{-1}\{Q_s\} \tag{G.3}$$

---

[2]nel senso di costituenti, così come gli atomi sono costituenti della materia, i modi di vibrare sono costituenti dei movimenti.

che in caso di vibrazione libera corrisponde alla posizione di riferimento (zero). Il termine di smorzamento strutturale comporta che le oscillazioni vadano via via a smorzarsi e la struttura assuma la posizione di equilibrio statico. È tuttavia possibile che le oscillazioni della struttura non vadano a smorzarsi ma che crescano indefinitivamente portando alla rottura della struttura stessa.

Ricordiamoci infatti che la risoluzione di un'equazione differenziale consiste nella somma di due contributi:

- soluzione dell'omogenea associata, $y_o(t)$;

- soluzione particolare dipendente dal termine a secondo membro, $y_s(t)$;

L'omogenea associata (in caso di smorzamento strutturale) è un termine esponenziale che tende ad annullarsi dopo un certo periodo di tempo:

$$y_o(t) = C_1 e^{(\frac{c}{2m} + \sqrt{(\frac{c}{2m})^2 - \frac{k}{m}})t} + C_2 e^{(\frac{c}{2m} - \sqrt{(\frac{c}{2m})^2 - \frac{k}{m}})t} \qquad \text{(G.4)}$$

mentre la soluzione particolare dipende dal tipo di forzante:

$$y_s(t) = Y \cos(\omega T + \phi) \qquad \text{(G.5)}$$

Qualora la forzante sia periodica con una frequenza (ω) uguale ad una frequenze propria della struttura[3], lo oscillazioni innescate non andranno a smorzarsi ma anzi a mantenersi costanti o perfino ad andare ad aumentare, controbilanciando o stravolgendo il contributo della componente di smorzamento strutturale. Questa condizione si dice di *risonanza*. Analizziamo infatti il caso in cui non ci sia smorzamento strutturale (per semplicità) e la forzante sia sinusoidale:

$$m\ddot{y} + ky = P \sin(\omega t)$$

La soluzione particolare può essere identificata come $x_s = x_0 \sin(\omega t)$, da cui:

$$y_s = \frac{\frac{P}{k}}{1 - (\frac{\omega}{\omega_n})^2} \cdot \sin(\omega t) \qquad \text{(G.6)}$$

avendo indicato con $\omega_n = \sqrt{\frac{k}{m}}$ la frequenza della struttura. si può osservare come al tendere di ω a ω_n, l'ampiezza dell'oscillazione aumenti fino a raggiungere un valore infinito qualora le due frequenze si equivalgano.

---

[3]Nel mondo reale, basta che la forzante abbia una frequenza che si avvicini ad una frequenza propria.

APPENDICE H

IL METODO DEGLI ELEMENTI FINITI

Il metodo ad elementi finiti si basa sulla formulazione variazionale o discreta del problema da risolvere e sulla discretizzazione del dominio d'integrazione in celle di calcolo quantizzate. Si tratterà qui un breve sunto dei principi e delle fondamenta teoriche che stanno alla base dei consueti programmi ad elementi finiti.

H.1 L'aspetto generale

Il metodo agli elementi finiti comporta la trasformazione di un problema continuo in un problema discreto algebrico, con l'ovvio vantaggio di diminuire la

Aeroelasticità Applicata.
By Giulio Malinverno.
Copyright © 2016 .

Figura H.1: L'analisi ad elementi finiti, oltre alle deformazioni e agli sforzi, permette di calcolare i modi propri di vibrare della struttura. In figura è rappresentato il modo a *portacenere* dello specchio secondario adattivo del VLT .

complessità risolutiva del problema:

$$[K]\{s\} = \{F\} \tag{H.1}$$

Ciò è ottenuto discretizzando spazialmente il problema: il dominio reale viene suddiviso in un numero sufficiente di sottodomini elementari (o *elementi*), caratterizzati dall'essere fra loro connessi tramite punti (o *nodi*). La continuità del dominio viene allora mancare essendo i vari elementi collegati solo puntualmente. All'interno del singolo elemento, la soluzione che si desidera trovare viene espressa tramite uno sviluppo in serie del tipo $\{u\} = [N]\{a\}$. Si noti che la discretizzazione è a livello spaziale, poiché lo sviluppo viene fatto attraverso funzioni continue sebbene differenti da elemento ad elemento.

I parametri fondamentali della soluzione vengono allora riferiti ai nodi di interconnessione fra gli elementi, così che l'informazione possa essere trasmessa da elemento ad elemento.

Inoltre, gli elementi in cui viene suddiviso il dominio non hanno generalmente forme arbitrarie ma si preferisce utilizzare degli elementi standard normalizzati (ovviamente differenti di volta in volta a seconda delle problematiche fisiche in gioco): in questo modo le proprietà del dominio elementare, espresse tramite le funzioni N, vengono calcolate a monte su elementi normalizzati e successivamente riferite alla fisica reale del problema con opportune trasformazioni di coordinate.

In base a questo sviluppo, anche i carichi applicati, o più in generale le condizioni al contorno del problema, vengono concentrate nei nodi, attraverso la stessa me-

todologia adottata per le caratteristiche meccaniche.
I vantaggi di un simile approccio sono diversi e riassumibili in:

- un approccio risolutivo più semplice (di tipo algebrico);

- un costo computazionale più basso;

- la precisione della soluzione può essere modificata aumentando o diminuendo la discretizzazione spaziale del dominio;

D'altra parte, il metodo ad elementi finiti comporta anche degli svantaggi:

- la soluzione ottenuta non è *esatta* perché dedotta da un approccio variazionale e non forte;

- la soluzione ottenuta non è *esatta* perchè dedotta da un calcolo numerico su domini discretizzati;

- la soluzione dipende fortemente dalla modellazione adottata e quindi lo stesso problema può essere affrontato in maniere differenti con risultati differenti (ad esempio, perché si è concentrato un carico in realtà distribuito);

H.2   La formulazione matematica

Il metodo degli elementi finiti consiste principalmente nel risolvere per via numerica un problema differenziale su un dato dominio. La discretizzazione necessaria per la risoluzione numerica viene applicata al dominio del problema, problema che è a sua volta espresso in forma *debole* o *variazionale*.
Infatti, se consideriamo la classica equazione indefinita d'equilibrio per i continui materiali

$$\nabla \tau = \{f\} \qquad (H.2)$$

notiamo che essa è valida localmente (o formulazione *forte* del problema) in quanto è una relazione differenziale. In forma generale, tali equazioni forti possono essere riscritte formalmente come:

$$[D]\,[\mathbb{D}_n]\,\{u\} = \{f\} \qquad (H.3)$$

dove $[\mathbb{D}_n]$ è un *operatore differenziale di ordine n*, differente caso per caso. Nel nostro esempio, utilizzando come variabile principale gli spostamenti $\{u\}$ dei punti del solido, l'operatore differenziale è del second'ordine $[\mathbb{D}_n]$ (in quanto gli sforzi sono legati alla derivata prima dello spostamento, cioè la deformazione, e l'equazione comporta la derivazione di tali sforzi).

Alla relazione indefinita d'equilibrio, s'aggiungono poi le condizioni al contorno, che possono essere sia sulla variabile $\{u\}$ che sulle sue derivate (di ordine fino a $n-1$).

Ovviamente, la relazione indefinita H.3 rimarrà valida anche se integrata su un opportuno dominio (che nel caso strutturale risulta essere il solido sottoposto ai carichi) nonché premoltiplicata per una generica funzione $\{w\}$ continua, derivabile e soprattutto soggetta alle stesse condizioni al contorno applicate su u:

$$\int_\Omega \{w\}^T [D] [\mathbb{D}_n] \{u\} \, d\Omega = \int_\Omega \{w\}^T \{f\} \, d\Omega \qquad \text{(H.4)}$$

Operiamo adesso le seguenti semplificazioni he costituiscono il vero e proprio metodo ad elementi finiti:

- discretizziamo il dominio Ω in porzioni Ω_i tali per cui $\Omega = \bigcup \Omega_i$;

- discretizziamo la descrizione di $\{u\}$ attraverso delle opportune *funzioni di forma N* dipendenti dal dominio e dei parametri globali $\{a\}$, indipendenti da Ω_i;

- utilizziamo come funzione peso lo sviluppo $\{w\} = \{u\} = [N]\{a\}$

Avremo allora, per il generico elemento:

$$\int_{\Omega_i} \{a\}^T [N]^T [D] [\mathbb{D}_n] [N] \{a\} \, d\Omega_i = \int_{\Omega_i} \{a\}^T [N]^T \{f\} \, d\Omega_i \qquad \text{(H.5)}$$

Possiamo ora integrare per parti l'integrale a primo membro ottenendo:

$$\begin{aligned} &\{a\}^T [N]^T [D] [\mathbb{D}_n] [N] \{a\} \, |_{\Omega_i} - \\ &\int_{\Omega_i} \{a\}^T [\mathbb{D}_1 N]^T [D] [\mathbb{D}_{n-1}] [N] \{a\} \, d\Omega_i \end{aligned} \qquad \text{(H.6)}$$

Si può notare come nel primo termine si presentino alcune condizioni al contorno, tali quindi da far annullare tale termine o comunque da renderlo noto: infatti compaiono gli spostamenti u e w valutati sul contorno nonché le derivate, di ordine inferiore ad n, anch'esse valutate sul contorno

Possiamo procedere con l'integrazione per parti fino a giungere ad una *formulazione quadratica del tipo*:

$$\{a\}^T \int_{\Omega_i} [\mathbb{D}_m N]^T [D] [\mathbb{D}_m N] \, d\Omega_i \, \{a\} \qquad (H.7)$$

dove abbiamo estratto i parametri $\{a\}$ dal segno d'integrazione e conglobato in un'unica matrice gli sviluppi N derivati.

Il metodo agli elementi finiti consiste poi nel risolvere numericamente questo integrale, che dipende unicamente dal materiale utilizzato (tramite la matrice di rigidezza D del materiale stesso), dalla forma dell'elemento (ovvero dalla forma del dominio Ω_i) e dalla sviluppo in serie N.

Definiamo *matrice di rigidezza* dell'elemento l'integrale numerico:

$$[K_i] \doteq \int_{\Omega} [\mathbb{D}_m N]^T [D] [\mathbb{D}_m N] \, d\Omega_i \qquad (H.8)$$

In effetti possiamo generalizzare l'approccio costruendo una libreria di *elementi* ovvero di domini Ω_i normalizzati in modo da ridurre l'onere computazionale in fase risolutiva. I valori di tali elementi normalizzati vengono riferiti di caso in caso agli elementi reali tramite la matrice jacobiana che regola la trasformazione di N dalle coordinate reali a quelle normalizzate.

Siccome i parametri $\{a\}$ sono comuni a differenti elementi, possiamo definire un unico vettore $\{s\}$ in cui abbiamo ordinato tutti i parametri in un unico riferimento coordinato. Analogamente, le matrici di rigidezza verranno orientate ed espanse per adattarsi al sistema, in modo da ottenere la matrice di rigidezza globale del dominio:

$$[K] = \sum_i [E]^T [T_i]^T [K_i] [T] [E] \qquad (H.9)$$

dove la matrice $[T_i]$ è la matrice di rotazione dell'i-esimo elemento mentre la matrice $[E]$ è la matrice di espansione (quella che lega i riferimenti coordinati locali a quelli globali).

Considerando tutti gli elementi in cui abbiamo suddiviso il dominio del problema, questo potrà essere formulato come

$$\{s\}^T [K] \{s\} = \{s\}^T \{F\} \qquad (H.10)$$

dove il vettore dei carichi è dato dalla somma dei vettori dei carichi agenti su ciascun elemento in maniera analoga all'espansione subita dalle matrici di mrigidezza locali:

$$\{F_i\} \doteq \int_{\Omega_i} [N]^T \{f\} \, d\Omega_i \qquad (H.11)$$

Si noti come questo termine possa essere interpretato come il lavoro virtuale associato ai carichi applicati al dominio, al pari del termine $s^T K s$ che può essere considerato l'analogo dell'energia virtuale di deformazione.

H.3 L'aspetto pratico

A meno che non si voglia definire un nuovo elemento o scrivere un codice ad elementi finiti, tutta la matematica vista nel paragrafo precedente risulta essere invisibile agli occhi del comune utilizzatore di un programma ad elementi finiti. In realtà dovremmo parlare di programmi ad elementi finiti, in quanto generalmente si utilizzano:

- un *pre-processore*, ovvero un programma che definita la geometria del dominio (es. attraverso un cad o con delle funzionalità interne) si occupa di suddividere il dominio in elementi e di applicare le condizioni di vincolo e di carico a tali elementi (es. FEMAP);

- il *solutore*, che è il vero e proprio programma ad elementi finiti che si occupa di risolvere numericamente le equazioni algebriche viste sopra (es. NASTRAN);

- il *post-processore* il cui scopo è quello di leggere i risultati forniti dal solutore e presentarli in maniera intelligibile all'utente (es. on grafici piuttosto che strutture deformate) (es. FEMAP).

Comunemente, alcuni programmi agiscono sia da preprocessore che da postprocessore e si parla dunque di pre/postprocessore ad elementi finiti.

I fattori più impegnativi di una modellazione ad elementi finiti risultano essere:

- la scelta delle dimensioni minime e massime degli elementi, ovvero quanto deve essere fitta la discretizzazione;

- la scelta dei tipi di elementi da utilizzare;

Sul primo punto si possono identificare due scuole di pensiero:

- la prima è quella di modellare uniformemente il dominio;

- la seconda è quella di infittire la discretizzazione laddove si voglia avere una soluzione più precisa e/o dove avvengono (o si presume che avvengano) variazioni sostanziali delle quantità monitorate, lasciando ivece una discretizzazione più blanda nelle aree di minor interesse;

La prima soluzione necessita di un minor tempo per la preparazione della mesh (e avendo un buon preprocessore questa può essere fatta automaticamente dal calcolatore senza eccessive problematiche). La seconda scelta produce probabilmente risultati migliori ma a costo di un maggior impegno da parte del modellista.
Analoga è la problematica della scelta del tipo di elementi utilizzare. Si tenga ben presente che sebbene si ottengano risultati *numericamente* differenti, a meno di non aver commesso gravi errori, si possono ottenere soluzioni analoghe con elementi differenti *purché* siano *fisicamente compatibili* con il problema. Di converso, non è detto che elementi che siano *geometricamente compatibili* con la geometria reale del problema diano luogo a risultati corretti.
Vediamo di precisare quest'idea con un paio di esempio. In primo luogo consideriamo una trave snella con sezione ad H. Possiamo modellarla in tre modi differenti:

- la via più brutale è quella di disegnare un solido tridimensionale e discretizzarlo utilizzando dei parallelepipedi;

- possiamo altresì disegnare tre superfici, due parallele ed una ortogonale a queste, modellando poi la struttura con delle shell;

- oppure, disegnare una semplice linea e modellarla con degli elementi di trave;

L'idea è che le caratteristiche della sezione vengono recuperate nei tre casi in maniera differente: nel primo, la sezione è descritta dal comportamento di tutti i blocchetti che la compongono, mentre nel secondo e nel terzo modello le caratteristiche della sezione ad H vengono in parte (o totalmente) descritte dall'elemento stesso. Ricordiamoci infatti che la definizione dell'elemento finito è tale per cui alcune caratteristiche del dominio vengono già conglobate in esso durante l'integrazione numerica: nel caso della sezione ad H, l'inerzia e l'area della sezione non vengono calcolate dal solutore ma sono giàstate concentrate e registrate nei vari elementi in fase di modellazione. Ovviamente dipende anche da ciò che si vuole studiare: se si è preoccupati di eventuali instabilità delle ali della sezione bisogna necessariamente utilizzare un modello che permetta di vedere tali instabilità e quindi dobbiamo per forza escludere la modellazione con gli elementi di tipo trave.
Veniamo adesso all'altra faccia della medaglia. Non è detto che un elemento che modelli perfettamente dal punto di vista geometrico un dominio dia luogo a risultati accettabili: ad esempio, una mesh triangolare risulta perfetta per modellare ciascun piccolo dettaglio geometrico, ma dal punto di vista numerico i risultati cui

da luogo lasciano a desiderare. Analogamente, utilizzare elementi troppo *distorti*, ovvero differenti dagli elementi normalizzati di riferimento comporta risultati ancora peggiori (in quanto le matrici jacobiane delle trasformazioni divengono singolari).

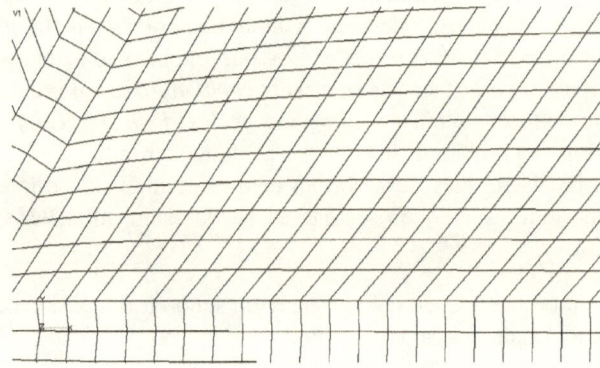

Figura H.2: Un dettaglio della schematizzazione ad elementi bidimensionali (*shell*) utilizzati per l'analisi dello specchio secondario adattivo del VLT . si possono notare alcuni elementi rettangolari (non distorti), mentre altri sono a rombo. Questi ultimi possono dare problemi di ordine numerico.

APPENDICE I

TEORIA DELL'AFFIDABILITÀ

La teoria che analizza l'*affidabilità* è una teoria di tipo *probabilistico* o *statistico* che consente di verificare la probabilità che un guasto si verifichi partendo dalle caratteristiche e l'affidabilità dei sistemi componenti. È anche una teoria utilizzabile in ambito progettuale, in quanto, fissata l'affidabilità che il sistema deve avere, si possono introdurre le ridondanze necessarie per ottenerla.

> Definiamo *affidabilità* come l'abilità che ha un componente o dispositivo di funzionare *correttamente*, ovvero fornire alcune prestazioni in modo continuato, sotto ben precise condizioni d'impiego per un certo periodo di tempo.

Si calcola propriamente la probabilità di funzionare nelle condizioni specificate. Un sistema è perciò detto *non affidabile* quando presenta un guasto, ovvero quando non funziona correttamente, ovvero quando non è in grado di fornire le presta-

zioni per il quale il componente è stato progettato.
Possiamo classificare i guasti in base alle conseguenze che producono:

- guasti *catastrofici*;

- guasti *critici* o con *conseguenze maggiori*;

- guasti *lievi* o con *conseguenze minori*;

A questa classificazione segue pari passo la classificazione dell'affidabilità:

- a. dal punto di vista della sicurezza: non devono accadere guasti catastrofici;

- a. dal punto di vista della riuscita della missione: non devono accadere guasti catastrofici e guasti critici;

- a. dal punto di vista logistico: non devono accadere guasti di nessun tipo.

Ovviamente, questa classificazione non è limitata all'analisi del singolo componente ma in ottica di sistema complesso.

I.1 Probabilità

Indichiamo la probabilità che un evento si verifichi con un numero P compreso fra 1 e 0:

- $P = 1$ l'evento accadrà sicuramente;

- $P = 0$ l'evento NON accadrà sicuramente;

Valutando la possibilità di un guasto su un arco temporale, possiamo esprimerla come

$$F(t) = \int_0^t f(\tau)d\tau \qquad (I.1)$$

Possiamo quindi definire l'affidabilità come:

$$R(t) = 1 - F(t) \qquad (I.2)$$

mentre possiamo introdurre il *tasso di guasto per fenomeni di usura*:

$$T(t) = -\frac{1}{R}\frac{dR}{dt} \qquad (I.3)$$

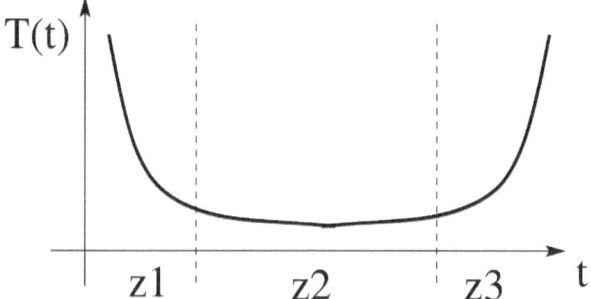

Figura I.1: Affidabilità - tasso di guasto / fenomeni di usura

Considerando il grafico in figura I.2, possiamo suddividere la storia del componente in tre parti:

- zona delle grandi rotture: in linea di principio, i sistemi vengono testati prima dell'immissione nel mercato, quindi le grandi rotture dovrebbero accadere unicamente sui prototipi ancora in fase di progetto;

- periodo dei guasti casuali;

- zona dei guasti per usura e superamento del ciclo di vita del prodotto;

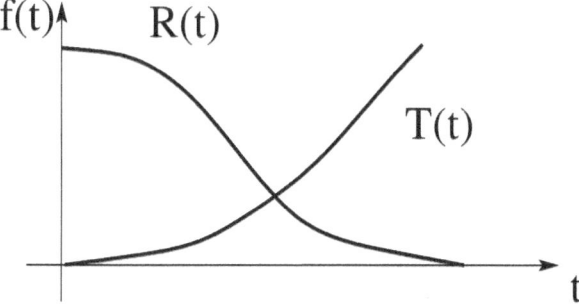

Figura I.2: Andamento del tasso di guasto.

Possiamo, in tutta generalità, supporre un andamento di tipo esponenziale decrescente per la frequenza dei guasti:

$$F(t) = \int_0^t f(\tau)d\tau = \int_0^t \lambda e^{-\lambda\tau} d\tau = 1 - e^{-\lambda\tau} \tag{I.4}$$

da cui

$$R(t) = 1 - F(t) = e^{-\lambda\tau} \tag{I.5}$$

$$T(t) = -\frac{1}{e^{-\lambda\tau}}(-\lambda)e^{-\lambda\tau} = \lambda \tag{I.6}$$

Possiamo notare come il tasso di guasto sia una costante indipendente dal tempo. Introduciamo anche la quantità MTBF, *mean time before failure* ovvero il tempo medio che intercorre fra due guasti consecutivi:

$$mtbf = \frac{\sum t_i}{n} = \ldots = \int_0^\infty R(t)dt = \ldots = \frac{1}{\lambda} \tag{I.7}$$

da cui

$$R(t) = e^{-\frac{t}{mtbf}} \tag{I.8}$$

Possiamo anche scrivere una tabella in base alla probabilità con cui l'evento accade:

P	evento
$P > 10^{-3}$	frequente;
$10^{-5} < P < 10^{-3}$	probabile;
$10^{-7} < P < 10^{-5}$	raro;
$10^{-9} < P < 10^{-7}$	remoto;
$P < 10^{-9}$	estremamente improbabile;

Tanto per enunciare dei valori, un guasto con conseguenze catastrofiche deve essere estremamente improbabile, mentre un guasto con conseguenze maggiori deve essere remoto.

I.2 Regole di composizione

L'analisi di uno schema di collegamento di componenti in termini di affidabilità è simile all'analisi dei circuiti elettrici, con elementi in serie o in parallelo:

- elementi in serie: l'affidabilità del sistema è pari al prodotto delle affidabilità dei singoli componenti.

$$R_{1,2}(t) = R_1 \cdot R_2 = e^{-(\lambda_1 + \lambda - 2)t} \tag{I.9}$$

- elementi in parallelo: si calcola in base alla definizione di R, ovvero si calcola il guasto del sistema (quando entrambi i componenti sono guasti). Otteniamo allora

$$R_{1,2}(t) = R_1 + R_2 - R_1 R_2 \tag{I.10}$$

Per calcolare le probabilità P di un evento esistono fondamentalmente due metodi:

- se si conoscono *tutte* le condizioni per cui esso avviene, se deve avere:

$$\sum P_i = 1 \tag{I.11}$$

da cui $P_i = \frac{1}{n_i}$ dove n_i è il peso dell'i-esima condizione;

- se non si conoscono tutte le condizioni scatenanti, si devono fare prove sperimentali, per cui

$$p = lim_{n \to \infty} \frac{q}{n} \tag{I.12}$$

dove q sono il numero di eventi registrati nelle prove n.

Ovviamente, quest'ultimo metodo è plausibile ed applicabile solo nel caso le prove siano fattibili e relativamente poco costose.
Possiamo utilizzare inoltre gli operatori della logica booleana. Considerando due eventi generici a e b, la probabilità che avvengano entrambi è

$$P(a \cap b) = P(a) \cdot P(b) \tag{I.13}$$

generalizzando quindi per n eventi

$$\boxed{P(\cap n) = \prod_1^n P_i} \tag{I.14}$$

Se invece consideriamo la possibilità che avvenga almeno uno di questi eventi. Se dunque $P(a)$ è la possibilità che avvenga a, $1 - P(a)$ sarà per definizione la probabilità che accada l'opposto di a. Avare o l'evento a, o l'evento b o entrambi gli eventi, equivale a richiedere la complementare della situazione per cui sia a che b non accadano:

$$P(a \cup b) = 1 - P(\sim (a \cap b)) = 1 - P(\sim a)P(\sim b) = 1 - (1 - P(a))(1 - P(b))$$
(I.15)

Generalizzando

$$P(\cup n) = 1 - \prod_{1}^{n}(1 - P_i)$$
(I.16)

Si può notare, come d'altra parte si poteva arguire, che la probabilità che accadano simultaneamente due (o più) eventi è sicuramente inferiore alla probabilità dei singoli eventi ($P(\cap n) < P_i$), mentre la possibilità che, dati alcuni eventi, se ve verifichi almeno uno, è sicuramente maggiore delle singole probabilità $P(\cup n) > P_i$.

I.2.1 Calcolo della possibilità di guasto

Per calcolare la possibilità di un guasto, dobbiamo per prima cosa analizzare il nostro sistema per identificare le combinazioni di funzionamento. Ad esempio, se consideriamo un quadrimotore, la possibilità di guasto nella situazione di almeno due motori funzionanti implica:

- il calcolo della probabilità nella situazione in cui 2 motori funzionano (6 sottocasi);

- il calcolo della probabilità nella situazione in cui 3 motori funzionano (4 sottocasi);

- il calcolo della probabilità nella situazione in cui tutti e quattro i motori funzionano (1 sottocaso);

Questo perché la ultime due condizioni implicano naturalmente la condizione. In generale, la probabilità di ciascuna condizione è esprimibile come

$$p_j = \sum \binom{1}{n} R^i (1 - R)^{n-i}$$
(I.17)

Si sommano quindi le probabilità così calcolate. La probabilità di guasto della possibilità è allora calcolabile come

$$p_g = 1 - \sum p_j$$
(I.18)

APPENDICE J

LE EQUAZIONI DI NAVIER-STOKES

Queste note devono essere intese come un breve richiamo sulla derivazione delle equazioni di NAVIER e STOKES sulla dinamica dei fluidi. Si mostra inoltre come le equazioni sulla quantità di moto possano essere ricavate dall'equazione indefinita d'equilibrio di CAUCHY. Dagli assunti sulla natura del tensore degli sforzi $\mathbb{T}$ si argomenterà la validità dell'ipotesi di PRANDTL sullo strato limite e sul fluido perfetto.

Per scrivere le equazioni indefinite d'equilibrio dinamico che regolano il moto di un generico fluido, dobbiamo in primo luogo partire della relazioni costituenti il fluido (quale ad esempio la relazione di stato per un gas perfetto) piuttosto che le equazioni descriventi i campi in cui è immerso il fluido (ad esempio, per la

Aeroelasticità Applicata.
By Giulio Malinverno.
Copyright © 2016 .

magnetofluidodinamica, dovendo trattare un fluido conduttivo immerso in campi elettromagnetici, dovremo scrivere le equazioni di MAXWELL).

Accanto a queste dobbiamo scrivere le equazioni le tre relazioni fondamentali di bilancio:

- *conservazione della massa*;

- *conservazione della quantità di moto*;

- *conservazione dell'energia*;

J.1   L'equazione generale di bilancio

In forma generale, un'equazione di bilancio viene formulata come:

$$\boxed{\frac{\partial G}{\partial t} + \nabla (G\vec{v}) = \gamma} \tag{J.1}$$

dove

- G rappresenta la quantità da bilanciare (sia essa scalare o vettoriale);

- $\vec{v}$ rappresenta la velocità del fluido;

- γ rappresenta la sorgente di quantità (sia essa scalare o vettoriale);

Questa notazione locale discende dalla formulazione integrale data dalla derivazione sostanziale dell'integrale sul dominio della quantità:

$$\frac{d}{dt} \int_V G dV = \int_V \gamma dV$$

Portando infatti l'operatore derivativo all'interno dell'integrale, dovremo tener conto non solo della variazione della quantità G ma anche delle variazioni temporali del dominio d'integrazione. Avremo quindi, utilizzando una notazione non propriamente corretta dal punto di vista formale:

$$\frac{d}{dt} \int_V G dV = \int_V \frac{d(GdV)}{dt} = \int_V \frac{d(G)}{dt} dV + \int_V G \frac{d(dV)}{dt}$$

Supponendo di avere un riferimento ortogonale cartesiano, il termine $\frac{d(dV)}{dt}$ può essere esplicitato come

$$\frac{d(dV)}{dt} = \frac{d(dxdydz)}{dt} = \frac{d(dx)}{dt}dydz + \frac{d(dy)}{dt}dxdz + \frac{d(dz)}{dt}dxdy = \vec{v} \cdot \vec{n}dS$$

Avremo dunque

$$\frac{d}{dt}\int_V GdV = \ldots = \int_V \frac{d(G)}{dt}dV + \int_S G\vec{v} \cdot \vec{n}dS$$

da cui, per il teorema della divergenza:

$$\frac{d}{dt}\int_V GdV = \ldots = \int_V \frac{d(G)}{dt}dV + \int_V G\nabla \cdot \vec{v}dV$$

Considerando allora la versione locale ed esplicitando inoltre la derivata sostanziale come $\frac{d}{dt} = \frac{\partial}{\partial t} + \vec{v} \cdot \nabla$, avremo

$$\frac{d(G)}{dt} + G\nabla \cdot \vec{v} = \frac{\partial G}{\partial t} + \vec{v} \cdot \nabla G + G\nabla \cdot \vec{v} = \frac{\partial G}{\partial t} + \nabla\left(G\vec{v}\right)$$

Il bilancio della quantità G consta quindi dei termini

- $\frac{\partial G}{\partial t}$ correlato alle variazioni temporali della sola quantità G;

- $\nabla\left(G\vec{v}\right)$ correlato alle variazioni subite dalla quantità G a causa delle interazioni con il sistema di riferimento (in particolare coi flussi attraverso il contorno del dominio d'integrazione).

J.2 Conservazione della massa

Nella conservazione della massa, per adattare l'equazione J.1, il termine da bilanciare è la densità ρ del fluido, mentre la sorgente γ di materia è identicamente nulla. Avremo allora

$$\boxed{\frac{\partial \rho}{\partial t} + \nabla\left(\rho\vec{v}\right) = 0} \qquad (\text{J.2})$$

che traduce il fatto che le variazioni di massa possono avvenire

- per variazioni di densità del fluido;

- per trasporto attraverso il contorno del dominio;

J.3 Conservazione della quantità di moto

Per la quantità di moto, dove $G = \rho\vec{v}$, le variazioni della stessa possono avvenire a causa

- delle forze esterne applicate $\vec{f}$;

- degli sforzi interni propri del continuo deformabile $\mathbb{T}$;

In quanto continuo deformabile, l'equazione del bilancio della quantità di moto coincide con la relazione indefinita d'equilibrio di CAUCHY :

$$\boxed{\rho\vec{a} = \vec{f} + \nabla \cdot \mathbb{T}}$$ (J.3)

dove $\vec{a}$ indica l'accelarazione dell'elemento infinitesimo di fluido.
Infatti,

$$\vec{a} = \frac{d\vec{v}}{dt} = \frac{\partial\vec{v}}{\partial t} + \vec{v} \cdot \nabla\vec{v}$$

Sommando a primo membro l'equazione di continuità J.2 (che è un termine identicamente nullo) premoltiplicata per la velocità, otteniamo:

$$\rho\frac{\partial\vec{v}}{\partial t} + \rho\vec{v} \cdot \nabla\vec{v} + \vec{v}\frac{\partial\rho}{\partial t} + \vec{v}\nabla(\rho\vec{v}) = \vec{f} + \nabla \cdot \mathbb{T}$$

il che equivale alla consueta formulazione dell'equazione sulla quantità di moto dedotta dall'equazione di bilancio:

$$\boxed{\frac{\partial\rho\vec{v}}{\partial t} + \nabla(\rho\vec{v}\vec{v}) = \vec{f} + \nabla \cdot \mathbb{T}}$$ (J.4)

J.4 Le legge idrostatica

Considerando l'equazione sulla quantità di moto in condizioni di fluido in quiete, ovvero quando la velocità è nulla:

$$\vec{f} + \nabla \cdot \mathbb{T}|_{\|\vec{v}\|=0} = 0$$ (J.5)

D'altra parte sappiamo che gli sforzi in fluido in quiete equivalgono alla pressione termodinamica p:

$$\mathbb{T}|_{\|\vec{v}\|=0} = -p\mathbb{I}$$

ottenendo così la ben nota equazione idrostatica:

$$\vec{f} = \nabla(p) \tag{J.6}$$

Possiamo allora riscrivere gli sforzi generici $\mathbb{T}$ come somma del componente statico $-p\mathbb{I}$ e di un opportuno componente dinamico, che indichiamo con $\mathbb{S}$.
Le equazioni sulla quantità di moto divengono allora

$$\boxed{\frac{\partial \rho \vec{v}}{\partial t} + \nabla(\rho \vec{v} \vec{v}) = \vec{f} + \nabla \cdot \mathbb{S} - \nabla p} \tag{J.7}$$

J.5 L'ipotesi di PRANDTL

Il significato di questi sforzi dinamici $\mathbb{S}$ è abbastanza evidente, in quanto rappresentano le forze di natura viscosa che intervengono quando il fluido è in movimento. L'ipotesi di fluido perfetto è allora che gli sforzi interni del materiale si riducano alla sola componente idrostatica p. Nell'ipotesi di Prandtl, ciò è ammissibile nei comuni casi d'interesse aeronautico quando si possono confinare gli effetti viscosi all'interno di un piccolo strato di fluido, detto appunto *strato limite*. La scrittura del termine degli sforzi interni come

$$\boxed{\mathbb{T} = -p\mathbb{I} + \mathbb{S}} \tag{J.8}$$

può essere vista infatti come lo sviluppo in serie di TAYLOR del tensore degli sforzi, dove il termine di pressione idrostatica rappresenta il termine zero di tale sviluppo, *indipendente* dalle variazioni della velocità.
L'assunto secondo cui gli effetti viscosi sono relegati all'interno dello strato limite discende dal fatto che all'interno dello strato limite la velocità ha un marcato gradiente che la porta da zero (condizione di aderenza sulla superficie di contorno del dominio di moto) al valore non nullo presente nella regione in cui i gradienti di velocità sono trascurabili. Perciò è plausibile assumere che gli effetti viscosi siano presenti solo nello strato limite e all'esterno di questo il fluido si possa assumere perfetto (ovvero con $\mathbb{T} \equiv -p\mathbb{I}$, sebbene sia $\|\vec{v}\| \neq 0$).

J.6   Conservazione dell'energia

Per la scrittura dell'equazione scalare sulla conservazione dell'energia notiamo che l'energia del fluido è data

- da un termine di energia interna e

- da un termine dovuto all'energia cinetica;

dunque

$$G = e + \frac{1}{2}\rho v^2$$

mentre i termini di variazione dell'energia possono essere riassunti come

- flusso di calore, descritto dall'equazione di FOURIER , $\dot{q} = -K\nabla T$;

- lavoro delle forze esterne, $\vec{f} \cdot \vec{v}$;

- variazione energetica associata alle deformazioni e agli sforzi, dato da $\nabla(\mathbb{T}\vec{v}) = -\nabla(p\vec{v}) + \nabla(\mathbb{S}\vec{v})$

Avremo quindi

$$\boxed{\frac{\partial(e + \frac{1}{2}\rho v^2)}{\partial t} + \nabla\left(e + \frac{1}{2}\rho v^2\right)\vec{v} = -\rho K\nabla T + \vec{f} \cdot \vec{v} - \nabla(p\vec{v}) + \nabla(\mathbb{S}\vec{v})}$$

$$(\text{J.9})$$

APPENDICE K

IL CALCOLO DELLE FORZE AERODI-NAMICHE

Generalmente siamo interessati, nella risoluzione delle equazioni che governano il moto di un fluido, al calcolo delle forze che tale moto produce sui corpi immersi, sia per determinare le sollecitazioni cui esse danno luogo (es. su un'ala piuttosto che sulle palette di una turbina) sia per determinare, per il principio di azione e reazione, la spinta (o la resistenza) che i corpi immersi applicano al fluido (ad esempio nel caso di un'elica o di una pompa).

Aeroelasticità Applicata.
By Giulio Malinverno.
Copyright © 2016 .

Comunemente il calcolo delle forze aerodinamiche è eseguito come:

$$\boxed{\vec{F} = qSC_f}$$ (K.1)

dove q è la ben nota pressione dinamica, $\frac{1}{2}\rho V^2$ mentre C_f è il coefficiente aerodinamico correlato alla superficie S.

In realtà questa formulazione è comoda una volta che si conosca il comportamento del corpo attraverso il parametro C_f: d'altra parte, a priori, questa quantità è difficilmente quantificabile. In effetti l'utilizzo di questa formula si basa sul concetto di *ripetibilità*, ovvero che caratteristiche determinate su un particolare oggetto in particolari condizioni, ad esempio un modellino di velivoli in galleria del vento, siano poi osservabili anche su altri oggetti in altre condizioni (es. sul velivolo in scala reale). Ciò è possibili in base ai teoremi Φ di BUCKINGHAM , secondo cui due fenomeno sono comparabili se hanno parametri adimensionali identici[1]. Ad esempio quindi il comportamento di un profilo alare su un velivolo sarà *identico* a quello di un profilo testato in galleria del vento, purchè il numero di REYNOLDS sia identico nelle due situazioni.

Il calcolo corretto delle forze aerodinamiche, sia che venga eseguito *a mano* piuttosto che con un programma di fluidodinamica computazionale, consiste nel valutare la variazione di quantità di moto del fluido nel dominio, attraverso la risoluzione delle equazioni di NAVIER - STOKES o delle equazioni derivate (EULERO o BERNOULLI).

Consideriamo ad esempio il caso bidimensionale di un profilo investito da una corrente fluida, in campo stazionario. Vale ovviamente il sistema indefinito d'equilibrio dato dall'equazione J.4:

$$\frac{\partial \rho \vec{v}}{\partial t} + \nabla (\rho \vec{v}\vec{v}) = \vec{f} + \nabla \cdot \mathbb{T}$$ (K.2)

Per ottenere le forze agenti sul profilo, dovremo integrare in un volume (in realtà una superficie in quanto il problema è bidimensionale) queste equazioni: prendiamo dunque come dominio d'integrazione un rettangolo al cui interno posizioniamo il profilo in esame. Possiamo allora identificare due *contorni*: quello che

---

[1]Rigorosamente, due fenomeni hanno parametri adimensionali identici solo e solo se sono lo stesso fenomeno. Nella pratica si può imporre l'uguaglianza di $n - 1$ parametri, dette n il numero di gradi di libertà indipendenti del sistema. Generalmente si cerca quindi di verificare l'uguaglianza dei parametri più impiotanti, ad esempio REYNOLDS o MACH in aerodinamica o FROUDE in ambiente navale.

distingue il nostro dominio d'integrazione dal mondo esterno e il contorno che lo distingue dal profilo stesso. In particolare, se il dominio d'integrazione è sufficientemente grande, possiamo supporre che sul contorno verso il mondo esterno le quantità fisiche rimangano immutate e coincidano con quelle asintotiche. Integrando allora sul dominio Ω:

$$\int_\Omega \nabla \left(\rho \vec{v} \vec{v} \right) d\Omega = \int_\Omega \vec{f} d\Omega + \int_\Omega \nabla \cdot \mathbb{T} d\Omega \qquad (K.3)$$

Per il TEOREMA DELLA DIVERGENZA, possiamo riscrivere tale equazione in termini di integrazione sul contorno, distinguendo poi fra contorno verso l'esterno (S_e) e verso il profilo (S_p):

$$\int_\Omega \nabla \left(\rho \vec{v} \vec{v} \right) d\Omega = \int_\Omega \vec{f} d\Omega + \int_{S_e} \mathbb{T} \cdot \vec{n} dS_e + \int_{S_p} \mathbb{T} \cdot \vec{n} dS_p \qquad (K.4)$$

Notiamo che l'ultimo termine a secondo membro è proprio la risultante che il fluido esercita sul corpo, ovvero la nostra incognita, che indichiamo d'ora in poi con $\vec{R}$. Inoltre, sul contorno verso il mondo esterno, il tensore degli sforzi può essere semplificato e ricondotto alla sola componente di pressione ($\mathbb{T} \rightarrow -p\mathbb{I}$). Avremo dunque, riordinando i vari termini:

$$\vec{R} = \int_\Omega \nabla \left(\rho \vec{v} \vec{v} \right) d\Omega - \int_\Omega \vec{f} d\Omega - \int_{S_e} -p\mathbb{I} \cdot \vec{n} dS_e \qquad (K.5)$$

ovvero

$$\boxed{\vec{R} = \int_{S_e} \left(\rho \vec{v} \vec{v} \right) dS_e - \int_\Omega \vec{f} d\Omega + \int_{S_e} p \, dS_e} \qquad (K.6)$$

APPENDICE L

UN METODO NUMERICO BASATO SUL-LA LINEA PORTANTE DI PRANDTL

L.1 Introduzione

Questo articolo descrive brevemente l'implementazione di un programma per il calcolo dei coefficienti di portanza (C_L) e di resistenza indotta (C_{D_i}) di un'ala reale, basato sul modello della *linea portante* di PRANDTL ed esposto inizialmente da ANDERSON nel suo *Fundamentals of Aerodynamics*([2]). L'ala deve essere costituita da profili serie NACA.

Il programma di calcolo è scritto in C e sono state utilizzate in esso le funzioni della *GNU Scientific Library*.

L.2 Schema di funzionamento

Supponiamo di avere un'ala reale in volo a velocità V_∞ e con un angolo di incidenza teorico α_0. Sia $\frac{b}{2}$ la semiapertura alare, mentre c_n sia la generica corda alare a quota y_n.

L'ala è costituita da profili serie NACA.

1. Il metodo numerico basato sulla linea portante di PRANDTL consiste nel suddividere l'ala finita in una serie di stazioni lungo l'apertura (indicata con y).

2. Si assume a questo punto una distribuzione di circolazione Γ sull'ala finita, i cui valori saranno noti nelle stazioni in cui si è suddivisa l'ala:$\Gamma = \Gamma_{y_n}$.

3. si calcola per ciascuna sezione l'angolo di incidenza indotta $\alpha_i(y_n)$:

$$\alpha_i(y_n) = \frac{1}{4\pi V_\infty} \int_{\frac{b}{2}}^{\frac{b}{2}} \frac{1}{(y_n - y_{n-1})} \frac{d\Gamma}{dy} dy \qquad \text{(L.1)}$$

4. Utilizzando gli angoli di incidenza indotta così ottenuti, si calcola l'angolo di incidenza effettivo:

$$\alpha_{eff}(y_n) = \alpha_0 - \alpha_i(y_n) \qquad \text{(L.2)}$$

5. Con questi angoli effettivi si recupera il coefficiente di portanza $c_l(y_n)$ del profilo della stazione corrispondente.

6. Si calcola in base al teorema di KUTTA - ZHUKOVSKY una nuova distribuzione di circolazione:

$$\Gamma(y_n) = \frac{1}{2} V_\infty c_n c_l(y_n) \qquad \text{(L.3)}$$

7. A questo punto si introduce un ciclo che riprende il procedimento ricalcolando gli angoli di incidenza indotta in base alla nuova distribuzione.

8. una volta giunti a convergenza, si calcolano i coefficienti di portanza e di resistenza dell'ala reale.

L.3   Pseudo programmazione

Vediamo il pseudo codice di programmazione

```
begin  prandtl

gamma_input = inizializzazione;

// iterazioni
while (errore > minerr)
{
  for i in 1:n // n numero di suddivisioni ala
  {
// angolo iniziale a0
// angolo indotto ai
// angolo reale ar

ai(i) = F(gamma_input);
ar(i) = F(ai(i));
cl(i) = F(ar(i));
gamma_output(i) = F(cl(i));
  }
  // calcolo dell'errore fra iterazioni
  errore = max(abs(gamma_output - gamma_input));

  // inizializzazione nuova gamma
  gamma_input = gamma_output;
}

// a convergenza
CL  = F(gamma_output)
CDi = F(gamma_output)

end
```

L.4   Considerazioni numeriche

L.4.1   Fattore di smorzamento

Nel ciclo, una nuova distribuzione di circolazione (indicata con Γ_{output}) è calcolata a partire dalla condizioni preesistenti e in teoria andrebbe a sostituire la distribuzione che l'ha generata (indicata con Γ_{input}). In realtà una sostituzione diretta di questo tipo non è consigliata e si deve introdurre un coefficiente di smorzamento D, dal valore indicativo di 0,05.

Abbiamo quindi che al posto di

$$\{\Gamma\}_{input} = \{\Gamma\}_{output} \tag{L.4}$$

si deve implementare

$$\{\Gamma\}_{input} = \{\Gamma\}_{input} + D(\{\Gamma\}_{output} - \{\Gamma\}_{input}) \tag{L.5}$$

ovvero, in pseudo programmazione

```
begin prandtl

gamma_input = inizializzazione;

// iterazioni
while (errore > minerr)
{
   for i in 1:n // n numero di suddivisioni ala
   {
// angolo iniziale a0
// angolo indotto ai
// angolo reale ar

ai(i) = F(gamma_input);
ar(i) = F(ai(i));
cl(i) = F(ar(i));
gamma_output(i) = F(cl(i));
   }
   // calcolo dell'errore fra iterazioni
   errore = max(abs(gamma_output - gamma_input));
```

```
    // inizializzazione nuova gamma
    gamma_input += D*(gamma_output-gamma_input);
}

// a convergenza
CL  = F(gamma_output)
CDi = F(gamma_output)

end
```

L.4.2 Calcolo del coefficiente di portanza del profilo

Per la determinazione delle caratteristiche aerodinamiche del profilo alla generica stazione n-esima, si utilizza il programma *XFoil*. Ciò ha determinato l'obbligo di avere l'ala interamente costituita da profili serie NACA.

L.4.3 Calcolo dell'errore

Per il calcolo dell'errore fra due iterazioni successive, piuttosto che utilizzare un valore numerico assoluto è meglio valutare la variazione percentuale che intercorre fra i due termini di verifica. Infatti per stabilire a priori un valore assoluto di riferimento dell'errore è necessario avere almeno una stima dei valori che saranno in gioco. Per assurdo, se fissassimo un limite per l'errore pari a 0,001 e se i valori di Γ fossero nell'ordine di 10^{-4}, ci troveremmo nella situazione che già nella prima iterazione si è arrivati a convergenza, anche con differenze percentuali molto alte. Quello fatto è ovviamente un esempio molto improbabile ma valutando l'errore conme variaizone percentuale saremo entro i limiti ingegneristicamente accettabili:

$$err = 2\frac{\Gamma_{output} - \Gamma_{input}}{\Gamma_{output} + \Gamma_{input}} \qquad (L.6)$$

Si può migliorare la formulazione precedente tenendo presente che

- possiamo ottenere valori negativi;

- il termine a denominatore potrebbe essere nullo[1];

---

[1]In realtà, nel caso specifico la circolazione è semidefinita positiva, quindi avremo la somma di due entità positive al più nulle

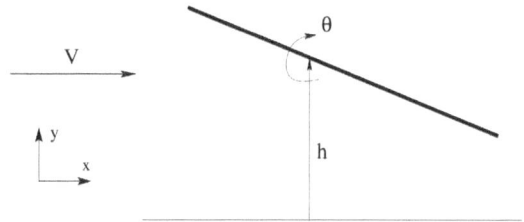

Figura M.1: Schematizzazione di un profilo sottile oscillante

APPENDICE M

PROFILO SOTTILE OSCILLANTE

Aeroelasticità Applicata.
By Giulio Malinverno.
Copyright © 2016 .

Nel caso si consideri un profilo sottile oscillante (vedi figura M.1), immerso in una corrente fluida alla velocità V, possiamo suddividere gli spostamenti cui è soggetto in:

- Traslazione $h(t)$ verticale;

- Rotazione $\vartheta(t)$.

Se dobbiamo calcolare la componente normale alla superficie del fluido, questa sarà data, per i principi della meccanica relativa, dalla somma delle velocità connesse agli spostamenti sopra ricordati:

$$V_n = -\dot\vartheta x + \dot h \qquad (M.1)$$

In realtà questa scrittura rappresenta solo la velocità normale relativa alla condizione di fluido in quiete, perché bisogna aggiungere la componente dovuta alla velocità asintotica: dobbiamo infatti calcolare la velocità normale alla superficie nella sua configurazione *deformata* e non quella indeformata. A causa della rotazione $vartheta$ compare infatti la componente normale di V pari a $V\sin\vartheta$
Sotto tali osservazioni la velocità normale corretta risulta essere, avendo approssimato i seni degli angoli con gli angoli stessi,

$$V_n = -\dot\vartheta x + \dot h - V\vartheta \qquad (M.2)$$

La variazione d'incidenza sarà allora:

$$\alpha = \frac{V_n}{V} = \frac{-\dot\vartheta x + \dot h - V\vartheta}{V} = \frac{-\dot\vartheta x + \dot h}{V} - \vartheta \qquad (M.3)$$

APPENDICE N

MODELLAZIONI ED APPROCCI FILO-SOFICI

N.1 HACKING e il ruolo dell'ingegnere

Molto spesso siamo ad operare con strumenti matematici la cui *realtà* fisica è a volte difficile da scorgere. Ad esempio, nel metodo numerico proposto per la ri-soluzione numerica delle sezioni asemiguscio abbiamo a che fare con una serie di matrici descriventi lo spostamento dei punti della sezione senza però che queste, singolarmente prese, descrivano un singolo spostamento.

In un certo senso è la stessa situazione dei modi di vibrare della struttura: essi sono uno strumento matematico, definiti come soluzioni di un problema algebrico degenre. Non cè nessun principio fisico che determini i modi: in effetti, il fatto di avere matrici quadrate, simmetriche e definite positive permette, dal punto di vista algebrico, di passare ad un sistema diagonale, ottenuto tramite un problema agli autovalori/autovettori.

Matematicamente, gli autovettori costituiscono una base per lo spazio delle soluzioni, ovvero un insieme di soluzioni basilari indipendenti fra loro (ortogonali) con coi costruire tutte le successive soluzioni (dipendenti). *Stranamente* ciò ha un ritorno fisico: le soluzioni costruite da soluzioni matematiche hanno una realtà fisica.

In un certo senso, si può qui riproporre il problema del realismo delle teorie scientifiche e delle quantità da esse descritte (e non sperimentalmente identificate). In particolare possiamo identificare due posizioni estreme

- entrambe (teorie e particelle) sono altrettanto reali (in senso forte - platonico);

- teorie e particelle sono costruzioni utili ma non *reali* - sopno costrutti;

Un particolare approccio risolutivo è quello di IAN HACKING che pone un'enfasi particolare sull'attività sperimentale. Seconod HACKING per discutere sul realismo scientifico, bisogna farlo all'interno della pratica sperimentale:

> fare esperimenti su di un'entià non impegna a credere nella sua esistenza. Solo la manipolazione di un'entità, con lo scopo di fare esperimenti su qualcos'altro, ci impegna necessariamente a crederlo.

Indipendentemente dalla sua eventuale osservabilità diretta (on in linea di principio), condizione necessaria affinché un'entità sia reale è che abbia proprietà causali ed essere manipolabile.

N.2   Congruenza matematica

Riprendiamo l'esempio sulla torsione:

$$\int_0^l w(GJ[N'])'dx\{q\} = -\int_0^l wm_t dx$$

Ricordiamoci infatti che in base allo sviluppo fatto, $\{q\}$ non dipende da x. Prendiamo ad esempio uno sviluppo lineare a tratti come funzione di forma N rappresentato in figura N.1.

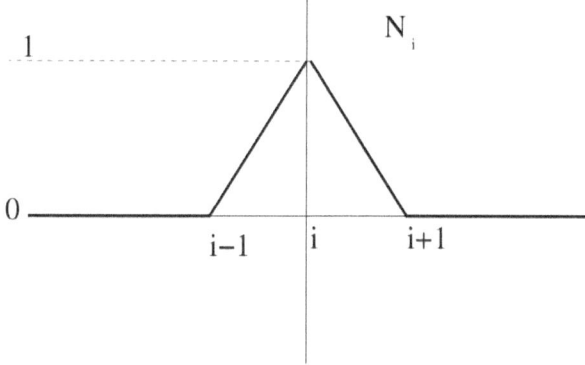

Figura N.1: Funzione di forma degenere: linea spezzata a tratti.

Supponiamo di integrare direttamente senza integrare per parti. Poiché compare $[N'']$, che è identicamente nulla, otteniamo che l'integrale che la contiene sarà anch'esso identicamente nullo, mentre il termine a secondo membro è differente da zero ($\int_0^l w m_t dx \neq 0$). Otteniamo quindi un assurdo del tipo $0 = a \neq 0$.

Tuttavia, se integriamo per parti, riduciamo l'ordine d'integrazione della funzione di forma, ottenendo l'integrale $\int_0^l w(GJ[N'])' dx$ che in generale non è nullo, essendo $N' \neq 0$.

Matematicamente l'integrazione per parti non è che un metodo, comodo in alcuni casi, per risolvere un integrale e come tale non può dar valori differenti dai risultati di altri metodi, come appunto l'integrazione diretta. Qui otteniamo proprio il contrario, in quanto otteniamo risultati differenti a seconda del metodo d'integrazione utilizzato.

Per superare quest'incongruenza matematica, dobbiamo allargare i nostri strumenti d'analisi, introducendo la *delta di* DIRAC , $\delta(x - x_i)$. Affrontiamo allora numericamente l'integrale tramite differenze finite centrate. La derivata prima della funzione sarà

$$\frac{GJ(\vartheta_i - \vartheta_{i-1})}{\Delta x} \text{ primo tratto}$$
$$\frac{GJ(\vartheta_{i+1} - \vartheta_i)}{\Delta x} \text{ secondo tratto}$$

La derivata seconda sarà allora

$$\frac{GJ}{\Delta x^2} (\vartheta_{i+1} - 2\vartheta_i + \vartheta_{i-1})$$

che non è nulla a differenza di quella analitica. Introduciamo allora la delta di DIRAC e sostituiamo nell'integrale.

RIFERIMENTI

1. F.A.A., *Pilot's Handbook of Aeronautical Knowledge*, Washington, F.A.A., 2003

2. J.D. Anderson, *Fundamentals of aerodynamics*, New York, McGraw-Hill, 1991

3. H. Ashley, *Engineering analysis of flight vehicles*, New York, Dover Publications, 1974

4. A. Baron, *Alcune note del corso di fluidodinamica*, Milano, DIA - Politecnico di Milano

5. Bindolino, Mantegazza, Masarati, *Aeroelasticità applicata*, Milano, DIA - Politecnico di Milano

6. Bisplinghoff, Ashley, Halfman, *Aeroelasticity*, New York, Dover Publications, 1983

7. Bolzern, Scattolini, Schiavoni, *Fondamenti di controlli automatici*, Milano, McGraw-Hill, 1998

8. L. Corradi Dell'Acqua, *Meccanica delle strutture*, Milano, McGraw-Hill, 1992

Aeroelasticità Applicata.
By Giulio Malinverno.
Copyright © 2016 .

9. Demidovič, Maron, *Fondamenti di calcolo numerico*, Mosca, Edizioni Mir, 1981

10. J.P. Den Hartog, *Mechanics*, New York, Dover Publications, 1987

11. J.P. Den Hartog, *Strength of materials*, New York, Dover Publications, 1961

12. J.P. Den Hartog, *Advanced strength of materials*, New York, Dover Publications, 1961

13. J.P. Den Hartog, *Mechanical vibrations*, New York, Dover Publications, 1985

14. Fasano, Marmi, *Meccanica analitica*, Torino, Bollati Boringhieri, 1994

15. V.I. Feodosev, *Resistenza dei materiali*, Roma, Editori Riuniti, 2011

16. B. Finzi, *Meccanica Razionale*, Bologna, Zanichelli, 1976

17. Y.C. Fung, *An introduction to aeroelasticity*, New York, Dover Publications, 1993

18. Fung, Pin Tong, *Classical and computational solid mechanics*, Singapore, World Scientific Publishing, 2001

19. V. Giavotto, *Strutture aeronautiche*, Milano, Città Studi Edizioni, 1993

20. Golub, von Loan, *Matrix Computations*, Baltimore, John Hopkins University Press, 1983

21. R.A. Granger, *Fluid mechanics*, New York, Dover Publications, 1995

22. T.J.R. Hughes, *The Finite Element Method*, New York, Dover Publications, 2001

23. Javorskij, Detlaf, *Manuale di Fisica*, Mosca, Eidzioni Mir, 1977

24. L.J. Kamm, *Understanding electromechanical engineering. An introduction to mechatronics*, New York, IEEE Press, 1996

25. Luchini, Quadrio, *Aerodinamica*, Milano, DIA - Politecnico di Milano

26. E. Mattioli, *Aerodinamica*, Torino, Levrotto-Bella, 1989

27. L. Meirovitch, *Dynamics and control of structures*, New York, John Wiley & Sons, 1990

28. R. von Mises, *Theory of flight*, New York, Dover Publications, 1959

29. Prandtl, Tietjens, *Fundamentals of hydro and aeromechanics*, New York, Dover Publications, 1934

30. Prandtl, Tietjens, *Applied hydro and aeromechanics*, New York, Dover Publications, 1934

31. Samarskij, Nikolaev, *Metodi di soluzione delle equazioni di reticolo*, Mosca, Edizioni Mir, 1985

32. Samarskij, Tichonov, *Equazioni della fisica matematica*, Mosca, Edizioni Mir, 1981

APPENDICE O

NOTE SULL'AUTORE

Figura O.1: Giulio Malinverno
Como, 1979.

Laureato a pieni voti presso il Politecnico di Milano in ingegneria aerospazia-
le, ramo strutture, con una tesi sul controllo decentralizzato di specchi adattivi per
grandi telescopi.

Progettista di sistemi meccanici per uso marino e sottomarino presso CABI CAT-
TANEO (Milano), ha svolto alcune consulenze su analisi fluidodinamiche prima di
approdare come direttore tecnico in M.N.G. / ANGELO GANDOLA SRL (Asso).
Successivamente come *project engineer* presso JOHN CRANE ITALIA ha seguito
la gestione delle commesse relative ai sistemi di flussaggio per tenute meccaniche.
Attualmente è *analysis and simulations engineer* presso ATV SpA, azienda leader
nella progettazione e produzione di valvole per il settore subsea.

Membro di alcune associazioni culturali e professionali, quali:

- Ordine degli Ingegneri della Provincia di Como;

- ASME - American Sociey of Mechanical Engineers;

- IEEE - Institute of Electrical and Electronics Engineers;

- ISAA - Italian Space and Astronautic Association;

- REPUBLIC SPACEWORKS;

- SAE - Society of Automotive Engineers;

- SPE - Society of Petroleum Engineers;

- SUT - Society for Underwater Technology;

- UAI - Unione Astrofili Italiani;